파워특강
수학

KB158862

PREFACE

2000년대 들어와서 꾸준히 이어지던 공무원 시험의 인기는 2018년 현재에도 변함이 없으며 9급 공무원 시험 국가직 합격선이 예년에 비해 대폭 상승하고 높은 체감 경쟁률도 보이고 있습니다.

최근의 공무원 시험은 과거와는 달리 단편적인 지식을 확인하는 수준의 문제보다는 기본개념을 응용한 수능형 문제, 또는 과목에 따라 매우 지엽적인 영역의 문제 등 다소 높은 난이도의 문제가 출제되는 경향을 보입니다. 그럼에도 불구하고 합격선이 올라가는 것은 그만큼 합격을 위한 철저한 준비가 필요하다는 것을 의미합니다.

수학은 새롭게 개편된 공무원 시험의 선택과목 중 하나이지만 수학을 선택하는 대부분의 수험생이 90점 이상의 고득점을 목표로 하는 과목으로 한 문제 한 문제가 시험의 당락에 영향을 미칠 수 있는 중요한 과목입니다. 특히 9급 공무원 수학 시험의 범위가 문과와 이과를 포함한 전반적인 고등수학이라는 점과, 현재 시행되고 있는 대학수학능력시험보다 난이도가 비교적 낮게 출제된다는 점에서 합격을 위해서는 반드시 고득점이 수반되어야 한다는 것을 알 수 있습니다.

본서는 광범위한 내용을 체계적으로 정리하여 수험생으로 하여금 보다 효율적인 학습이 가능하도록 구성하였습니다. 핵심이론에 더해 해당 이론에서 출제된 기출문제를 수록하여 실제 출제경향 파악 및 중요 내용에 대한 확인이 가능하도록 하였으며, 출제 가능성이 높은 다양한 유형의 예상문제를 단원평가로 수록하여 학습내용을 점검할 수 있도록 하였습니다. 또한 최근기출문제분석을 수록하여 자신의 실력을 최종적으로 평가해 볼 수 있도록 구성하였습니다.

신념을 가지고 도전하는 사람은 반드시 그 꿈을 이룰 수 있습니다. 서원각 파워특강 시리즈와 함께 공무원 시험 합격이라는 꿈을 이룰 수 있도록 열심히 응원하겠습니다.

STRUCTURE

▌체계적인 이론정리 및 기출문제 연계

방대한 양의 기본이론을 체계적으로 요약하여 짧은 시간 내에 효과적인 이론학습이 이루어질 수 있도록 정리하였습니다. 또한 그동안 시행된 9급 공무원 시험의 기출문제를 분석하여 관련 이론과 연계함으로써 실제 시험유형 파악에 도움을 줄 수 있도록 구성하였습니다.

▌핵심예상문제

출제 가능성이 높은 영역에 대한 핵심예상문제를 통하여 완벽한 실전 대비가 가능합니다. 문제에 대한 정확하고 상세한 해설을 수록하여 수험생 혼자서도 효과적인 학습이 될 수 있도록 만전을 기하였습니다.

▌최신 기출문제 분석·수록

부록으로 2018년 최근 시행된 국가직 및 지방직 기출문제를 분석·수록하여 최근 시험 경향을 파악, 최종 마무리가 될 수 있도록 하였습니다.

핵심이론정리

기본이론의 내용을 이해하기 쉽도록 요약·정리하고 기출문제와 연계하여 개념학습과 실제 시험유형 파악이 동시에 가능하도록 하였습니다.

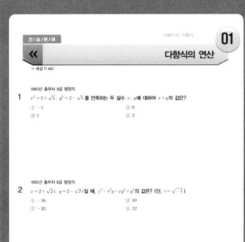

핵심예상문제

출제 가능성이 높은 핵심예상문제를 통해 이론학습에 대한 점검 및 완벽한 실전 대비를 꾀하였습니다.

최신 기출문제

2018년 최신 기출문제를 분석·수록하여 효과적인 최종 마무리가 될 수 있도록 구성하였습니다.

CONTENTS

Ⅰ. 수학Ⅰ

01 다항식

02 방정식과 부등식

03 도형의 방정식

Ⅱ. 수학Ⅱ

04 집합과 명제

Ⅲ. 미적분 Ⅰ

IV. 확률과 통계

Ⅴ. 정답 및 해설

15 정답 및 해설

Ⅵ. 부록

부록 최근기출문제분석

파워특강 수학(수학 I)

합격에 한 걸음 더 가까이!

여러 가지 문자를 이용한 다항식과 인수분해 및 유리식과 무리식의 표현 방법에 대해 알아보는 단원입니다. 인수분해를 이용하여 다항식의 인수를 찾고, 약수와 배수를 구하는 방법에 대해 자세히 공부하도록 합니다.

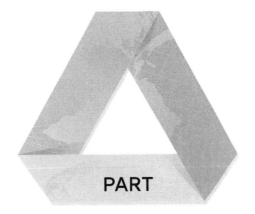

PART

01

다항식

01

다항식의 연산

Check!

SECTION 1 **다항식의 사칙연산**

(1) 덧셈과 뺄셈

교환법칙과 결합법칙을 이용하여 동류항끼리 간단히 정리한다.

(2) 곱셈

지수법칙과 분배법칙을 이용하여 식을 전개한다.

(3) 나눗셈

다항식 A를 다항식 B($\neq0$)로 나누었을 때의 몫을 Q, 나머지를 R라고 하면
A=BQ+R (단, (R의 차수)<(B의 차수))

특히, R=0이면 A=BQ이고, 이때 A는 B로 나누어떨어진다고 한다.

SECTION 2 **다항식의 곱셈 공식**

(1) $(a+b)^2 = a^2 + 2ab + b^2$
$(a-b)^2 = a^2 - 2ab + b^2$

(2) $(a-b)(a+b) = a^2 - b^2$

(3) $(x+a)(x+b) = x^2 + (a+b)x + ab$
$(ax+b)(cx+d) = acx^2 + (ad+bc)x + bd$

(4) $(x+a)(x+b)(x+c) = x^3 + (a+b+c)x^2 + (ab+bc+ca)x + abc$

(5) $(a+b)^3 = a^3 + 3a^2b + 3ab^2 + b^3$
$(a-b)^3 = a^3 - 3a^2b + 3ab^2 - b^3$

(6) $(a+b)(a^2-ab+b^2) = a^3 + b^3$
$(a-b)(a^2+ab+b^2) = a^3 - b^3$

Check!

(7) $(a^2 - ab + b^2)(a^2 + ab + b^2) = a^4 + a^2 b^2 + b^4$

(8) $(a + b + c)^2 = a^2 + b^2 + c^2 + 2ab + 2bc + 2ca$

(9) $(a + b + c)(a^2 + b^2 + c^2 - ab - bc - ca) = a^3 + b^3 + c^3 - 3abc$

SECTION 3　곱셈 공식의 변형

(1) $a^2 + b^2 = (a + b)^2 - 2ab = (a - b)^2 + 2ab$

(2) $a^3 \pm b^3 = (a \pm b)^3 \mp 3ab(a \pm b)$

(3) $a^2 + b^2 + c^2 = (a + b + c)^2 - 2(ab + bc + ca)$

(4) $a^3 + b^3 + c^3 = (a + b + c)(a^2 + b^2 + c^2 - ab - bc - ca) + 3abc$

(5) $a^2 + b^2 + c^2 \pm ab \pm bc \pm ca = \dfrac{1}{2}\{(a \pm b)^2 + (b \pm c)^2 + (c \pm a)^2\}$

SECTION 4　조립제법

다항식 $f(x)$를 일차식 $x - \alpha$로 나눌 때, 계수만을 사용하여 몫과 나머지를 간편하게 구하는 방법

$\Rightarrow ax^3 + bx^2 + cx + d = (x - \alpha)Q(x) + R$

$$
\begin{array}{c|cccc}
\alpha & a & b & c & d \\
& & a\alpha & b'\alpha & c'\alpha \\
\hline
& a & b + a\alpha & c + b'\alpha & d + c'\alpha \\
& & \Downarrow & \Downarrow & \Downarrow \\
& & b' & c' & d'
\end{array}
$$

$\Rightarrow Q(x) = ax^2 + b'x + c', \ R = d'$

다항식의 연산

☞ 해설 P.442

1 다항식의 연산

➤ **예제문제 01**

* $A=x^2-2xy-y^2,\ B=2x^2+xy-y^2,\ C=3x^2+2xy+2y^2$일 때, $2(A+B)-\{B-(A+C)\}$를 계산하는 경우 각 항의 계수의 합은?

① 1   ② 2

③ 3   ④ 4

풀이 $\begin{aligned} 2(A+B)-\{B-(A+C)\} &= 2A+2B-(B-A-C)\\ &= 3A+B+C\\ &= 3(x^2-2xy-y^2)+(2x^2+xy-y^2)+(3x^2+2xy+2y^2)\\ &= 8x^2-3xy-2y^2 \end{aligned}$

∴ 각 항의 계수의 합은 3

답 ③

유제 1-1 다항식 x^3+x^2-2를 다항식 A로 나누었더니 몫이 $x+2$이고 나머지가 $x-4$일 때, 다항식 A는?

① x^2-x-1 ② x^2-x+1

③ x^2+x+2 ④ x^2+x-1

유제 1-2 다항식 $(3x-1)^3(x-1)^2$의 전개식에서 x^3의 계수는?

① 30   ② 50

③ 70   ④ 90

Answer   1-1.②   1-2.④

2 곱셈공식의 변형(1)

✳ $x^2 + \dfrac{1}{x^2} = 4$일 때, $x^3 + \dfrac{1}{x^3}$의 값을 구하여라. (단, $x > 0$)

① $3\sqrt{6}$ ② $4\sqrt{6}$

③ $5\sqrt{6}$ ④ $6\sqrt{6}$

풀이 $\left(x + \dfrac{1}{x} \right)^2 = x^2 + \dfrac{1}{x^2} + 2 = 4 + 2 = 6$

그런데 $x > 0$이므로

$x + \dfrac{1}{x} = \sqrt{6}$

$x^3 + \dfrac{1}{x^3} = \left(x + \dfrac{1}{x} \right)^3 - 3x \cdot \dfrac{1}{x} \left(x + \dfrac{1}{x} \right)$

$\qquad\qquad = (\sqrt{6})^3 - 3 \cdot 1 \cdot \sqrt{6} = 3\sqrt{6}$

답 ①

2015년 3월 14일 사회복지직 기출유형

유제 2-1 $x + y = 2\sqrt{5}$, $xy = 4$, $x > y$일 때, $\dfrac{x}{y} - \dfrac{y}{x}$의 값은?

① $\sqrt{2}$ ② $\sqrt{3}$

③ 2 ④ $\sqrt{5}$

유제 2-2 $x^2 - x - 1 = 0$일 때, $x^3 - \dfrac{1}{x^3}$의 값은?

① 1 ② 2

③ 3 ④ 4

Answer   2-1.④   2-2.④

3 곱셈공식의 변형(2)

✳ $a-b=2+\sqrt{3}$, $b-c=2-\sqrt{3}$ 일 때, $a^2+b^2+c^2-ab-bc-ca$의 값은?

① 9　　　　　　　　　② 11

③ 13　　　　　　　　 ④ 15

풀이 $a-b=2+\sqrt{3}$

$b-c=2-\sqrt{3}$

$c-a=-\{(a-b)+(b-c)\}$

$\quad\quad=-(2+\sqrt{3}+2-\sqrt{3})$

$\quad\quad=-4$

∴ (주어진 식)$=\dfrac{1}{2}\{(a-b)^2+(b-c)^2+(c-a)^2\}$

$\quad\quad\quad\quad\quad=\dfrac{1}{2}\{(2+\sqrt{3})^2+(2-\sqrt{3})^2+(-4)^2\}=15$

답 ④

유제 3-1 $x+y+z=0$, $xyz=2$일 때, $x^3+y^3+z^3$의 값은?

① 2　　　　　　　　　② 4

③ 6　　　　　　　　　④ 8

유제 3-2 $a+b+c=4$, $ab+bc+ca=2$, $abc=-1$일 때, $a^2b^2+b^2c^2+c^2a^2$의 값을 구하면?

① 10　　　　　　　　② 12

③ 15　　　　　　　　④ 17

Answer　　3-1.③　3-2.②

☞ 해설 P.442

1990년 총무처 9급 행정직

1 $x^3 = 2 + \sqrt{5}$, $y^3 = 2 - \sqrt{5}$ 를 만족하는 두 실수 x, y에 대하여 $x + y$의 값은?

① -1 ② 0

③ 1 ④ 2

1992년 총무처 9급 행정직

2 $x = 2 + \sqrt{2}\,i$, $y = 2 - \sqrt{2}\,i$일 때, $x^3 - x^2 y - xy^2 + y^3$의 값은? (단, $i = \sqrt{-1}$)

① -16 ② 10

③ -32 ④ 12

2015년 9급 사회복지직

3 $x + y = 2\sqrt{5}$, $xy = 4$, $x > y$일 때, $\dfrac{x}{y} - \dfrac{y}{x}$ 의 값은?

① $\sqrt{2}$ ② $\sqrt{3}$

③ 2 ④ $\sqrt{5}$

Answer 1.③ 2.③ 3.④

4 $a+b=3$, $ab=1$일 때, a^3+b^3의 값은?

① 15   ② 18

③ 21   ④ 24

5 다항식 $f(x)$를 $x+1$로 나누었을 때의 몫은 x^2+2x+4이고 나머지가 50이다. 이때, $f(1)$의 값은?

① 13   ② 15

③ 17   ④ 19

6 다항식 x^3+x^2-2x+3을 다항식 $x-1$로 나누었을 때의 몫을 $Q(x)$, 나머지를 R라 할 때, $Q(1)+R$의 값은?

① 3   ② 4

③ 5   ④ 6

Answer   4.②   5.④   6.④

7 다항식 $4x^3+3x-1$을 다항식 $2x^2-x-1$로 나누었을 때의 몫을 $Q(x)$, 나머지를 $R(x)$라 할 때, $Q(1)+R(2)$의 값은?

① 13   ② 14

③ 15   ④ 16

02 항등식과 나머지 정리

 Check!

SECTION 1 — 항등식

(1) 항등식

문자에 어떠한 값을 대입하여도 항상 성립하는 등식을 그 문자에 대한 항등식이라 한다.

(2) 미정계수법

항등식의 성질을 이용하여 알지 못하는 계수의 값을 정하는 방법

① 계수비교법 : 양변의 각 동류항의 계수를 비교하여 계수를 정하는 방법

$ax^2+bx+c=0 \Leftrightarrow a=0,\ b=0,\ c=0$

$ax^2+bx+c=a'x^2+b'x+c' \Leftrightarrow a=a',\ b=b',\ c=c'$

② 수치대입법 : 양변의 미지수에 적당한 수를 대입하여 계수를 정하는 방법

SECTION 2 — 나머지 정리와 인수정리

(1) 나머지 정리

다항식 $f(x)$를 $x-\alpha$로 나눈 나머지는 $f(\alpha)$이다.

(2) 인수정리

다항식 $f(x)$가 $x-\alpha$로 나누어떨어지기 위한 필요충분조건은 $f(\alpha)=0$이다.

예 임의의 실수 $x,\ y$에 대하여
$a(x-2y+3)+b(2x+y-1)$
$=-2x-y+c$가 성립할 때,
$a-b+c$의 값은?

답 주어진 식을 $x,\ y$에 대하여
정리하면
$(a+2b)x+(-2a+b)y$
$\qquad +(3a-b)=-2x-y+c$
$x,\ y$에 대한 항등식이므로
$a+2b=-2,\ -2a+b=-1,$
$3a-b=c$
위의 세 식을 연립하여 풀면
$a=0,\ b=-1,\ c=1$
$\therefore a-b+c=2$

예 다항식 $f(x)=x^3-2x^2+3x+k$
를 일차식 $x-2$로 나누었을 때
의 나머지가 4였다. 상수 k의
값은?

답 $f(2)=2^3-2\cdot2^2+3\cdot2+k$
$\qquad =4$
$\therefore k=-2$

항등식과 나머지 정리

☞ 해설 P.443

1 항등식

➤ **예제문제 01**

✳ k의 값에 관계없이 $(3k^2+2k)x+(k+1)y+(k^2+1)z$의 값이 항상 1일 때, $x+y+z$의 값은?

① -3 ② 0

③ 3 ④ 6

풀이 주어진 식을 k에 대하여 정리하면

$k^2(3x-z)+k(2x-y)-(y-z)=1$

위 식이 k의 값에 관계없이 성립하므로

$\begin{cases} 3x-z=0 & \cdots\cdots ㉠ \\ 2x-y=0 & \cdots\cdots ㉡ \\ z-y=1 & \cdots\cdots ㉢ \end{cases}$

㉠, ㉡, ㉢을 연립하여 풀면 $x=1$, $y=2$, $z=3$

∴ $x+y+z=6$

답 ④

유제 1-1 $f(x)$가 다항식일 때, 모든 실수 x에 대하여 등식 $(x-2)(x+1)f(x)=x^3+ax^2+bx+6$이 항상 성립한다. 이때, 상수 a, b의 곱 ab의 값은?

① -5 ② -4

③ -3 ④ -2

유제 1-2 x의 모든 값에 대하여 다음 등식이 성립할 때, $a+b+c$의 값을 구하시오.

$$x^3+1=(x-1)(x-2)(x-3)+a(x-1)(x-2)+b(x-1)+c$$

① 12 ② 13

③ 14 ④ 15

➤ **예제문제 02**

✻ 다항식 $f(x)$를 $x-\dfrac{1}{2}$로 나눈 몫을 $Q(x)$, 나머지를 R라 할 때, $f(x)$를 $2x-1$로 나눈 몫과 나머지를 차례로 구하면?

① $Q(x),\ R$

② $\dfrac{1}{2}Q(x),\ R$

③ $2Q(x),\ R$

④ $\dfrac{1}{2}Q(x),\ \dfrac{1}{2}R$

풀이
$$f(x) = \left(x-\dfrac{1}{2}\right)Q(x)+R$$
$$= \dfrac{1}{2}(2x-1)Q(x)+R$$
$$= (2x-1)\cdot\dfrac{1}{2}Q(x)+R$$

따라서 다항식 $f(x)$를 $2x-1$로 나누었을 때의 몫은 $\dfrac{1}{2}Q(x)$이고 나머지는 R이다.

답 ②

유제 2-1 x에 대한 다항식 x^3-3x^2+px+q를 일차식 $x+1$로 나누면 나누어떨어지고 $x-1$로 나누면 나머지가 -4일 때, $p+2q$의 값은?

① -2

② -1

③ 0

④ 1

2014년 4월 19일 안전행정부, 6월 28일 서울특별시 기출유형

유제 2-2 이차다항식 $f(x)=x^2+ax+b$를 $x-1$, $x-2$로 나눈 나머지가 각각 -1, -2일 때, $f(x)$를 $x-3$으로 나눈 나머지는?

① -2

② -1

③ 0

④ 1

Answer　2-1.②　2-2.②

3 나머지 정리(2)

예제문제 03

❋ 어떤 다항식을 $x-2$로 나누면 몫이 $Q(x)$이고 나머지가 1이다. 또, 이 다항식을 $x-4$로 나누면 7이 남는다. 이때, $Q(x)$를 $x-4$로 나눈 나머지를 구하면?

① 2 　　　　　　　　　　　　　② 3

③ 4 　　　　　　　　　　　　　④ 5

풀이 다항식을 $f(x)$라 하면

$f(x)$를 $x-2$로 나눈 나머지가 1이고, $x-4$로 나눈 나머지는 7이므로

$f(2)=1$, $f(4)=7$이다.

이때, $f(x)=(x-2)Q(x)+1$에서 양변에 $x=4$를 대입하면

$f(4)=2Q(4)+1=7$

$\therefore Q(4)=3$

답 ②

2014년 6월 21일 제1회 지방직 기출유형

유제 3-1 다항식 $f(x)$를 $x+2$로 나눈 나머지는 3이고, $(x-1)^2$으로 나눈 나머지는 $4x+2$이다. $f(x)$를 $(x+2)(x-1)^2$로 나누었을 때의 나머지를 $R(x)$라 할 때, $R(-1)$의 값은?

① 0 　　　　　　　　　　　　　② 2

③ 4 　　　　　　　　　　　　　④ 6

2013년 7월 27일 안전행정부 기출유형

유제 3-2 다항식 $f(x)$를 $(x-1)(x-2)(x-3)$으로 나누었을 때의 나머지는 x^2+x+1이다. 다항식 $f(6x)$를 $6x^2-5x+1$로 나누었을 때의 나머지를 $ax+b$라 할 때, $a+b$의 값은?

① 31 　　　　　　　　　　　　② 33

③ 35 　　　　　　　　　　　　④ 37

4 　인수정리

예제문제 04

✳ 최고차항의 계수가 1인 x에 대한 삼차다항식 $P(x)$가 $P\left(\dfrac{1}{2}\right)=P\left(\dfrac{1}{3}\right)=P\left(\dfrac{1}{4}\right)=0$을 만족할 때, $P(1)$의 값은?

① $\dfrac{1}{4}$ 　　　　　　　　　　② $\dfrac{1}{5}$

③ $\dfrac{4}{5}$ 　　　　　　　　　　④ 1

풀이 x에 대한 삼차식이고 $P\left(\dfrac{1}{2}\right)=P\left(\dfrac{1}{3}\right)=P\left(\dfrac{1}{4}\right)=0$이므로

$$P(x)=\left(x-\frac{1}{2}\right)\left(x-\frac{1}{3}\right)\left(x-\frac{1}{4}\right)$$

$$\therefore\ P(1)=\left(1-\frac{1}{2}\right)\left(1-\frac{1}{3}\right)\left(1-\frac{1}{4}\right)$$

$$=\frac{1}{2}\cdot\frac{2}{3}\cdot\frac{3}{4}$$

$$=\frac{1}{4}$$

답 ①

유제 4-1 x^3-2x^2+ax+b 가 $(x-1)^2$으로 나누어떨어질 때, $a+b$의 값은?

① 0 　　　　　　　　　　② 1

③ 2 　　　　　　　　　　④ 3

유제 4-2 방정식 $3x^4+(a-1)x^3-ax^2-2ax+2=0$의 네 근을 α, β, γ, δ라 할 때, $(2-\alpha)(2-\beta)(2-\gamma)(2-\delta)$의 값은?

① 7 　　　　　　　　　　② 10

③ 14 　　　　　　　　　　④ 18

Answer 　4-1.② 　4-2.③

연/습/문/제

항등식과 나머지 정리

☞ 해설 P.444

1 $x+y=1$을 만족하는 모든 실수 x, y에 대하여 $x^2+axy+by+c=0$이 항등식이 되도록 하는 상수 a, b, c에 대하여 $10a+5b+c$의 값은?

  ① 13   ② 14

  ③ 15   ④ 16

2016년 9급 국가직

2   등식 $x^4+ax+b=(x+\sqrt{2})(x-\sqrt{3})P(x)+\sqrt{6}$ 이 x에 대한 항등식일 때 상수 a의 값은? (단, b는 상수, $P(x)$는 다항식)

  ① $-5(\sqrt{3}+\sqrt{2})$ ② $-5(\sqrt{3}-\sqrt{2})$

  ③ $5(\sqrt{3}-\sqrt{2})$ ④ $5(\sqrt{3}+\sqrt{2})$

3 2016^{2015}을 2017로 나눈 나머지는?

  ① -19.5 ② 1

  ③ 2015   ④ 2016

Answer   1.②   2.②   3.④

1991년 총무처 9급 행정직

4 다항식 $x^{100} - x + 2$를 $x + 1$로 나눈 나머지는?

① -1 ② 0

③ 1 ④ 4

2015년 9급 국가직

5 다항식 $x^3 - 2x^2 - 4x + 2$를 일차식 $x + 2$로 나누었을 때의 나머지는?

① 6 ② 2

③ -2 ④ -6

1994년 전북 9급 행정직

6 $x^3 + ax^2 - x + b$가 $(x-1)^2$으로 나누어떨어질 때, $a + b$의 값은?

① 3 ② 2

③ -1 ④ 0

7 x에 대한 다항식 $x^3 - x^2 - 3x + 6$을 $a(x-1)^3 + b(x-1)^2 + c(x-1) + d$의 꼴로 나타내었을 때, 상수 a, b, c, d의 곱 $abcd$의 값은?

① -6 ② -9

③ -12 ④ -15

Answer   4.④   5.④   6.④   7.③

8 다항식 $x^3 + ax^2 + bx + 1$을 $x+1$과 $x-1$로 나눈 나머지가 각각 -2, 2일 때, 두 상수 a, b의 곱 ab의 값은?

① -2

② -1

③ 1

④ 2

9 다항식 $f(x)$를 $x-3$, $x-4$로 나눈 나머지가 각각 3, 2이다. $f(x+1)$을 $x^2 - 5x + 6$으로 나눈 나머지를 $R(x)$라고 할 때, $R(1)$의 값은?

① 2

② 4

③ 6

④ 8

10 다항식 $P(x)$는 다음 두 조건을 만족한다. $P(x)$를 $(x-1)^2(x+1)$로 나누었을 때의 나머지를 $R(x)$라 할 때, $R(3)$의 값은?

> (가) $P(x)$를 $(x-1)^2$으로 나누면 나머지가 $2x-1$이다.
> (나) $P(x)$를 $(x+1)$로 나누면 나머지가 3이다.

① 10

② 11

③ 13

④ 13

Answer   8.②   9.②   10.②

03 인수분해

Check!

SECTION 1 인수분해

다항식을 두 개 이상의 다항식의 곱으로 나타내는 것을 인수분해라 한다.

이때, 그 곱을 이루는 각각의 다항식을 주어진 다항식의 인수라고 한다.

(1) $a^2 + 2ab + b^2 = (a+b)^2$, $a^2 - 2ab + b^2 = (a-b)^2$

(2) $a^2 - b^2 = (a+b)(a-b)$

(3) $a^2 + b^2 + c^2 + 2ab + 2bc + 2ca = (a+b+c)^2$

(4) $a^3 + 3a^2b + 3ab^2 + b^3 = (a+b)^3$, $a^3 - 3a^2b + 3ab^2 - b^3 = (a-b)^3$

(5) $a^3 + b^3 = (a+b)(a^2 - ab + b^2)$, $a^3 - b^3 = (a-b)(a^2 + ab + b^2)$

(6) $a^3 + b^3 + c^3 - 3abc = (a+b+c)(a^2 + b^2 + c^2 - ab - bc - ca)$

$$= \frac{1}{2}(a+b+c)\{(a-b)^2 + (b-c)^2 + (c-a)^2\}$$

(7) $a^4 + a^2b^2 + b^4 = (a^2 + ab + b^2)(a^2 - ab + b^2)$

SECTION 2 여러 가지 식의 인수분해

(1) 인수분해의 가장 기본인 분배법칙을 통해 인수분해 한다.

(2) 인수분해 공식이 활용 가능하면 공식을 통해 인수분해 한다.

Check!

(3) $ax^4 + bx^2 + c(a \neq 0)$꼴의 사차식일 때,

① $x^2 = X$로 치환하여 X에 대한 이차식을 푼다.

② 적당한 식을 더하고 빼서 $A^2 - B^2$의 꼴로 변형하여 인수분해 한다.

(4) 공통부분이 있는 식의 인수분해

① 공통부분을 X로 치환하여 인수분해 한다.

② 공통부분이 생기도록 변형할 수 있으면 변형하여 ①의 방법으로 인수분해 한다.

(5) 인수정리와 조립제법을 이용한 인수분해 삼차 이상의 다항식 $f(x)$는 인수정리와 조립제법을 이용하여 인수분해 한다.

① $f(\alpha) = 0$을 만족하는 α의 값을 찾는다.

이때, α의 값은 $\pm \dfrac{(상수항의\ 약수)}{(최고차항의\ 계수의\ 약수)}$

② 조립제법을 이용하여 $f(x) = (x - \alpha)Q(x)$로 인수분해 한다.

③ $Q(x)$도 위 과정을 반복해서 인수분해 한다.

인수분해

예제&유제문제

☞ 해설 P.445

1 인수분해(1)

➤ **예제문제 01**

✳ $(x-1)(x+2)(x-3)(x+4)+24$를 인수분해 하면?

① $(x+3)(x-2)(x^2+x+8)$

② $(x-3)(x+2)(x^2+x-8)$

③ $(x+3)(x-2)(x^2+x-8)$

④ $(x+3)(x-2)(x^2-x-8)$

풀이 $\{(x-1)(x+2)\}\{(x-3)(x+4)\}+24$

$= (x^2+x-2)(x^2+x-12)+24$

$= (x^2+x)^2-14(x^2+x)+48$

$= (x^2+x-6)(x^2+x-8)$

$= (x+3)(x-2)(x^2+x-8)$

답 ③

유제 1-1 다음 중 x^4-3x^2+1의 인수인 것은?

① $x+1$

② $x-1$

③ x^2+x+1

④ x^2-x-1

유제 1-2 $x^4+x^3-4x^2+x+1$을 인수분해하면?

① $(x^2-x-1)(x^2+x-1)$

② $(x^2+3x+1)(x^2-2x+1)$

③ $(x^2-x-1)(x^2-2x-1)$

④ $(x^2+x-1)(x^2-4x-1)$

Answer 1-1.④ 1-2.②

2 인수분해(2)

예제문제 02

* $a^2(b+c)+b^2(c+a)+c^2(a+b)+2abc$를 인수분해하면?

① $(a+b)(b+c)(c+a)$ ② $(a-b)(b-c)(c-a)$

③ $(a-b)(b-c)(a-c)$ ④ $(a+b)(b-c)(c+a)$

풀이 주어진 식을 전개한 후 a에 대하여 내림차순으로 정리하면

$a^2(b+c)+b^2(c+a)+c^2(a+b)+2abc$

$= a^2(b+c)+b^2c+ab^2+c^2a+bc^2+2abc$

$= (b+c)a^2+(b^2+2bc+c^2)a+b^2c+bc^2$

$= (b+c)a^2+(b+c)^2a+bc(b+c)$

$= (b+c)\{a^2+(b+c)a+bc\}$

$= (b+c)(a+b)(a+c)$

$= (a+b)(b+c)(c+a)$

답 ①

유제 2-1 다음 중 $a^4+a^2c^2-b^2c^2-b^4$의 인수인 것은?

① $a+b$ ② $b+c$

③ $c+a$ ④ $b-c$

유제 2-2 $(a+1)(a^2-a+1)=a^3+1$을 이용하여 $\dfrac{2013^3+1}{2012\times2013+1}$ 의 값을 구하면?

① 2011 ② 2012

③ 2013 ④ 2014

Answer   2-1.①   2-2.④

03 >> 인수분해

☞ 해설 P.446

1 다항식 $(x-1)(x-2)(x-3)(x-4)+k$가 x에 대한 이차식의 완전제곱 꼴로 인수분해 되기 위한 상수 k의 값은?

① -2 　　　　　　　　　② -1

③ 0 　　　　　　　　　　④ 1

2 다항식 $x^4+2x^3-x^2+2x+1$이 x^2의 계수가 1인 두 이차식의 곱으로 인수분해 될 때, 두 이차식에서 x의 계수의 합은?

① 1 　　　　　　　　　　② 2

③ 3 　　　　　　　　　　④ 4

3 삼각형의 세 변 a, b, c가 $(b-c)a^2+(c-a)b^2+(a-b)c^2=0$을 만족할 때, 이 삼각형은 어떤 삼각형인가?

① 정삼각형 　　　　　　　② 이등변삼각형

③ 직각삼각형 　　　　　　④ 직각이등변삼각형

Answer　1.④　2.②　3.②

4 $97^3 + 9 \times 97^2 + 27 \times 97 + 27 = 2^m \times 5^n$을 만족하는 두 양의 정수 m, n의 합 $m+n$의 값은?

① 6   ② 7

③ 8   ④ 9

5 $\triangle ABC$의 세 변의 길이 a, b, c 사이에 $a=2$, $a^3 + b^3 + c^3 = 3abc$인 관계가 성립할 때, $\triangle ABC$의 넓이는?

① $\sqrt{3}$ ② $\dfrac{\sqrt{3}}{2}$

③ $\dfrac{3}{2}$ ④ 2

6 최고차항의 계수가 1인 삼차식 $f(x)$에 대하여 $f(1)=1$, $f(2)=2$, $f(3)=3$일 때, $f(x)$를 $x-4$로 나눈 나머지는?

① 10   ② 11

③ 12   ④ 13

Answer   4.①   5.①   6.①

파워특강 수학(수학Ⅰ)

합격에 한 걸음 더 가까이!

미지수가 2개 이상인 방정식과 연립방정식의 해를 구하고, 방정식과 부등식에서 해가 존재하는지의 여부에 대해 알아보는 단원입니다. 다양한 응용문제가 출제될 수 있는 부분으로 확실히 이해하고 넘어가도록 합니다.

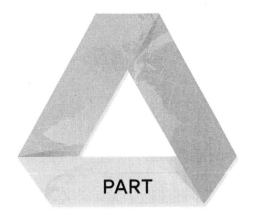

PART

02

방정식과 부등식

04 복소수와 이차방정식

Check!

SECTION 1 복소수

(1) 복소수의 정의

임의의 두 실수 a, b와 허수단위 $i = \sqrt{-1}$ 에 대하여 $a+bi$의 꼴로 나타내어지는 수(a＝실수부분, b＝허수부분)

(2) 복소수의 상등

a, b, c, d가 실수일 때,

① $a+bi = 0 \Leftrightarrow a=b=0$

② $a+bi = c+di \Leftrightarrow a=c,\ b=d$

(3) 켤레복소수

복소수 $z=a+bi$에 대하여 $\bar{z} = \overline{a+bi} = a-bi$를 z의 켤레복소수라 한다.

① $z+\bar{z} = 2a$, $z\bar{z} = a^2+b^2$

② $\overline{z_1 \pm z_2} = \bar{z_1} \pm \bar{z_2}$ (복부호 동순), $\overline{z_1 z_2} = \bar{z_1} \cdot \bar{z_2}$, $\overline{\left(\dfrac{z_1}{z_2}\right)} = \dfrac{\bar{z_1}}{\bar{z_2}}$ (단, $z_2 \neq 0$)

SECTION 2 복소수의 연산

(1) 복소수의 사칙연산 : 실수 a, b, c, d에 대하여

① $(a+bi) \pm (c+di) = (a \pm c) + (b \pm d)i$ (복부호 동순)

② $(a+bi)(c+di) = (ac-bd) + (ad+bc)i$

③ $\dfrac{a+bi}{c+di} = \dfrac{(a+bi)(c-di)}{(c+di)(c-di)} = \dfrac{ac+bd}{c^2+d^2} + \dfrac{bc-ad}{c^2+d^2}i$ (단, $c+di \neq 0$)

(2) 음이 아닌 정수 n에 대하여

$i = i^5 = \cdots = i^{4n+1} = i$, $\quad i^2 = i^6 = \cdots = i^{4n+2} = -1$

$i^3 = i^7 = \cdots = i^{4n+3} = -i$, $\quad i^4 = i^8 = \cdots = i^{4n} = 1$

SECTION 3 일차방정식 $ax=b$의 풀이

(1) $a \neq 0$이면 $x = \dfrac{a}{b}$

(2) $a=0$, $b \neq 0$이면 해가 없다. (불능)

(3) $a=0$, $b=0$이면 해가 무수히 많다. (부정)

SECTION 4 절댓값 기호가 포함된 방정식의 풀이

절댓값 기호를 포함한 방정식은 절댓값 기호 안이 0이 되는 값을 기준으로 범위를 나누어 절댓값 기호를 없앤 다음 근을 구한다.

$$|x| = \begin{cases} x & (x \geq 0) \\ -x & (x < 0) \end{cases}$$

SECTION 5 이차방정식의 풀이

(1) 인수분해를 이용

$(ax-b)(cx-d) = 0 \ (ac \neq 0) \Leftrightarrow x = \dfrac{b}{a}$ 또는 $x = \dfrac{d}{c}$

(2) 근의 공식을 이용

$ax^2 + bx + c = 0 \Rightarrow x = \dfrac{-b \pm \sqrt{b^2 - 4ac}}{2a}$

$ax^2 + 2b'x + c = 0 \Rightarrow x = \dfrac{-b' \pm \sqrt{b'^2 - ac}}{a}$

SECTION 6 이차방정식의 근의 판별

a, b, c가 실수인 이차방정식 $ax^2 + bx + c = 0$에서 $D = b^2 - 4ac$라고 하면

(1) $D = b^2 - 4ac > 0 \Leftrightarrow$ 서로 다른 두 실근 ⎤
(2) $D = b^2 - 4ac = 0 \Leftrightarrow$ 중근 ⎦ 실근을 가질 조건 : $D \geq 0$

(3) $D = b^2 - 4ac < 0 \Leftrightarrow$ 서로 다른 두 허근

Check!

$$|x| = \begin{cases} x & (x \geq 0) \\ -x & (x < 0) \end{cases}$$

POINT 팁 가우스 기호 $[\ ]$가 있는 방정식

① $[x]$는 x를 넘지 않는 최대의 정수

② $[x] = n$일 때 : $n \leq x < n+1$
$[x] = 2$일 때 : $2 \leq x < 3$
$[2.3] = 2$, $[2] = 2$

POINT 팁

$ax^2 + bx + c = 0$ 에서

$x^2 + \dfrac{b}{a}x = -\dfrac{c}{a}$

$x^2 + \dfrac{b}{a}x + \left(\dfrac{b}{2a}\right)^2 = \left(\dfrac{b}{2a}\right)^2 - \dfrac{c}{a}$

$\left(x + \dfrac{b}{2a}\right)^2 = \dfrac{b^2 - 4ac}{4a^2}$

$x + \dfrac{b}{2a} = \pm \sqrt{\dfrac{b^2 - 4ac}{4a^2}}$

$\therefore x = \dfrac{-b \pm \sqrt{b^2 - 4ac}}{2a}$

POINT 팁

이차방정식 $ax^2 + bx + c = 0 (a \neq 0)$에 대해서 한 근이 $1 + \sqrt{2}$이면 다른 한 근은 α이다. 즉, $1 - \sqrt{2}$로 놓으면 안 된다.
왜냐하면 a, b, c가 유리수라는 조건이 없기 때문이다.

SECTION 7 이차방정식의 근과 계수의 관계

(1) 이차방정식 $ax^2+bx+c=0\ (a\neq0)$의 두 근을 α, β라 하면

① $\alpha+\beta=-\dfrac{b}{a}$

② $\alpha\beta=\dfrac{c}{a}$

③ $|\alpha-\beta|=\sqrt{(\alpha-\beta)^2}=\sqrt{(\alpha+\beta)^2-4\alpha\beta}$

(2) 이차식의 인수분해

이차방정식 $ax^2+bx+c=0\ (a\neq0)$의 두 근을 α, β라 하면,

$ax^2+bx+c=a(x-\alpha)(x-\beta)$

(3) 이차방정식의 재구성

두 수 α, β를 근으로 하고 x^2의 계수가 1인 이차방정식은

$x^2-(\alpha+\beta)x+\alpha\beta=0$

(4) 이차방정식의 켤레근

이차방정식 $ax^2+bx+c=0\ (a\neq0)$에 대하여

① a, b, c가 유리수일 때, $p+q\sqrt{m}$이 근이면 $p-q\sqrt{m}$도 근이다.
　(단, p, q는 유리수, $\sqrt{m}$은 무리수)

② a, b, c가 실수일 때, $p+qi$이 근이면 $p-qi$도 근이다.
　(단, p, q는 실수, $i=\sqrt{-1}$)

SECTION 8 이차방정식의 실근의 부호

이차방정식 $ax^2+bx+c=0\ (a,\ b,\ c$는 실수$)$의 두 실근을 α, β라 하면

(1) 두 근이 모두 양수일 조건 ➡ $D\geq0$, $\alpha+\beta>0$, $\alpha\beta>0$

(2) 두 근이 모두 음수일 조건 ➡ $D\geq0$, $\alpha+\beta<0$, $\alpha\beta>0$

(3) 두 근이 서로 다른 부호일 조건 ➡ $\alpha\beta<0$

복소수와 이차방정식

04

☞ 해설 P.446

1 복소수

➤ **예제문제 01**

✻ 식 $(1+i)x^2+(i-3)x+2-2i$가 순허수일 때, 실수 x의 값을 구하면?

① -2 　　　　　　　　② -1

③ 0 　　　　　　　　　④ 2

풀이 $(x^2-3x+2)+(x^2+x-2)i$가 순허수

실수부 : $x^2-3x+2=0$ $\cdots$ ㉠

허수부 : $x^2+x-2\neq0$ $\cdots$ ㉡

㉠, ㉡에서 $x=2$

답 ④

유제 **1-1** 실수 a, b에 대하여 $3\cdot\sqrt{(-4)^2}+\sqrt{-4}\,\sqrt{-9}+\dfrac{\sqrt{8}}{\sqrt{-2}}=a+bi$라고 할 때, $a+b$의 값은?

(단, $i=\sqrt{-1}$)

① -4 　　　　　　　　② -2

③ 2 　　　　　　　　　④ 4

유제 **1-2** $(x+y-1)+(2x+y-3)i=0$을 만족시키는 실수 x, y의 값을 구하면?

① $x=-2$, $y=1$ 　　　　② $x=2$, $y=-1$

③ $x=0$, $y=1$ 　　　　　④ $x=1$, $y=1$

2 복소수의 거듭제곱

예제문제 02

✳ n이 자연수일 때, $\left(\dfrac{1+i}{1-i}\right)^{4n+2}$ 의 값을 구하면? (단, $i=\sqrt{-1}$)

① $-i$ ② i

③ 0 ④ -1

풀이 $\dfrac{1+i}{1-i}$ 의 분모를 실수화하면

$$\frac{1+i}{1-i}=\frac{(1+i)^2}{2}=i$$

$$\therefore \left(\frac{1+i}{1-i}\right)^{4n+2}=i^{4n+2}$$

$$=(i^4)^n \cdot i^2$$

$$=(i^4)^n \cdot i^2$$

$$=1^n \cdot (-1)=-1$$

답 ④

유제 2-1 $i+2i^2+3i^3+\cdots+2006i^{2006}+2007i^{2007}=x+yi$를 만족하는 실수 x, y에 대하여 $x+y$의 값을 구하면?

(단, $i=\sqrt{-1}$)

① -2010 ② -2009

③ -2008 ④ -2007

유제 2-2 다음 식 $\dfrac{1}{i}+\dfrac{1}{i^2}+\dfrac{1}{i^3}+\dfrac{1}{i^4}+\cdots+\dfrac{1}{i^{102}}$ 을 $x+yi$의 꼴로 표현할 때, $x+y$의 값은?

(단, x, y는 실수, $i=\sqrt{-1}$)

① -2 ② -1

③ 0 ④ 1

Answer   2-1.③   2-2.①

3 켤레복소수

✳ $\alpha = -2+i$, $\beta = 1-2i$일 때, $\alpha\overline{\alpha} + \alpha\overline{\beta} + \overline{\alpha}\beta + \beta\overline{\beta}$의 값은? (단, $\overline{\alpha}$, $\overline{\beta}$는 각각 α, β의 켤레복소수이고, $i = \sqrt{-1}$)

① 1   ② 2

③ 4   ④ 8

풀이 (주어진 식)$= \overline{\alpha}(\alpha+\beta) + \overline{\alpha}(\alpha+\beta) = (\alpha+\beta)(\overline{\alpha}+\overline{\beta})$
$$= (-2+i+1-2i)\overline{(-2+i+1-2i)}$$
$$= (-1-i)(-1+i) = 2$$

답 ②

유제 3-1 $z = 1+i$일 때, $\dfrac{z-1}{\overline{z}} + \dfrac{z}{z-1}$ 의 값은? (단, $\overline{z}$는 z의 켤레복소수이다.)

① $\dfrac{-3-3i}{2}$ ② $\dfrac{-3+3i}{2}$

③ $\dfrac{-1+i}{2}$ ④ $\dfrac{-1-i}{2}$

유제 3-2 $\alpha\overline{\alpha} = 1$, $\beta\overline{\beta} = 1$, $\alpha+\beta = i$일 때, $\dfrac{1}{\alpha} + \dfrac{1}{\beta}$ 의 값은? (단, $\overline{\alpha}$, $\overline{\beta}$는 α, β의 켤레복소수, $i = \sqrt{-1}$)

① -1 ② $-i$

③ 0   ④ i

Answer   3-1.②   3-2.②

4 일차방정식

✳ 다음 중 x에 대한 방정식 $ax=b$에 대한 설명으로 옳은 것은?

① $a \neq 0$이면 $x=0$이다.

② $a=0$이면 해가 없다.

③ $a \neq 0$, $b=0$이면 해가 없다.

④ $a=0$, $b=0$이면 해가 무수히 많다.

풀이 ① $a \neq 0$이면 $x=\dfrac{b}{a}$

② $a=0$이면 $0 \cdot x=0$에서
  (i) $b \neq 0$이면
      $0 \cdot x=b$(0이 아닌 실수)의 꼴이므로 해가 없다. (불능)
  (ii) $b=0$이면
      $0 \cdot x=0$의 꼴이므로 해가 무수히 많다. (부정)
③ $a \neq 0$, $b=0$이면 $ax=0 \Rightarrow x=0$
④ $a=0$, $b=0$이면
  $0 \cdot x=0$의 꼴이므로 해가 무수히 많다. (부정)
따라서 보기 중 옳은 것은 ④이다.

답 ④

유제 4-1 실수 전체의 집합 R에서 $\{x|(a^2-3)x-1=a(2x+1)\}=R$일 때, 상수 a의 값은?

① -1 ② 0

③ 1 ④ 2

유제 4-2 $A=\{x|(a+5)(a-3)x-3=a(1+4x)\}=\varnothing$ 일 때, 상수 a의 값은?

① -5 ② -3

③ 3 ④ 5

Answer   4-1.① 4-2.④

5 절댓값 · 가우스 기호를 포함한 방정식

예제문제 **05**

✱ 방정식 $|x-1|=2(x+2)$의 모든 해의 합은?

① -6 ② -5

③ -2 ④ -1

풀이 (i) $x \geq 1$일 때,

      $x-1=2x+4$

      $\therefore x=-5 \Leftarrow x \geq 1$을 만족하지 않는다.

   (ii) $x < 1$일 때

      $-x+1=2x+4$

      $\therefore x=1 \Leftarrow x < 1$을 만족한다.

   (i), (ii)에서 $x=-1$

답 ④

유제 **5-1** 이차방정식 $x^2-|x|-20=0$의 근의 합을 구하면?

① 0 ② 1

③ 2 ④ 3

유제 **5-2** 방정식 $[x]^2-3[x]+2=0$을 만족시키는 x값의 범위는? (단, $[x]$는 x보다 크지 않은 최대의 정수)

① $0 \leq x < 4$ ② $1 \leq x < 3$

③ $\dfrac{1}{2} < x < \dfrac{5}{2}$ ④ $1 < x < 3$

Answer   5-1.①   5-2.②

6 판별식

✳ 다음 중 이차방정식 $ax^2 + 4x - 2 = 0$이 서로 다른 두 실근을 갖도록 하는 실수 a의 값의 범위로 옳은 것은?

① $-2 < a < 2$

② $a < 2$

③ $-2 < a < 0$ 또는 $a > 0$

④ $a < 0$ 또는 $0 < a < 2$

풀이 주어진 방정식은 이차방정식이므로 $a \neq 0$ ······ ㉠
또, 서로 다른 두 실근을 가지므로 $D > 0$
$$\frac{D}{4} = 2^2 - a(-2) = 4 + 2a > 0 \quad \therefore a > -2 \text{ ······ ㉡}$$
㉠과 ㉡에서 $-2 < a < 0$ 또는 $a > 0$

답 ③

유제 6-1 이차방정식 $4x^2 - (k-1)x + 1 = 0$이 중근을 갖도록 하는 모든 k의 값의 합을 구하면?

① -2

② -1

③ 0

④ 2

유제 6-2 x에 대한 이차방정식 $x^2 + 2kx + k^2 + k - 1 = 0$은 허근을 가지고, 이차방정식 $x^2 - 2x + 2k - 3 = 0$은 실근을 가진다고 할 때, 실수 k의 값의 범위는?

① $-1 \leq k < 0$

② $-1 \leq k < 1$

③ $-1 \leq k < 3$

④ $1 < k \leq 2$

Answer   6-1.④ 6-2.④

7   근과 계수의 관계

2014년 6월 28일 서울특별시 기출유형

✳ 이차방정식 $x^2 - 2x - 2 = 0$의 두 근을 α, β라 할 때, $\dfrac{\alpha^3 + \beta^3}{\alpha + \beta}$의 값은?

① 9   ② 10

③ 11   ④ 12

풀이 $x^2 - 2x - 2 = 0$의 두 근을 α, β라 하면

$\alpha + \beta = 2$, $\quad \alpha\beta = -2$

$\dfrac{\alpha^3 + \beta^3}{\alpha + \beta} = \dfrac{(\alpha+\beta)^3 - 3\alpha\beta(\alpha+\beta)}{\alpha+\beta}$

$\qquad\quad = (\alpha+\beta)^2 - 3\alpha\beta$

$\qquad\quad = 10$

답 ②

유제 7-1 이차방정식 $x^2 - 3x + 5 = 0$의 두 근을 α, β라 할 때, 다음 중 $\dfrac{\beta}{\alpha}$, $\dfrac{\alpha}{\beta}$를 두 근으로 하는 이차방정식은?

① $x^2 - 5x + 1 = 0$ ② $x^2 + x + 5 = 0$

③ $5x^2 + x + 1 = 0$ ④ $5x^2 + x + 5 = 0$

유제 7-2 이차방정식 $x^2 + 2x + 3 = 0$의 두 근을 α, β라 할 때, $(\alpha^2 + 5\alpha + 3)(\beta^2 + 7\beta + 3)$의 값은?

① 40   ② 45

③ 50   ④ 55

Answer   7-1.④   7-2.②

8   이차방정식의 켤레근

✳ 이차방정식 $x^2 + ax + b = 0$의 한 근이 $3 + \sqrt{2}\,i$일 때, $a + b$의 값은? (단, a, b는 실수)

① 3   ② 4

③ 5   ④ 6

풀이 한 근이 $3 + \sqrt{2}\,i$이므로
다른 한 근은 $3 - \sqrt{2}\,i$이다.
따라서 근과 계수의 관계에 의하여
$(3 + \sqrt{2}\,i) + (3 - \sqrt{2}\,i) = -a$
$(3 + \sqrt{2}\,i)(3 - \sqrt{2}\,i) = b$
$a = -6, \; b = 11$
$\therefore a + b = 5$

답 ③

유제 8-1 유리계수 이차방정식 $x^2 + ax + b = 0$의 한 근이 $2 - \sqrt{3}$일 때, ab의 값은?

① -4 ② -3

③ -2 ④ -1

유제 8-2 계수가 유리수인 이차방정식 $x^2 + ax + b = 0$의 한 근이 $2 + \sqrt{3}$일 때, 이차방정식 $x^2 + bx + a = 0$의 두 근의 차의 제곱은?

① 13   ② 15

③ 17   ④ 19

9 $f(x)=0$과 $f(ax+b)=0$의 관계

✴ 이차방정식 $f(x)=0$의 두 근을 α, β라 할 때, $\alpha+\beta=3$, $\alpha\beta=2$가 성립한다.
이때, 방정식 $f(2x-3)=0$의 두 근의 곱은?

① 2   ② 3

③ 4   ④ 5

풀이 $f(x)=a(x-\alpha)(x-\beta)$로 놓으면

$f(2x-3)=0$의 두 근은

$\dfrac{\alpha+3}{2}$, $\dfrac{\beta+3}{2}$이므로

$$(\text{두 근의 곱})=\dfrac{\alpha+3}{2}\times\dfrac{\beta+3}{2}$$
$$=\dfrac{\alpha\beta+3(\alpha+\beta)+9}{4}$$
$$=\dfrac{2+3\times3+9}{4}=5$$

답 ④

유제 9-1 이차방정식 $f(x)=0$의 두 근을 α, β라 할 때, $\alpha+\beta=6$이다. 방정식 $f(5x-7)=0$의 두 근의
합은?

① 2   ② 4

③ 6   ④ 8

유제 9-2 이차방정식 $f(x)=0$의 두 근의 합이 2, 곱이 3일 때, 이차방정식 $f(2x+1)=0$의 두 근의 합과
곱을 순서대로 쓰면?

① -1, $\dfrac{1}{2}$ ② -1, 1

③ 0, 1 ④ 0, $\dfrac{1}{2}$

Answer   9-1.②   9-2.④

10 이차방정식의 실근의 부호

예제문제 10

✳ 이차방정식 $(k^2+1)x^2-4kx+3=0$의 두 근이 모두 양수가 되도록 하는 실수 k의 값의 범위는?

① $k \leq -\sqrt{3}$ ② $k > 0$

③ $k \geq \sqrt{3}$ ④ $-\sqrt{3} \leq k \leq \sqrt{3}$

풀이 주어진 방정식의 두 근을 α, β라 하면 두 근이 모두 양수이므로

$$\frac{D}{4} = 4k^2 - 3(k^2+1) = k^2 - 3 \geq 0$$

$$(k-\sqrt{3})(k+\sqrt{3}) \geq 0$$

$$\therefore k \leq -\sqrt{3} \ \text{또는} \ k \geq \sqrt{3} \qquad \cdots \cdots \cdots ㉠$$

$$\alpha + \beta = \frac{4k}{k^2+1} > 0 \quad \therefore k > 0 \qquad \cdots \cdots \cdots ㉡$$

$$\alpha\beta = \frac{3}{k^2+1} > 0 \quad \therefore k\text{는 모든 실수} \qquad \cdots \cdots \cdots ㉢$$

㉠, ㉡, ㉢의 공통 범위를 구하면
$$k \geq \sqrt{3}$$

답 ③

유제 10-1 이차방정식 $x^2 - 2(m-7)x - m + 2 = 0$이 서로 다른 부호의 두 실근을 갖을 때, 양근이 음근의 절댓값보다 작기 위한 정수 m의 개수는?

① 없다   ② 3개

③ 4개   ④ 5개

유제 10-2 이차방정식 $(m^2+1)x^2 - 4mx + 3 = 0$의 두 근이 모두 음수가 되는 m의 범위는?

① $m \geq 6$ ② $m \leq -\sqrt{3}$

③ $m \leq -\sqrt{3}, \ m \geq \sqrt{3}$ ④ $m \geq \sqrt{3}$

Answer   10-1.③   10-2.②

연/습/문/제

복소수와 이차방정식

☞ 해설 P.449

2014년 9급 지방직

1 복소수 $z = 1 + i$일 때, z^{10}의 값은? (단, $i = \sqrt{-1}$ 이다.)

① $16i$
② $16 + 16i$
③ $32i$
④ $32 + 32i$

2014년 사회복지직

2 복소수 $z = \dfrac{\sqrt{2}}{1+i}$일 때, z^{2014}의 값은? (단, $i = \sqrt{-1}$)

① -1
② 1
③ $-i$
④ i

3 $f(x) = \left(\dfrac{1+x}{1-x}\right)^{50}$일 때, $f\left(\dfrac{1+i}{1-i}\right) + f\left(\dfrac{1-i}{1+i}\right)$의 값은?

① -2
② $-2i$
③ 0
④ $2i$

4 n이 짝수일 때, $\left(\dfrac{1+i}{\sqrt{2}}\right)^{4n} + \left(\dfrac{1-i}{\sqrt{2}}\right)^{4n+2}$의 값을 구하면? (단, $i = \sqrt{-1}$)

① -2
② 0
③ $1-i$
④ $1+i$

Answer 1.③ 2.④ 3.① 4.③

5 두 식 $(x+1)\left(x+\dfrac{1-i}{1+i}\right)=2+y\left(\dfrac{1-i}{1+i}\right)$를 만족하는 실수 $x,\,y$에 대하여 xy의 값은? (단, $i=\sqrt{-1}$)

① 1

② 2

③ 3

④ 6

6 $(2+i)(1-i)+\dfrac{2}{1-i}$를 $a+bi$의 꼴로 나타낼 때, $a+b$의 값은? (단, $i^2=-1$, a, b는 실수이다.)

① 3

② 4

③ 5

④ 6

7 두 실수 x, y에 대하여 복소수 $z=xy+(x+y)i$ 가 $z+\overline{z}=4$, $z\overline{z}=13$ 을 만족할 때, x^2+y^2 의 값은? (단, $i=\sqrt{-1}$ 이고 $\overline{z}$ 는 z 의 켤레복소수이다.)

① 1

② 3

③ 5

④ 7

8 등식 $\dfrac{a}{1+i}+\dfrac{b}{1-i}=2-i$를 만족하는 두 실수 a, b에 대하여 a^2-b^2의 값은? (단, $i=\sqrt{-1}$)

① -10

② -8

③ 8

④ 10

Answer 5.② 6.② 7.③ 8.③

9 $\sqrt{ab}=-\sqrt{a}\sqrt{b}$, $\sqrt{\dfrac{d}{c}}=-\dfrac{\sqrt{d}}{\sqrt{c}}$ 일 때, 다음 식 $\sqrt{a^2}-|b|-\sqrt{c^2}+\sqrt{(b+c)^2}-|a-d|$를 간단히 하면?
(단, a, b, c, d는 실수)

① $2b-c-d$ 　　　　　　② $2a+b$

③ $-d$ 　　　　　　④ $-a-b+c-d$

10 $x=\dfrac{-1+\sqrt{3}\,i}{2}$ 일 때, $x^4+x^3+2x^2+x+3$의 값은? (단, $i=\sqrt{-1}$)

① -2 　　　　　　② $\dfrac{-1+\sqrt{3}\,i}{2}$

③ 0 　　　　　　④ 2

2014년 4월 19일 안전행정부 기출유형

11 $x^2-2(k-a)x+(k-1)^2+a-b=0$이 k의 값에 관계없이 중근을 가질 때, $a+b$의 값은?
(단 a, b는 상수)

① 1 　　　　　　② 2

③ 4 　　　　　　④ 6

1990년 총무처 9급 행정직

12 이차방정식 $x^2-ax+a=0$이 서로 다른 두 허근을 가질 때, a의 값의 범위는?

① $a<-4$ 　　　　　　② $-4<a<0$

③ $0<a<4$ 　　　　　　④ $a>4$

Answer 　9.③ 　10.④ 　11.② 　12.③

2016년 9급 국가직

13 이차방정식 $f(x)=0$의 두 근의 합이 8일 때, 이차방정식 $f(3x-2)=0$의 두 근의 합은?

① 1 ② 2

③ 3 ④ 4

2014년 9급 국가직

14 x에 대한 이차방정식 $x^2+(k+2)x+(k-1)p+q-1=0$이 실수 k의 값에 관계없이 항상 1을 근으로 가질 때, 상수 p, q의 합 $p+q$의 값은?

① -4 ② -3

③ -2 ④ -1

2013년 9급 국가직

15 서로 다른 두 이차방정식 $x^2+kx+5=0$, $x^2+5x+k=0$이 오직 하나의 공통인 근 α를 가질 때, 상수 k와 근 α의 합 $k+\alpha$의 값은?

① -9 ② -7

③ -5 ④ -3

2014년 9급 지방직

16 최고차항의 계수가 모두 1인 두 이차식 $f(x)$, $g(x)$에 대하여, 방정식 $f(x)=-g(x)$의 해집합이 $\{3, a\}$이고 방정식 $f(x)g(x)=0$의 해집합이 $\{3, 5, 9\}$일 때, 실수 a의 값은?

① 4 ② 5

③ 6 ④ 7

Answer 13.④ 14.① 15.③ 16.④

17 다항식 $x^2 - 2xy - 3y^2 + kx + 7y - 2$가 x, y에 대한 일차식의 곱으로 인수분해될 때, 정수 k의 값은?

① -2 ② -1

③ 1 ④ 2

1990년 총무처 9급 행정직

18 $x^2 - (m+1)x + 2m = 0$에서 두 근의 차가 1이 되게 m의 값을 구하면? (단, $m > 0$)

① 5 ② 6

③ 7 ④ 8

19 이차방정식 $x^2 + kx + k - 1 = 0$의 한 근이 다른 근의 2배가 되게 하는 상수 k값들의 곱은?

① $\dfrac{5}{2}$ ② $\dfrac{7}{2}$

③ $\dfrac{9}{2}$ ④ $\dfrac{11}{2}$

1994년 전북 9급 행정직

20 이차방정식 $ax^2 + bx + c = 0 \ (a \neq 0)$에서 a, b, c가 복소수일 때, 다음 중 옳은 것은?

① $b^2 - 4ac = 0$이면 $x = -\dfrac{b}{2a}$ 인 하나의 실근을 갖는다.

② $ac < 0$이면 서로 다른 두 실근을 갖는다.

③ 두 근은 $x = \dfrac{-b \pm \sqrt{b^2 - 4ac}}{2a}$ 이다.

④ 두 근을 α, β라면 $\alpha + \beta = -\dfrac{b}{a}$, $\alpha\beta = \dfrac{c}{a}$ 이다.

Answer   17.② 18.② 19.③ 20.④

05 이차방정식과 이차함수

Check!

예 이차함수 $y = x^2 + ax + b$의 꼭짓점이 $(3, -4)$일 때, 상수 a, b의 합 $a+b$의 값은?

$y = (x-3)^2 - 4 = x^2 - 6x + 5$
$\therefore a + b = -6 + 5 = -1$

SECTION 1   **이차함수의 그래프**

$y = ax^2 + bx + c = a\left(x + \dfrac{b}{2a}\right)^2 - \dfrac{b^2 - 4ac}{4a}$ 의 그래프에 대하여

(1) 꼭짓점의 좌표 : $\left(-\dfrac{b}{2a}, \ -\dfrac{b^2 - 4ac}{4a}\right)$

(2) 대칭축의 방정식 : $x = -\dfrac{b}{2a}$

POINT 팁

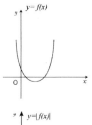

SECTION 2   **절댓값 기호를 포함한 식의 그래프**

(1) $y = |f(x)|$의 그래프

$y = f(x)$의 그래프를 그린 후 $y \geq 0$인 부분은 그대로 두고, $y < 0$인 부분을 x축에 대하여 대칭이동한다.

(2) $y = f(|x|)$의 그래프

$y = f(x)$의 그래프를 그린 후 $x \geq 0$인 부분은 그대로 두고, $x \geq 0$인 부분을 y축에 대하여 대칭이동하여 $x < 0$인 부분을 그린다.

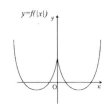

(3) $|y| = f(x)$의 그래프

$y = f(x)$의 그래프를 그린 후 $y \geq 0$인 부분은 그대로 두고, $y \geq 0$인 부분을 x축에 대하여 대칭이동하여 $y < 0$인 부분을 그린다.

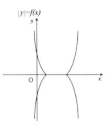

(4) $|y| = f(|x|)$ 의 그래프

$y = f(x)$ 의 그래프를 그린 후 $x \geq 0$, $y \geq 0$인 부분은 그대로 두고 이 그래프를 x축, y축 및 원점에 대하여 각각 대칭이동한다.

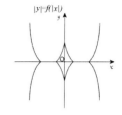

SECTION 3   제한된 범위에서의 이차함수의 최대 · 최소

정의역이 $\{x \mid \alpha \leq x \leq \beta\}$인 이차함수 $f(x) = a(x-m)^2 + n$에 대하여

(1) $\alpha \leq m \leq \beta$일 때, $f(\alpha)$, $f(\beta)$, $f(m)$ 중에서 가장 큰 값이 최댓값, 가장 작은 값이 최솟값이다.

(2) $m < \alpha$ 또는 $m > \beta$일 때, $f(\alpha)$, $f(\beta)$ 중에서 큰 값이 최댓값, 작은 값이 최솟값이다.

SECTION 4   이차함수의 그래프와 직선의 위치 관계

이차함수 $y = ax^2 + bx + c$와 직선 $y = mx + n$을 연립한 이차방정식 $ax^2 + (b-m)x + (c-n) = 0$의 판별식을 D라 할 때,

(1) $D > 0 \Leftrightarrow$ 서로 다른 두 점에서 만난다.

(2) $D = 0 \Leftrightarrow$ 한 점에서 만난다(접한다).

(3) $D < 0 \Leftrightarrow$ 만나지 않는다.

POINT 팁 이차함수의 그래프와 x축의 위치 관계

이차방정식 $ax^2 + bx + c = 0$의 판별식을 D라 할 때,
① $D > 0 \Leftrightarrow$ 서로 다른 두 점에서 만난다.
② $D = 0 \Leftrightarrow$ 한 점에서 만난다. (접한다)
③ $D < 0 \Leftrightarrow$ 만나지 않는다.

예제&유제문제

05 >> 이차방정식과 이차함수

☞ 해설 P.452

1 이차함수의 그래프와 부호

➤ 예제문제 01

* 다음 그림은 이차함수 $y=ax^2+bx+c$의 그래프이다. 이때, 계수 a, b, c와 판별식 $D=b^2-4ac$의 부호가 옳게 나타난 것은?

① $a<0$, $b>0$, $c<0$, $D>0$
② $a<0$, $b<0$, $c<0$, $D>0$
③ $a<0$, $b<0$, $c<0$, $D<0$
④ $a>0$, $b>0$, $c>0$, $D<0$

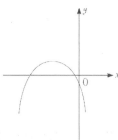

풀이 $y=ax^2+bx+c$의 그래프에서
(i) 위로 볼록한 포물선이므로 $a<0$
(ii) y절편이 음수이므로 $c<0$
(iii) 대칭축의 방정식 $x=-\dfrac{b}{2a}$이 왼쪽에 위치하므로 $-\dfrac{b}{2a}<0$
　　　그런데 (i)에서 $a<0$이므로 $b<0$
(iv) 함수의 그래프가 x축과 두 점에서 만나므로 $D>0$
∴ $a<0$, $b<0$, $c<0$, $D>0$

답 ②

유제 1-1 이차함수 $y=ax^2+bx+c$의 그래프가 오른쪽 그림과 같을 때, $y=cx^2+bx+a$의 그래프는 제 몇 사분면을 지나는가?

① 제1, 3사분면
② 제1, 3, 4사분면
③ 제2, 3, 4사분면
④ 제3, 4사분면W

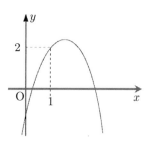

유제 1-2 이차함수 $y=ax^2+bx+c$의 그래프가 오른쪽 그림과 같을 때, 다음 중 그 부호가 다른 하나는?

① a
② c
③ $a+b+c$
④ $a-b+c$

Answer　1-1. ②　1-2. ③

2 이차함수 그래프의 평행이동

예제문제 02

※ 포물선 $y = x^2 + ax + b$를 x축의 방향으로 -1만큼, y축 방향으로 3만큼 평행이동했더니 꼭짓점의 좌표가 $(-3, 4)$가 되었다. 이때, $a+b$의 값은?

① 7   ② 8

③ 9   ④ 10

풀이 꼭짓점 (p, q)를 x축의 방향으로 -1만큼, y축 방향으로 3만큼 평행이동했더니 좌표가 $(-3, 4)$가 되었다

즉, $(p, q) \rightarrow (p-1, q+3) - (-3, 4)$

$p = -2, \ q = 1$

$y = x^2 + ax + b \Rightarrow y = (x+2)^2 + 1 = x^2 + 4x + 5$

$a = 4, \ b = 5$

$\therefore a + b = 9$

답 ③

유제 2-1 이차함수 $y = x^2 + 2x - 3$의 그래프를 x축에 대하여 대칭이동한 후 y축의 방향으로 3만큼 평행이동한 그래프의 꼭짓점의 좌표가 (p, q)일 때, $p+q$의 값은?

① 6   ② 7

③ 8   ④ 9

유제 2-2 이차함수 $y = 2x^2 + 4x$의 그래프는 $y = 2x^2$의 그래프를 x축의 방향으로 a만큼, y축의 방향으로 b만큼 평행이동한 것이다. 이때, $a+b$의 값은?

① -5 ② -3

③ -1 ④ 1

Answer   2-1.①   2-2.②

3 절댓값 기호를 포함한 함수

예제문제 03

✱ 함수 $y=|2x+4|+|x|$의 최솟값은?

① 0
② 2
③ 4
④ 6

풀이 절댓값 기호 안을 0으로 하는 x의 값은 $x=0$, $2x+4=0$에서 $x=-2$

(i) $x<-2$일 때,
$$y=-(2x+4)-x=-3x-4$$
(ii) $-2 \leq x<0$일 때,
$$y=(2x+4)-x=x+4$$
(iii) $x \geq 0$일 때,
$$y=(2x+4)+x=3x+4$$

따라서 함수 $y=|2x+4|+|x|$의 그래프는 오른쪽 그림과 같으므로
$x=-2$일 때 최솟값 2를 갖는다.

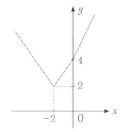

답 ②

유제 3-1 함수 $f(x)=|x+1|+|x|+|x-1|$의 최솟값은?

① 1
② 2
③ 3
④ 4

유제 3-2 $-2 \leq x \leq 1$일 때, 함수 $y=|x^2+2x-5|$의 최댓값과 최솟값의 합은?

① 4
② 5
③ 6
④ 8

4 절댓값 식을 포함한 그래프

예제문제 04

* 함수 $y = f(x)$의 그래프가 오른쪽 그림과 같을 때, 다음 중 $|y| = f(|x|)$의 그래프는?

①

②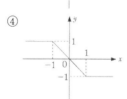

③

④

풀이 $|y| = f(|x|)$의 그래프는 $y = f(x)$의 $x \geq 0$, $y \geq 0$일 때의 그래프를
x축, y축, 원점에 대하여 대칭이동하면 된다.
따라서 구하는 그래프는 ③이다.

답 ③

유제 4-1 $2|x| + 3|y| = a$의 그래프로 둘러싸인 부분의 넓이가 48일 때, a의 값은?

① 4   ② 6

③ 8   ④ 12

유제 4-2 다음 중 $|y| = f(|x|)$의 그래프가 될 수 있는 것은?

①

②

③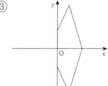

④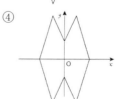

Answer   4-1.④   4-2.④

5 최대·최소 Ⅰ

> **예제문제 05**

✳ 이차함수 $y = 2x^2 + px + q$는 $x = 1$일 때 최솟값 2를 갖는다고 한다. 이때, 상수 p, q에 대하여 $p + q$의 값은?

① 0　　　　　　　　　　　　② 1
③ 2　　　　　　　　　　　　④ 3

풀이　최고차항의 계수가 2이고
　　　$x = 1$일 때 최솟값 2를 갖는 이차함수는
　　　$y = 2(x-1)^2 + 2$
　　　　$= 2(x^2 - 2x + 1) + 2$
　　　　$= 2x^2 - 4x + 4$
　　　즉, $y = 2x^2 - 4x + 4$와 $y = 2x^2 + px + q$가 같은 함수이므로
　　　$p = -4, \ q = 4$
　　　$p + q = 0$

답 ①

> **유제 5-1**　$-1 \le x \le 3$에서 정의된 함수 $f(x) = -2x^2 + 8x + a$의 최댓값이 5가 되도록 상수 a의 값을 정할 때, 함수 $f(x)$의 최솟값은?

　　　① -11　　　　　　　　② -12
　　　③ -13　　　　　　　　④ -14

> **유제 5-2**　함수 $y = (x^2 - 2x + 3)^2 - 2(x^2 - 2x + 3) + 1$의 최솟값은?

　　　① -2　　　　　　　　② -1
　　　③ 0　　　　　　　　　④ 1

6 최대 · 최소 Ⅱ

예제문제 **06**

✻ $x^2 + y^2 = 1$을 만족하는 두 실수 x, y에 대하여 $4x + y^2$의 최댓값을 M, 최솟값을 m이라 할 때, $M - m$의 값은?

① 6   ② 7

③ 8   ④ 9

풀이 $x^2 + y^2 = 1$에서 $y^2 = 1 - x^2$

$y^2 \geq 0$이므로 $1 - x^2 \geq 0$

$(x+1)(x-1) \leq 0$

$-1 \leq x \leq 1$

$4x + y^2 = 4x + (1 - x^2) = -(x-2)^2 + 5$

따라서 $x = 1$일 때 최댓값은 4, $x = -1$일 때 최솟값은 -4이므로

$\therefore M - m = 4 - (-4) = 8$

답 ③

유제 6-1 실수 x, y에 대하여 $x^2 + y^2 = 1$일 때, $x^2 + 2x + y^2$의 최댓값과 최솟값의 합은?

① 1   ② 2

③ 3   ④ 4

유제 6-2 $-3 \leq x \leq 2$에서 함수 $y = x^2 - 2|x| + 3$의 최댓값은?

① 3   ② 4

③ 5   ④ 6

Answer   6-1. ②   6-2. ④

7 이차함수 그래프와 직선의 위치 관계

➤ **예제문제 07**

✳ 이차함수 $y = -x^2$의 그래프와 직선 $y = ax + 4$가 만나지 않도록 상수 a의 값의 범위를 구하면?

① $-2 < a < 2$

② $a < -2$ 또는 $a > 2$

③ $-1 < a < 1$

④ $-4 < a < 4$

풀이 $y = -x^2$와 $y = ax + 4$가 만나지 않도록 하기 위해선
이차방정식 $-x^2 = ax + 4$의 판별식이 0보다 작아야 한다.
$x^2 + ax + 4 = 0$
$D = a^2 - 4^2 < 0$에서
$(a + 4)(a - 4) < 0$
$\therefore -4 < a < 4$

답 ④

유제 7-1 이차함수 $y = x^2 - kx + 4$의 그래프가 x축과 서로 다른 두 점에서 만나기 위한 상수 k의 값의 범위를 구하면?

① $k < -2, \ k > 2$

② $k < -4, \ k > 4$

③ $k < -1, \ k > 1$

④ $k < 0, \ k > 4$

유제 7-2 직선 $y = mx - 4$가 이차함수 $y = 2x^2 - 2$의 그래프에 접할 때 m의 값은?

① $m = \pm 1$

② $m = \pm 2$

③ $m = \pm 4$

④ $m = \pm 5$

Answer   7-1.②   7-2.③

☞ 해설 P.453

1 실수 전체의 집합에서 정의된 함수 $f(x) = |x-3| + kx - 6$의 역함수가 존재할 때, 상수 k의 값의 범위는?

① $-1 < k < 1$

② $-1 \leq k \leq 1$

③ $-1 \leq k < 1$

④ $k < -1$ 또는 $k > 1$

2013년 9급 지방직

2 이차함수 $y = ax^2 + bx + c$의 그래프가 그림과 같을 때, 옳지 않은 것은? (단, a, b, c는 상수)

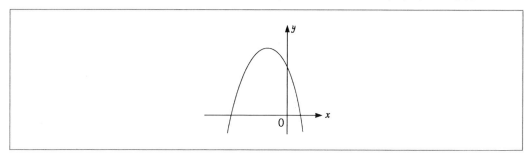

① $a < 0$

② $b > 0$

③ $c > 0$

④ $b^2 > 4ac$

2015년 9급 지방직

3 이차함수 $f(x)$가 모든 실수 x에 대하여 $f(x) = f(6-x)$를 만족시키고 이차항의 계수가 양수일 때, $f(x)$의 최솟값은?

① $f(0)$

② $f(1)$

③ $f(2)$

④ $f(3)$

Answer 1.④ 2.② 3.④

1990년 총무처 9급 행정직

4 $y = -x^2 + px + q$가 $x = 1$에서 최댓값 4를 가질 때, $p+q$의 값을 구하면?

① -1 ② 3

③ 5   ④ 6

2014년 9급 국가직

5 점 $(a,\ b)$가 직선 $y = x + 4$ 위의 점일 때, $a^2 + b^2$의 최솟값은?

① 0   ② 4

③ 8   ④ 12

2016년 9급 지방직

6 닫힌 구간 $[0,\ 1]$에서 함수 $f(x) = px^2 - 2x + q$의 최솟값이 1일 때, 상수 p, q의 합 $p+q$의 값은? (단, $0 < p < 1$)

① 3   ② $\dfrac{7}{2}$

③ 4   ④ $\dfrac{9}{2}$

2016년 사회복지직

7 이차방정식 $x^2 - 2ax + a = 0$의 한 근은 1보다 크고, 다른 한 근은 1보다 작도록 하는 실수 a의 범위는?

① $a > 1$ ② $a < 1$

③ $a > 3$ ④ $a < 3$

Answer   4.③   5.③   6.①   7.①

1993년 경기도 9급 행정직

8 포물선 $y^2 = 4x - 4$와 직선 $y = 2x + 1$ 사이의 최단거리를 구하면?

① $\dfrac{\sqrt{5}}{2}$ ② $\dfrac{\sqrt{5}}{3}$

③ $\sqrt{5}$ ④ $3\sqrt{5}$

9 두 함수 $f(x) = x^2 - 1$, $g(x) = x^2 - 2$에 대하여 $-3 \le x \le 1$에서 합성함수 $y = (g \circ f)(x)$의 최댓값을 M, 최솟값을 m이라 할 때, $M - m$의 값은?

① 60   ② 61

③ 62   ④ 64

10 포물선 $y = x^2 - 2x + 2$가 직선 $y = kx - 2$보다 항상 위쪽에 있도록 하는 상수 k의 값의 범위는?

① $-6 < k < 2$ ② $-4 < k < 2$

③ $-4 < k < 0$ ④ $-2 < k < 0$

Answer   8.①   9.④   10.①

11 포물선 $y = kx^2 - 2x + k$와 x축과 만나는 두 점 사이의 거리가 $2\sqrt{3}$일 때, k의 값은?

① $\pm\dfrac{1}{2}$ ② $\pm\dfrac{1}{4}$

③ ± 1 ④ ± 2

2015년 9급 지방직

12 그림과 같이 이차함수 $y = f(x)$는 최솟값 α를 갖고 $f(\alpha) = f(\beta) = 0$이다. 방정식 $(f \circ f)(x) = 0$의 서로 다른 실근의 개수는?

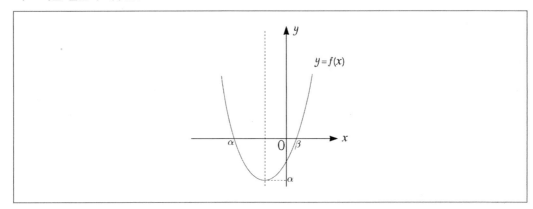

① 1   ② 2

③ 3   ④ 4

Answer   11.①   12.③

06 여러 가지 방정식

SECTION 1 고차방정식의 풀이

(1) 인수정리에 의한 조립제법

고차방정식 $f(x)=0$의 좌변을 인수정리와 조립제법을 이용하여 인수분해 한다.

(2) 복이차방정식 $ax^4+bx^2+c=0$의 풀이

$x^2=X$로 치환한다.

(3) 상반방정식 $ax^4+bx^3+cx^2+bx+a=0 \ (a\neq 0)$의 풀이

① 각 항을 x^2으로 나눈다.

② $x+\dfrac{1}{x}=t$로 치환한다.

> **POINT 팁**
> 다항식 $f(x)$의 인수는
> $\pm\dfrac{\text{상수항의 약수}}{\text{최고차항의 계수의 약수}}$ 중에서
> $f(\alpha)=0$을 만족시키는 α를 찾는다.

SECTION 2 삼차방정식의 근과 계수와의 관계

(1) 세 수 $\alpha,\ \beta,\ \gamma$를 근으로 하고 x^3의 계수가 1인 삼차방정식은

$(x-\alpha)(x-\beta)(x-\gamma)=0 \Leftrightarrow x^3-(\alpha+\beta+\gamma)x^2+(\alpha\beta+\beta\gamma+\gamma\alpha)x-\alpha\beta\gamma=0$

(2) 삼차방정식의 근과 계수의 관계

삼차방정식 $ax^3+bx^2+cx+d=0 \ (a\neq 0)$의 세 근을 $\alpha,\ \beta,\ \gamma$라 하면

① $\alpha+\beta+\gamma=-\dfrac{b}{a}$　　② $\alpha\beta+\beta\gamma+\gamma\alpha=\dfrac{c}{a}$　　③ $\alpha\beta\gamma=-\dfrac{d}{a}$

SECTION 3 켤레근 : 삼차방정식 $ax^3+bx^2+cx+d=0$

(1) $a,\ b,\ c,\ d$가 유리수일 때 ➡ $p+q\sqrt{m}$ 이 근이면 $p-q\sqrt{m}$도 근

(단, $p,\ q$는 유리수, $q\neq 0$, $\sqrt{m}$ 은 무리수)

(2) $a,\ b,\ c,\ d$가 실수일 때 ➡ $p+qi$가 근이면 $p-qi$도 근

(단, $p,\ q$는 실수, $q\neq 0$, $i=\sqrt{-1}$)

SECTION 4 삼차방정식의 허근의 성질

방정식 $x^3 = 1$의 한 허근을 ω라 하고 ω의 켤레복소수를 $\overline{\omega}$라 하면
$x^3 - 1 = 0$, $(x-1)(x^2 + x + 1) = 0$에서

(1) $\omega^3 = 1$, $\omega^2 + \omega + 1 = 0$ **(2)** $\omega + \overline{\omega} = -1$, $\omega\overline{\omega} = 1$ **(3)** $\omega^2 = \dfrac{1}{\omega} = \overline{\omega}$

SECTION 5 연립방정식

(1) 일차식과 이차식의 연립방정식

일차방정식을 한 문자에 대하여 정리한 다음, 이차방정식에 대입하여 푼다.

(2) 이차식과 이차식의 연립방정식

① 인수분해법 : 상수항이 0인 식을 인수분해하여 각각의 일차방정식과 다른 이차방정식을 연립하여 푼다.
② 상수항 소거법 : 상수항이 아닌 두 방정식의 상수항을 소거한 다음 위와 같은 방법으로 푼다.
③ 최고차항 소거법 : 이차항을 소거한 후 일차식을 이차식에 대입하여 푼다.

(3) x, y에 대한 대칭식

① x와 y를 바꾸어도 주어진 식이 변하지 않는 식을 대칭식이라고 한다.
② $x + y = u$, $xy = v$로 놓고 u, v의 값을 구한 후 이차방정식 $t^2 - ut + v = 0$을 이용하여 해를 구한다.

POINT 팁

$\begin{cases} ax + by + c = 0 \\ a'x + b'y + c' = 0 \end{cases}$의 해

① $\dfrac{a}{a'} \neq \dfrac{b}{b'}$ 일 때, 한 쌍의 해를 가진다.
 (두 직선이 만난다.)

② $\dfrac{a}{a'} = \dfrac{b}{b'} = \dfrac{c}{c'}$ 일 때, 해는 무수히 많다.
 (부정, 두 직선이 일치한다.)

③ $\dfrac{a}{a'} = \dfrac{b}{b'} \neq \dfrac{c}{c'}$ 일 때, 해는 없다.
 (불능, 두 직선이 평행하다.)

SECTION 6 공통근

두 방정식 $f(x) = 0$, $g(x) = 0$의 공통근을 α로 놓고, α에 대한 연립방정식 $\begin{cases} f(\alpha) = 0 \\ g(\alpha) = 0 \end{cases}$을 풀어 공통근 α를 구한다.

SECTION 7 부정방정식

(1) 정수 조건의 부정방정식

(일차식)×(일차식)=(정수) 꼴로 변형하여 조건에 맞는 근을 구한다.

(2) 실수 조건의 부정방정식

① 실수 a, b에 대하여 $a^2 + b^2 = 0 \Leftrightarrow a = 0$, $b = 0$임을 이용한다.
② 한 문자에 관하여 정리한 다음 판별식 $D \geq 0$을 이용한다.

예제&유제문제

≪

여러 가지 방정식

☞ 해설 P.455

1 삼차방정식의 풀이

➤ **예제문제 01**

* 삼차방정식 $x^3 + x^2 + 2x - 4 = 0$에서 모든 허근의 합을 구하면?

① 0 ② -2

③ 4 ④ -6

풀이 조립제법을 이용해 인수분해 한다.

$$
\begin{array}{r|rrrr}
 & 1 & 1 & 2 & -4 \\
1 & & 1 & 2 & 4 \\
\hline
 & 1 & 2 & 4 & 0
\end{array}
$$

$x^3 + x^2 + 2x - 4 = (x-1)(x^2 + 2x + 4)$

$x^2 + 2x + 4$의 판별식이 $D < 0$이므로 이 식의 근은 모두 허근이다.

따라서 모든 허근의 합은 근과 계수와의 관계식에 의해 -2가 된다.

답 ②

유제 1-1 삼차방정식 $x^3 - mx^2 + 24x - 2m + 4 = 0$의 한 근이 2일 때, 다른 두 근의 합은?

① 2 ② 4

③ 6 ④ 8

유제 1-2 삼차방정식 $x^3 - 4x^2 + x + 6 = 0$의 세 근의 절댓값의 합은?

① 5 ② 6

③ 7 ④ 8

Answer 1-1.④ 1-2.②

2 사차방정식의 풀이

➤ **예제문제 02**

✽ **방정식 $(x-1)(x-3)(x+5)(x+7)+55=0$의 모든 근의 곱은?**

  ① -160 ② -16

  ③ -10 ④ 160

풀이 $(x-1)(x-3)(x+5)(x+7)+55=0$에서
$\{(x-1)(x+5)\}\{(x-3)(x+7)\}+55=0$,
$(x^2+4x-5)(x^2+4x-21)+55=0$
이때, $x^4+4x=X$라 하면
$(X-5)(X-21)+55=0$, $X^2-26X+160=0$, $(X-10)(X-16)=0$
∴ $X=10$ 또는 $X=16$
(i) $X=10$일 때, $x^2-4x-10$에서 $x^2+4x-10=0$
    근과 계수의 관계에 의하여 이 방정식의 모든 근의 곱은 -10
(ii) $X=16$일 때, $x^2+4x=16$에서 $x^2+4x-16=0$
    근과 계수의 관계에 의하여 이 방정식의 모든 근의 곱은 -16
(i), (ii)에서 주어진 방정식의 모든 근의 곱은 $-10\times(-16)=160$

답 ④

유제 2-1 방정식 $x^4+4x^3+6x^2+4x+1=0$의 한 근을 α라 할 때, $\alpha+\dfrac{1}{\alpha}$의 값은?

  ① -2 ② -1

  ③ 1 ④ 2

유제 2-2 사차방정식 $x^4+2x^2-3=0$의 두 실근의 곱은?

  ① -4 ② -3

  ③ -2 ④ -1

Answer   2-1.①   2-2.④

3 삼차방정식의 근과 계수의 관계

✱ **삼차방정식** $x^3 + 2x^2 - 3x - 1 = 0$**의 세 근을** α, β, γ**라 할 때,** $\alpha^3 + \beta^3 + \gamma^3$**의 값은?**

① -23 ② -21

③ -19 ④ -17

풀이 삼차방정식의 근과 계수의 관계에서
$\alpha + \beta + \gamma = -2$ ······㉠
$\alpha\beta + \beta\gamma + \gamma\alpha = -3$ ······㉡
$\alpha\beta\gamma = 1$ ······㉢
$\alpha^3 + \beta^3 + \gamma^3 - 3\alpha\beta\gamma = (\alpha + \beta + \gamma)\{(\alpha + \beta + \gamma)^2 - 3(\alpha\beta + \beta\gamma + \gamma\alpha)\}$
이 식에 ㉠, ㉡, ㉢의 값을 대입하면
$\alpha^3 + \beta^3 + \gamma^3 = (-2)\{(-2)^2 - 3(-3)\} + 3 \times 1 = -23$

답 ①

유제 **3-1** **방정식** $x^3 - x^2 + 3x - 3 = 0$**의 세 근을** α, β, γ**라 할 때,** $\dfrac{\beta + \gamma}{\alpha} + \dfrac{\gamma + \alpha}{\beta} + \dfrac{\alpha + \beta}{\gamma}$**의 값은?**

① -3 ② -2

③ -1 ④ 2

유제 **3-2** **삼차방정식** $x^3 - 3x - 1 = 0$**의 세 근을** α, β, γ**라 할 때,** $(1-\alpha)(1-\beta)(1-\gamma)$**의 값은?**

① -3 ② -2

③ -1 ④ 0

Answer   3-1.②   3-2.①

06. 여러 가지 방정식 | 71

4 켤레근

예제문제 04

✻ 삼차방정식 $x^3 - mx^2 + 24x - 2m + 4 = 0$의 한 근이 $4 - 2\sqrt{2}$일 때, 유리수 m의 값은?

① 6 　　　　　　　　　　　② 8

③ 10 　　　　　　　　　　 ④ 12

풀이 계수가 유리수인 방정식이므로 $4 - 2\sqrt{2}$가 근이면 $4 + 2\sqrt{2}$도 근이다.
　　나머지 한 근을 α라고 하면 근과 계수와의 관계에서
　　$(4 + 2\sqrt{2}) + (4 - 2\sqrt{2}) + \alpha = m$ ······ ㉠
　　$(4 + 2\sqrt{2})(4 - 2\sqrt{2})\alpha = 2m - 4$ ······ ㉡
　　㉠에서 $\alpha = m - 8$ ······ ㉢
　　㉡에서 $8\alpha = 2m - 4$ ······ ㉣
　　㉢을 ㉣에 대입하면
　　$8(m - 8) = 2m - 4$
　　$\therefore m = 10$

답 ③

유제 **4-1** 삼차방정식 $x^3 + 2x^2 + ax + b = 0$의 한 근이 $1 - 2i$이다. 이 방정식의 실근을 α라 할 때, α의 값은? (단 a, b는 실수)

① -5 　　　　　　　　　 ② -4

③ -3 　　　　　　　　　 ④ -2

유제 **4-2** x에 대한 삼차방정식 $x^3 - (a + 1)x^2 + 4x - a = 0$의 한 근이 $1 + i$일 때, 실수 a의 값은?

① 2 　　　　　　　　　　　② 4

③ 6 　　　　　　　　　　　④ 8

Answer 　　4-1.② 　4-2.①

5　방정식 $x^3=1$, $x^3=-1$의 허근 ω

➤ **예제문제 05**

＊ 방정식 $x^3=1$의 한 허근을 ω라 할 때, $\omega^{10}+\omega^5+1$의 값은?

　① -2 　　　　　　　　　　② -1
　③ 0 　　　　　　　　　　④ 1

풀이 ω가 방정식 $x^3-1=(x-1)(x^2+x+1)=0$

　∴ $x=1$ 또는 $x^2+x+1=0$

　따라서 ω는 $x^2+x+1=0$의 근

　∴ $\omega^2+\omega+1=0$, $\omega^3=1$

　$\omega^{10}+\omega^5+1=(\omega^3)^3\omega+\omega^3\omega^2+1$

　　　　　　$=\omega+\omega^2+1=0$

답 ③

유제 5-1 방정식 $x^3=1$의 한 허근을 ω라 할 때, $\dfrac{\omega+1}{\omega^2}$의 값은?

　① 0 　　　　　　　　　　② -1
　③ $-1+i$ 　　　　　　　　④ $2i$

유제 5-2 방정식 $x^3-1=0$의 한 허근을 ω라 할 때, $\omega^5+\omega^4-\dfrac{\omega^4}{1+w^5}$의 값은?

　① 0 　　　　　　　　　　② 1
　③ 2 　　　　　　　　　　④ 3

6 연립일차방정식

➤ **예제문제 06**

✳ **연립방정식** $\begin{cases} ax+y+z=1 \\ x+ay+z=1 \\ x+y+az=1 \end{cases}$의 해가 단 한 쌍 존재할 때, 다음 중 실수 a의 값이 될 수 없는 것은?

① -1 　　　　　　　　　　　　② 0

③ 1 　　　　　　　　　　　　　④ 2

풀이 $\begin{cases} ax+y+z=1 & \cdots\cdots ㉠ \\ x+ay+z=1 & \cdots\cdots ㉡ \\ x+y+az=1 & \cdots\cdots ㉢ \end{cases}$

㉠+㉡+㉢을 하면 $(a+2)(x+y+z)=3$

(i) $a=-2$일 때,

　　$0\cdot(x+y+z)=3$이므로 해가 존재하지 않는다.

(ii) $a=1$일 때,

　　세 개의 방정식은 모두 같으므로 해가 무수히 많다.

따라서 해가 한 쌍 존재하도록 하려면

$a\neq-2,\ a\neq1$

답 ③

유제 6-1 **연립방정식** $\begin{cases} x+y+z=6 \\ x-y+z=2 \\ x+y-z=0 \end{cases}$의 해를 $x=\alpha,\ y=\beta,\ z=\gamma$라 할 때, $\alpha\beta\gamma$의 값은?

① 4 　　　　　　　　　　　　② 6

③ 8 　　　　　　　　　　　　④ 10

유제 6-2 $A=\{(x,\ y)|kx+y=-3\}$, $B=\{(x,\ y)|2x+(k-1)y=6\}$에 대하여 $A\cap B=\varnothing$일 때, 상수 k의 값은?

① -1 　　　　　　　　　　　② 0

③ 1 　　　　　　　　　　　　④ 2

Answer　　6-1.② 6-2.④

7 연립이차방정식

✳ 연립방정식 $\begin{cases} x^2 - y^2 = 0 \\ x^2 - xy + 2y^2 = 8 \end{cases}$ 의 해가 아닌 것은?

① $\begin{cases} x = -2 \\ y = -2 \end{cases}$ ② $\begin{cases} x = 2 \\ y = 2 \end{cases}$

③ $\begin{cases} x = -\sqrt{2} \\ y = \sqrt{2} \end{cases}$ ④ $\begin{cases} x = \sqrt{2}\,i \\ y = -\sqrt{2}\,i \end{cases}$

풀이 $\begin{cases} x^2 - y^2 = 0 & \cdots\cdots ㉠ \\ x^2 - xy + 2y^2 = 8 & \cdots\cdots ㉡ \end{cases}$

㉠에서 $(x-y)(x+y) = 0$

∴ $y = x$ 또는 $y = -x$

(i) $y = x$를 ㉡에 대입하면

$x^2 - x^2 + 2x^2 = 8$, $x^2 = 4$

∴ $x = \pm 2$ 또는 $y = \pm 2$ (복부호동순)

(ii) $y = -x$를 ㉡에 대입하면

$x^2 - x(-x) + 2(-x)^2 = 8$, $x^2 = 2$

∴ $x = \pm\sqrt{2}$ 또는 $y = \mp\sqrt{2}$ (복부호동순)

이상에서 해가 아닌 것은 ④이다.

답 ④

유제 7-1 연립방정식 $\begin{cases} 6x^2 - xy - 2y^2 = 0 \\ x^2 - xy + y^2 = 7 \end{cases}$ 의 해집합의 원소의 개수는?

① 1   ② 2

③ 3   ④ 4

유제 7-2 연립방정식 $\begin{cases} 3x^2 + 4y^2 = 91 \\ x^2 - 3y^2 = -39 \end{cases}$ 를 만족하는 실수 x, y의 합 $x+y$의 최댓값은?

① 3   ② 5

③ 7   ④ 9

➤ **예제문제 08**

✱ 연립방정식 $\begin{cases} x+y=-5 \\ xy=6 \end{cases}$ 을 만족하는 x, y에 대하여 $|x-y|$의 값은?

① 1   ② 2

③ 3   ④ 4

풀이 연립방정식 $x+y=-5$, $xy=6$에서

x, y는 $t^2+5t+6=0$의 두 근이므로

$(t+2)(t+3)=0$

$\therefore\ t=-2$ 또는 $t=-3$

따라서 구하는 연립방정식의 해는

$\begin{cases} x=-2 \\ y=-3 \end{cases}$ 또는 $\begin{cases} x=-3 \\ y=-2 \end{cases}$

$\therefore\ |x-y|=1$

답 ①

유제 8-1 연립방정식 $\begin{cases} xy+x+y=-5 \\ x^2+xy+y^2=7 \end{cases}$ 의 해를 $x=\alpha$, $y=\beta$라 할 때, $\alpha\beta$의 최댓값은?

① -8 ② -6

③ -4 ④ -3

유제 8-2 합이 10이고, 제곱의 차가 40인 두 수의 차는?

① 2   ② 4

③ 6   ④ 8

Answer   8-1.④   8-2.②

➤ **예제문제 09**

✳ 방정식 $x^2 + y^2 - 2x - 2y - 3 = 0$을 만족하는 정수 x, y의 순서쌍 (x, y)의 개수는?

① 2　　　　　　　　　　　② 4

③ 6　　　　　　　　　　　④ 8

풀이 $x^2 + y^2 - 2x - 2y - 3 = 0$

$(x^2 - 2x + 1) + (y^2 - 2y + 1) = 5$

$(x-1)^2 + (y-1)^2 = 5$

x가 정수이므로 $x-1$이 취할 수 있는 값은 ±1, ±2이고,

그 각각의 경우에 $y-1$이 취할 수 있는 값이 2개이므로

순서쌍 (x, y)의 개수는 8이다.

답 ④

유제 9-1 방정식 $xy - x - y - 1 = 0$을 만족하는 자연수해의 합, $x + y$의 값은?

① 3　　　　　　　　　　　② 5

③ 7　　　　　　　　　　　④ 10

2013년 7월 27일 안전행정부 기출유형

유제 9-2 x에 대한 두 이차방정식 $x^2 + (2a+1)x - a - 3 = 0$, $x^2 + (a+1)x + a - 3 = 0$이 오직 하나의 공통근을 갖도록 하는 a의 값과 그 때의 공통근을 순서대로 적으면?

① -1, -2　　　　　　　② 1, -2

③ -1, 0　　　　　　　　④ -1, 2

Answer　　9-1.②　9-2.④

여러 가지 방정식

☞ 해설 P.457

1993년 경기도 9급 행정직

1 실계수 삼차방정식 $x^3+ax+b=0$의 한 근이 $1+i$일 때, ab의 값은?

① -4 ② 4

③ -8 ④ 8

2 삼차방정식 $x^3+3x-1=0$의 세 근을 α, β, γ라 할 때, $\alpha^2\beta^2+\beta^2\gamma^2+\gamma^2\alpha^2$의 값은?

① 5 ② 7

③ 9 ④ 11

3 방정식 $x^2+x+1=0$의 한 근을 ω라 할 때, $\omega^{100}+\omega^{99}+\omega^{98}+\omega^{97}+\cdots+\omega+1=a\omega+b$를 만족하는 두 실수 a, b의 합 $a+b$의 값은?

① 0 ② 1

③ 2 ④ 3

Answer   1.③   2.③   3.③

2014년 9급 지방직

4 그림과 같이 이차함수 $y=f(x)$가 $x=1$에서 최댓값 5를 가질 때, 방정식 $\{f(x)\}^2=5f(x)+1$의 서로 다른 모든 실근의 합은?

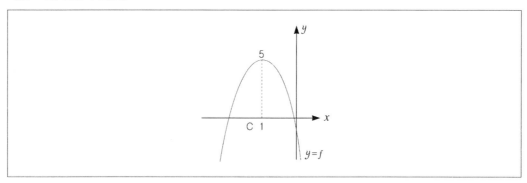

① 2

② 4

③ 6

④ 8

2014년 9급 국가직

5 실수 α에 대하여 다항식 $f(x)$를 $x-\alpha$로 나눈 나머지를 $[f,\ \alpha]$라고 표기하자. $f(x)=x^3+x^2-3x-1$이고 a가 관계식 $[f,\ a]=[f,\ -a]+4$를 만족하는 양수일 때, $\left[f,\ \dfrac{a}{2}\right]$의 값은?

① -2

② -1

③ 1

④ 2

Answer　　4.①　5.①

6 가로, 세로, 높이가 각각 x, x, $x+2$인 직육면체에 그림과 같이 가로, 세로, 높이가 각각 1, 1, $x+2$ 인 직육면체 모양으로 구멍을 뚫었다. 남은 부분의 부피가 40이 될 때, x의 값은?

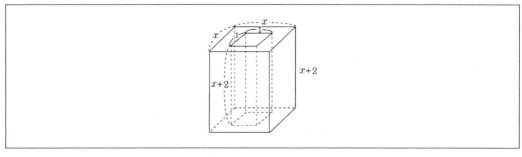

① 3   ② 4

③ 5   ④ 6

7 그림과 같이 한 모서리의 길이가 $x\,cm$인 정육면체 모양의 상자가 있다. 이 상자의 가로, 세로 길이를 각각 $1\,cm$만큼 줄이고 높이를 2배로 한 직육면체 모양의 상자를 새로 만들었더니 부피가 원래 상자의 부피보다 $35\,cm^3$만큼 늘어났다. 새로 만든 직육면체 모양의 상자의 부피[cm^3]는?

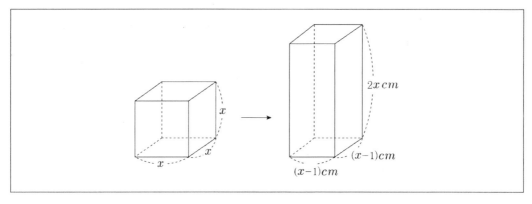

① 72   ② 144

③ 160   ④ 300

Answer   6.①   7.③

8 연립방정식 $\begin{cases} x-y=-1 & \cdots \ \bigcirc \\ y-z=2 & \cdots \ \bigcirc \\ x-z=1 & \cdots \ \bigcirc \end{cases}$ 을 풀면?

① $x=1,\ y=2,\ z=3$ ② $x=-1,\ y=2,\ z=3$

③ $x=1,\ y=-2,\ z=3$ ④ 무수히 많다.

9 연립방정식 $\begin{cases} ax+2y=1 \\ 2x+ay=-1 \end{cases}$ 이 단 1개의 근을 가질 조건은?

① $a=2$ ② $a=-2$

③ $a \neq \pm 2$ ④ a는 부정

10 연립이차방정식 $\begin{cases} x^2-xy-2y^2=0 \\ x^2+y^2=50 \end{cases}$ 의 해를 $\begin{cases} x=\alpha_i \\ y=\beta_i \end{cases}$ 라 할 때, $\alpha_i+\beta_i$의 최댓값은? (단, $i=1,2,3,4$)

① 0 ② $\sqrt{10}$

③ $2\sqrt{10}$ ④ $3\sqrt{10}$

Answer   8.④ 9.③ 10.④

11 연립방정식 $\begin{cases} x^2+xy=3 \\ y^2-xy=2 \end{cases}$ 를 만족하는 실수 x, y에 대하여 $\dfrac{x}{y}$의 값은? (단, $xy<0$)

① -4 　　　　　　　　　② -3

③ -2 　　　　　　　　　④ -1

12 실수 x, y가 방정식 $2x^2+4xy+5y^2-4x+2y+5=0$을 만족할 때, $x-y$의 값은?

① 0 　　　　　　　　　② 1

③ 2 　　　　　　　　　④ 3

Answer　11.② 12.④

07 여러 가지 부등식

SECTION 1 **부등식의 기본성질 :** a, b, c가 실수일 때,

(1) $a > b$, $b > c$이면 $a > c$

(2) $a > b$이면 $a + c > b + c$, $a - c > b - c$

(3) $a > b$, $c > 0$이면 $ac > bc$, $\dfrac{a}{c} > \dfrac{b}{c}$

$\quad$ $a > b$, $c < 0$이면 $ac < bc$, $\dfrac{a}{c} < \dfrac{b}{c}$

(4) $a > b > 0$이면 $\dfrac{1}{a} < \dfrac{1}{b}$, $0 > a > b$이면 $\dfrac{1}{a} < \dfrac{1}{b}$

SECTION 2 **일차부등식**

(1) 일차부등식 $ax > b$의 해법

① $a > 0$일 때 $x > \dfrac{b}{a}$

② $a < 0$일 때 $x < \dfrac{b}{a}$

③ $a = 0$일 때 $\begin{cases} b \geq 0$이면 해가 없다. \\ b < 0$이면 해는 모든 실수값을 갖는다. \end{cases}$

(2) 절댓값 기호를 포함한 부등식

① $|x| < a \Leftrightarrow -a < x < a$

② $|x| > a \Leftrightarrow x < -a$ 또는 $x > a$

예 다음 부등식의 참, 거짓을 판정하시오.

① $|a| \geq a$

(풀이) $a \geq 0$일 때 $|a| = a$,

$\quad a < 0$일 때

$\quad |a| = -a > 0 > a$

$\quad$ 그러므로 $|a| \geq a$ ∴ 참

② $a < b < 0$이면 $a^2 < b^2$

(풀이) $a < b$의 양변에 음수 a를

$\quad$ 곱하면 $a^2 > ab$ ······ ㉠

$\quad a < b$의 양변에 음수 b를

$\quad$ 곱하면 $ab > b^2$ ······ ㉡

$\quad$ 따라서 ㉠, ㉡에서

$\quad a^2 > ab > b^2$

$\quad a^2 > b^2$ ∴ 거짓

SECTION 3 이차부등식의 해

이차방정식 $ax^2 + bx + c = 0\,(a > 0)$의 판별식 D에 대하여

(1) $D > 0$인 경우 서로 다른 두 실근을 $\alpha,\ \beta\,(\alpha < \beta)$

① $a(x-\alpha)(x-\beta) < 0 \Leftrightarrow \alpha < x < \beta$

② $a(x-\alpha)(x-\beta) > 0 \Leftrightarrow x < \alpha$ 또는 $\beta < x$

(2) $D = 0$인 경우, 중근을 α라 하면

① $a(x-\alpha)^2 > 0 \Leftrightarrow x \neq \alpha$인 모든 실수

② $a(x-\alpha)^2 < 0 \Leftrightarrow$ 해가 없다

(3) $D < 0$인 경우

① $ax^2 + bx + c > 0 \Leftrightarrow x$는 모든 실수

② $ax^2 + bx + c < 0 \Leftrightarrow$ 해가 없다

SECTION 4 연립이차부등식

(1) 연립부등식 $\begin{cases} f(x) > 0 \\ g(x) > 0 \end{cases}$의 해는 두 부등식 $f(x) > 0,\ g(x) > 0$을 풀어 공통부분을 구한다.

(2) 부등식 $f(x) < g(x) < h(x)$의 해는 두 부등식 $\begin{cases} f(x) < g(x) \\ g(x) < h(x) \end{cases}$를 연립하여 푼다.

SECTION 5 이차함수와 방정식·부등식의 해

(1) 이차함수 $f(x) = ax^2 + bx + c \, (a > 0)$에서 $D = b^2 - 4ac$라 하면

	$D > 0$	$D = 0$	$D < 0$
$y = f(x)$의 그래프			
$f(x) = 0$의 해	$x = \alpha, \; x = \beta$	$x = \alpha$(중근)	허근
$f(x) > 0$의 해	$x < \alpha$ 또는 $x > \beta$	$x \neq \alpha$인 모든 실수	모든 실수
$f(x) < 0$의 해	$\alpha < x < \beta$	해가 없다	해가 없다.

(2) 이차부등식이 항상 성립할 조건

① 모든 실수 x에 대하여 $ax^2 + bx + c > 0 \Leftrightarrow a > 0, \; D < 0$

② 모든 실수 x에 대하여 $ax^2 + bx + c < 0 \Leftrightarrow a < 0, \; D < 0$

SECTION 6 이차방정식의 근의 분리

이차방정식 $ax^2 + bx + c = 0 \; (a > 0)$에서
$f(x) = ax^2 + bx + c, \; D = b^2 - 4ac$라 할 때,

(1) 두 근이 모두 p보다 크다. $\Leftrightarrow D \geq 0, \; f(p) > 0, \; -\dfrac{b}{2a} > p$

(2) 두 근이 모두 p보다 작다. $\Leftrightarrow D \geq 0, \; f(p) > 0, \; -\dfrac{b}{2a} < p$

(3) 두 근 사이에 p가 있다. $\Leftrightarrow f(p) < 0$

(4) 두 근이 $p, \; q \, (p < q)$ 사이에 있다.

$\Leftrightarrow D \geq 0, \; f(p) > 0, \; f(q) > o, \; p < -\dfrac{b}{2a} < q$

07 >> 여러 가지 부등식

☞ 해설 P.459

1 일차부등식

➤ **예제문제 01**

✳ 집합 $\{x|ax-b<bx+a-4\}$가 공집합이 되도록 상수 $a,\ b$의 값을 정할 때, $a,\ b$ 중 최대인 정숫값은?

① -2 ② -1

③ 1 ④ 2

풀이 $ax-b<bx+a-4 \Leftrightarrow (a-b)x<a+b-4$이므로

$\{x|(a-b)x<a+b-4\}=\varnothing$이기 위해서는 $a-b=0$이고 $a+b\le4$이어야 한다.

즉, $\begin{cases} a=b & \cdots\cdots ㉠ \\ a+b\le4 & \cdots\cdots ㉡ \end{cases}$

㉠, ㉡에서 $a+b=2a\le4$

$\therefore a\le2$

$a=b$이므로 $a\le2$이고 $b\le2$이다.

따라서 $a,\ b$ 중에서 최대인 정수는 2이다.

답 ④

유제 1-1 부등식 $(a+b)x+2a-3b<0$의 해가 $x>-\dfrac{3}{4}$일 때, $(a-2b)x+3a-b>0$을 풀면?

① $x>8$ ② $x<8$

③ $x<-8$ ④ $x>-8$

유제 1-2 부등식 $|x-3|<2$를 풀면?

① $1<x<5$ ② $x>5$ 또는 $x<1$

③ $-5<x<-1$ ④ $x>-1$ 또는 $x<-1$

Answer   1-1.③   1-2.①

2 이차부등식

✳ 이차부등식 $ax^2 + 3x + 4 < 0$의 해가 $x < -1$ 또는 $x > 4$일 때, 상수 a의 값은?

① -4 　　　　　　　　　　　　② -3
③ -2 　　　　　　　　　　　　④ -1

풀이 해가 $x < -1$ 또는 $x > 4$이고, 이차항의 계수가 1인 이차부등식은
$(x+1)(x-4) > 0$
즉, $x^2 - 3x - 4 > 0$
양변에 -1을 곱하면 $-x^2 + 3x + 4 < 0$
∴ $a = -1$

답 ④

유제▶2-1 이차부등식 $ax^2 + bx + c > 0$의 해가 $2 < x < 4$일 때, 상수 b, c에 대하여 $\dfrac{c}{b}$의 값은?

① $-\dfrac{4}{3}$ 　　　　　　　　　② $-\dfrac{1}{2}$

③ $\dfrac{1}{2}$ 　　　　　　　　　　④ $\dfrac{4}{3}$

유제▶2-2 x에 대한 이차부등식 $x^2 + ax + b < 0$의 해가 $2 < x < 3$일 때, 부등식 $x^2 - bx - a > 0$의 해는?

① $\dfrac{1}{3} < x < \dfrac{1}{2}$ 　　　　　　② $1 < x < 5$

③ $x < \dfrac{1}{3}$ 또는 $x > \dfrac{1}{2}$ 　　　④ $x < 1$ 또는 $x > 5$

Answer　　2-1.①　2-2.④

3 특수한 해를 갖는 이차부등식

예제문제 03

2015년 6월 13일 서울특별시 기출유형

✳ **이차부등식** $-x^2+(k+2)x-(2k+1) \geq 0$의 해가 존재하지 않을 때, 정수 k의 개수는?

① 2　　　　　　　　　　　　　② 3

③ 4　　　　　　　　　　　　　④ 5

풀이 주어진 이차부등식의 해가 존재하지 않을 조건은

이차방정식 $-x^2+(k+2)x-(2k+1)=0$의 판별식이 $D<0$이어야 한다.

$D=(k+2)^2-4(2k+1)=k^2-4k<0$

$\therefore 0<k<4$

그러므로 정수 k의 개수는 3개이다.

답 ②

유제 3-1 집합 $A=\{x \,|\, x^2+6x+a \leq 0\}$에 대하여 $n(A)=1$일 때, 상수 a의 값은?

(단, $n(A)$는 집합 A의 원소의 개수)

① 3　　　　　　　　　　　　　② 6

③ 9　　　　　　　　　　　　　④ 12

유제 3-2 임의의 실수 x에 대하여 부등식 $(a^2-1)x^2+(a+1)x+1 \geq 0$이 항상 성립하도록 하는 a값의 범위는?

① $-1 \leq a \leq \dfrac{5}{3}$　　　　　　　　② $a \leq -1$ 또는 $a \geq \dfrac{5}{3}$

③ $a<-1$ 또는 $a \geq \dfrac{5}{3}$　　　　　④ $-1<a \leq \dfrac{5}{3}$

Answer　　　3-1.③　3-2.②

4　연립부등식

예제문제 04

＊ 두 부등식 $x^2 - (a+3)x + 3a < 0$, $x^2 - 4x > 0$을 동시에 만족하는 정수 x의 값이 5뿐일 때, 실수 a의 값의 범위는?

① $3 < a \leq 4$　　　　　　　　　② $4 < a < 5$

③ $5 < a \leq 6$　　　　　　　　　④ $6 < a \leq 7$

풀이　$x^2 - 4x > 0$에서 $x(x-4) > 0$

∴ $x < 0$ 또는 $x > 4$

$x^2 (a+3)x + 3a < 0$에서

$(x-3)(x-a) < 0 \Rightarrow 3 < x < a$

두 부등식을 동시에 만족하는 정수 x가 5뿐이려면

오른쪽 그림에서 $5 < a \leq 6$

답 ③

유제 4-1　부등식 $5x + 1 \leq 2x^2 + 3 < 2x + 27$을 풀면?

① 해가 없다.　　　　　　　　　② $2 < x \leq 4$

③ $-3 < x < 4$　　　　　　　　④ $-3 < x \leq \dfrac{1}{2}$ 또는 $2 \leq x < 4$

유제 4-2　이차방정식 $x^2 - 2(k+1)x + k + 7 = 0$은 실근을 갖고, 이차방정식 $x^2 + kx - k^2 + 5k = 0$은 실근을 갖지 않을 때, 모든 정수 k의 값의 합은?

① 1　　　　　　　　　　　　　② 3

③ 5　　　　　　　　　　　　　④ 7

5 이차함수와 부등식

✳ 이차함수 $y = x^2 - ax - b$의 그래프가 직선 $y = -2x + 3$보다 위쪽에 있는 x의 값의 범위가 $x < -5$ 또는 $x > 1$일 때, 상수 a, b의 합 $a + b$의 값은?

① -3 ② -2

③ 0 ④ 1

풀이 $x^2 - ax - b > -2x + 3$ 에서

$x^2 + (-a+2)x - b - 3 > 0$ …… ㉠

한편, 해가 $x < -5$ 또는 $x > 1$이고 이차항의 계수가 1인 이차부등식은 $(x+5)(x-1) > 0$

∴ $x^2 + 4x - 5 > 0$

이 부등식이 ㉠과 일치해야 하므로 $-a+2 = 4$, $-b-3 = -5$

따라서 $a = -2$, $b = 2$이므로 $a + b = 0$

답 ③

유제 5-1 모든 실수 x에 대하여 이차부등식 $ax^2 - 2x + a - 2 \leq 0$이 항상 성립할 때, 실수 a의 값의 범위는?

① $-\sqrt{2} \leq a \leq -1$ ② $-1 \leq a \leq 1 - \sqrt{2}$

③ $1 - \sqrt{2} \leq a < 0$ ④ $0 < a \leq 1 + \sqrt{2}$

유제 5-2 $0 \leq x \leq 1$인 모든 실수 x에 대하여 부등식 $x^2 - (a-1)x - 3a \leq 0$이 항상 성립할 때, 실수 a의 최솟값은?

① -1 ② $-\dfrac{1}{2}$

③ 0 ④ $\dfrac{1}{2}$

Answer   5-1.③   5-2.④

6 근의 분리

예제문제 06

✳ 이차방정식 $x^2 - (p+1)x + 2p = 0$의 실근이 2보다 크도록 하는 실수 p의 범위는?

① $p \le 3 - 2\sqrt{2}$　　　　　　② $p \le 3 - 2\sqrt{2}$ 또는 $p \ge 3 + 2\sqrt{2}$

③ $p < 3$　　　　　　　　　　④ $p \ge 3 + 2\sqrt{2}$

풀이 실근이 존재해야 하므로

(i) 판별식 $D \ge 0$

(ii) $f(2) > 0$

(iii) 대칭축 $\dfrac{p+1}{2} > 2$

따라서

(i) $D = (p+1)^2 - 8p = p^2 - 6p + 1 \ge 0 \Leftrightarrow p \le 3 - 2\sqrt{2}$ 또는 $p \ge 3 + 2\sqrt{2}$

(ii) $f(2) = 4 - 2p - 2 + 2p = 2 > 0$

(iii) $\dfrac{p+1}{2} > 2 \Leftrightarrow p > 3$

그러므로 세 조건 (i), (ii), (iii) 모두 만족하는 실수 p의 범위는

∴ $p \ge 3 + 2\sqrt{2}$

답 ④

유제 6-1 이차방정식 $x^2 - mx + 3 - m = 0$의 두 근이 모두 0보다 클 때 실수 m값의 범위가 $a \le m < b$이다. 이때, $a + b$의 값을 구하여라.

① 1　　　　　　　　　　　② 3

③ 5　　　　　　　　　　　④ 7

유제 6-2 이차방정식 $x^2 - 2mx + m = 0$의 두 실근이 모두 -1과 1 사이에 있도록 하는 실수 m의 값의 범위가 $\alpha < m \le \beta$일 때, $\beta - \alpha$의 값은?

① $-\dfrac{1}{3}$　　　　　　　　② $-\dfrac{1}{2}$

③ 0　　　　　　　　　　　④ $\dfrac{1}{3}$

>> 여러 가지 부등식

☞ 해설 P.460

1994년 전북 9급 행정직

1 부등식 $|x-2| < 3$을 풀어라.

① $-1 < x < 5$

② $1 < x < -5$

③ $-1 < x < -5$

④ $1 < x < 5$

1993년 경기도 9급 행정직

2 x에 대한 이차부등식 $2x^2 + px + q < 0$의 해가 $\frac{1}{2} < x < 4$일 때, $p+q$의 값은?

① -5

② 5

③ -9

④ 4

3 x를 넘지 않는 최대 정수를 $[x]$라 할 때, 부등식 $[x]^2 + [x] - 2 < 0$을 만족시키는 실수 x의 값의 범위는?

① $-1 < x \leq 1$

② $-1 \leq x < 1$

③ $0 \leq x < 1$

④ $-1 \leq x < 0$

Answer 1.① 2.① 3.②

1994년 서울시 9급 행정직

4 부등식 $\begin{cases} x^2 - 16 < 0 \\ x^2 - 4x - 12 < 0 \end{cases}$ 을 동시에 만족하는 x 값의 범위는?

① $1 < x < 3$　　　　　　　　　　② $-2 < x < 4$

④ $0 < x < 2$　　　　　　　　　　④ $2 < x < 4$

5 $x > 2$일 때, $\dfrac{x^2 - 2x + 4}{x - 2}$ 의 최솟값은?

① 2　　　　　　　　　　　　② 4

③ 6　　　　　　　　　　　　④ 8

6 연립부등식 $\begin{cases} x^2 - 2x - 15 < 0 \\ x^2 + (a+3)x + 3a < 0 \end{cases}$ 을 만족시키는 정수인 해가 1개뿐일 때, 정수인 해는 $x = \alpha$ 이고 실수 a의 값의 범위는 $\beta \le a < \gamma$이다. 이때 $-\alpha + \beta + \gamma$의 값은?

① 5　　　　　　　　　　　　② 6

③ 7　　　　　　　　　　　　④ 8

Answer　4.②　5.③　6.①

파워특강 수학(수학 I)

합격에 한 걸음 더 가까이!

도형의 방정식은 직선이나 원 또는 부등식의 영역 등 여러 가지 도형을 좌표평면에 그리고 방정식 또는 부등식으로 나타내는 것에 대한 내용으로 구성되어 있습니다. 주어진 도형을 평행 및 대칭이동하는 경우 어떻게 달라지는지 확인하고 문제에 적용하는 방법을 익히는 것이 중요합니다

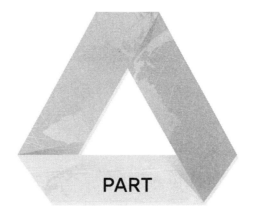

PART

03

도형의 방정식

08

평면좌표

Check!

SECTION 1 | 두 점 사이의 거리

좌표평면상의 두 점 $A(x_1,\ y_1),\ B(x_2,\ y_2)$ 사이의 거리

$$\overline{AB}=\sqrt{(x_2-x_1)^2+(y_2-y_1)^2}=\sqrt{(x_1-x_2)^2+(y_1-y_2)^2}$$

SECTION 2 | 선분의 내분점과 외분점

좌표평면상에 $A(x_1,\ y_1),\ B(x_2,\ y_2)$가 있을 때

(1) 선분 $\overline{AB}$를 $m:n$으로 내분하는 점 $P(x,\ y)$의 좌표

내분점$=\left(\dfrac{mx_2+nx_1}{m+n},\ \dfrac{my_2+ny_1}{m+n}\right)$

(2) 선분 $\overline{AB}$를 $m:n$으로 외분하는 점 $Q(x,\ y)$의 좌표

외분점$=\left(\dfrac{mx_2-nx_1}{m-n},\ \dfrac{my_2-ny_1}{m-n}\right)$

(3) 선분 $\overline{AB}$의 중점 $M(x,\ y)$의 좌표

중점$=\left(\dfrac{x_1+x_2}{2},\ \dfrac{y_1+y_2}{2}\right)$

POINT 팁
$A(x_1,\ y_1),\ B(x_2,\ y_2),\ C(x_3,\ y_3)$
에 대하여 $\triangle ABC$의 무게중심 G는
$G\left(\dfrac{x_1+x_2+x_3}{3},\ \dfrac{y_1+y_2+y_3}{3}\right)$

POINT 팁 중선의 정리
$\triangle ABC$에서 변 BC의 중점을 M이
라 할 때,
$\overline{AB}^2+\overline{AC}^2=2\left(\overline{AM}^2+\overline{BM}^2\right)$

평면좌표

☞ 해설 P.461

1 두 점 사이의 거리

예제문제 01

✱ 두 점 $A(3, 4)$, $B(6, 2)$에서 같은 거리에 있는 x축 위의 점 P의 좌표는?

① $\left(-\dfrac{1}{2}, 0\right)$　　　　　　② $\left(\dfrac{3}{2}, 0\right)$

③ $\left(\dfrac{5}{2}, 0\right)$　　　　　　④ $(4, 0)$

풀이 x축 위의 점 P의 좌표를 $(a, 0)$이라 하면

$\overline{AP} = \sqrt{(a-3)^2 + (0-4)^2} = \sqrt{a^2 - 6a + 25}$

$\overline{BP} = \sqrt{(a-6)^2 + (0-2)^2} = \sqrt{a^2 - 12a + 40}$

조건에서 $\overline{AP} = \overline{BP}$이므로

$\sqrt{a^2 - 6a + 25} = \sqrt{a^2 - 12a + 40}$

양변을 제곱하면

$a^2 - 6a + 25 = a^2 - 12a + 40$

$6a = 15 \Rightarrow a = \dfrac{5}{2}$

따라서 구하는 점 P의 좌표는 $\left(\dfrac{5}{2}, 0\right)$

답 ③

유제 1-1 두 점 $A(2, 3)$, $B(3, 4)$에 대하여 점 P가 x축 위를 움직일 때, $\overline{AP} + \overline{BP}$의 최솟값은?

① $\sqrt{15}$　　　　　　② 7

③ $5\sqrt{2}$　　　　　　④ $2\sqrt{13}$

유제 1-2 직선 $x + 2y = 3$ 위에 있고 두 점 $(1, 2)$, $(5, 4)$로부터 같은 거리에 있는 점의 좌표는?

① $(5, -1)$　　　　　　② $(3, 0)$

③ $(2, 1)$　　　　　　④ $(1, 1)$

Answer　　1-1.③　1-2.①

2 　내분점과 외분점

➤ **예제문제 02**

✳ 두 점 $A(-2, 1)$, $B(3, 6)$을 이은 선분 AB를 $3:2$로 내분하는 점을 P, $1:2$로 외분하는 점을 Q라고 할 때, 선분 PQ의 중점의 좌표는 얼마인가?

① $(1, -3)$　　　　　　　　　② $(7, 0)$

③ $(-3, 0)$　　　　　　　　　④ $(9, 4)$

풀이 내분점 $P\left(\dfrac{3\times3+2\times(-2)}{3+2}, \dfrac{3\times6+2\times1}{3+2}\right)=P(1, 4)$

외분점 $Q\left(\dfrac{1\times3-2\times(-2)}{1-2}, \dfrac{1\times6-2\times1}{1-2}\right)=Q(-7, -4)$

따라서 선분 PQ의 중점의 좌표는

$\left(\dfrac{1+(-7)}{2}, \dfrac{4+(-4)}{2}\right)=(-3, 0)$

답 ③

유제 2-1 두 점 A, B에 대하여 선분 AB를 $1:2$로 내분하는 점 P의 좌표는 $(2, 3)$, $1:2$로 외분하는 점 Q의 좌표는 $(-2, 7)$일 때, 선분 AB의 길이는?

① $2\sqrt{3}$　　　　　　　　　② $3\sqrt{2}$

③ $4\sqrt{2}$　　　　　　　　　④ $4\sqrt{3}$

유제 2-2 두 점 $A(2, 5)$, $B(7, -1)$에 대하여 선분 AB를 $t:(1-t)$로 내분하는 점 P가 제1사분면에 있을 때 t의 값의 범위는 $\alpha < t < \beta$이다. 이때, $\alpha+\beta$의 값은? (단, $0<t<1$)

① $\dfrac{2}{3}$　　　　　　　　　② $\dfrac{3}{5}$

③ $\dfrac{5}{6}$　　　　　　　　　④ $\dfrac{6}{7}$

Answer　　2-1.②　2-2.③

3   무게중심

예제문제 03

✳ 좌표평면 위의 세 점 $O(0, 0)$, $A(3, 1)$, $B(1, 3)$에 대하여 선분 OA, AB, BO를 $2:1$로 내분하는 점을 차례로 P, Q, R라 할 때, $\triangle PQR$의 무게중심의 좌표는?

① $\left(\dfrac{1}{2}, 2\right)$ ② $(1, -1)$

③ $(1, 1)$ ④ $\left(\dfrac{4}{3}, \dfrac{4}{3}\right)$

풀이   선분 OA를 $2:1$로 내분하는 점 $P\left(\dfrac{2\times 3+1\times 0}{3}, \dfrac{2\times 1+1\times 0}{3}\right)=P\left(2, \dfrac{2}{3}\right)$

선분 AB를 $2:1$로 내분하는 점 $Q\left(\dfrac{2\times 1+1\times 3}{3}, \dfrac{2\times 3+1\times 1}{3}\right)=Q\left(\dfrac{5}{3}, \dfrac{7}{3}\right)$

선분 BO를 $2:1$로 내분하는 점 $R\left(\dfrac{2\times 0+1\times 1}{3}, \dfrac{2\times 0+1\times 3}{3}\right)=R\left(\dfrac{1}{3}, 1\right)$

따라서 삼각형 PQR의 무게중심의 좌표는 $\left(\dfrac{2+\dfrac{5}{3}+\dfrac{1}{3}}{3}, \dfrac{\dfrac{2}{3}+\dfrac{7}{3}+1}{3}\right)=\left(\dfrac{4}{3}, \dfrac{4}{3}\right)$

답 ④

유제 3-1 $\triangle ABC$의 꼭짓점 A의 좌표가 $(5, 4)$, 변 AB의 중점의 좌표가 $(-1, 3)$, 무게중심의 좌표가 $(1, 2)$일 때, 변 BC의 중점의 좌표는 (a, b)이다. 이때, $a+b$의 값은?

① -2 ② -1

③ 0 ④ 1

유제 3-2 $A(0, 0)$, $B(3, 4)$, $C(x, y)$를 꼭짓점으로 하는 삼각형 $\triangle ABC$의 무게중심이 $G(2, 3)$일 때, $x+y$의 값은?

① 5 ② 6

③ 7 ④ 8

Answer   3-1.③   3-2.④

08

>> 평면좌표

☞ 해설 P.462

1 세 점 $P(3, 1)$, $Q(4, 4)$, $R(7, 3)$을 꼭짓점으로 하는 삼각형의 넓이는?

① 5   ② 6

③ 7   ④ 8

2 다음 그림과 같이 네 점 $A(3, 1)$, $B(4, 3)$, $C(a, b)$, $O(0, 0)$를 꼭짓점으로 하는 평행사변형 $OABC$에서 $a+b$의 값은?

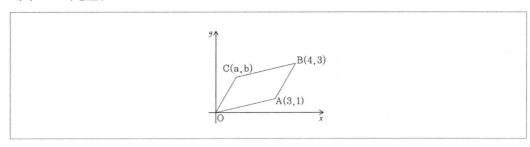

① 3   ② 5

③ 7   ④ 9

Answer   1.①   2.①

3 좌표평면 위의 두 점 $A(-1, 3)$, $B(5, 12)$에 대하여 선분 AB를 $1:2$로 내분하는 점의 좌표를 (a, b)라 할 때, $a+b$의 값은?

① 7

② 8

③ 9

④ 10

4 세 점 $A(0, -1)$, $B(0, 2)$, $C(2, -2)$을 꼭짓점으로 하는 $\triangle ABC$의 외심을 $P(x, y)$라 하면 $5x^2 + 10y$의 값은?

① 25

② 26

③ 27

④ 28

5 두 점 $A(3, 3)$, $B(7, 1)$과 x축 위의 점 P에 대하여 $\overline{AP} + \overline{BP}$의 최솟값은 a이고, 점 P의 x좌표는 b이다. 이때, $b^2 - a^2$의 값은?

① -5

② -4

③ 4

④ 5

Answer   3.①   4.①   5.③

09 직선의 방정식

 Check!

SECTION 1 직선의 방정식

(1) 점 $(x_1,\ y_1)$을 지나고 기울기가 m인 직선의 방정식

$y - y_1 = m(x - x_1)$

(2) 두 점 $(x_1,\ y_1)$, $(x_2,\ y_2)$를 지나는 직선의 방정식

① $x_1 \neq x_2$일 때, $y - y_1 = \dfrac{y_2 - y_1}{x_2 - x_1}(x - x_1)$

② $x_1 = x_2$일 때, $x = x_1$

(3) x절편이 a이고 y절편이 b인 직선의 방정식

$\dfrac{x}{a} + \dfrac{y}{b} = 1$ (단, $ab \neq 0$)

SECTION 2 두 직선의 위치 관계

(1) 두 직선 $y = mx + n$과 $y = m'x + n'$에 대하여

① 평행 조건 : $m = m'$, $n \neq n'$

② 일치 조건 : $m = m'$, $n = n'$

③ 수직 조건 : $mm' = -1$

④ 한 점에서 만날 조건 : $m \neq m'$

(2) 두 직선의 방정식 $ax+by+c=0$과 $a'x+b'y+c'=0$에 대하여

① 평행 조건 : $\dfrac{a}{a'}=\dfrac{b}{b'}\neq\dfrac{c}{c'}$

② 일치 조건 : $\dfrac{a}{a'}=\dfrac{b}{b'}=\dfrac{c}{c'}$

③ 수직 조건 : $\dfrac{a}{b}\times\dfrac{a'}{b'}=-1 \Leftrightarrow aa'+bb'=0$

④ 한 점에서 만날 조건 : $\dfrac{a}{a'}\neq\dfrac{b}{b'}$

SECTION 3　두 직선의 교점을 지나는 직선의 방정식

두 직선 $ax+by+c=0$과 $a'x+b'y+c'=0$의 교점을 지나는

직선의 방정식은 $ax+by+c+k(a'x+b'y+c')=0$ (k는 실수)

SECTION 4　점과 직선 사이의 거리

점 $P(x_1,\ y_1)$에서 직선 $ax+by+c=0$까지의 거리

$$d=\dfrac{|ax_1+by_1+c|}{\sqrt{a^2+b^2}}$$

POINT 팁
두 직선
$ax+by+c=0$, $ax+by+c'=0$
사이의 거리는 $d=\dfrac{|c-c'|}{\sqrt{a^2+b^2}}$

예 점 $(2,\ 1)$과
직선 $3x-4y-12=0$ 사이의
거리는?

답 $\dfrac{|3\times2-4\times1-12|}{\sqrt{3^2+(-4)^2}}=\dfrac{10}{5}=2$

09

직선의 방정식

예제&유제문제

☞ 해설 P.463

---

1 직선의 방정식(1)

➤ **예제문제 01**

＊ 다음 중 직선 $2x-3y-5=0$에 수직이고 점 $(-1,\ 2)$를 지나는 직선 위에 있는 점은?

① $(3,\ -2)$ ② $(3,\ -3)$

③ $(3,\ 4)$ ④ $(3,\ -4)$

풀이 주어진 직선의 기울기가 $\dfrac{2}{3}$이므로

이 직선에 수직인 직선의 기울기는 $-\dfrac{3}{2}$이다.

따라서 구하는 직선의 방정식은 $y-2=-\dfrac{3}{2}(x+1)$

∴ $3x+2y-1=0$

그러므로 이 직선 위에 있는 점은 $(3,\ -4)$이다.

답 ④

유제 1-1 점 $(3,\ 2)$를 지나고 직선 $-2x+y+5=0$에 평행한 직선의 방정식은?

① $x-y-1=0$ ② $2x-y-3=0$

③ $2x-y-4=0$ ④ $2x-5y+4=0$

유제 1-2 점 $(-2,\ 3)$을 지나고 x축의 양의 방향과 $60°$인 각을 이루는 직선의 방정식은? (단, $\tan 60° = \sqrt{3}$)

① $y=\dfrac{1}{\sqrt{3}}x+3+\dfrac{2}{\sqrt{3}}$ ② $y=\sqrt{3}\,x+5\sqrt{3}$

③ $y=\sqrt{3}\,x-3+\dfrac{2}{\sqrt{3}}$ ④ $y=\sqrt{3}\,x+3+2\sqrt{3}$

Answer   1-1.③   1-2.④

2 직선의 방정식(2)

➤ 예제문제 02

✻ 두 점 $(-1, 2)$, $(3, 4)$를 지나는 직선이 x축, y축과 각각 점 A, B에서 만날 때, 삼각형 OAB의 넓이는? (단, O는 원점)

① $\dfrac{21}{4}$　　　　　　　　　　　② $\dfrac{13}{3}$

③ $\dfrac{25}{4}$　　　　　　　　　　　④ $\dfrac{24}{5}$

풀이 두 점 $(-1, 2)$, $(3, 4)$를 지나는 직선의 방정식은

$$y - 4 = \frac{4-2}{3-(-1)}(x-3) \Rightarrow y = \frac{1}{2}x + \frac{5}{2}$$

$y = 0$을 대입하면 $0 = \dfrac{1}{2}x + \dfrac{5}{2} \Rightarrow x = -5$

따라서 x축과 만나는 점 A의 좌표는 $A(-5, 0)$

㉠의 y절편이 $\dfrac{5}{2}$이므로 y축과 만나는 점 B의 좌표는 $\left(0, \dfrac{5}{2}\right)$

$$\therefore \triangle OAB = \frac{1}{2} \cdot 5 \cdot \frac{5}{2} = \frac{25}{4}$$

답 ③

유제 2-1 직선 $\dfrac{x}{a} + \dfrac{y}{b} = 2$와 x축 및 y축으로 둘러싸인 삼각형의 넓이가 12일 때, ab의 값은?

(단, $a > 0$, $b > 0$)

① 3　　　　　　　　　　　② 4

③ 6　　　　　　　　　　　④ 12

유제 2-2 두 점 $A(-1, 4)$, $B(5, 2)$를 잇는 선분의 수직이등분선의 방정식은?

① $x - 3y - 3 = 0$　　　　　　② $x + 3y - 3 = 0$

③ $x + 3y + 3 = 0$　　　　　　④ $3x - y - 3 = 0$

Answer

3 두 직선의 위치 관계

➤ **예제문제 03**

❋ 직선 $ax+y-3=0$이 $bx-2y-2=0$과는 수직이고 직선 $(b-3)x-y-1=0$과는 평행일 때, a^2+b^2의 값은?

① 3 ② 4

③ 5 ④ 6

풀이 두 직선 $ax+y-3=0$, $bx-2y-2=0$이 서로 수직이므로

$a \cdot b + 1 \cdot (-2) = 0$

$\therefore ab = 2 \cdots \bigcirc$

두 직선 $ax+y-3=0$, $(b-3)x-y-1=0$이 서로 평행이므로

$\dfrac{b-3}{a} = \dfrac{-1}{1} \neq \dfrac{-1}{-3}$

$\therefore a = -b+3$, 즉 $a+b=3 \cdots \bigcirc$

$\bigcirc$, $\bigcirc$에서 $a^2+b^2 = (a+b)^2 - 2ab = 5$

답 ③

유제▶3-1 두 직선 $(k-2)x+3y-1=0$, $y=kx+3$이 평행이 되도록 하는 상수 k와 수직이 되도록 하는 k의 값을 모두 더한 값은?

① $\dfrac{1}{2}$ ② $\dfrac{3}{2}$

③ $\dfrac{5}{2}$ ④ $\dfrac{7}{2}$

2014년 4월 19일 안전행정부 기출유형

유제▶3-2 세 점 $(1,\,1)$, $(-1,\,5)$, $(-k+2,\,k+1)$이 같은 직선 위에 있도록 상수 k의 값을 구하면?

① 1 ② 2

③ 3 ④ 4

Answer   3-1.③ 3-2.②

4   점과 직선 사이의 거리

예제문제 04

✳ 좌표평면 위에서 원점과 직선 $x-y+2+k(x+y)=0$ 사이의 거리를 $f(k)$라 할 때, $f(k)$의 최댓값은?

  ① $\dfrac{\sqrt{2}}{2}$ ② $\sqrt{2}$

  ③ $\sqrt{3}$ ④ $2\sqrt{2}$

풀이 $x-y+2+k(x+y)=0$을 정리하면

$(1+k)x+(k-1)y+2=0$

원점에서 이 직선까지의 거리 $f(k)$는

$$f(k)=\frac{|2|}{\sqrt{(1+k)^2+(k-1)^2}}=\frac{2}{\sqrt{2k^2+2}}$$

따라서 $f(k)$는 분모 $\sqrt{2k^2+2}$ 가 최소일 때,
즉 $k=0$일 때 최대가 되므로

$f(k)$의 최댓값은 $\dfrac{2}{\sqrt{2}}=\sqrt{2}$

답 ②

유제 4-1 두 직선 $3x-y+5=0$, $3x-y-5=0$ 사이의 거리를 구하면?

  ① $\sqrt{2}$ ② $\sqrt{3}$

  ③ $2\sqrt{5}$ ④ $\sqrt{10}$

유제 4-2 $(a,\,0)$에서 두 직선 $x-y+1=0$, $x+y-2=0$에 이르는 거리가 같을 때, 상수 a의 값은?

  ① -2 ② $\dfrac{1}{2}$

  ③ 1 ④ 2

Answer   4-1.④   4-2.②

직선의 방정식

☞ 해설 P.464

2013년 9급 국가직

1 그림과 같이 함수 $y = \sqrt{x}$ 의 그래프 위의 두 점 $P(a, b)$, $Q(c, d)$에 대하여 $b + d = 2$일 때, 두 점 P, Q를 지나는 직선의 기울기는? (단, $0 < a < c$)

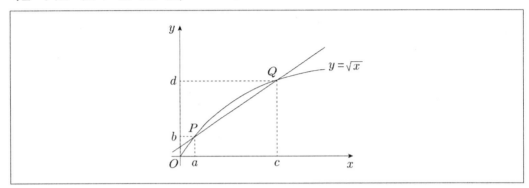

① $\dfrac{1}{5}$　　　　　　② $\dfrac{1}{4}$

③ $\dfrac{1}{3}$　　　　　　④ $\dfrac{1}{2}$

1994년 대전시 9급 행정직

2 평면위의 점 $A(2, 3)$과 $B(a, b)$를 잇는 직선 AB와 직선 $x + 2y - 3 = 0$이 직교하며, 그 교점이 선분 AB를 $1 : 2$로 내분할 때, $a - b$의 값은?

① -4　　　　　　② 2

③ -1　　　　　　④ 3

Answer　1.④　2.②

3 세 점 $A(a, -2)$, $B(1, -1)$, $C(3, 2)$가 한 직선 위에 있기 위한 a의 값은?

① $\dfrac{1}{4}$ ② $\dfrac{1}{3}$

③ 3   ④ 4

2014년 9급 국가직

4 좌표평면 위의 세 점 $A(0, 3)$, $B(a-4, 0)$, $C(3a, 6)$가 동일 직선 위에 있을 때, 이 직선의 기울기는?

① -2 ② -1

③ 1   ④ 2

2015년 9급 지방직

5 두 점 $A(3, 0)$과 $B(1, 2)$에 대하여 원점 O를 지나는 직선 l이 선분 AB와 만나는 점을 P라 하자. 삼각형 OAP의 넓이가 1일 때 직선 l의 기울기는?

① $\dfrac{1}{7}$ ② $\dfrac{2}{7}$

③ $\dfrac{3}{7}$ ④ $\dfrac{4}{7}$

1994년 전북 9급 행정직

6 점 $(1, -2)$를 지나고 $3x - 2y - 1 = 0$에 수직인 직선의 방정식은?

① $2x - 3y + 4 = 0$ ② $2x + 3y - 4 = 0$

③ $2x + 3y + 4 = 0$ ④ $3x + 2y - 4 = 0$

Answer   3.②   4.③   5.②   6.③

7 두 점 $(3, -4)$, $(-1, 2)$를 잇는 선분의 수직이등분선을 l이라 할 때, 원점에서 직선 l까지의 거리는?

① $\dfrac{5}{13}$

② $\dfrac{5\sqrt{13}}{13}$

③ 2

④ $\sqrt{5}$

8 좌표평면 위의 두 점 $A(3, 1)$, $B(-1, -2)$를 지나는 직선과 원점 $O(0, 0)$ 사이의 거리는?

① 1

② $\dfrac{1}{2}$

③ $\sqrt{2}$

④ $\sqrt{5}$

9 두 직선 $x+2y+3=0$, $2x-y-5=0$이 이루는 각의 이등분선 중 기울기가 양인 직선은?

① $x-3y-8=0$

② $x-3y+8=0$

③ $3x-y-2=0$

④ $3x-y+2=0$

10 직선 $(k+2)x-(3k+1)y-5k+5=0$이 k의 값에 관계없이 한 정점 P를 지난다. P의 좌표를 (x, y)라 할 때, $x+y$의 값은?

① -7

② -4

③ -3

④ -1

Answer 7.② 8.① 9.① 10.①

10 원의 방정식

SECTION 1 원의 방정식

(1) 점 (a, b)가 중심이고 반지름의 길이가 r인 원의 방정식
$\Rightarrow (x-a)^2 + (y-b)^2 = r^2$

(2) $x^2 + y^2 + Ax + By + C = 0$ (단, $A^2 + B^2 - 4C > 0$)

$\Rightarrow \left(x + \dfrac{A}{2}\right)^2 + \left(y + \dfrac{B}{2}\right)^2 = \dfrac{A^2 + B^2 - 4C}{4}$

$\Rightarrow$ 중심 : $\left(-\dfrac{A}{2}, -\dfrac{B}{2}\right)$, 반지름 : $\dfrac{\sqrt{A^2 + B^2 - 4C}}{2}$

SECTION 2 두 원의 위치 관계

한 원의 반지름을 r, 또 다른 원의 반지름을 r'이라 하고 두 원 사이의 거리를 d라 할 때,

(1) 두 원이 만나지 않을 조건

① 외부관계 : $d > r + r'$
② 내부관계 : $d < |r - r'|$

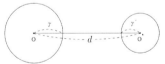

(2) 두 원이 한 점에서 만나는 경우

① 외접할 조건 : $d = r + r'$
② 내접할 조건 : $d = |r - r'|$

(3) 두 원이 두 점에서 만날 조건

$|r - r'| < d < r + r'$

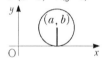
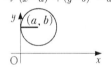

SECTION 3   두 원의 교점을 지나는 원과 직선의 방정식

두 원 $x^2 + y^2 + Ax + By + C = 0$, $x^2 + y^2 + A'x + B'y + C' = 0$에 대하여

(1) 두 원의 교점을 지나는 원의 방정식

$x^2 + y^2 + Ax + By + C + k(x^2 + y^2 + A'x + B'y + C') = 0$ (단, $k \neq -1$인 상수)

(2) 두 원의 교점을 지나는 직선의 방정식 (공통현의 방정식)

$x^2 + y^2 + Ax + By + C - (x^2 + y^2 + A'x + B'y + C') = 0$ ((1)에서 $k = -1$일 때)

SECTION 4   원과 직선의 위치 관계

원의 중심과 직선 사이의 거리를 d,
원의 반지름의 길이를 r이라 하면

(1) $d < r$ ⇔ 두 점에서 만난다.

(2) $d = r$ ⇔ 한 점에서 만난다(접한다).

(3) $d > r$ ⇔ 만나지 않는다.

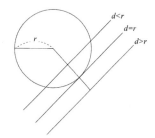

SECTION 5   원의 접선의 방정식

(1) 원 $x^2 + y^2 = r^2$에 접하고 기울기가 m인 접선의 방정식

$$y = mx \pm r\sqrt{m^2 + 1}$$

(2) 원 $x^2 + y^2 = r^2$ 위의 점 $(x_1,\ y_1)$에서의 접선의 방정식

$$x_1 x + y_1 y = r^2$$

POINT 팁

아폴로니우스의 원 : 두 정점
$A(x_1,\ y_1)$, $B(x_2,\ y_2)$에 대하여
$\overline{PA} : \overline{PB} = m : n$
$(m > 0,\ n > 0,\ m \neq n)$인
점 $P(x,\ y)$의 자취
즉, $\overline{AB}$를 $m : n$으로 내분하는 점
과 외분하는 점을 지름의 양 끝으
로 하는 원이 된다.

예제&유제문제

《

원의 방정식

☞ 해설 P.465

1   원의 방정식

➤ **예제문제 01**

* 원 $x^2+y^2+2ax-4ay+20a-25=0$의 넓이가 최소일 때, 이 원의 중심의 좌표가 $(p,\ q)$이다. 이때, $p-q$의 값은?

① -6 ② -4

③ -2 ④ 2

풀이 $x^2+y^2+2ax-4ay+20a-25=0$을 표준형으로 고치면

$(x+a)^2+(y-2a)^2=5a^2-20a+25$

이 원의 넓이는

$\pi(5a^2-20a+25)=5\pi(a-2)^2+5\pi$

따라서 $a=2$일 때 넓이가 최소이고 중심은 $(-2,\ 4)$이다.

∴ $p=-2,\ q=4$

∴ $p-q=-6$

답 ①

유제 1-1 방정식 $x^2+y^2+4x-6y+k+10=0$이 원을 나타내도록 하는 실수 k의 값의 범위는?

① $k<3$ ② $k>3$

③ $0<k<3$ ④ $k>2$

유제 1-2 세 점 $(1,\ 4),\ (3,\ 2),\ (-1,\ 2)$를 지나는 원의 반지름의 길이는?

① 1 ② 2

③ 3 ④ 4

Answer   1-1.①   1-2.②

2 축에 접하는 원의 방정식

예제문제 02

✳ 점 $(3, 3)$을 지나고 x축 및 y축에 동시에 접하는 원은 두 개 있다. 이 두 원의 중심 사이의 거리는?

① 10
② 12
③ 14
④ 16

풀이 중심이 (r, r), 반지름이 r인 원 $(x-r)^2+(y-r)^2=r^2$이 $(3, 3)$을 지나므로

$(3-r)^2+(3-r)^2=r^2$

$r^2+2r+18=0$의 두 근을 α, β라 하면

$\alpha+\beta=12$, $\alpha\beta=18$

두 원의 중심이 (α, α), (β, β)이므로

$\sqrt{(\alpha-\beta)^2+(\alpha-\beta)^2}=\sqrt{2\{(\alpha-\beta)^2-4\alpha\beta\}}=\sqrt{2(12^2-4\times18)}=12$

답 ②

유제 2-1 중심이 직선 $y=2x-3$의 제1사분면 위에 있고, x축과 y축에 동시에 접하는 원의 반지름의 길이를 구하면?

① 1
② 2
③ 3
④ 4

유제 2-2 중심이 직선 $y=x+3$ 위에 있고 점 $(6, 2)$를 지나며, x축에 접하는 원의 반지름 중 가장 작은 것은?

① 2
② 5
③ 7
④ 14

Answer   2-1.③   2-2.②

3 두 원의 위치 관계

예제문제 03

✳ 두 원 $x^2+y^2=1$과 $(x-a)^2+(y-b)^2=9$가 서로 내접할 때, a와 b 사이의 관계식은?

① $a^2+b^2=4$　　　　　　② $|a|+|b|=2$

③ $a^2+b^2=8$　　　　　　④ $|a|+|b|=3$

풀이 두 원이 내접하면 두 원의 중심거리는 두 원의 반지름의 길이의 차와 같다.

$$\sqrt{a^2+b^2}=3-1$$
$$\therefore a^2+b^2=4$$

답 ①

유제▶3-1 두 원 $x^2+y^2-4x=0$, $x^2+y^2+6x+9-k=0$이 외접할 때, 상수 k의 값은?

① 3　　　　　　　　　② 6

③ 9　　　　　　　　　④ 12

유제▶3-2 두 원 $x^2+y^2=4$, $(x-1)^2+(y-1)^2=4$의 두 교점을 잇는 선분의 중점 $(a,\ b)$에서 $a+b$의 값은?

① -1　　　　　　　② $-\dfrac{1}{2}$

③ 0　　　　　　　　　④ 1

Answer　　3-1.③　3-2.④

4 공통현

예제문제 04

* **두 원 $x^2+y^2-2x-4y+1=0$, $x^2+y^2-6x+5=0$의 공통현의 길이는?**

① 8   ② $\sqrt{2}$

③ $2\sqrt{2}$ ④ 4

풀이 두 원 $x^2+y^2-2x-4y+1=0$, $x^2+y^2-6x+5=0$의 공통현의 방정식은
$$(x^2+y^2-2x-4y+1)-(x^2+y^2-6x+5)=0$$
$$4x-4y-4=0$$
$$\therefore y=x-1 \quad \cdots \text{㉠}$$
㉠을 $x^2+y^2-6x+5=0$에 대입하면
$$x^2+(x^2-2x+1)-6x+5=0$$
$$2x^2-8x+6=0$$
$$2(x-1)(x-3)=0$$
$$\therefore \begin{cases} x=1 \\ y=0 \end{cases} \text{또는} \begin{cases} x=3 \\ y=2 \end{cases}$$
따라서 공통현은 두 점 $(1,\ 0)$, $(3,\ 2)$를 이은 선분이므로 그 길이는
$$\sqrt{(3-1)^2+2^2}=2\sqrt{2}$$

답 ③

유제 4-1 **두 원 $x^2+y^2-3x-y-4=0$, $x^2+y^2=5$의 교점을 지나는 직선의 방정식이 $y=ax+b$일 때, $a+b$의 값은?**

① -4 ② -3

③ -2 ④ -1

유제 4-2 **직선 $y=x+k$가 원 $x^2+y^2=16$과 만나서 생기는 현의 길이가 $2\sqrt{6}$일 때, 양수 k의 값은?**

① 2   ② $2\sqrt{3}$

③ $2\sqrt{5}$ ④ $3\sqrt{3}$

Answer   4-1.③   4-2.③

5   원과 직선의 위치 관계

✳ 직선 $mx+y+m=0$과 원 $x^2+y^2-2x-2=0$이 서로 다른 두 점에서 만날 때, m의 값의 범위는?

① $m<\sqrt{3}$　　　　　　　　　　② $m<-\sqrt{3}$ 또는 $m>\sqrt{3}$

③ $-\sqrt{3}<m<\sqrt{3}$　　　　　　④ $-3<m<3$

풀이 $x^2+y^2-2x-2=0$은 $(x-1)^2+y^2=3$이므로
중심이 $(1,\,0)$이고 반지름의 길이가 $\sqrt{3}$인 원이다.
원과 직선이 서로 나른 두 섬에서 만나려면
원의 중심과 직선 사이의 거리 d와 원의 반지름의 길이 r에 대하여
$d<r$이어야 하므로
$$d=\frac{|m+0+m|}{\sqrt{m^2+1}}=\frac{|2m|}{\sqrt{m^2+1}}<\sqrt{3}$$
$$|2m|<\sqrt{3}\sqrt{m^2+1}$$
$$4m^2<3m^2+3$$
$$m^2<3$$
$$\therefore -\sqrt{3}<m<\sqrt{3}$$

답 ③

유제 5-1   직선 $y=mx-2$가 원 $x^2+y^2=1$과 한 점에서 만나도록 하는 상수 m의 값은?

① $\pm\sqrt{2}$　　　　　　　　　　② $\pm\sqrt{3}$

③ ± 2　　　　　　　　　　　　④ $\pm\sqrt{5}$

유제 5-2   원 $x^2+y^2=8$와 직선 $y=-2x+b$가 두 점에서 만나도록 상수 b의 값의 범위를 구하면?

① $b<-2\sqrt{10}$ 또는 $b>3\sqrt{10}$　　② $-2\sqrt{10}<b<3\sqrt{10}$

③ $b<-2\sqrt{2}$ 또는 $b>2\sqrt{2}$　　　④ $-2\sqrt{10}<b<2\sqrt{10}$

Answer   5-1.②   5-2.④

6   원의 접선의 방정식

예제문제 **06**

❋ 원 $(x-2)^2+(y-3)^2=10$ 위의 점 $(5,\ 4)$에서의 접선의 방정식을 $ax+y=c$라 할 때, $a+c$의 값은?

  ① 20   ② 22

  ③ 24   ④ 26

  풀이 원 $(x-2)^2+(y-3)^2=10$ 위의 점 $(5,\ 4)$에서의 접선의 방정식은
$$(5-2)(x-2)+(4-3)(y-3)=10$$
$$3(x-2)+y-3=10$$
$$3x+y=19$$
$$\therefore a+c=3+19=22$$

답 ②

유제 6-1 기울기가 2이고 원 $x^2+y^2=9$에 접하는 두 직선의 y절편을 각각 $a,\ b$라 할 때, $a-b$의 값은?
(단, $a>b$)

  ① 3   ② $2\sqrt{3}$

  ③ 4   ④ $6\sqrt{5}$

유제 6-2 점 $A(5,\ 0)$에서 원 $x^2+y^2=9$에 그은 한 접선의 접점을 P라 할 때, 선분 AP의 길이는?

  ① 2   ② 3

  ③ 4   ④ $2\sqrt{3}$

Answer   6-1.④   6-2.③

7   원 위의 점과 점, 직선과 거리

예제문제 **07**

✳ 한 정점 $A(-2, 3)$에서 원 $x^2+y^2-2x+4y-3=0$에 이르는 거리의 최댓값을 M, 최솟값을 m이라 할 때, $M+m$의 값은?

① $2\sqrt{31}$ ② $4\sqrt{2}+2\sqrt{31}$

③ $2\sqrt{34}$ ④ $4\sqrt{2}+2\sqrt{34}$

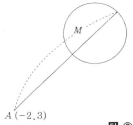

풀이 $x^2+y^2-2x+4y-3=(x-1)^2+(y-2)^2-8=0$에서
$(x-1)^2+(y+2)^2=(2\sqrt{2})^2$
그림에서 점과 원 사이의 거리의 최댓값은
(점과 원의 중심 사이의 거리)+(반지름)
$=\sqrt{(-2-1)^2+(3+2)^2}+2\sqrt{2}=2\sqrt{2}+\sqrt{34}$
최솟값은 (점과 원의 중심 사이의 거리)-반지름$=\sqrt{34}-2\sqrt{2}$
$\therefore M+m=2\sqrt{34}$

답 ③

유제 7-1 원 $x^2+y^2-2x+4y-3=0$ 위의 점에서 직선 $y=x+3$에 이르는 최단거리는?

① $\sqrt{2}$ ② $\sqrt{3}$

③ 2 ④ $\sqrt{5}$

2014년 6월 28일 서울특별시 기출유형

유제 7-2 원 $x^2+y^2+4x+2y+4=0$ 위를 움직이는 점 P에서 직선 $3x+4y=10$까지의 거리를 $d(p)$라 할 때, $d(p)$의 최솟값은?

① 2 ② 3

③ 4 ④ 5

Answer   7-1.①   7-2.②

10

원의 방정식

☞ 해설 P.467

1 두 점 $A(-1, 0)$, $B(2, 0)$으로부터 거리의 비가 $2:1$인 점 P의 자취는 어떤 원을 나타낸다. 이때, 이 원의 반지름의 길이는?

① $\dfrac{3}{2}$ ② 2

③ $\dfrac{5}{2}$ ④ 3

2015년 사회복지직

2 좌표평면 위의 점 P가 원점 O 및 x축 위의 한 점 A$(5, 0)$에 대하여 $\overline{\mathrm{PO}}:\overline{\mathrm{PA}}=3:2$를 유지하며 움직인다. 이때, 점 P가 그리는 도형의 길이는?

① 12π ② 14π

③ 16π ④ 18π

3 두 원 $x^2+y^2-4x=0$, $x^2+y^2+2x-8=0$의 교점과 점 $(1, 0)$을 지나는 원의 반지름의 길이는?

① $\dfrac{11}{2}$ ② 6

③ $\dfrac{13}{2}$ ④ 7

2013년 9급 지방직

4 직선 $3x-4y+k=0$이 원 $x^2+4x+y^2=0$ 의 중심을 지날 때, 상수 k의 값은?

① 2   ② 4

③ 6   ④ 8

Answer   1.②   2.①   3.①   4.③

2014년 9급 사회복지직

5 직선 $y = -x + 1$과 원 $(x-a)^2 + y^2 = 1$이 적어도 한 점에서 만나도록 하는 실수 a의 최솟값과 최댓값을 각각 m, M이라 할 때, mM의 값은?

① -2

② -1

③ 1

④ 2

2015년 9급 지방직

6 원 $x^2 + y^2 = 25$와 직선 $y = x + 4$가 만나는 두 점을 A, B라 할 때, 선분 AB의 길이는?

① $2\sqrt{11}$

② $2\sqrt{13}$

③ $2\sqrt{15}$

④ $2\sqrt{17}$

2016년 9급 사회복지직

7 그림과 같이 좌표평면 위에 점 $A(-4, 3)$과 직선 $y = -2x$ 및 원 $(x-3)^2 + (y-2)^2 = 5$가 있다. 점 A에서 직선 $y = -2x$에 내린 수선의 발을 H라 할 때, 원 $(x-3)^2 + (y-2)^2 = 5$ 위의 점 P에 대하여 삼각형 AHP의 넓이의 최댓값은?

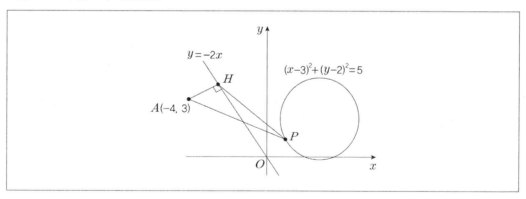

① 7

② 8

③ 9

④ 10

Answer   5.② 6.④ 7.①

8 점 $(3,\ 1)$에서 원 $x^2 + y^2 = 5$에 그은 접선의 방정식을 구하여라.

① $x + 2y = 4,\ 2x - y = 4$

② $x + 2y = 5,\ 2x - y = 5$

③ $x + 3y = 5,\ 2x - 3y = 5$

④ $x + 2y = 6,\ 2x - 5y = 6$

9 점 $(3,\ 3)$을 지나고 x축 및 y축에 동시에 접하는 원은 두 개가 있다. 이 두 원의 중심 사이의 거리는?

① 10

② 12

③ 14

④ 16

2014년 9급 지방직

10 원 $x^2 + y^2 = 20$ 위의 점 $A(4,\ 2)$에서의 접선이 x축, y축과 만나는 점을 각각 P, Q라 하자. 삼각형 OPQ의 넓이는? (단, O는 원점)

① 15

② 20

③ 25

④ 30

2016년 9급 국가직

11 좌표평면 위의 점 $A(1, 3)$을 지나는 직선이 원 $x^2 + y^2 + 2x + 4y + 1 = 0$과 접하는 점을 T라 할 때, $\overline{AT}$의 길이는?

① $\dfrac{5}{2}$

② $\dfrac{5\sqrt{2}}{2}$

③ 5

④ $5\sqrt{2}$

Answer 8.② 9.② 10.③ 11.③

12 기울기가 양수인 직선 $y = mx + n$이 두 원 $x^2 + y^2 = 1$, $(x-3)^2 + y^2 = 1$에 동시에 접할 때, 두 상수 m, n의 곱 mn의 값은?

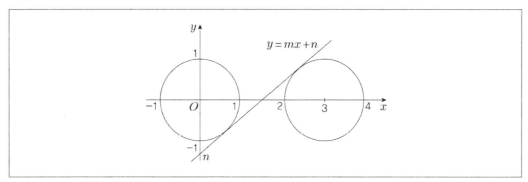

① $-\dfrac{11}{10}$

② $-\dfrac{6}{5}$

③ $-\dfrac{13}{10}$

④ $-\dfrac{7}{5}$

13 원 $x^2 + y^2 = 2$의 내부의 점 $(0,\ 1)$을 지나는 현의 길이가 $\sqrt{6}$일 때, 이 현이 x축의 양의 방향과 이루는 예각의 크기는?

① $50°$

② $45°$

③ $60°$

④ $30°$

Answer　12.②　13.②

11

도형의 이동

Check!

SECTION 1 점의 평행이동

좌표평면 위의 점 $P(x,\ y)$를 x축 방향으로 a만큼, y축 방향으로 b만큼 평행이동한 점을 P'이라 하면 P'의 좌표는 $(x+a,\ y+b)$이다.

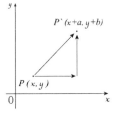

SECTION 2 도형의 평행이동

$f(x,\ y)=0$의 그래프를 x축의 방향으로 a, y축의 방향으로 b만큼 평행이동한 도형의 방정식은 $f(x-a,\ y-b)=0$

즉, $f(x,\ y)=0 \rightarrow f(x-a,\ y-b)=0$

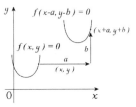

SECTION 3 점의 대칭이동

(1) x축에 대한 대칭이동

$(x,\ y) \rightarrow (x,\ -y)$

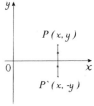

(2) y축에 대한 대칭이동

$(x,\ y) \rightarrow (-x,\ y)$

(3) 원점에 대한 대칭이동

$(x,\ y) \rightarrow (-x,\ -y)$

(4) 직선 $y=x$에 대한 대칭이동

$(x,\ y) \rightarrow (y,\ x)$

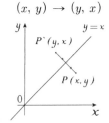

SECTION 4 도형의 대칭이동

좌표평면 위의 도형 $f(x, y)=0$을 대칭이동하여 얻은 도형의 방정식은 다음과 같다.

(1) x축에 대한 대칭이동

$\Rightarrow f(x, -y)=0$

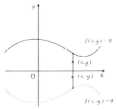

(2) y축에 대한 대칭이동

$\Rightarrow f(-x, y)=0$

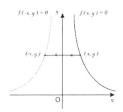

(3) 원점에 대한 대칭이동

$\Rightarrow f(-x, -y)=0$

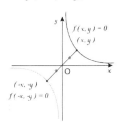

(4) 직선 $y=x$에 대한 대칭이동

$\Rightarrow f(y, x)=0$

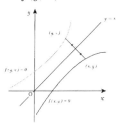

SECTION 5 점에 대한 대칭이동

방정식 $f(x, y)=0$이 나타내는 도형을

(1) 직선 $x=a$에 대해 대칭이동하면 $\Rightarrow f(2a-x, y)=0$

(2) 직선 $y=b$에 대해 대칭이동하면 $\Rightarrow f(x, 2b-y)=0$

(3) 점 (a, b)에 대해 대칭이동하면 $\Rightarrow f(2a-x, 2b-y)=0$

SECTION 6 직선 $l : ax+by+c=0$에 대한 대칭이동

(1) 점의 대칭 : 두 점 P, P'이 직선 l에 대한 대칭점이면

① $\overline{PP'}$의 중점은 직선 l 위에 있다. (중점 조건)

② $\overline{PP'}$과 직선 l은 수직이다. (수직 조건)

(2) 원의 대칭 : 중심만 직선 l에 대해 대칭 이동한다. (반지름은 동일)

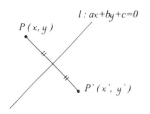

도형의 이동

☞ 해설 P.469

1 점의 평행이동

예제문제 01

* 평행이동 $(x, y) \to (x+a, y+b)$에 대하여 점 $(2, 1)$이 점 $(1, -1)$로 옮겨질 때, a와 b의 값의 합을 구하면?

① -1 ② 2

③ -3 ④ 4

풀이 평행이동 $(x, y) \to (x+a, y+b)$에 의하여
점 $(2, 1)$은 점 $(2+a, 1+b)$로 옮겨지므로
$(2+a, 1+b) = (1, -1)$
$a = -1, b = -2$
$\therefore a+b = (-1) + (-2) = -3$

답 ③

유제 1-1 점 P를 x축의 방향으로 2만큼, y축의 방향으로 -2만큼 평행이동한 점의 좌표가 (3, 4)일 때, 점 P의 좌표는?

① $(1, 2)$ ② $(1, 6)$

③ $(5, 2)$ ④ $(5, 6)$

유제 1-2 평행이동 $f : (x, y) \to (x+2, y-1)$에 의하여 원점으로 변환되는 점을 P$(a, b)$라 할 때, $3a - b$의 값은?

① 7 ② 1

③ 0 ④ -7

Answer   1-1.② 1-2.④

2   도형의 평행이동

2015년 4월 18일 인사혁신처 기출유형

* 직선 $2x - y + 1 = 0$을 x축의 방향으로 a만큼, y축의 방향으로 b만큼 평행이동하였더니 직선 $2x - y - 4 = 0$ 과 일치하였다. 이때 $2a - b$의 값은?

① 8   ② 7

③ 6   ④ 5

풀이 $2(x - a) - (y - b) + 1 = 2x - y - 4$

       $2x - 2a - y + b + 1 = 2x - y - 4$

       $\therefore 2a - b = 5$

답 ④

유제 2-1 평행이동 $f : (x, \ y) \rightarrow (x + p, \ y - 2p)$에 의하여 직선 $y = 2x + 3$이 직선 $y = 2x - 5$로 바뀌게 되었다. 이때, 상수 p의 값은?

① -2 ② -1

③ 0   ④ 2

유제 2-2 도형 $(x - 2)^2 + (y + 3)^2 = 4$를 x축의 방향으로 a만큼, y축의 방향으로 b만큼 평행이동한 도형의 방정식이 $x^2 + y^2 - 4y = 0$일 때, $a + b$의 값은?

① 5   ② 3

③ 1   ④ -1

Answer   2-1.④   2-2.②

3 점의 대칭이동

✱ 직선 $2y-x+3=0$에 대하여 점 $P(7, -3)$의 대칭점을 $P'(a, b)$라 할 때, $a+b$의 값은?

① 7   ② 8

③ 9   ④ 10

풀이 점 $P(7, -3)$의 직선 $2y-x+3=0$에 대한 대칭점의 좌표를 $P'(a, b)$라 하면

선분 PP'은 직선 $2y-x+3=0$과 수직이므로 $\dfrac{b+3}{a-7} \cdot \dfrac{1}{2} = -1$ ⋯⋯ ㉠

또, $\overline{PP'}$의 중점 $\left(\dfrac{a+7}{2}, \dfrac{b-3}{2} \right)$이 직선 $2y-x+3=0$ 위에 있으므로

$2 \cdot \dfrac{b-3}{2} - \dfrac{a+7}{2} + 3 = 0$ ⋯⋯ ㉡

㉠, ㉡을 연립하여 풀면

$a=3, \ b=5$

$\therefore a+b=8$

답 ②

유제 3-1 두 점 $A(3, 2)$, $B(6, 4)$가 있다. 점 P가 x축 위를 움직일 때, $\overline{AP} + \overline{BP}$의 최단거리는?

① $\sqrt{5}$ ② $3\sqrt{5}$

③ $\sqrt{7}$ ④ $2\sqrt{7}$

유제 3-2 점 $A(-1, 2)$를 직선 $x-2y=0$에 대하여 대칭이동시킨 점을 $B(a, b)$라 할 때, a^2+b^2의 값은?

① 5   ② 6

③ 7   ④ 8

Answer   3-1.②   3-2.①

4   직선의 대칭이동

➤ **예제문제 04**

✱ 직선 $2x-y+5=0$을 x축에 대하여 대칭이동한 후, 다시 x축의 방향으로 2만큼, y축의 방향으로 3만큼 평행이동한 도형의 방정식을 구하면?

① $2x+y+12=0$ ② $2x+y+5=0$

③ $2x+y-1=0$ ④ $2x+y-2=0$

풀이 직선 $2x-y+5=0$을
x축에 대하여 대칭이동하면 $2x+y+5=0$
다시 x축의 방향으로 2만큼, y축의 방향으로 3만큼 평행이동하면
$2(x-2)+(y-3)+5=0$
$\therefore 2x+y-2=0$

답 ④

유제 4-1 직선 $y=mx+3$을 원점에 대하여 대칭이동한 직선이 점 $(1, 0)$을 지날 때, 상수 m의 값을 구하면?

① -1 ② 1

③ 3 ④ -3

유제 4-2 직선 $y=x+k$를 평행이동 $f:(x, y) \rightarrow (x-2, y-3)$에 의하여 이동한 후, 다시 점 $(2, 3)$에 대하여 대칭이동하였더니 원래의 직선이 되었다. 이때, k의 값은?

① $-\dfrac{3}{2}$ ② -1

③ $\dfrac{1}{2}$ ④ $\dfrac{3}{2}$

Answer   4-1.③   4-2.④

5 원의 대칭이동

예제문제 05

✻ 도형 $(x^2+2x+y^2-4y+1)+k(x-y-3)=0$을 직선 $y=x$에 대하여 대칭 이동한 도형이 처음 도형과 일치할 때, k의 값은?

① -2 ② -3

③ 0 ④ 2

풀이 $x^2+(2+k)x+y^2-(4+k)y+1-3k=0$ ······ ①
①을 직선 $y=x$에 대하여 대칭이동하면
$y^2+(2+k)y+x^2-(4+k)x+1-3k=0$ ······ ②
①, ②가 일치하므로
$2+k=-4-k$, $2k=-6$
∴ $k=-3$

답 ②

유제 5-1 원 $x^2+y^2-4x+ay-3=0$이 직선 $y=-x$에 대하여 대칭일 때, a의 값은?

① 2 ② 4

③ 6 ④ 8

유제 5-2 원 $(x+1)^2+y^2=9$를 직선 $y=x$에 대하여 대칭이동한 도형의 방정식을 구하면?

① $(x+1)^2+y^2=9$ ② $(x-1)^2+y^2=9$

③ $(x+1)^2+(y-1)^2=9$ ④ $x^2+(y+1)^2=9$

Answer 5-1.② 5-2.④

«

도형의 이동

☞ 해설 P.470

2015년 9급 국가직

1 직선 $2x - y + 1 = 0$을 x축의 방향으로 a만큼, y축의 방향으로 b만큼 평행이동하였더니 직선 $2x - y - 4 = 0$
과 일치하였다. 이때 $2a - b$의 값은?

① 8   ② 7

③ 6   ④ 5

1994년 전북 9급 행정직

2 점 $(2, 3)$에 대하여 $(3, -1)$과 대칭된 점은?

① $(-1, -7)$ ② $(-1, 7)$

③ $(1, -7)$ ④ $(1, 7)$

3 점 P를 y축에 대하여 대칭이동하고, x축의 방향으로 -2만큼, y축의 방향으로 4만큼 평행이동한 후,
다시 직선 $y = x$에 대하여 대칭이동하였더니 원래의 점 P와 겹쳐졌다. $P(a, b)$일 때, ab의 값은?

① 3   ② 1

③ -1 ④ -3

Answer   1.④   2.④   3.④

4 직선 $x+2y-3=0$을 x축에 대하여 대칭이동한 후, 다시 직선 $y=x$에 대하여 대칭 이동시켰더니 원 $(x-1)^2+(y-a)^2=1$의 넓이를 이등분하였다. 이때, 실수 a의 값은?

① 3   ② 4

③ 5   ④ 6

5 다음 그림과 같은 도형을 y축에 대하여 대칭이동한 후, y축 방향으로 -2만큼 평행이동한 도형은?

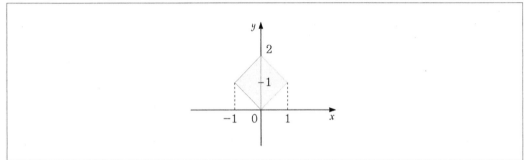

①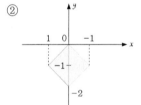

②

③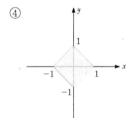

④

6 다음 그림과 같이 좌표평면 위의 점 $A(5, 3)$, 직선 $y=x$ 위의 점 B, x축 위의 점 C로 이루어진 삼각형 ABC의 둘레의 길이 $\overline{AB}+\overline{BC}+\overline{CA}$의 최솟값은?

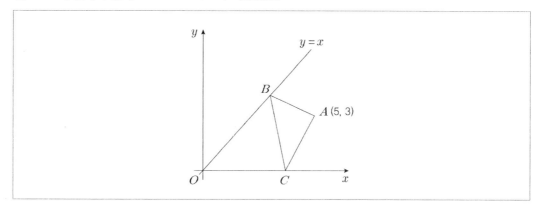

① $\sqrt{14}$

② $\sqrt{15}$

③ $2\sqrt{15}$

④ $2\sqrt{17}$

7 실수 전체의 집합에서 정의된 함수 $f(x)$가 모든 실수 x에 대하여 $f\left(\dfrac{3}{2}+x\right)=f\left(\dfrac{1}{2}-x\right)$를 만족한다. 함수 $y=f(x)$의 그래프가 x축과 서로 다른 네 점에서만 만날 때, 방정식 $f(x)=0$의 모든 실근의 합은?

① 4

② $\dfrac{9}{2}$

③ 5

④ $\dfrac{11}{2}$

Answer　　6.④　7.①

12

부등식의 영역

 Check!

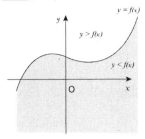

SECTION 1 $y > f(x)$, $y < f(x)$의 영역

(1) 부등식 $y > f(x)$의 영역 $\Rightarrow y = f(x)$의 그래프의 윗부분

(2) 부등식 $y < f(x)$의 영역 $\Rightarrow y = f(x)$의 그래프의 아랫부분

SECTION 2 원의 내부와 외부

(1) 부등식 $x^2 + y^2 < r^2$의 영역은 원 $x^2 + y^2 = r^2$의 내부이다.

(2) 부등식 $x^2 + y^2 > r^2$의 영역은 원 $x^2 + y^2 = r^2$의 외부이다.

SECTION 3 $f(x, y) > 0$, $f(x, y) < 0$영역

(1) $f(x, y) = 0$을 그린다.

(2) 그래프 위의 점이 아닌 임의의 한 점을 부등식에 대입하여 부등식이 성립하면 그 점이 있는 쪽, 성립하지 않으면 그 점이 있는 이웃 쪽 영역이다.

SECTION 4 연립부등식의 영역

연립부등식 $\begin{cases} f(x, y) > 0 \\ g(x, y) > 0 \end{cases}$이 나타내는 영역은 각 부등식의 공통부분,
즉 $A \cap B$이다.

SECTION 5 — $f(x,\ y) \cdot g(x,\ y) > 0$ 또는 $f(x,\ y) \cdot g(x,\ y) < 0$의 영역

(1) $f(x,\ y) = 0,\ g(x,\ y) = 0$의 그래프를 그린다.

(2) 그래프 위에 있지 않은 임의의 한 점을 대입하였을 때 부등식을 만족하면 그 점을 포함하는 영역과 이에 이웃하지 않은 영역이다.

SECTION 6 — 부등식의 영역을 이용한 최대·최소

$f(x,\ y)$의 최댓값, 최솟값은 다음과 같은 순서로 구한다.

(1) 조건으로 주어진 부등식의 영역을 좌표평면에 나타낸다.

(2) $f(x,\ y) = k$ (k는 상수)로 놓고, 이 그래프를 표준형으로 변형시킨다.

(3) 이 그래프를 (1)의 영역 안에서 평행 이동하여 본다.

(4) k의 값 중에서 최댓값과 최솟값을 구한다.

Check!

POINT 팁
주로 교점 또는 곡선이 있으면 접점에서 최댓값, 최솟값이 된다.

12

부등식의 영역

☞ 해설 P.471

1 부등식의 영역

예제문제 01

* 점 $(a, 2)$가 포물선 $y = x^2 + 2x + 2$의 윗부분(경계 포함)에 있을 때, a의 값의 범위는?

① $-1 \leq a \leq 1$
② $-2 \leq a \leq 0$

③ $-3 \leq a \leq 0$
④ $-3 \leq a \leq -1$

풀이 $(a, 2)$가 포물선 $y = x^2 + 2x + 2$의 윗부분에 있으므로 $y \geq x^2 + 2x + 2$를 만족하는 영역에 있다.

$\therefore 2 \geq a^2 + 2a + 2$

$a^2 + 2a \leq 0$

$a(a+2) \leq 0$

$-2 \leq a \leq 0$

답 ②

유제 1-1 다음 중 부등식 $x^2 + 6x - y + 5 > 0$의 영역 안에 있는 점은?

① $(-5, \ 2)$
② $(-4, \ 0)$

③ $(-3, \ -3)$
④ $(1, \ 3)$

유제 1-2 점 $(k, \ 2)$가 부등식 $y \geq x^2 - x$의 영역에 포함될 때, 정수 k의 개수는?

① 1개
② 2개

③ 3개
④ 4개

Answer   1-1.④   1-2.④

2 연립부등식의 영역

✳ 다음 연립부등식이 나타내는 영역의 넓이는?

$$\begin{cases} (x-1)^2 + (y-1)^2 \leq 4 \\ y \geq 2x - 1 \end{cases}$$

① $\dfrac{1}{2}\pi + 2$　　　　　　　　　② $2 - \pi$

③ $2\pi - 1$　　　　　　　　　　　④ 2π

풀이 $(x-1)^2 + (y-1)^2 \leq 4$이 나타내는 영역은 중심이 $(1,\ 1)$이고 반지름의 길이가 2인 원의 내부이고,

$y \geq 2x - 1$이 나타내는 영역은 주어진 원의 중심을 지나는 직선의 윗부분을 나타낸다.

그러므로 공통영역의 넓이는 원의 넓이의 절반인 $\dfrac{4\pi}{2} = 2\pi$이다.

답 ④

2014년 6월 21일 제1회 지방직 기출유형

유제 2-1 연립부등식 $\begin{cases} x^2 + y^2 \leq 4 \\ (x-1)^2 + y^2 \geq 1 \end{cases}$ 이 나타내는 영역의 넓이는?

① π　　　　　　　　　　　② 2π

③ 3π　　　　　　　　　　　④ 5π

유제 2-2 연립부등식 $x^2 + y^2 \leq 1$, $|x| + |y| \geq 1$이 나타내는 부분의 영역의 넓이는?

① $\pi - 1$　　　　　　　　　② $\pi - 2$

③ $\pi + 1$　　　　　　　　　④ $\pi - 4$

3 $f(x, y) \cdot g(x, y) > 0$ 또는 $f(x, y) \cdot g(x, y) < 0$의 영역

예제문제 **03**

* 부등식 $(x^2+y^2-1)(y-x^2) \leq 0$의 영역을 바르게 나타낸 것을 고르면?

①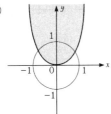

②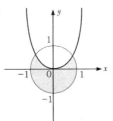

③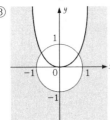

④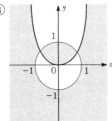

풀이 $(x^2+y^2-1)(y-x^2) \leq 0$

$\Leftrightarrow \begin{cases} x^2+y^2-1 \leq 0 \\ y-x^2 \geq 0 \end{cases}$ 또는 $\begin{cases} x^2+y^2-1 \geq 0 \\ y-x^2 \leq 0 \end{cases}$

따라서 구하는 영역은 원 $x^2+y^2=1$의 내부와 포물선 $y=x^2$의 위쪽의 교집합과
원 $x^2+y^2=1$의 외부와 포물선 $y=x^2$의 아래쪽의 교집합을 합한 것이므로 ④와 같다.

답 ④

유제 3-1 직선 $y=3x-k$가 두 점 $A(1, 3)$, $B(2, -1)$을 이은 선분 AB와 만나기 위한 실수 k의 값의 범위
가 $a \leq k \leq b$일 때, $a+b$의 값은?

① 7
③ 9

② 8
④ 10

유제 3-2 부등식이 $(x^2+y^2-2)(x^2+y^2-2x-2y-6) \leq 0$이 나타내는 영역의 넓이는?

① 2π
③ 5π

② 4π
④ 6π

Answer   3-1.① 3-2.④

4   집합으로 표현된 부등식의 영역

➤ **예제문제 04**

✳ 다음 중 세 집합 $A = \{(x,\ y)\,|\,|x|+|y| \le 1\}$, $B = \{(x,\ y)\,|\,|x| \le 1,\ |y| \le 1\}$, $C = \{(x,\ y)\,|\,x^2+y^2 \le 1\}$
의 포함관계를 바르게 나타낸 것은?

① $A \subset B \subset C$ ② $A \subset C \subset B$

③ $B \subset A \subset C$ ④ $C \subset A \subset B$

풀이 주어진 집합 A, B, C의 영역은 다음 그림과 같다.

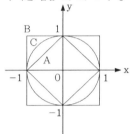

따라서 포함관계는 $A \subset C \subset B$

답 ②

유제 4-1 두 집합 $A = \{(x,\ y)\,|\,y \ge x\}$, $B = \{(x,\ y)\,|\,x^2+y^2 < 25\}$일 때, $(3,\ k) \in A \cap B$이기 위한 k의 값의
범위를 구하면?

① $k \ge 3$ ② $k \le 4$

③ $3 < k < 4$ ④ $3 \le k < 4$

유제 4-2 두 집합 $A = (x,\ y)\,|\,x^2+y^2 \le 4$, $B = (x,\ y)\,|\,3x+4y > k$에서 $A \cap B = \varnothing$를 만족하는 양수 k의
최솟값은?

① 4   ② 6

③ 8   ④ 10

Answer   4-1.④   4-2.④

5 부등식의 영역에서의 최대·최소

예제문제 05

＊ 영역 $x^2 + y^2 \leq 4$에서 $2x + y$의 최댓값을 구하면?

① 3

② $3\sqrt{2}$

③ $2\sqrt{5}$

④ $3\sqrt{5}$

풀이 $2x + y = k$라 하면 직선 $y = -2x + k$가 원 $x^2 + y^2 = 4$에 접할 때,
k는 최댓값과 최솟값을 갖는다.
$x^2 + (-2x + k)^2 = 4$
$5x^2 - 4kx + k^2 - 4 = 0$
$D/4 = (2k)^2 - 5(k^2 - 4) = 0$
$-k^2 + 20 = 0$
$\therefore k = \pm 2\sqrt{5}$
따라서 최댓값은 $2\sqrt{5}$이다.

답 ③

유제 5-1 부등식 $y \leq x^2 + k$가 부등식 $x^2 + y^2 \leq 1$이기 위한 필요조건이 되도록 하는 실수 k의 최솟값은?

① 0

② 1

③ 2

④ 3

유제 5-2 부등식 $x^2 + y^2 \leq 4$를 만족하는 점 (x, y)에 대하여 $y - x$의 최댓값은?

① 1

② $\sqrt{2}$

③ $2\sqrt{2}$

④ 4

Answer   5-1.②   5-2.③

부등식의 영역

☞ 해설 P.473

1 부등식 $(x^2 - y)(x^2 + y^2 - 4y) \geq 0$을 만족하는 영역을 좌표평면 위에 나타내면?
(단, 경계선은 포함한다.)

① 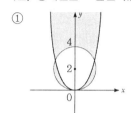 ②

③ 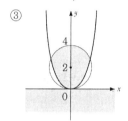 ④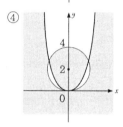

2014년 9급 지방직

2 연립부등식 $\begin{cases} x^2 + y^2 \leq 4 \\ x^2 - 3y^2 \leq 0 \end{cases}$ 을 만족시키는 점 (x, y)가 좌표평면 위에 나타내는 영역의 넓이는?

① $\dfrac{2}{3}\pi$ ② $\dfrac{4}{3}\pi$

③ 2π ④ $\dfrac{8}{3}\pi$

Answer   1.④   2.④

3 다음 그림의 어두운 부분을 부등식으로 나타내면? (단, 경계선은 포함한다.)

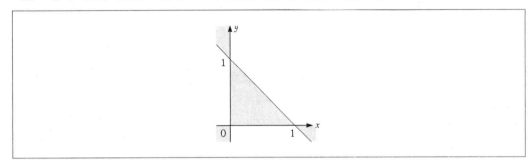

① $x(x+y-1) \leq 0$

② $y(x-y+1) \geq 0$

③ $xy(x-y+1) \leq 0$

④ $xy(x+y-1) \leq 0$

4 점 $(x,\ y)$가 아래 그림의 어두운 부분을 움직일 때, x^2+y^2의 최댓값은? (단, 경계선은 포함한다.)

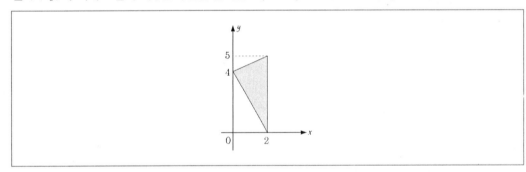

① 29

② 30

③ 31

④ 32

2013년 9급 지방직

5 세 부등식 $y \geq 0$, $x+y \leq 1$, $x-y \geq 0$을 동시에 만족시키는 점 $(x,\ y)$에 대하여 $2x+y$의 최댓값은?

① 1

② 2

③ 3

④ 4

2016년 사회복지직

6 직선 $(k+2)x-y+k=0$이 연립부등식 $0 \leq x \leq 2$, $0 \leq y \leq 2$의 영역과 적어도 한 점에서 만나게 되는 실수 k의 최댓값을 M, 최솟값을 m이라고 할 때, $M-m$의 값은?

① $\dfrac{8}{3}$

② 3

③ $\dfrac{10}{3}$

④ $\dfrac{11}{3}$

7 어떤 공장에서 제품 A, B를 각각 1kg씩 만드는 데 필요한 전력과 가스 및 제품 1kg에서 얻어지는 이익이 아래 표와 같다. 하루 동안 이 공장에서 사용할 수 있는 전력은 180kWh, 가스는 180m³일 때, 하루 동안 제품 A, B를 생산하여 얻을 수 있는 최대 이익은?

제품	전력(kWh)	가스(m³)	이익(만 원)
A	4	3	9
B	5	6	12

① 240만 원

② 300만 원

③ 360만 원

④ 420만 원

Answer 5.② 6.③ 7.④

파워특강 수학(수학II)

합격에 한 걸음 더 가까이!

수학II 과정의 첫 번째 단원인 집합과 명제에서는 집합과 명제의 기본개념을 기초로 하여
집합의 연산법칙, 명제의 참과 거짓, 필요조건, 충분조건, 필요충분조건, 증명 방법 등을
공부하도록 합니다. 또 이를 활용한 여러 가지 응용문제를 해결할 수 있도록 합니다.

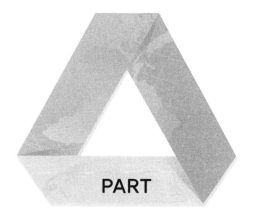

PART

04

집합과 명제

13

집합

SECTION 1 집합과 원소

(1) 집합

어떤 조건에 의하여 그 대상을 분명히 알 수 있는 것들의 모임

(2) 원소

집합을 이루고 있는 대상 하나하나

(3) 집합의 표현방법

① 원소나열법 : 집합에 속하는 모든 원소를 집합기호 { } 안에 나열하는 방법

② 조건제시법 : 집합의 원소를 이루는 조건을 제시하여 집합을 나타내는 방법

SECTION 2 집합의 포함관계

(1) 부분집합

① $A \subset B \Leftrightarrow$ 「$x \in A$이면 $x \in B$」 집합 A의 모든 원소가 집합 B에 속할 때, 집합 A를 집합 B의 부분집합이라 한다.

② 임의의 집합 A는 자기 자신을 부분집합으로 가진다. $A \subset A$

POINT 팁 공집합은 모든 집합의 부분집합이다.

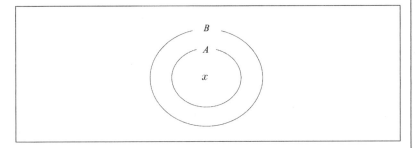

예 집합 $X = \{0,\ 1,\ \varnothing,\ \{0\}\}$에 대하여 다음 중 옳지 않은 것은 없다.

① $\varnothing \in X$ ② $\varnothing \subset X$

③ $\{0\} \in X$ ④ $\{0\} \subset X$

(2) 서로 같은 집합

$A = B \Leftrightarrow$ 「$A \subset B$이고 $B \subset A$」

(3) 진부분집합

$A \subset B$이고 $A \neq B$일 때, 집합 A를 집합 B의 진부분집합이라 한다.

Check! ▶

SECTION 3 부분집합의 개수

집합 $A = \{a_1,\ a_2,\ a_3,\ \cdots,\ a_n\}$에 대하여

(1) 집합 A의 부분집합의 개수

2^n(개)

(2) 집합 A의 진부분집합의 개수

$2^n - 1$(개)

(3) 특정한 원소 k개를 포함하는(또는 포함하지 않는) 부분집합의 개수

2^{n-k}(개)

(4) 특정한 원소 k개는 포함하고, m개는 포함하지 않는 부분집합의 개수

2^{n-k-m}(개)

POINT 팁 멱집합

집합 A의 모든 부분집합을 원소로 갖는 집합을 집합 A의 멱집합이라고 하며, 기호로 $P(A)$ 또는 2^A로 표시한다

SECTION 4 집합의 연산

전체집합 U의 두 부분집합 A, B에 대하여

(1) 합집합

$A \cup B = \{x \,|\, x \in A\ \text{또는}\ x \in B\}$

(2) 교집합

$A \cap B = \{x \,|\, x \in A\ \text{그리고}\ x \in B\}$

(3) 차집합

$A - B = \{x \,|\, x \in A\ \text{그리고}\ x \not\in B\} = A \cap B^c$

(4) 여집합

$A^c = \{x \,|\, x \in U\ \text{그리고}\ x \not\in A\}$

POINT 팁 여집합의 성질

$(A^c)^c = A$
$\varnothing^c = U,\ U^c = \varnothing$
$A \cup A^c = U,\ A \cap A^c = \varnothing$

SECTION 5   집합의 연산법칙

전체집합 U의 세 부분집합 A, B, C에 대하여

(1) 교환법칙

$A \cup B = B \cup A$, $A \cap B = B \cap A$

(2) 결합법칙

$(A \cup B) \cup C = A \cup (B \cup C)$, $(A \cap B) \cap C = A \cap (B \cap C)$

(3) 분배법칙

$A \cup (B \cap C) = (A \cup B) \cap (A \cup C)$, $A \cap (B \cup C) = (A \cap B) \cup (A \cap C)$

(4) 드 모르간 법칙

$(A \cup B)^c = A^c \cap B^c$, $(A \cap B)^c = A^c \cup B^c$

(5) 대칭차집합

임의의 두 집합 A, B에 대하여 연산 $\triangle$을 $A \triangle B = (A-B) \cup (B-A)$ 로
$$= (A \cap B^c) \cup (B \cap A^c)$$
$$= (A \cup B) - (A \cap B)$$
$$= (A \cup B) \cap (A \cap B)^c$$

정의할 때, 연산 $\triangle$의 대칭차집합이라고 한다.

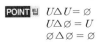 POINT 팁 $U \triangle U = \varnothing$
         $U \triangle \varnothing = U$
         $\varnothing \triangle \varnothing = \varnothing$

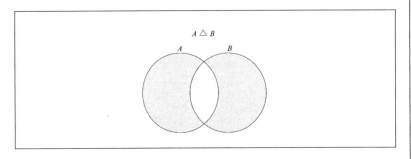

SECTION 6 — 집합의 연산과 포함관계

(1) $A \subset B \Leftrightarrow A \cup B = B \Leftrightarrow A \cap B = A \Leftrightarrow A - B = \varnothing \Leftrightarrow B^c \subset A^c$

(2) **집합 A와 집합 B는 서로소**

$A \cap B = \varnothing \Leftrightarrow A - B = A \Leftrightarrow B - A = B$

SECTION 7 — 원소의 개수

유한집합 X의 원소의 개수를 $n(X)$라 할 때, 세 유한집합 A, B, C에 대하여

(1) $n(A \cup B) = n(A) + n(B) - n(A \cap B)$

　　🔵 $A \cap B = \varnothing$ 일 때, $n(A \cup B) = n(A) + n(B)$

(2) $n(A \cup B \cup C) = n(A) + n(B) + n(C)$
　　　　　　　　　　$- n(A \cap B) - n(B \cap C) - n(C \cap A)$
　　　　　　　　　　$+ n(A \cap B \cap C)$

POINT 팁 A_n : n의 배수의 집합

$A_2 \cap (A_3 \cup A_4)$
$= (A_2 \cap A_3) \cup (A_2 \cap A_4)$
$= A_6 \cup A_4$
$A_3 \cap A_4 = A_{12}$
$A_2 \cup A_6 = A_2$

13

>> 집합

☞ 해설 P.475

1 집합의 원소

>> 예제문제 01

✳ 집합 $A = \{\varnothing, a, \{\varnothing\}\}$일 때, 다음 중 옳지 않은 것은?

① $\varnothing \in A$ ② $\{\varnothing\} \subset A$

③ $\{a\} \subset A$ ④ $\{\{\varnothing\}\} \in A$

풀이 집합 $A = \{\varnothing, a, \{\varnothing\}\}$에서
집합 A의 원소는 $\varnothing, a, \{\varnothing\}$이고
집합 A의 부분집합은 $\varnothing, \{\varnothing\}, \{a\}, \{\{\varnothing\}\}, \{\varnothing, a\}, \{\varnothing, \{\varnothing\}\}, \{a, \{\varnothing\}\}, \{\varnothing, a, \{\varnothing\}\}$이다.
따라서 $\{\{\varnothing\}\} \subset A$이므로 ④가 옳지 않다.

답 ④

유제 1-1 다음 중 옳은 것을 고르시오.

① $\{0\} = \varnothing$ ② $0 \in \varnothing$

③ $\varnothing \supset \{0\}$ ④ $\varnothing \subset \{0\}$

유제 1-2 집합 $A = \{\varnothing, \{1\}, \{2\}, \{1, 2\}\}$일 때, 다음 중 옳지 않은 것은?

① $\varnothing \in A$ ② $\varnothing \subset A$

③ $\{1, 2\} \in A$ ④ $\{\{1\}\} \in A$

Answer   1-1.④   1-2.④

2 집합의 포함관계

✱ 두 집합 $A = \{1,\ a^2+1\}$, $B = \{2,\ a+1,\ 2a+3\}$에 대하여 $A \subset B$일 때, 상수 a의 값은?

① -2 ② -1

③ 0 ④ 1

풀이 두 집합 A, B에 대하여 $A \subset B$이므로 $a^2+1 = 2$

∴ $a = 1$ 또는 $a = -1$

(ⅰ) $a = 1$일 때, $A = \{1,\ 2\}$, $B = \{2,\ 5\}$

∴ $A \not\subset B$

(ⅱ) $a = -1$일 때, $A = \{1,\ 2\}$, $B = \{0,\ 1,\ 2\}$

∴ $A \subset B$

따라서 $A \subset B$일 때, $a = -1$이다.

답 ②

유제 2-1 두 집합 $A = \{1,\ 3,\ 5,\ a^2-5\}$, $B = \{a-1,\ 2a-3,\ 4\}$, $A \cap B = \{3,\ 4\}$일 때, 집합 B의 모든 원소의 곱을 구하면?

① -24 ② -12

③ 12 ④ 24

유제 2-2 두 집합 $A = \{x \mid -1 \le x < 1\}$, $B = \{x \mid a-4 < x \le 2a-3\}$에 대하여 $A \subset B$일 때, 상수 a의 값의 범위는?

① $2 \le a \le 3$ ② $2 \le a < 3$

③ $2 < a < 3$ ④ $a \ge 2$

Answer   2-1.④   2-2.②

3 부분집합의 개수

예제문제 03

＊ 집합 $A = \{1, 2, 3, \cdots, n\}$의 부분집합 중에서 1, 2, 3을 반드시 포함하는 부분집합의 개수가 32개일 때, 자연수 n의 값은?

① 2

② 3

③ 5

④ 8

풀이 집합 $A = \{1, 2, 3, \cdots, n\}$의 부분집합 중에서

1, 2, 3을 반드시 포함하는 부분집합의 개수는 2^{n-3}이다.

$2^{n-3} = 32 = 2^5$이므로

자연수 n의 값은 $n - 3 = 5$

∴ $n = 8$

답 ④

유제 3-1 집합 $A = \{a, b, c, d, e, f\}$의 부분집합 중에서 적어도 한 개의 모음을 포함하는 것의 개수는?

① 42

② 44

③ 46

④ 48

유제 3-2 두 집합 $A = \{1, 3, 5, 7, 9\}$, $B = \{2, 3, 5, 7\}$에 대하여 두 조건 $A \cup X = A$, $(A \cap B) \cup X = X$를 만족하는 집합 X의 개수는?

① 2

② 4

③ 8

④ 16

Answer   3-1.④   3-2.②

4 집합의 연산

>> **예제문제 04**

2015년 4월 18일 인사혁신처 기출유형

✱ 집합 $A = \{1,\ 2,\ 3,\ 4\}$와 집합 $B = \{1,\ 4,\ 7\}$에 대하여 다음 설명 중 옳은 것은?

① 집합 A와 B는 서로소이다.

② $A \cup B = \{1,\ 2,\ 3,\ 7\}$

③ $A - B = \{2\}$

④ $B - A = \{7\}$

풀이 ① $A \cap B = \{1,\ 4\} \neq \varnothing$이므로 두 집합은 서로소가 아니다.

② $A \cup B = \{1,\ 2,\ 3,\ 4,\ 7\}$

③ $A - B = \{2,\ 3\}$

답 ④

유제 **4-1** 두 집합 $A,\ B$에 대하여 $\{(A-B) \cup (A \cap B)\} \cap B = A$가 성립할 때, 다음 중 옳은 것은?

① $A \cap B = \varnothing$ ② $A \cup B = A$

③ $A \cap B = B$ ④ $A \subset B$

2014년 6월 21일 제1회 지방직 기출유형

유제 **4-2** 전체집합 $U = \{a,\ b,\ c,\ d,\ e,\ f\}$의 두 부분집합 $A,\ B$에 대하여 $A = \{a,\ b,\ c,\ d\}$, $B = \{c,\ d,\ e\}$일 때, 집합 $(A \cap B^c) \cup (B \cap A^c)$는?

① $\{a,\ b\}$ ② $\{c,\ d\}$

③ $\{a,\ b,\ e\}$ ④ $\{c,\ d,\ e\}$

Answer   4-1.④   4-2.③

➤ **예제문제 05**

2015년 3월 14일 사회복지직 기출유형

✳ **전체집합 U의 임의의 두 부분집합 A, B에 대하여 다음 중 항상 옳은 것은? (단, U는 유한집합이고, 임의의 집합 S에 대하여 $n(S)$는 S의 원소의 개수를, S^c는 S의 여집합을 나타낸다.)**

① $n(A \cup B) = n(A) + n(B)$

② $n(A \cup B^c) = n(U) - n(B)$

③ $n(A - B) = n(A) - n(B)$

④ $n(A^c \cap B^c) = n(U) - n(A \cup B)$

풀이 ① $n(A \cup B) = n(A) + n(B) - n(A \cap B)$ (×)

② $n(A \cup B^c) = n(U) - n(B \cap A^c)$ (×)

③ $n(A - B) = n(A) - n(A \cap B)$ (×)

④ $n(A^c \cap B^c) = n((A \cup B)^c) = n(U) - n(A \cup B)$ (○)

답 ④

유제 **5-1** 세 집합 A, B, C에 대하여 $n(A) = 5$, $n(B) = 10$, $n(C) = 7$, $n(A \cap B) = 2$, $n(B \cap C) = 4$, $n(C \cap A) = 1$, $n(A \cap B \cap C) = 1$일 때, $n(A \cup B \cup C)$의 값은?

① 16

② 17

③ 18

④ 19

유제 **5-2** 세 집합 A, B, C에 대하여 집합 A와 B, 집합 A와 C가 각각 서로소이고 $n(A) = 20$, $n(B) = 32$, $n(C) = 18$, $n(A \cup B \cup C) = 53$일 때, $n(B \cap C)$의 값은?

① 11

② 13

③ 15

④ 17

Answer   5-1.① 5-2.④

☞ 해설 P.476

1 집합 $A = \{1,\ 2\}$에 대하여 $P(A) = \{X\,|\,X \subset A\}$라고 할 때, 다음 중 옳지 않은 것은?

① $\varnothing \in P(A)$　　　　　　　　　② $\{1\} \subset P(A)$

③ $\{\{2\}\} \subset P(A)$　　　　　　　④ $\{1,\ 2\} \in P(A)$

1994년 서울시 9급 행정직

2 전체집합 $U = \{1,\ 2,\ 3,\ 4,\ 5\}$의 부분집합 A, B에 대하여 $A = \{1,\ 2,\ 3\}$일 때, $A \cap B = \{2\}$를 만족하는 집합 B의 개수는?

① 4　　　　　　　　　　　② 8

③ 15　　　　　　　　　　④ 16

1990년 총무처 9급 행정직

3 두 집합 $A = \{1,\ 4,\ a^2 + 2a\}$, $B = \{a+2,\ a^2,\ 2a - 3a\}$에 대하여 $A \cap B = \{1,\ 3\}$일 때, $B - A$를 구하면?

① $\{-1\}$　　　　　　　　　② $\{2\}$

③ $\{-1,\ 2\}$　　　　　　　④ $\{9\}$

Answer　　1.②　2.①　3.①

2016년 9급 사회복지직

4 전체집합 $U = \{1, 2, 3, 4, 5\}$의 부분집합 $A = \{1, 2, 3\}$에 대하여 $A^C \cup B^C = B^C$을 만족하는 U의 부분집합 B의 개수는?

① 4   ② 8

③ 12   ④ 16

2014년 9급 사회복지직

5 전체집합 $U = \{1, 2, 3, 4, 5\}$에 대하여 $\{1, 2\} \cap A \neq \varnothing$을 만족하는 U의 부분집합 A의 개수는?

① 4   ② 8

③ 24   ④ 32

2015년 9급 국가직 1번

6 집합 $A = \{1, 2, 3, 4\}$와 집합 $B = \{1, 4, 7\}$에 대하여 다음 설명 중 옳은 것은?

① 집합 A와 B는 서로소이다.

② $A \cup B = \{1, 2, 3, 7\}$

③ $A - B = \{2\}$

④ $B - A = \{7\}$

2014년 9급 지방직

7 전체집합 $U = \{1, 2, 3, 4, 5, 6, 7\}$의 두 부분집합 $A = \{1, 2, 4, 6\}$, $B = \{2, 4, 7\}$에 대하여 집합 $A - B^C$의 모든 원소의 합은?

① 5   ② 6

③ 7   ④ 8

Answer   4.② 5.③ 6.④ 7.②

2013년 9급 지방직

8 공집합이 아닌 두 집합 A, B가 서로소일 때, $A \cap (A^C \cup B)$를 간단히 한 것은?

① $\varnothing$ ② A

③ B ④ $A \cup B$

2014년 9급 국가직

9 전체집합 U의 $\varnothing$이 아닌 서로 다른 두 부분집합 A, B에 대하여 $A - B = \varnothing$일 때, $B - (B - A)$를 간단히 하면?

① $\varnothing$ ② A

③ B ④ $A - B$

2016년 9급 국가직

10 어느 학급 학생을 대상으로 세 영화 A, B, C의 관람 여부를 조사하였더니 A영화를 관람한 학생이 10명, B영화를 관람한 학생이 9명, C영화를 관람한 학생이 11명이고, 이 중 A와 B 두 영화만 관람한 학생이 2명, 세 영화를 모두 관람한 학생이 5명이었다. C영화만 관람한 학생의 수의 최솟값은?

① 1 ② 2

③ 3 ④ 4

11 두 집합 A, B에 대하여 연산 $\triangle$를 $A \triangle B = (A - B) \cup (B - A)$로 정의할 때, 세 집합 A, B, C에 대하여 $(A \triangle B) - (B \triangle C)$를 벤 다이어그램으로 옳게 나타낸 것은?

①

②

③

④

Answer 8.① 9.② 10.① 11.④

12 학생 수가 60명인 어느 학급에서 두 개의 수학문제를 풀었다. 1번을 푼 학생이 30명, 2번을 푼 학생이 35명일 때, 1번과 2번을 모두 푼 학생 수의 최댓값과 최솟값의 합은?

① 30   ② 35

③ 60   ④ 65

1994년 대전시 9급 행정직

13 집합 $U = \{x\,|\,1 \le x \le 10,\ x$는 자연수$\}$의 세 부분집합 $A,\ B,\ C$가 $A = \{x\,|\,x$는 2의 배수$\}$, $B = \{x\,|\,x$는 3의 배수$\}$, $C = \{x\,|\,x$는 소수$\}$라 할 때, $(A \triangle B) \triangle (B \triangle C)$의 원소의 개수는? (단, $X \triangle Y = (X \cup Y) - (X \cap Y)$이다.)

① 5개   ② 6개

③ 7개   ④ 8개

Answer   12.②   13.③

14

명제

SECTION 1 명제와 조건

(1) **명제** : 참, 거짓을 판별할 수 있는 문장이나 식

(2) **조건** : 문자의 값에 따라 참, 거짓이 판별되는 문장이나 식

SECTION 2 부정

(1) 명제 또는 조건 p에 대하여 'p가 아니다.'를 p의 부정이라 하고, 기호 $\sim p$로 나타낸다.

(2) p가 참이면 $\sim p$는 거짓이고, p가 거짓이면 $\sim p$는 참이다.

SECTION 3 명제의 참과 거짓

(1) 명제 'p이면 q이다.'를 기호로 $p \to q$로 나타낸다.
이때 p를 가정, q를 결론이라 한다.

(2) 명제 $p \to q$가 참일 때, $p \Rightarrow q$로 나타낸다.

(3) 두 조건 p, q를 만족하는 집합을 각각 P, Q라고 하면
$P \subset Q \Leftrightarrow p \to q(참)$, $P \not\subset Q \Leftrightarrow p \to q(거짓)$
특히, $p \to q$가 거짓임을 보이려면 $P - Q \neq \varnothing$ 이므로
집합 $P - Q$에 속하는 원소를 반례로 보이면 된다.

(4) '모든'과 '어떤'을 포함한 명제의 참과 거짓

전체집합 U에 대하여 조건 p의 진리집합을 P라 할 때

① '모든 x에 대하여 p이다.'는 $P = U$일 때 참, $P \neq U$일 때 거짓

② '어떤 x에 대하여 p이다.'는 $P \neq \varnothing$ 일 때 참, $P = \varnothing$ 일 때 거짓

(5) '모든'이나 '어떤'이 있는 명제의 부정

① '모든 x에 대하여 p이다.'의 부정은 '어떤 x에 대하여 $\sim p$이다.'

② '어떤 x에 대하여 p이다.'의 부정은 '모든 x에 대하여 $\sim p$이다.'

SECTION 4   명제의 역, 이, 대우

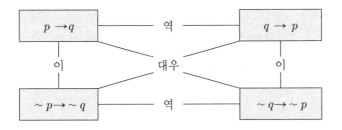

대우관계에 있는 두 명제의 참과 거짓은 반드시 일치하지만, 역 또는 이 관계에 있는 두 명제의 참과 거짓은 반드시 일치한다고 할 수 없다.

Check!

예 다음 명제의 대우를 말하여라.
'$ab \neq 0$이면 $a \neq 0$이고 $b \neq 0$이다.'
대우 : $a = 0$ 또는 $b = 0$이면 $ab = 0$
  이다.

SECTION 5   필요, 충분, 필요충분조건

(1) $P \subset Q$이면 $p \Rightarrow q$, p는 q이기 위한 충분조건

(2) $Q \subset P$이면 $q \Rightarrow p$, p는 q이기 위한 필요조건

(3) $P = Q$이면 $p \Leftrightarrow q$, p는 q이기 위한 필요충분조건

SECTION 6   대소 관계 판정

(1) 차의 부호를 조사

① $A - B > 0 \Leftrightarrow A > B$

② $A - B = 0 \Leftrightarrow A = B$

③ $A - B < 0 \Leftrightarrow A < B$

(2) 제곱의 차의 부호를 조사 : $A > 0$, $B > 0$일 때

$A^2 - B^2 > 0 \Leftrightarrow A^2 > B^2 \Leftrightarrow A > B$

(3) A, B의 비를 조사 : $A > 0$, $B > 0$일 때

① $\dfrac{A}{B} > 1 \Leftrightarrow A > B$

② $\dfrac{A}{B} = 1 \Leftrightarrow A = B$

③ $\dfrac{A}{B} < 1 \Leftrightarrow A < B$

SECTION 7 절대부등식이 되기 위한 조건

(1) 모든 실수 x에 대하여 부등식 $ax^2 + bx + c > 0$이 항상 성립하려면

$a > 0$, $D = b^2 - 4ac < 0$ 또는 $a = b = 0$, $c > 0$

(2) 모든 실수 x에 대하여 부등식 $ax^2 + bx + c < 0$이 항상 성립하려면

$a < 0$, $D = b^2 - 4ac < 0$ 또는 $a = b = 0$, $c < 0$

(3) 여러 가지 절대 부등식

① $a^2 \pm ab + b^2 \geq 0 \Leftrightarrow (a \pm \dfrac{b}{2})^2 + \dfrac{3}{4}b^2 \geq 0$

② $a^2 + b^2 + c^2 \geq ab + bc + ca$

③ $|a| + |b| \geq |a + b|$ (단, 등호는 $ab \geq 0$일 때 성립)

SECTION 8 산술 · 기하평균과 코시-슈바르츠의 부등식

(1) 산술평균과 기하평균의 관계

$a > 0$, $b > 0$일 때, $\dfrac{a + b}{2} \geq \sqrt{ab}$ (단, 등호는 $a = b$일 때 성립)

(2) 코시-슈바르츠의 부등식

a, b, x, y가 실수일 때,

$(a^2 + b^2)(x^2 + y^2) \geq (ax + by)^2$ (단, 등호는 $\dfrac{x}{a} = \dfrac{y}{b}$일 때 성립)

14 ≫ 명제

☞ 해설 P.477

1 명제의 참과 거짓

➤ 예제문제 01

2015년 6월 13일 서울특별시 기출유형

✳ **다음 중 역, 이, 대우가 모두 참인 명제는?**

① 직사각형은 두 대각선의 길이가 같다.
② x, y가 실수이면 $x+y$도 실수이다.
③ 무한소수는 무리수이다.
④ $xy < 0$이면 $|x|+|y| > |x+y|$이다.

풀이 ①의 역은 "두 대각선의 길이가 같은 사각형은 직사각형이다"인데 등변사다리꼴은 두 대각선 길이는 같지만 직사각형은 아니므로 거짓이다.
②의 역은 "$x+y$가 실수이면 x, y가 실수이다"인데 $x=i$, $y=-i$인 경우 $x+y=0$은 실수이지만 x, y는 허수이므로 거짓이다.
③에서 무한소수 중 순환소수는 유리수이므로 명제가 거짓, 따라서 대우도 거짓이다.
④에서 $x=y=i=\sqrt{-1}$인 경우 $xy=-1<0$이지만 절댓값의 크기를 비교할 수 없으므로 명제가 성립하지 않는다. 따라서 거짓이다.

답 없음

유제 **1-1** 명제 '$x^2 - ax + 6 \neq 0$이면 $x-1 \neq 0$이다.'가 참이 되도록 하는 상수 a의 값은?

① 1
② 3
③ 5
④ 7

유제 **1-2** 두 조건 p, q를 만족하는 집합을 각각 P, Q라 하자. 명제 $p \to q$가 참일 때, 다음 중 항상 옳은 것은? (단, U는 전체집합이다.)

① $P \cap Q = \varnothing$
② $P \cap Q = Q$
③ $P \cup Q = Q$
④ $P = Q$

Answer   1-1.④   1-2.③

2 필요조건과 충분조건

✳ 다음 중 p가 q이기 위한 필요조건인 것은? (단, x, y는 실수)

① $p : x > 1$, $y > 1$ $q : xy > 1$

② $p : |x| + |y| = 0$ $q : xy = 0$

③ $p : \triangle ABC$는 정삼각형 $q : \angle B = 60°$

④ $p : x^2 > y^2$ $q : x > y > 0$

풀이 ① $x = 4$, $y = \dfrac{1}{2}$이면 $q \not\Rightarrow p$이므로 p는 q이기 위한 충분조건이다.

$(p : x > 1$, $y > 1 \Rightarrow q : xy > 1)$

② $x = 1$, $y = 0$이면 $q \not\Rightarrow p$이므로 p는 q이기 위한 충분조건이다.

$(p : |x| + |y| = 0 \Rightarrow q : xy = 0)$

③ $\angle A = 60°$, $\angle B = 50°$, $\angle C = 70°$이면 $q \not\Rightarrow p$이므로 p는 q이기 위한 충분조건이다.

$(p : \triangle ABC$는 정삼각형 $\Rightarrow q : \angle A = 60°)$

④ $x = -2$, $y = 1$이면 $p \not\Rightarrow q$이므로 p는 q이기 위한 필요조건이다.

$(q : x > y > 0 \Rightarrow p : x^2 > y^2)$

답 ④

유제 2-1 $x \geq a$는 $-5 \leq x \leq 7$이기 위한 필요조건이고, $b \leq x \leq 4$는 $-5 \leq x \leq 7$이기 위한 충분조건일 때, a의 최댓값과 b의 최솟값의 합은? (단, $b \leq 4$)

① -10 ② -1

③ 2 ④ 11

유제 2-2 두 조건 p, q를 만족하는 집합을 각각 P, Q라 하자. p가 q이기 위한 충분조건이지만 필요조건은 아닐 때, 다음 중 옳지 않은 것은?

① $Q^c \subset P^c$ ② $P - Q = \varnothing$

③ $P \cup Q = Q$ ④ $Q - P = \varnothing$

3 절대부등식

✱ 모든 실수 x에 대하여 $x^2 - (k-1)x + 4 > 0$이 항상 성립하도록 하는 실수 k의 값의 범위는?

① $-5 < k < 2$　　　　　　　　② $-5 < k < 3$

③ $-3 < k < 5$　　　　　　　　④ $2 < k < 6$

풀이 부등식 $x^2 - (k-1)x + 4 > 0$이 모든 실수 x에 대하여 성립하려면

이차방정식 $x^2 - (k-1)x + 4 = 0$의 판별식을 D라 할 때,

$D = (k-1)^2 - 4 \cdot 4 < 0$

$k^2 - 2k - 15 < 0$

$(k+3)(k-5) < 0$

$\therefore -3 < k < 5$

답 ③

유제 3-1 모든 실수 x에 대하여 $ax^2 + (a-1)x + (a-1) > 0$이 성립하기 위한 실수 a의 값의 범위는?

① $a > \dfrac{1}{3}$　　　　　　　　② $0 < a < \dfrac{1}{3}$

③ $\dfrac{1}{3} < a < 1$　　　　　　　　④ $a > 1$

유제 3-2 다음 중 참이 아닌 것은?

① $a^2 + ab + b^2 \geq 0$　　　　　　② $\dfrac{a+b}{2} \geq \sqrt{ab}$ (단, $a > 0$, $b > 0$)

③ $|a+b| \leq |a| + |b|$　　　　　　④ $||a| - |b|| \geq |a - b|$

Answer　　3-1.④　3-2.④

4 산술기하평균

❋ $a > 0$, $b > 0$일 때, $(a+2b)\left(\dfrac{1}{a}+\dfrac{4}{b}\right)$의 최솟값은?

① $2\sqrt{2}$ ② $4\sqrt{6}$

③ $5+4\sqrt{6}$ ④ $9+4\sqrt{2}$

풀이 $(a+2b)\left(\dfrac{1}{a}+\dfrac{4}{b}\right)=1+\dfrac{4a}{b}+\dfrac{2b}{a}+8$

$\quad\quad\quad\quad = 9+\dfrac{4a}{b}+\dfrac{2b}{a} \geq 9+2\sqrt{\dfrac{4a}{b}\cdot\dfrac{2b}{a}}=9+4\sqrt{2}$ (단, 등호는 $b=\sqrt{2}\,a$일 때 성립)

따라서 최솟값은 $9+4\sqrt{2}$ 이다.

답 ④

유제 4-1 $a > 0$일 때 $a+\dfrac{1}{a}$의 최솟값은 p이고 그 때의 a값은 q이다. 이때, $p+q$의 값은?

① 3 ② $2\sqrt{2}$

③ 4 ④ 6

유제 4-2 두 양수 a, b에 대하여 $a+b=4$일 때, $\dfrac{1}{a}+\dfrac{1}{b}$의 최솟값은?

① $\dfrac{1}{4}$ ② $\dfrac{1}{2}$

③ 1 ④ 2

14

>> 명제

☞ 해설 P.478

1 전체집합 U에서 두 조건 p, q를 만족하는 집합을 각각 P, Q라 할 때, 다음 중 명제 '$\sim p$이면 $\sim q$이다.'가 거짓임을 보이는 원소가 속하는 집합은?

① $P \cap Q$

② $P \cup Q^c$

③ $P \cap Q^c$

④ $P^c \cap Q$

1993년 경기도 9급 행정직

2 $x \geq a$가 $x^2 - 1 \leq 0$이기 위한 필요조건일 때, a의 최댓값은? (단, x는 실수)

① -2

② -1

③ 0

④ 1

2015년 9급 지방직

3 명제 '$x \geq 6$이면 $2x + a \leq 3x - 2a$이다.' 가 참이 되기 위한 실수 a의 범위는?

① $a \leq 2$

② $a \geq 2$

③ $a \leq 3$

④ $a \geq 3$

Answer 1.④ 2.② 3.①

2016년 9급 국가직

4 두 조건 $p: |x-2| < 1$, $q: x^2 - 2ax - 3a^2 < 0$ 에 대하여 p 가 q 이기 위한 충분조건일 때, 실수 a 의 최댓값은? (단, $a < 0$)

① -1 ② -2

③ -3 ④ -4

5 세 조건 p, q, r을 만족하는 집합을 P, Q, R라 하자. p는 q이기 위한 충분조건이고 $\sim r$는 q이기 위한 필요충분조건일 때, 다음 중 옳은 것은?

① $R \cap Q = R$ ② $R \cup Q = R$

③ $P \cap Q = \varnothing$ ④ $P \cap R = \varnothing$

1992년 서울시 9급 행정직

6 다음 중 $a > b$와 필요충분조건은 어느 것인가?

① $\dfrac{1}{a} < \dfrac{1}{b}$ ② $a^2 > b^2$

③ $a^3 > b^3$ ④ $-a > -b$

Answer   4.③   5.④   6.③

1994년 서울시 9급 행정직

7 $x=0$인 것은 $xy=0$이기 위한 어떤 조건인가?

① 필요조건   ② 충분조건

③ 필요충분조건   ④ 아무 조건도 아니다.

1992년 총무처 9급 행정직

8 명제 '$x=a$이고 $y=b$이면 $x+y=a+b$이다.'가 참일 때, 다음 명제 중 참인 명제는 어느 것인가?

① $x+y=a+b$이면 $x=a$ 또는 $y=b$이다.

② $x+y=a+b$이면 $x\neq a$ 또는 $y\neq b$이다.

③ $x\neq a$이고 $y\neq b$이면 $x+y\neq a+b$이다.

④ $x+y\neq a+b$이면 $x\neq a$ 또는 $y\neq b$이다.

9 실수 $x,\ y$에 대하여 $x^2+y^2=4$일 때 $3x-4y$의 값의 범위는 $a\leq 3x-4y\leq b$이다. 이때 $a+b$의 값은?

① -1 ② 0

③ 1 ④ 2

Answer   7.②   8.④   9.②

10 아래 그림과 같은 반지름의 길이가 5인 원이 있다. 이 원에 내접하는 직사각형의 넓이의 최댓값은?

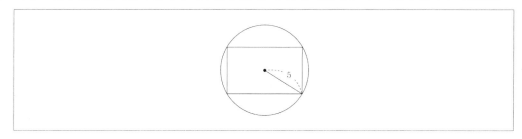

① 40

② 45

③ 50

④ 55

1992년 총무처 9급 행정직

11 모든 실수 x에 대하여 $(k+1)x^2+2(k+1)x+1>0$이 항상 성립하도록 실수 k의 값의 범위를 정하면?

① $-2<k<0$

② $-2 \leq k \leq 0$

③ $-1<k<0$

④ $-1 \leq k<0$

Answer　10.③　11.④

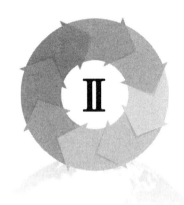

파워특강 수학(수학II)

합격에 한 걸음 더 가까이!

중학교 과정에서 배운 함수의 기본 개념과 일차함수에 대한 내용으로 이차함수 및 유리함
수와 무리함수를 이해하도록 합니다. 함수를 응용한 다양한 문제의 해결능력을 기르는 것
이 중요합니다.

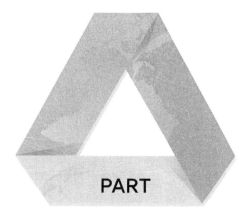

PART

05

함수

15

함수

SECTION 1   함수

(1) 함수의 뜻

집합 X의 각 원소에 집합 Y의 원소가 오직 하나만 대응할 때, 이 대응을 X에서 Y로의 함수라고 하고, 기호로 $f:X{\rightarrow}Y$와 같이 나타낸다. 이때, 함수 $f:X{\rightarrow}Y$에서 집합 X를 함수 f의 정의역, 집합 Y를 함수 f의 공역, $\{f(x)\,|\,x{\in}X\}$를 치역이라 한다.

(2) 두 함수가 서로 같을 조건

① 두 함수의 정의역과 공역이 각각 서로 같다.

② 정의역의 임의의 원소 x에 대하여 $f(x)=g(x)$이다.

위의 ①, ②를 만족할 때, 두 함수 f와 g는 서로 같다고 하며 이것을 기호로 $f=g$로 나타낸다.

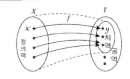

SECTION 2   여러 가지 함수

(1) 일대일함수

함수 $f:X{\rightarrow}Y$가 X의 임의의 두 원소 x_1, x_2에 대하여 $x_1{\neq}x_2$이면 $f(x_1){\neq}f(x_2)$를 만족할 때 일대일함수라고 한다.

(2) 일대일대응

① 함수 $f:X{\rightarrow}Y$의 치역과 공역이 같다.

② X의 임의의 두 원소 x_1, x_2에 대하여 $x_1{\neq}x_2$이면 $f(x_1){\neq}f(x_2)$이다.

위의 ①, ②를 만족할 때, 함수 f를 일대일대응이라고 한다.

(3) 항등함수

함수 $f:X{\rightarrow}Y$에서 임의의 $x{\in}X$에 대하여 $f(x)=x$인 함수 f를 항등함수라고 한다.

(4) 상수함수

함수 $f:X{\rightarrow}Y$에서 임의의 $x{\in}X$에 대하여 $f(x)=c$ ($c{\in}Y$, c는 상수)와 같이 함수 f의 치역이 하나의 원소로만 이루어진 함수를 상수함수라고 한다.

☞ 해설 P.479

1 함수의 정의

➤ **예제문제 01**

＊ 다음 그림 중 함수 $y = f(x)$의 그래프가 되는 것을 모두 고르면?

(가)

(나)

(다)

(라)

(마)

① (가), (다), (라)　　　　　　　　② (가), (라), (마)
③ (나), (다), (라)　　　　　　　　④ (나), (라), (마)

풀이 y축에 평행한 직선을 그어 교점이 하나인 것은 (가), (다), (라)이다.
그러나 (나)는 두 점에서 만나고, (마)는 x의 한 값에 대하여 y의 값이 무수히 많이 대응된다.
따라서 함수의 그래프가 되는 것은 (가), (다), (라)이다.

답 ①

유제▶ 1-1 다음 중 $X = \{-1, \ 1, \ 2\}$에서 $Y = \{1, \ 2, \ 3, \ 4\}$로의 함수가 될 수 없는 것은?

① $f : x \rightarrow x^2$　　　　　　　　② $g : x \rightarrow x + 2$
③ $h : x \rightarrow |x|$　　　　　　　　④ $i : x \rightarrow x^2 - 1$

유제▶ 1-2 두 함수 $f(x) = 3x^2 - 4x + 5$, $g(x) = 2x^2 + 2$의 정의역이 x일 때, $f = g$인 집합 X의 원소의 합은?

① 2　　　　　　　　② 3
③ 4　　　　　　　　④ 5

Answer　　1-1.④　1-2.③

2 여러 가지 함수

예제문제 02

✻ 두 집합 $X=\{1,\ 2,\ 3\}$, $Y=\{1,\ 2,\ 3,\ 4,\ 5\}$에 대하여 X에서 Y로의 함수 f 중에서 X의 임의의 두 원소 x_1, x_2에 대하여 $x_1 \neq x_2$일 때, $f(x_1) \neq f(x_2)$인 함수는 몇 개인가?

① 15개   ② 60개

③ 120개   ④ 125개

풀이 $x_1 \neq x_2$일 때 $f(x_1) \neq f(x_2)$는 일대일함수를 의미한다.

즉, $X=\{1,\ 2,\ 3\}$이고 $Y=\{1,\ 2,\ 3,\ 4,\ 5\}$이므로

일대일함수는 $5 \times 4 \times 3 = 60$(개)

답 ②

유제 2-1 함수 $f : X \to X$, $f(x) = 2x^2 + x - 8$을 항등함수가 되게 하는 집합 X의 원소의 합은?

① 0   ② 1

③ 2   ④ 3

유제 2-2 $X = \{x \mid -1 \leq x \leq 2\}$, $Y = \{y \mid 0 \leq y \leq 3\}$일 때, 함수 $f : X \to Y$, $y = ax + b\ (a < 0)$가 일대일대응이 되는 상수 a, b의 값의 합은?

① -1 ② 0

③ 1   ④ 2

Answer   2-1.①   2-2.③

연/습/문/제

15

함수

☞ 해설 P.479

2015년 9급 국가직

1 두 집합 $X = \{1, 2, 3\}$, $Y = \{1, 2, 3, 4\}$에 대하여 X에서 Y로의 함수인 것만을 모두 고른 것은?

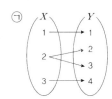

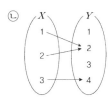

㉢ $f(x) = 2x, \ x \in X$

㉣ $f(x) = x+1, \ x \in X$

① ㉠, ㉡
② ㉠, ㉢
③ ㉡, ㉣
④ ㉡, ㉢, ㉣

2015년 9급 사회복지직

2 다음 〈보기〉에 대한 설명으로 옳은 것은?

(가)

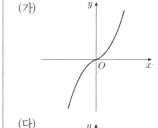

(나)

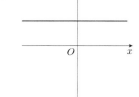

(다)

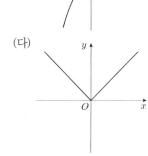

(라)

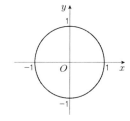

① 함수의 그래프는 4개이다.
② (나)는 항등함수이다.
③ (다)는 상수함수이다.
④ 일대일함수의 그래프는 1개이다.

Answer   1.③   2.④

3 집합 $X = \{1, 2, 3, 4, 5\}$에 대하여 X에서 X로의 일대일함수 $f(x)$가 다음 조건을 모두 만족한다. 이 때, $f(4) + f(5)$의 값은?

> (가) $f(1) = 3$, $f(2) = 4$
> (나) 모든 $x \in X$에 대하여 $(f \circ f)(x) = x$

① 6   ② 7
③ 8   ④ 9

4 집합 $X = \{1, 2, 3\}$에 대하여 X에서 X로의 함수의 개수를 a, 일대일대응의 개수를 b, 항등함수의 개수를 c, 상수함수의 개수를 d라 할 때, $a + b + c + d$의 값은?

① 25   ② 30
③ 33   ④ 37

5 두 함수 $f(x)$, $g(x)$가 $f(x) = x^3 - 2x + 1$, $g(x+1) = f(x+3)$으로 정의될 때, $g(0) + g(2)$의 값은?

① 34   ② 45
③ 57   ④ 62

6 두 집합 A, B가 $A = \{-1, 0, 1\}$, $B = \{-2, -1, 0, 1, 2\}$일 때, A에서 B로의 함수 $f(x)$, $g_i(x)$에 대하여, 다음 중 $f(x) = x^2 + 1$와 같은 함수 $g_i(x)$는? (단, $i = 1, 2, 3, 4$)

① $g_1(x) = -x + 1$ ② $g_2(x) = x + 1$
③ $g_3(x) = |x| + 1$ ④ $g_4(x) = x^3 - 1$

Answer   3.②   4.④   5.④   6.③

7 집합 X는 공집합이 아니고, 정수를 원소로 가진다. X를 정의역으로 하는 두 함수 f, g가 $f(x) = x^3 + 1$, $g(x) = 3x - 1$일 때, $f = g$가 되는 집합 X의 개수는?

① 1　　　　　　　　　　　② 2

③ 3　　　　　　　　　　　④ 4

8 두 집합 $A = \{-1, 0, 1\}$, $B = \{1, 2\}$에 대하여 A에서 B로의 함수 중 공역과 치역이 같은 함수는 몇 개 만들 수 있는가? (단, $i = 1, 2, 3, 4$)

① 4　　　　　　　　　　　② 5

③ 6　　　　　　　　　　　④ 7

9 $f(2x-1) = x^2 - 2x + 3$인 함수 $f(x)$의 모든 계수의 합은?

① -2　　　　　　　　　　② -1

③ 1　　　　　　　　　　　④ 2

10 실수 전체의 집합 R에서 R로의 일대일대응 $f(x)$가 $f(x) = \begin{cases} 4x - 3 & (x \geq 0) \\ ax + b & (x < 0) \end{cases}$로 정의되어 있을 때, 상수 a, b는 $a > p$이고 $b = q$이다. 이때 $p^2 + q$의 값은?

① -3　　　　　　　　　　② -1

③ 1　　　　　　　　　　　④ 3

Answer　　7.③　8.③　9.④　10.①

16

합성함수와 역함수

 Check!

SECTION 1 합성함수

(1) 합성함수의 뜻

두 함수 $f:X{\to}Y$, $g:Y{\to}Z$에 대하여 X의 임의의 원소 x에 Z의 원소 $g(f(x))$를 대응시키는 새로운 함수를 f와 g의 합성 함수라 하고, 기호로 $g \circ f:X{\to}Z$ 또는 $(g \circ f)(x) = g(f(x))$와 같이 나타낸다.

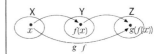

(2) 합성함수의 성질

세 함수 f, g, h에 대하여

① $g \circ f \neq f \circ g$

② $(f \circ g) \circ h = f \circ (g \circ h)$ (결합법칙)

③ $f:X{\to}X$일 때, $f \circ I = I \circ f = f$ (단, I는 X에서의 항등함수이다.)

SECTION 2 역함수

(1) 역함수의 뜻

함수 $f:X{\to}Y$가 일대일대응일 때, Y의 임의의 원소 y에 대하여 $f(x) = y$인 X의 원소 x를 대응시키는 새로운 함수를 f의 역함수라 하고 기호로 $f^{-1}:Y{\to}X$와 같이 나타낸다. 이때, $y = f(x)$이므로 $f^{-1}(y) = x$이다.

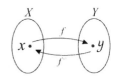

(2) 역함수를 구하는 방법

① 주어진 함수 $y = f(x)$가 일대일대응인지 확인한다.

② $y = f(x)$를 x에 대하여 정리해서 $x = f^{-1}(y)$로 나타낸다.

③ x와 y를 서로 바꾸어 $y = f^{-1}(x)$로 나타낸다.

SECTION 3 역함수의 성질

두 함수 $f:X{\to}Y$, $g:Y{\to}Z$가 일대일대응일 때,

(1) $\left(f^{-1}\right)^{-1} = f$

(2) $(g \circ f)^{-1} = f^{-1} \circ g^{-1}$

(3) $f^{-1} \circ f = I$, $f \circ f^{-1} = I$(단, I는 항등함수)

(4) 함수 $y = f(x)$의 그래프와 그 역함수 $y = f^{-1}(x)$의 그래프는 직선 $y = x$에 대하여 대칭이다.

예제&유제문제

<<

합성함수와 역함수

☞ 해설 P.480

1 합성함수

➤ 예제문제 **01**

2015년 6월 27일 제1회 지방직 기출유형

❋ 두 함수 f, g에 대하여 $f(x) = 3x + 2$, $(g \circ f)(x) = x^2 + 1$일 때, $g(11)$의 값은?

① 10 ② 11
③ 12 ④ 13

풀이 일단 $f(x) = 11$이 되는 x를 찾아보면 $3x + 2 = 11 \Rightarrow x = 3$, 즉 $f(3) = 11$이다.
$(g \circ f)(3) = g(f(3)) = g(11)$이므로 $(g \circ f)(3) = 3^2 + 1 = 10$이다.
따라서 $g(11) = 10$이다.

답 ①

유제 1-1 함수 $f(x) = x^2 + x$에 대하여 $(f \circ f)(1)$의 값을 구하면?

① 4 ② 5
③ 6 ④ 7

유제 1-2 세 함수 $f(x) = x + 1$, $g(x) = -x + a$, $h(x) = bx + 2$가 $h \circ f = g$를 만족할 때, $a + b$의 값은?

① -1 ② 0
③ 1 ④ 2

Answer   1-1.③ 1-2.②

2 　역함수

예제문제 02

＊ 다음 함수의 그래프 중 임의의 실수 x에 대하여 $f(f(x))=x$를 만족시키는 함수의 그래프를 고르면?

①

②

③

④

풀이 $f(f(x))=x$이므로 $f(x)=f^{-1}(x)$

즉, $y=f(x)$와 $y=f^{-1}(x)$가 같은 함수이므로

$y=f(x)$는 $y=x$에 대하여 대칭인 함수이다.

따라서 조건을 만족시키는 함수의 그래프는 ④이다.

답 ④

2013년 7월 27일 안전행정부 기출유형

유제 2-1 두 함수 $f(x)=3x-1$, $g(x)=-x+2$에 대하여 $(f \circ (g \circ f)^{-1} \circ f)(1)$의 값은?

① -2　　　　　　　　　② -1

③ 0　　　　　　　　　　④ 1

유제 2-2 함수 $f(x)=ax+b(a \neq 0)$의 역함수를 $g(x)$라 할 때, $f(2)=-3$, $g(1)=5$이다. $a+b$의 값은?

① $-\dfrac{13}{3}$　　　　　　　　② $-\dfrac{10}{3}$

③ $-\dfrac{7}{3}$　　　　　　　　④ $\dfrac{10}{3}$

Answer 　　2-1.③　2-2.①

3   합성함수와 역함수의 그래프

예제문제 03

✽ 집합 $A = \{x | 0 \leq x \leq 1\}$에 대하여 A에서 A로의 함수 $y = f(x)$의 그래프가 아래 그림과 같다. 함수 $f(x)$의 역함수를 $g(x)$라 할 때, $(g \circ g)\left(\dfrac{1}{2}\right)$의 값은?

① a
② b
③ c
④ d

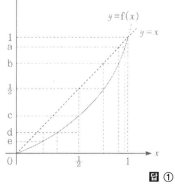

풀이 $(g \circ g)\left(\dfrac{1}{2}\right) = g\left(g\left(\dfrac{1}{2}\right)\right)$

$= g(b) = a$

$\therefore (g \circ g)\left(\dfrac{1}{2}\right) = a$

답 ①

유제 3-1 다음 그림은 함수 $y = f(x)$의 그래프와 직선 $y = x$를 나타낸 것이다. 이때, $(f^{-1} \circ f^{-1})(d)$의 값은?

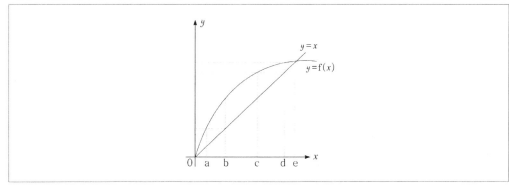

① a ② b
③ c ④ d

16 **합성함수와 역함수**

☞ 해설 P.481

1 두 함수 $f(x)=-2x+3$, $g(x)=4x+7$에 대하여 $f \circ h = g$를 만족하는 함수 $h(x)$의 $x=-1$일 때, 함숫값 $h(-1)$은?

① -1 ② 0

③ 1 ④ 2

2014년 9급 지방직

2 실수 전체의 집합에서 정의된 세 함수 f, g, h에 대하여 $f(x)=x^2+1$, $(h \circ g)(x)=3x-1$일 때, $(h \circ (g \circ f))(-1)$의 값은?

① 5 ② 6

③ 7 ④ 8

3 실수 전체의 집합 R에서 R로의 함수 $f(x)$가 모든 실수 x에 대하여 $f(x+1)=f(x)$이고, $0 \leq x \leq 1$에서의 그래프는 아래 그림과 같다. 이때 $(f \circ f \circ f)(\frac{9}{4})$의 값은?

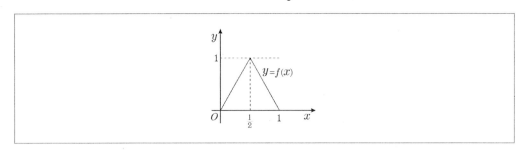

① 0 ② $\dfrac{1}{4}$

③ $\dfrac{1}{2}$ ④ 1

Answer   1.②   2.①   3.①

1993년 경기도 9급 행정직

4 다음 함수 중 역함수가 존재하는 것은? (단, $[x]$는 x를 넘지 않는 최대 정수이다.)

① $y = |x| \; (-1 \le x \le 1)$ ② $y = 2$

③ $y = -[x]$ ④ $y = x^2 - 2x + 1 \; (x \le 1)$

5 함수 $f(x) = 2x - 1$의 역함수를 $f^{-1}(x)$라 할 때, $f^{-1}(3)$의 값은?

① -1 ② 0

③ 1 ④ 2

2016년 9급 국가직

6 두 함수 f와 g는 모두 역함수가 존재하고 $f(2x+1) = g(x+3)$이다. $f^{-1}(5) = 3$일 때, $g^{-1}(5)$의 값은?

① 1 ② 2

③ 3 ④ 4

2016년 9급 사회복지직

7 함수 $f(x) = |x-1| + 2x$의 역함수 $y = f^{-1}(x)$에 대하여 $f^{-1}(1)$의 값은?

① $-\dfrac{1}{2}$ ② 0

③ $\dfrac{1}{2}$ ④ 1

Answer   4.④   5.④   6.④   7.②

8 두 일차함수 $f(x) = ax + b$, $g(x) = x - 3$에 대하여 $(g \circ f)(1) = -1$이고 $(g^{-1} \circ f)(-1) = 3$일 때, 두 상수 a, b의 곱 ab의 값은?

① -2

② -1

③ 1

④ 2

9 함수 $f(x) = \dfrac{x-1}{x-2}$의 역함수가 $f^{-1}(x) = \dfrac{2x+a}{bx+c}$일 때, 상수 a, b, c의 합 $a+b+c$의 값은?

① -2

② -1

③ 1

④ 2

10 함수 $f(x) = 2x + 1$에 대하여 일차함수 $g(x)$가 $(g \circ f)^{-1}(x) = 2x$를 만족할 때, $g(2)$의 값은?

① $-\dfrac{1}{2}$

② $-\dfrac{1}{4}$

③ $\dfrac{1}{4}$

④ $\dfrac{1}{2}$

11 실수 전체의 집합에서 정의된 함수 $f(x) = \begin{cases} x^2 - 2x + 2 & (x \le 1) \\ -x + 2 & (x > 1) \end{cases}$에 대하여 $(f^{-1} \circ f^{-1})(5)$의 값은?

① 1

② 2

③ 3

④ 4

Answer 8.③ 9.② 10.③ 11.③

12 실수 전체의 집합에서 정의된 함수 $f(x) = \begin{cases} x-2 & (x \geq 0) \\ x+2 & (x < 0) \end{cases}$ 에 대하여, $f^{2009}(11)$의 값은?

(단 $f^1 = f$, $f^2 = f \circ f$, $\cdots$, $f^n = f^{n-1} \circ f$)

① -2

② -1

③ 0

④ 1

13 다음 중 모든 실수 x에 대하여 역함수가 존재하고 $(f \circ f \circ f)(x) = f(x)$를 만족시키는 함수 $y = f(x)$의 그래프는?

①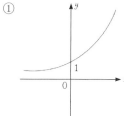

②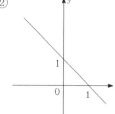

③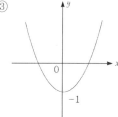

④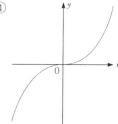

17 유리식과 유리함수

SECTION 1 유리식의 성질

(1) $\dfrac{A}{B} = \dfrac{A \times C}{B \times C}$, $\dfrac{A}{B} = \dfrac{A \div C}{B \div C}$ (단, $C \neq 0$)

(2) 유리식의 사칙연산

① $\dfrac{A}{M} + \dfrac{B}{M} = \dfrac{A+B}{M}$

② $\dfrac{A}{B} + \dfrac{C}{D} = \dfrac{AD + BC}{BD}$

③ $\dfrac{A}{B} \times \dfrac{C}{D} = \dfrac{AC}{BD}$

④ $\dfrac{A}{B} \div \dfrac{C}{D} = \dfrac{A}{B} \times \dfrac{D}{C} = \dfrac{AD}{BC}$

SECTION 2 복잡한 유리식의 계산

(1) 번분수 : $\dfrac{\dfrac{A}{B}}{\dfrac{C}{D}} = \dfrac{A}{B} \div \dfrac{C}{D} = \dfrac{A}{B} \times \dfrac{D}{C} = \dfrac{AD}{BC}$

(2) 부분분수 : $\dfrac{1}{AB} = \dfrac{1}{B-A}\left(\dfrac{1}{A} - \dfrac{1}{B}\right)$ (단, $A \neq B$)

SECTION 3 비례식

(1) 비례식 성질 : $\dfrac{a}{b} = \dfrac{c}{d}$ (즉, $a : b = c : d$) 일 때,

① $ad = bc$

② $\dfrac{a \pm b}{b} = \dfrac{c \pm d}{d}$ (복부호 동순)

③ $\dfrac{a+b}{a-b} = \dfrac{c+d}{c-d}$

④ $\dfrac{a-b}{a+b} = \dfrac{c-d}{c+d}$

(2) 가비의 리

$\dfrac{a}{b} = \dfrac{c}{d} = \dfrac{e}{f} = \dfrac{a+c+e}{b+d+f} = \dfrac{pa+qc+re}{pb+qd+rf}$ (단, $b+d+f \neq 0$, $pb+qd+rf \neq 0$))

SECTION 4 **함수** $y = \dfrac{k}{x}\ (k \neq 0)$**의 그래프**

(1) 정의역과 치역은 모두 0을 제외한 실수 전체의 집합이다.

(2) $k > 0$이면 제1, 3사분면, $k < 0$이면 제2, 4사분면에 있다.

(3) 점근선은 x축$(y = 0)$과 y축$(x = 0)$이다.

(4) $|k|$의 값이 클수록 원점에서 멀어진다.

POINT 팁

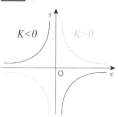

SECTION 5 **함수** $y = \dfrac{k}{x - m} + n\,(k \neq 0)$**의 그래프**

(1) $y = \dfrac{k}{x}$ 의 그래프를 x축의 방향으로 m만큼, y축의 방향으로 n만큼 평행이동한 것이다.

(2) 정의역은 $x \neq m$ 인 모든 실수이고, 치역은 $y \neq n$ 인 모든 실수이다.

(3) 점근선은 직선 $x = m$, $y = n$이다.

(4) 점 $(m,\ n)$에 대하여 대칭이다.

(5) $y = \dfrac{ax + b}{cx + d}$ 의 그래프는 $y = \dfrac{k}{x - m} + n\,(k \neq 0)$의 꼴로 변형하여 그린다.

POINT 팁 분수함수의 역함수 구하는 방법

$$f(x) = \frac{ax + b}{cx + d}$$
$$\Leftrightarrow f^{-1}(x) = \frac{dx - b}{-cx + a}$$
(단, $c \neq 0,\ ad - bc \neq 0$)

예제&유제문제

17 유리식과 유리함수

☞ 해설 P.482

1 부분분수

➤ **예제문제 01**

* $\dfrac{1}{1 \cdot 2} + \dfrac{1}{2 \cdot 3} + \dfrac{1}{3 \cdot 4} + \cdots + \dfrac{1}{19 \cdot 20} = \dfrac{b}{a}$ 일 때, 상수 a, b의 합 $a+b$의 값은? (단, a, b는 서로소)

① 37   ② 39

③ 41   ④ 43

풀이

$\dfrac{1}{1 \cdot 2} + \dfrac{1}{2 \cdot 3} + \cdots + \dfrac{1}{19 \cdot 20}$

$= \left(1 - \dfrac{1}{2}\right) + \left(\dfrac{1}{2} - \dfrac{1}{3}\right) + \left(\dfrac{1}{3} - \dfrac{1}{4}\right) + \cdots + \left(\dfrac{1}{19} - \dfrac{1}{20}\right)$

$= 1 - \dfrac{1}{20} = \dfrac{19}{20}$

답 ②

유제 1-1 $\dfrac{1}{x(x+1)} + \dfrac{1}{(x+1)(x+2)} + \dfrac{1}{(x+2)(x+3)} = \dfrac{a}{x(x+3)}$ 일 때, 상수 a의 값은?

① 1   ② 2

③ 3   ④ 4

유제 1-2 $\dfrac{1}{1^2 + 1} + \dfrac{1}{2^2 + 2} + \dfrac{1}{3^2 + 3} + \cdots + \dfrac{1}{10^2 + 10}$ 의 값은?

① $\dfrac{9}{10}$ ② $\dfrac{11}{10}$

③ $\dfrac{1}{11}$ ④ $\dfrac{10}{11}$

Answer   1-1.③   1-2.④

2 번분수

✱ $\dfrac{1}{1-\dfrac{1}{1-\dfrac{1}{a}}} \times \dfrac{1}{1-\dfrac{1}{1+\dfrac{1}{a}}}$ 을 간단히 하면?

① $1-a^2$ ② $(1-a)^2$

③ $1+a^2$ ④ $(1+a)^2$

풀이 $\dfrac{1}{1-\dfrac{a}{a-1}} \times \dfrac{1}{1-\dfrac{a}{a+1}}$

$= \dfrac{a-1}{a-1-a} \times \dfrac{a+1}{a+1-a}$

$= (1-a)(1+a)$

$= 1-a^2$

답 ①

유제 2-1 $\dfrac{\dfrac{1}{a-b}+\dfrac{1}{a+b}}{\dfrac{1}{a-b}-\dfrac{1}{a+b}}$ 을 간단히 하면?

① $\dfrac{b}{a}$ ② $\dfrac{a}{b}$

③ ab ④ $\dfrac{1}{ab}$

유제 2-2 다음 식을 만족하는 자연수 $a,\ b,\ c,\ d,\ e$에 대하여 $a+b+c+d+e$의 값을 구하면?

$$\frac{37}{158} = \cfrac{1}{a+\cfrac{1}{b+\cfrac{1}{c+\cfrac{1}{d+\cfrac{1}{e}}}}}$$

① 7 ② 9

③ 11 ④ 13

✳ $x:y=2:3$일 때, $\dfrac{x^2-y^2}{x^2+y^2}$ 의 값은?

① $\dfrac{5}{13}$
② $-\dfrac{5}{13}$

③ $\dfrac{13}{5}$
④ $-\dfrac{13}{5}$

풀이 $3x=2y$이므로

$$\frac{x}{2}=\frac{y}{3}=k, \quad x=2k, \ y=3k$$

$$\frac{x^2-y^2}{x^2+y^2}=\frac{4k^2-9k^2}{4k^2+9k^2}$$

$$=-\frac{5k^2}{13k^2}$$

$$=-\frac{5}{13}$$

답 ②

유제 3-1 $\dfrac{x-2y}{5x-6y}=\dfrac{1}{2}\ (xy\neq 0)$일 때, $\dfrac{3x^2+2xy}{x^2+xy}$ 의 값을 구하면?

① $\dfrac{8}{5}$
② $\dfrac{9}{5}$

③ 2
④ $\dfrac{12}{5}$

유제 3-2 $\dfrac{x}{2}=\dfrac{y}{3}=\dfrac{z}{4}\neq 0$일 때, $\dfrac{x^2+z^2}{xy-2yz}$ 의 값은?

① $-\dfrac{10}{9}$
② -1

③ 0
④ $\dfrac{1}{2}$

Answer   3-1.④   3-2.①

4 가비의 리

$*$ $a+b+c \neq 0$일 때, 분수식 $\dfrac{b+c}{a} = \dfrac{c+a}{b} = \dfrac{a+b}{c} = k$에서 k값을 구하면?

① -1

② $\dfrac{1}{2}$

③ 2

④ -1 또는 $\dfrac{1}{2}$

풀이 $a+b+c \neq 0$이므로

$\dfrac{b+c}{a} = \dfrac{c+a}{b} = \dfrac{a+b}{c}$ 에서 가비의 리에 의해서

$$\dfrac{b+c}{a} = \dfrac{c+a}{b} = \dfrac{a+b}{c} = \dfrac{(b+c)+(c+a)+(a+b)}{a+b+c}$$
$$= \dfrac{2(a+b+c)}{a+b+c}$$
$$= 2 \ (\because a+b+c \neq 0)$$

답 ③

유제 4-1 $\dfrac{x+2y}{3} = \dfrac{3y-2z}{4} = \dfrac{z+x}{5} = \dfrac{4x+5z}{k}$ 일 때, k의 값은? (단, $xyz \neq 0$)

① 5 ② 6

③ 7 ④ 8

유제 4-2 실수 a, b, c에 대하여 $\dfrac{2b+3c}{a} = \dfrac{3c+a}{2b} = \dfrac{a+2b}{3c} = k$일 때, 모든 k값의 곱은? (단, $abc \neq 0$)

① -2 ② -1

③ 0 ④ 1

Answer   4-1.②   4-2.①

5 분수함수 그래프

예제문제 05

✳ 분수함수 $y = \dfrac{bx+c}{x+a}$ 의 그래프가 오른쪽 그림과 같을 때, 상수 $a,\ b$의 합 $a+b+c$의 값은?

① 1

② 3

③ 5

④ 7

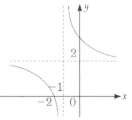

풀이 주어진 그림에서 점근선이 $x = -1,\ y = 2$이므로

$$y = \frac{k}{x+1} + 2$$

그래프가 점 $(-2,\ 0)$을 지나므로

$$0 = \frac{k}{-2+1} + 2 \quad \therefore\ k = 2$$

따라서 $y = \dfrac{2}{x+1} + 2 = \dfrac{2x+4}{x+1}$ 이고 이것이 $y = \dfrac{bx+c}{x+a}$ 와 같으므로

$a = 1,\ b = 2,\ c = 4$

$\therefore\ a+b+c = 7$

답 ④

유제 5-1 $y = \dfrac{ax+1}{x+b}$ 의 점근선이 $x = 1,\ y = 2$일 때, $a+b$의 값은?

① 0

② 1

③ 2

④ 3

유제 5-2 $y = \dfrac{2x-1}{x-1}$ 의 그래프가 지나지 않는 사분면은?

① 제1사분면

② 제2사분면

③ 제3사분면

④ 제4사분면

Answer 5-1.② 5-2.③

6 분수함수의 최대·최소

✻ $2 \leq x \leq 4$일 때, 함수 $y = \dfrac{-2x+3}{x-1}$의 최댓값은?

① -2 ② -1

③ 0 ④ 1

풀이 $y = \dfrac{-2x+3}{x-1}$

$= \dfrac{-2(x-1)+1}{x-1}$

$= \dfrac{1}{x-1} - 2$

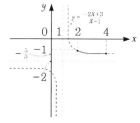

$2 \leq x \leq 4$에서 함수 $y = \dfrac{-2x+3}{x-1}$의 그래프는 오른쪽 그림과 같다.

따라서 $x = 2$일 때 최댓값은 -1이다.

답 ②

유제 6-1 정의역이 $\{x \mid 0 \leq x \leq 2\}$인 함수 $y = \dfrac{2x-5}{x-3}$의 최댓값을 M, 최솟값을 m이라 할 때, $M-m$의 값은?

① $\dfrac{1}{3}$ ② $\dfrac{2}{3}$

③ 1 ④ $\dfrac{4}{3}$

유제 6-2 $3 \leq x \leq a$에서 함수 $y = \dfrac{-2x+1}{x-2}$의 최댓값은 -3, 최솟값은 b이다. 이때, $a+b$의 값은?

① 0 ② 1

③ 2 ④ 3

Answer   6-1.②   6-2.①

7 분수함수의 역함수

예제문제 07

2015년 4월 18일 인사혁신처 기출유형

✳ 분수함수 $f(x) = \dfrac{bx-7}{ax+1}$에 대하여 $f(1) = -1$, $f^{-1}(1) = 4$일 때, 두 상수 a, b의 곱 ab의 값은?

(단, $x > 0$)

① 6   ② 8

③ 10   ④ 12

풀이 $f(1) = \dfrac{b-7}{a+1} = -1 \Rightarrow b-7 = a+1 \Rightarrow a+b = 6 \cdots ㉠$

$f^{-1}(1) = 4 \Rightarrow f(4) = \dfrac{4b-7}{4a+1} = 1 \Rightarrow 4b-7 = 4a+1 \Rightarrow a-b = -2 \cdots ㉡$

㉠과 ㉡을 연립하면 $a = 2$, $b = 4$

∴ $ab = 8$

답 ②

유제 7-1 함수 $f(x) = \dfrac{-x+7}{x-3}$의 역함수가 $f^{-1}(x) = \dfrac{ax+b}{x+d}$이라고 한다. $a+b+d$의 값은?

① 7   ② 9

③ 11   ④ 13

유제 7-2 함수 $y = \dfrac{ax+1}{x-1}$의 역함수가 그 자신이 되도록 하는 a의 값은?

① -1 ② 1

③ -2 ④ 2

Answer   7-1.③   7-2.②

유리식과 유리함수

☞ 해설 P.484

2014년 9급 사회복지직

1 양의 실수 전체의 집합에서 정의된 함수 $f(x)$가 $f(3x) = \dfrac{3}{3+x}$을 만족할 때, $\dfrac{1}{3}f(x)$는?

① $\dfrac{1}{1+x}$ ② $\dfrac{3}{3+x}$

③ $\dfrac{9}{1+3x}$ ④ $\dfrac{3}{9+x}$

2 $f(x) = \dfrac{1}{x(x+1)(x+2)}$ 일 때, $f(1)+f(2)+f(3)+\cdots+f(8)$의 값은?

① $\dfrac{1}{90}$ ② $\dfrac{1}{30}$

③ $\dfrac{11}{45}$ ④ $\dfrac{44}{45}$

1994년 전북 9급 행정직

3 $x = \dfrac{1}{2}$일 때, $1 - \cfrac{1}{1 - \cfrac{1}{1 - \cfrac{1}{1 - \cfrac{1}{x}}}}$ 의 값을 구하시오.

① -2 ② -1

③ 0 ④ 1

Answer 1.④ 2.③ 3.②

4 $\dfrac{x+y}{5}=\dfrac{y+z}{4}=\dfrac{z+x}{3}$ 일 때, $\dfrac{x^2+y^2+z^2}{xy+yz+zx}$ 의 값은? (단, $xyz \neq 0$)

① 1

② $\dfrac{12}{11}$

③ $\dfrac{13}{11}$

④ $\dfrac{14}{11}$

5 양의 실수 x, y, z가 비례식 $(x+y):(y+z):(z+x)=3:4:5$를 만족할 때, $\dfrac{xy+yz+zx}{x^2+y^2+z^2}$ 의 값은?

① $\dfrac{9}{14}$

② $\dfrac{11}{14}$

③ $\dfrac{13}{14}$

④ $\dfrac{15}{14}$

6 함수 $y=\dfrac{2x+4}{x-1}$ 의 그래프가 점 $(a,\ b)$에 대하여 대칭일 때, $a+b$의 값은?

① -3

② -1

③ 0

④ 3

7 함수 $f(x)=\dfrac{ax+b}{x+c}$ 의 그래프의 점근선의 방정식이 $x=1$, $y=-2$ 이고 $f(2)=3$ 이다. 상수 a, b, c의 곱 abc 의 값은?

① 14

② 16

③ 18

④ 20

Answer   4.④   5.②   6.④   7.①

8 구간 $[0, 1]$에서 함수 $f(x) = \dfrac{-x+a}{x+1}$ 의 최댓값이 -2이고 최솟값이 b일 때, ab 의 값은?

① 3

② 5

③ 7

④ 9

9 함수 $f(x) = \dfrac{ax+b}{x+c}$ 의 역함수는 $f^{-1}(x) = \dfrac{-4x+2}{x+3}$ 이다. 이때, 함수 $g(x) = cx^2 + bx + a$의 최솟값은?
(단, $0 \le x \le 1$)

① $-\dfrac{13}{4}$

② -3

③ $\dfrac{11}{4}$

④ 1

10 함수 $f(x) = \dfrac{2x+1}{x+1}$ 일 때, $f(g(x)) = g(f(x)) = x$를 만족하는 함수 $g(x)$에 대하여 $g(3)$의 값은?

① -1

② -2

③ -3

④ -4

Answer 8.④ 9.② 10.②

18

무리식과 무리함수

SECTION 1 제곱근의 성질

(1) $x^2 = a$ (단, $a > 0$)일 때, x를 a의 제곱근이라 하고,
a의 양의 제곱근을 $\sqrt{a}$, 음의 제곱근을 $-\sqrt{a}$로 나타낸다.
따라서 $(\sqrt{a})^2 = (-\sqrt{a})^2 = a$

(2) $\sqrt{a^2} = |a| = \begin{cases} a & (a \geq 0일\ 때) \\ -a & (a < 0일\ 때) \end{cases}$

(3) $a > 0$, $b > 0$일 때

① $\sqrt{a}\sqrt{b} = \sqrt{ab}$　② $\sqrt{a^2 b} = a\sqrt{b}$　③ $\dfrac{\sqrt{a}}{\sqrt{b}} = \sqrt{\dfrac{a}{b}}$　④ $\sqrt{\dfrac{a}{b^2}} = \dfrac{\sqrt{a}}{b}$

(4) $a < 0$, $b < 0$일 때 $\sqrt{a}\sqrt{b} = -\sqrt{ab}$
$a > 0$, $b < 0$일 때 $\dfrac{\sqrt{a}}{\sqrt{b}} = -\sqrt{\dfrac{a}{b}}$

SECTION 2 분모의 유리화

$$\frac{c}{\sqrt{a} + \sqrt{b}} = \frac{c(\sqrt{a} - \sqrt{b})}{(\sqrt{a} + \sqrt{b})(\sqrt{a} - \sqrt{b})} = \frac{c(\sqrt{a} - \sqrt{b})}{a - b} \ (단,\ a \neq b))$$

SECTION 3 무리수의 상등

a, b, c, d가 유리수이고, $\sqrt{m}$이 무리수일 때,

(1) $a + b\sqrt{m} = 0 \Leftrightarrow a = b = 0$

(2) $a + b\sqrt{m} = c + d\sqrt{m} \Leftrightarrow a = c$, $b = d$

SECTION 4 　**함수** $y = \sqrt{ax}\ (a \neq 0)$ **의 그래프**

(1) $a > 0$일 때, 정의역은 $\{x \mid x \geq 0\}$, 치역은 $\{y \mid y \geq 0\}$

(2) $a < 0$일 때, 정의역은 $\{x \mid x \leq 0\}$, 치역은 $\{y \mid y \geq 0\}$

(3) a의 절댓값이 클수록 x축에서 멀어진다.

SECTION 5 　**함수** $y = \sqrt{a(x-m)} + n(a \neq 0)$ **의 그래프**

(1) $y = \sqrt{ax}$ 의 그래프를 x축의 방향으로 m만큼, y축의 방향으로 n만큼 평행이동한 것이다.

(2) 정의역은 $\{x \mid a(x-m) \geq 0\}$, 치역은 $\{y \mid y \geq n\}$이다.

무리식과 무리함수

☞ 해설 P.485

1 제곱근

➤ **예제문제 01**

✳ 0이 아닌 실수 a, b, c, d에 대하여 $\sqrt{ab}=-\sqrt{a}\sqrt{b}$, $\sqrt{\dfrac{c}{d}}=-\dfrac{\sqrt{c}}{\sqrt{d}}$ 일 때,

$\sqrt{a^2}-\sqrt{c^2}-\sqrt{(a+d)^2}+\sqrt{(b-c)^2}$ 을 간단히 하면?

① $-b+d$　　　　　　　　　② $2a-b+3c-d$

③ $a+b-c-d$　　　　　　　④ $b-d$

풀이 $\sqrt{ab}=-\sqrt{a}\sqrt{b}$ 이므로 $a<0$, $b<0$

$\sqrt{\dfrac{c}{d}}=-\sqrt{\dfrac{c}{\sqrt{d}}}$ 이므로 $c>0$, $d<0$

따라서 $a+d<0$, $b-c<0$이므로

$\sqrt{a^2}-\sqrt{c^2}-\sqrt{(a+d)^2}+\sqrt{(b-c)^2}$

$=-a-c+(a+d)-(b-c)$

$=-b+d$

답 ①

유제▶ 1-1 $-1<a<2$일 때, $\sqrt{a^2-4a+4}+\sqrt{a^2+2a+1}$ 을 간단히 하면?

① 1　　　　　　　　　　② 2

③ 3　　　　　　　　　　④ 4

유제▶ 1-2 $\dfrac{\sqrt{b}}{\sqrt{a}}=-\sqrt{\dfrac{b}{a}}$ 를 만족시키는 실수 a, b에 대하여 $\dfrac{|a|+|b|}{\sqrt{(a-b)^2}}$ 의 값은?

① 1　　　　　　　　　　② -1

③ -2　　　　　　　　　④ 2

Answer　　1-1.③　1-2.①

2 무리식 계산

예제문제 **02**

✳ $\dfrac{1}{1+\sqrt{2}}+\dfrac{1}{\sqrt{2}+\sqrt{3}}+\dfrac{1}{\sqrt{3}+\sqrt{4}}+\cdots+\dfrac{1}{\sqrt{99}+\sqrt{100}}$ 을 간단히 하면?

① -10 ② -9

③ 0 ④ 9

풀이 자연수 n에 대하여

$$\frac{1}{\sqrt{n}+\sqrt{n+1}}=\frac{\sqrt{n}-\sqrt{n+1}}{(\sqrt{n}+\sqrt{n+1})(\sqrt{n}-\sqrt{n+1})}$$
$$=\sqrt{n+1}-\sqrt{n}$$

$$\frac{1}{1+\sqrt{2}}+\frac{1}{\sqrt{2}+\sqrt{3}}+\frac{1}{\sqrt{3}+\sqrt{4}}+\cdots+\frac{1}{\sqrt{99}+\sqrt{100}}$$
$$=(\sqrt{2}-1)+(\sqrt{3}-\sqrt{2})+(\sqrt{4}-\sqrt{3})+\cdots+(\sqrt{100}-\sqrt{99})$$
$$=-1+\sqrt{100}$$
$$=9$$

답 ④

유제 2-1 $x=\dfrac{1}{\sqrt{3}-1}$, $y=\dfrac{1}{\sqrt{3}+1}$ 일 때, x^2-xy+y^2의 값은?

① 0 ② $\dfrac{1}{2}$

③ 1 ④ $\dfrac{3}{2}$

유제 2-2 $f(x)=\dfrac{1}{\sqrt{x+1}+\sqrt{x}}$ 일 때, $f(1)+f(2)+\cdots+f(7)$를 계산하면?

① $2\sqrt{2}-2$ ② $2\sqrt{2}-1$

③ $2\sqrt{2}+1$ ④ $2\sqrt{2}+2$

Answer 2-1.④ 2-2.②

➤ **예제문제 03**

＊ $\dfrac{13}{4+\sqrt{3}}$ 의 정수부분을 x, 소수부분을 y라 할 때, $x-\dfrac{1}{y}$의 값은?

① $3+\sqrt{3}$　　　　　　　　　　② $4+\sqrt{3}$

③ $\sqrt{3}$　　　　　　　　　　　　④ $-\sqrt{3}$

풀이 $\dfrac{13}{4+\sqrt{3}}=\dfrac{13(4-\sqrt{3})}{(4+\sqrt{3})(4-\sqrt{3})}=4-\sqrt{3}$

$1<\sqrt{3}<2$이므로 $2<4-\sqrt{3}<3$

$\therefore x=2,\ y=2-\sqrt{3}$

$\therefore x-\dfrac{1}{y}=2-\dfrac{1}{2-\sqrt{3}}$

$\qquad\quad =2-(2+\sqrt{3})$

$\qquad\quad =-\sqrt{3}$

답 ④

유제 3-1 $\dfrac{2}{\sqrt{3}-1}$ 의 정수부분을 a, 소수부분을 b라 할 때, $a-b$의 값은?

① $\sqrt{3}-4$　　　　　　　　　　② $1-\sqrt{3}$

③ $3-\sqrt{3}$　　　　　　　　　　④ $3+\sqrt{3}$

유제 3-2 $\dfrac{1}{\sqrt{3}-1}$ 의 정수부분을 a, 소수부분을 b라 할 때, $\dfrac{1}{b}-a$의 값은?

① 1　　　　　　　　　　　　　② $\sqrt{2}$

③ $\sqrt{3}$　　　　　　　　　　　④ $\sqrt{5}$

Answer 　3-1.③　3-2.③

4　무리함수의 그래프

예제문제 04

✳ 함수 $y = \sqrt{x+1} - 3$의 그래프가 지나는 사분면으로 올바르게 짝지어진 것은?

① 제1, 2, 3사분면　　　　　　② 제1, 2사분면

③ 제1, 3, 4사분면　　　　　　④ 제1, 2, 4사분면

풀이　$y = \sqrt{x+1} - 3$의 그래프는 $y = \sqrt{x}$ 의 그래프를
x축 방향으로 -1만큼, y축 방향으로 -3만큼 평행이동한 그래프이다.
따라서 $y = \sqrt{x+1} - 3$의 그래프는 다음과 같다.

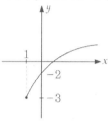

∴ 이 그래프는 제1, 3, 4사분면을 지난다.

답 ③

유제▶4-1 무리함수 $y = \sqrt{ax+b} + c$의 그래프가 오른쪽 그림과 같을 때, $a+b+c$의 값은?

① 2

② 3

③ 4

④ 5

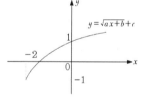

유제▶4-2 함수 $y = \sqrt{-3x+6} + a$의 정의역이 $\{x \mid x \leq b\}$이고, 치역이 $\{y \mid y \geq -1\}$일 때, $a+b$의 값은?

① -3　　　　　　② -2

③ -1　　　　　　④ 1

Answer　4-1.④　4-2.④

5 무리함수와 직선의 위치 관계

예제문제 05

＊ 함수 $y=\sqrt{-x+2}-1$의 그래프와 직선 $y=mx$가 서로 다른 두 점에서 만나도록 하는 실수 m의 값의 범위가 $A \leq x < B$일 때, $A+B$의 값은?

① -1 ② $-\dfrac{1}{2}$

③ 0 ④ $\dfrac{1}{2}$

풀이 $y=\sqrt{-x+2}-1=\sqrt{-(x-2)}-1$

$y=\sqrt{-x+2}-1$의 그래프는 $y=\sqrt{-x}$ 의 그래프를

x축의 방향으로 2만큼, y축의 방향으로 -1만큼 평행이동한 것이고,

$y=mx$는 원점을 지나는 직선이다.

오른쪽 그림에서

곡선 $y=\sqrt{-x+2}-1$과 직선 $y=mx$는 접할 수 없음을 알 수 있다.

직선 $y=mx$가 점 $(2,\ -1)$을 지날 때 두 그래프는 두 점에서 만나므로

$-1=2m$에서 $m=-\dfrac{1}{2}$

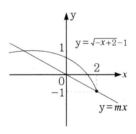

따라서 구하는 m의 값의 범위는 $-\dfrac{1}{2} \leq m < 0$

즉, $A=-\dfrac{1}{2}$, $B=0$이므로 $A+B=-\dfrac{1}{2}$

답 ②

유제 5-1 함수 $y=\sqrt{4x+5}$ 의 그래프와 직선 $y=x+k$가 접할 때, 상수 k의 값은?

① $\dfrac{1}{4}$ ② $\dfrac{3}{4}$

③ $\dfrac{5}{4}$ ④ $\dfrac{9}{4}$

유제 5-2 함수 $y=\sqrt{2x-1}$와 그 역함수 그래프와의 교점은?

① $(1,\ 1)$ ② $\left(\dfrac{1}{2},\ 1\right)$

③ $\left(1,\ \dfrac{1}{2}\right)$ ④ $\left(\dfrac{1}{2},\ 0\right)$

Answer 5-1.④ 5-2.①

연/습/문/제

≪

무리식과 무리함수

☞ 해설 P.486

2013년 9급 지방직

1 두 실수 a, b가 $a > 0$, $b < 0$일 때, 식 $|a-b| - \sqrt{b^2}$ 을 간단히 한 것은?

① $-a$ ② $-b$

③ a ④ b

1993년 경기도 9급 행정직

2 $\dfrac{\sqrt{a}}{\sqrt{b}} = -\sqrt{\dfrac{a}{b}}$, $\left|\dfrac{b}{a}\right| > 1$일 때, $\dfrac{\sqrt{a^2} - \sqrt{b^2}}{\sqrt{(a+b)^2}}$ 의 값은?

① $\dfrac{a-b}{a+b}$ ② $-\dfrac{a-b}{a+b}$

③ -1 ④ 1

1994년 전북 9급 행정직

3 $x = \sqrt{3} - \sqrt{2}$, $y = \sqrt{3} + \sqrt{2}$ 일 때, $x^2 + 2xy$의 양의 제곱근은?

① $\sqrt{6} + 1$ ② $\sqrt{6} - 1$

③ $\sqrt{6} + 2$ ④ $\sqrt{6} - 2$

Answer   1.③   2.③   3.②

1992년 총무처 9급 행정직

4 $3-\sqrt{8}$ 의 정수부분을 a, 소수부분을 b라 할 때, $\dfrac{1}{b}-a$의 값은?

① $3+2\sqrt{2}$　　　　　　　　　　② $3-2\sqrt{2}$

③ $-3+2\sqrt{2}$　　　　　　　　　④ $-3-2\sqrt{2}$

2014년 9급 국가직

5 함수 $y=\sqrt{x+2}$ 의 그래프를 y축에 대하여 대칭이동한 후, 다시 x축 양의 방향으로 1만큼 평행이동한 그래프가 점 $(a,\ 3)$을 지날 때, a의 값은?

① -8　　　　　　　　　　　② -7

③ -6　　　　　　　　　　　④ -5

2016년 9급 사회복지직

6 실수 a에 대하여 무리함수 $y=\sqrt{ax}$ 를 평행이동한 함수 $y=\sqrt{a(x+b)}+c$의 그래프가 그림과 같을 때, $a+b+c$의 값은?

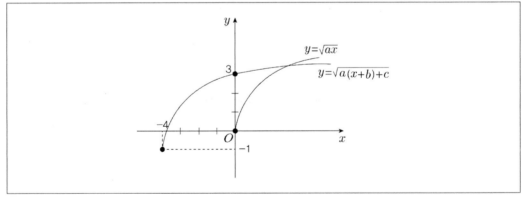

① 1　　　　　　　　　　　② 3

③ 5　　　　　　　　　　　④ 7

Answer　　4.①　5.③　6.④

7 함수 $y = \sqrt{x-1}+2$의 역함수를 $g(x)$라 할 때 $g(3)$의 값은?

① 3   ② 2

③ 0   ④ $2+\sqrt{2}$

8 함수 $f(x) = \sqrt{7-3x}$ 의 역함수를 $f^{-1}(x)$라 할 때, $(f^{-1} \circ f^{-1})(1)$의 값은?

① 1   ② 2

③ 3   ④ 4

9 두 함수 $y = \sqrt{-2x+3}$, $x = \sqrt{-2y+3}$ 의 그래프의 교점의 좌표를 $(a,\ b)$라 할 때, $a+b$의 값은?

① -6 ② -4

③ -2 ④ 2

Answer   7.②   8.①   9.④

파워특강 수학(수학II)

합격에 한 걸음 더 가까이!

등차, 등비, 조화수열 등 여러 가지 수열의 규칙을 찾아 일반항을 구하는 방법에 대해 알아보는 단원입니다. 또한 수학적 귀납법과 수열의 귀납적 정의를 이용하여 수열의 합이나 특정한 항의 값을 구할 수 있도록 합니다.

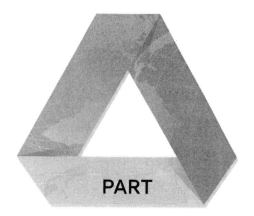

PART

06

수열

19 등차수열과 등비수열

SECTION 1 수열

(1) 일정한 규칙에 의하여 나열된 수의 열을 수열이라 하고, 수열을 이루고 있는 각수를 그 수열의 항이라고 한다.

(2) 유한수열 : 유한개의 항으로 이루어진 수열
무한수열 : 무한히 많은 항으로 이루어진 수열

> **POINT 팁**
> 세 수가 등차수열을 이룰 때 세 수를 $a-d$, a, $a+d$로 놓고 푼다.

SECTION 2 등차수열

(1) 등차수열

첫째항에 차례로 일정한 수를 더하여 얻어지는 수열을 등차수열이라고 한다. 그 더하는 일정한 수를 공차라고 한다.

(2) 등차수열의 일반항

첫째항이 a이고 공차가 d인 등차수열의 일반항 $\{a_n\}$은

$a_n = a + (n-1)d \ (n = 1,\ 2,\ 3,\ \cdots)$

(3) 등차중항

세 수 a, b, c가 이 순서로 등차수열을 이룰 때, b를 a와 c의 등차중항이라고 한다.

$2b = a + c \iff b = \dfrac{a+c}{2}$

> **POINT 팁 조화수열**
> 수열 $\{a_n\}$의 각 항의 역수로 이루어진 수열 $\left\{\dfrac{1}{a_n}\right\}$이 등차수열을 이룰 때, 수열 $\{a_n\}$을 조화수열이라 한다.

> **POINT 팁 조화중항**
> 세 수 a, b, c가 이 순서로 조화수열을 이룰 때, b를 a와 c의 조화중항이라고 한다.
> $\dfrac{1}{a}$, $\dfrac{1}{b}$, $\dfrac{1}{c}$가 등차수열
> $\Rightarrow \dfrac{2}{b} = \dfrac{1}{a} + \dfrac{1}{b} = \dfrac{a+b}{ab}$
> $\therefore$ 조화중항 $b = \dfrac{2ab}{a+b}$

SECTION 3 등차수열의 합

등차수열의 첫째항부터 제n항까지의 합을 S_n이라 하면

(1) 첫째항이 a, 제n항이 l일 때, $S_n = \dfrac{n}{2}(a+l)$ (단, $l = a+(n-1)d$)

(2) 첫째항이 a, 공차가 d일 때, $S_n = \dfrac{n}{2}\{2a+(n-1)d\}$

SECTION 4 수열의 합과 일반항의 관계

수열 $\{a_n\}$의 첫째항부터 제n항까지의 합을 S_n이라고 할 때,
$a_1 = S_1$, $a_n = S_n - S_{n-1}$ $(n \geq 2)$

POINT 팁
$S_n = pn^2 + qn + r$일 때,
① $r \neq 0$이면, $a_n = 2pn - p + q$
  ($n \geq 2$, $\because S_1 = a_1$)
② $r = 0$이면, $a_n = 2pn - p + q$
  ($n \geq 1$, $\because S_1 = a_1$)

SECTION 5 등비수열

(1) 등비수열

첫째항에 차례로 일정한 수를 곱하여 얻어지는 수열을 등비수열이라고 한다.
그 곱하는 일정한 수를 공비 r이라고 한다.

(2) 등비수열의 일반항

첫째항이 a이고 공비가 r인 등비수열의 일반항 $\{a_n\}$은
$$a_n = ar^{n-1} \ (n = 1, \ 2, \ 3, \ \cdots)$$

(3) 등비중항

세 수 a, b, c가 이 순서로 등비수열을 이룰 때, b를 a와 c의 등비중항이라고 한다.
$$b^2 = ac \ \Leftrightarrow \ b = \pm\sqrt{ac}$$

POINT 팁 세 수가 등비수열을 이룰 때 세 수를 $a, \ ar, \ ar^2$이라 하고 푼다.

등비수열의 합

첫째항이 a이고 공비가 r인 등비수열의 첫째항부터 제n항까지의 합을 S_n
이라 하면

(1) $r \neq 1$일 때, $S_n = \dfrac{a(r^n-1)}{r-1} = \dfrac{a(1-r^n)}{1-r}$

(2) $r = 1$일 때, $S_n = na$

등비수열의 활용

(1) 원리합계(복리)

원금 a를 연이율 r로 n년간 예금할 때 n년 후의 원리합계

$\Rightarrow S = a(1+r)^n$

(2) 일정한 금액을 기간마다 계속 적립하는 경우의 원리합계(복리, 기수불)

원금을 a, 이율을 r, 기간을 n, 적립총액을 S라 하면

$\Rightarrow S = \dfrac{a(1+r)\{(1+r)^n - 1\}}{r}$

POINT 팁

$S_n = \dfrac{a(r^n-1)}{r-1}$

$\quad = \dfrac{a}{r-1}r^n - \dfrac{a}{r-1}$

$p = \dfrac{a}{r-1}, \ q = \dfrac{-a}{r-1}$ 이라 하면

$S_n = pr^n + q \ (p+q=0)$

등차수열과 등비수열

☞ 해설 P.487

1 등차수열의 일반항

➤ 예제문제 01

✳ **제3항이 5, 제5항은 −1인 등차수열에서 제10항은?**

① −26
② −16
③ 0
④ 16

풀이 첫째항을 a_1, 공차를 d라 하면

$a_3 = a_1 + 2d = 5$ ⋯ ㉠

$a_5 = a_1 + 4d = -1$ ⋯ ㉡

㉠−㉡을 하면 $-2d = 6 \Rightarrow d = -3$

$d = -3$을 ㉠에 대입하면 $a_1 - 6 = 5$

∴ $a_1 = 11$

∴ $a_{10} = a_1 + 9d = 11 - 27 = -16$

답 ②

유제 1-1 **첫째항이 −59, 공차가 2인 등차수열에서 처음으로 양수가 되는 항은 제 몇 항인가?**

① 30항
② 31항
③ 32항
④ 33항

유제 1-2 **30과 10 사이에 4개의 수를 넣어 등차수열을 이룰 때, 이 등차수열의 공차의 값은?**

① 3
② 4
③ 5
④ −4

Answer　　1-1.②　1-2.④

2 등차수열의 합

✳ 첫째항부터 제10항까지의 합이 100이고, 첫째항부터 제20항까지의 합이 300인 등차수열에서 첫째항부터 제30항까지의 합은?

① 500 ② 600

③ 700 ④ 800

풀이 $S_{10} = \dfrac{10(2a_1 + 9d)}{2} = 100, \ \ 2a_1 + 9d = 20 \ \cdots \ \bigcirc$

$S_{20} = \dfrac{20(2a_1 + 19d)}{2} = 300, \ \ 2a_1 + 19d = 30 \ \cdots \ \bigcirc\!\!\bigcirc$

$\bigcirc - \bigcirc\!\!\bigcirc$ 을 하면 $-10d = -10$ $\therefore d = 1$

$d = 1$ 을 $\bigcirc$ 에 대입하면 $2a_1 = 11$

$\therefore S_{30} = \dfrac{30(2a_1 + 29d)}{2} = \dfrac{30(11 + 29)}{2} = 30 \times 20 = 600$

답 ②

유제 2-1 첫째항이 5인 등차수열에서 첫째항부터 제4항까지의 합과 첫째항부터 제7항까지의 합이 같다고 한다. 이 수열의 공차는 얼마인가?

① 1 ② 2

③ −1 ④ −2

유제 2-2 첫째항이 11이고, 공차가 $-\dfrac{2}{3}$ 인 등차수열에서 첫째항부터 몇째 항까지의 합이 최대인가?

① 15 ② 16

③ 17 ④ 18

3 등비수열의 일반항

▶▶ **예제문제** **03**

✻ 제3항이 6이고 제7항이 96인 등비수열의 첫째항과 공비의 합은? (단, 공비는 양수이다.)

① $\dfrac{1}{2}$ ② $\dfrac{3}{2}$

③ $\dfrac{5}{2}$ ④ $\dfrac{7}{2}$

풀이 첫째항을 a, 공비를 r 라 하면

$a_3 = ar^2 = 6$ ······ ㉠

$a_7 = ar^6 = 96$ ······ ㉡

㉡÷㉠에서 $r^4 = 16$

∴ $r = \pm 2$

㉠에 대입하면 $a = \dfrac{3}{2}$

첫째항은 $\dfrac{3}{2}$, 공비는 2이므로 두 수의 합은 $\dfrac{3}{2} + 2 = \dfrac{7}{2}$

답 ④

2015년 3월 14일 사회복지직 기출유형

유제 **3-1** 수열 $\{a_n\}$에 대하여 $a_1 = 2$이고 $a_{n+1} = 2a_n - 1$일 때, a_{10}의 값은?

① 512   ② 513

③ 1024   ④ 1025

유제 **3-2** $a_n = -3 \cdot 2^{n+1}$인 등비수열의 첫째항과 공비는?

① 첫째항 : -3, 공비 : -2 ② 첫째항 : -3, 공비 : 2

③ 첫째항 : -6, 공비 : -6 ④ 첫째항 : -12, 공비 : 2

Answer   3-1.②   3-2.④

4 등비수열의 합

➤ **예제문제 04**

✳ 어떤 등비수열 a_n에서 제3항은 8이고, 제6항은 64이다. 이 수열의 첫째항부터 제5항까지의 합은?

① 31 　　　　　　　　　　　② 62

③ 124 　　　　　　　　　　④ 255

풀이 등비수열의 첫째항을 a, 공비를 r라 하면

$a_3 = ar^2 = 8$ ···㉠

$a_6 = ar^5 = 64$ ···㉡

㉡÷㉠ 하면 $r^3 = 8$

$\therefore r = 2$

이것을 ㉠에 대입하면 $a = 2$

$\therefore S_5 = \dfrac{2(2^5 - 1)}{2 - 1} = 2^6 - 2 = 62$

답 ②

유제 4-1 제2항이 8, 제5항이 216인 등비수열에서 제10항까지의 합을 구하면?

① $4(3^9 - 1)$ 　　　　　　　② $\dfrac{4}{3}(3^9 - 1)$

③ $3(3^{10} - 1)$ 　　　　　　④ $\dfrac{4}{3}(3^{10} - 1)$

유제 4-2 첫째항이 1, 공비가 3인 등비수열 $\{a_n\}$에서 첫째항부터 제n항까지의 합을 S_n이라 할 때, 수열 $\{S_n + p\}$가 등비수열을 이루도록 하는 상수 p의 값은?

① 1 　　　　　　　　　　　② $\dfrac{1}{2}$

③ $\dfrac{1}{3}$ 　　　　　　　　　④ $\dfrac{1}{4}$

Answer 　4-1.④　4-2.②

5   등차중항과 등비중항

➤ **예제문제 05**

✱ x, 3, y가 이 순서로 등비수열을 이루고 $x-1$, 2, $y-1$이 이 순서로 등차수열을 이룰 때, x^2+y^2의 값은?

① 18   ② 27

③ 36   ④ 45

풀이 x, 3, y가 이 순서로 등비수열을 이루므로
등비중항의 성질에 의하여 $xy=9$이고,
$x-1$, 2, $y-1$이 이 순서로 등차수열을 이루므로
등차중항의 성질에 의하여
$2=\dfrac{x-1+y-1}{2} \Leftrightarrow x+y=6$이다.

그러므로 $x^2+y^2=(x+y)^2-2xy=6^2-2\cdot 9=18$

답 ①

유제 5-1 수열 a, $-\dfrac{1}{3}$, 1이 등비수열을 이룰 때 a의 값은?

① 3   ② -3

③ $\dfrac{1}{3}$ ④ $\dfrac{1}{9}$

유제 5-2 삼차방정식 $x^3-3x^2+kx+15=0$의 세 근이 등차수열을 이룰 때, 상수 k의 값은?

① -13 ② -11

③ -9 ④ -7

Answer   5-1.④   5-2.①

6   수열의 일반항과 합 사이의 관계

예제문제 06

✳ 첫째항부터 제n항까지의 합 S_n이 $S_n = 3^n - 1$인 수열 $\{a_n\}$에 대하여 a_{10}의 값은?

① $2 \cdot 3^6$ ② $2 \cdot 3^7$

③ $2 \cdot 3^8$ ④ $2 \cdot 3^9$

풀이 $a_n = S_n - S_{n-1}$
$\qquad\quad = (3^n - 1) - (3^{n-1} - 1)$
$\qquad\quad = 2 \cdot 3^{n-1} \ (n \geq 2)$
$\qquad n = 1$일 때 $a_1 = 2$이므로 $a_1 = S_1$이 성립한다.
$\qquad \therefore a_n = 2 \cdot 3^{n-1} \ (n \geq 1)$
$\qquad \therefore a_{10} = 2 \cdot 3^9$

답 ④

유제 6-1 수열 $\{a_n\}$에서 제n항까지의 합 S_n이 $S_n = n^2 + 3n$으로 나타내어질 때, 22는 제 몇 항인가?

① 5항   ② 7항

③ 9항   ④ 10항

유제 6-2 수열 $\{a_n\}$의 첫째항부터 제n항까지의 합을 S_n이라 한다. $S_n = n^2 + n + 10$일 때, $a_1 + a_{10}$의 값은?

① 12   ② 22

③ 32   ④ 42

Answer   6-1.④   6-2.③

7 등비수열의 활용

* 매월 초에 일정한 금액 a원씩 적립해서 10년 후에 1000만원이 되게 하려고 한다. 월이율이 r인 복리일 때, 적립금 a를 구하는 식으로 맞는 것을 고르면?

① $a = \dfrac{10^7 r(1+r)}{(1+r)^9 - 1}$

② $a = \dfrac{10^7 r}{(1+r)\{(1+r)^9 - 1\}}$

③ $a = \dfrac{10^7 r}{(1+r)^{120} - 1}$

④ $a = \dfrac{10^7 r}{(1+r)\{(1+r)^{120} - 1\}}$

풀이 매월 초에 일정한 금액 a원을 적립하여 각각의 금액에 대한 원리합계를 차례로 나타내면,
월이율 r인 복리이므로 $a(1+r)^{120}, \ a(1+r)^{119}, \ \cdots, \ a(1+r)^2, \ a(1+r)$가 된다.
이때, 원리합계의 총액을 구하면

$$a(1+r) + a(1+r)^2 + \cdots + a(1+r)^{120} = \frac{a(1+r)\{(1+r)^{120} - 1\}}{(1+r) - 1}$$
$$= \frac{a(1+r)\{(1+r)^{120} - 1\}}{r}$$

따라서 원리합계의 총액이 1000만원, 즉 10^7원이므로

$$\frac{a(1+r)\{(1+r)^{120} - 1\}}{r} = 10^7$$
$$\therefore a = \frac{10^7 r}{(1+r)\{(1+r)^{120} - 1\}}$$

답 ④

유제 7-1 매년 초에 20,000원을 적립한다고 할 때, 5년 후의 원리합계를 구하면?
(단, 연이율은 10%이고, 1년마다 복리로 계산한다. 또, $1.1^5 = 1.6$으로 계산한다.)

① 100,000

② 110,000

③ 121,000

④ 132,000

19 >> 등차수열과 등비수열

☞ 해설 P.489

2013년 9급 지방직

1 등차수열 $\{a_n\}$에 대하여 $a_5 - a_3 = 12$일 때, 수열 $\{a_n\}$의 공차는?

① 6   ② 7

③ 8   ④ 9

2 수열 $43, x_1, x_2, x_3, \cdots, x_n - 3$이 이 순서로 등차수열을 이루고, 이 수열의 합이 700이 되도록 하는 n의 값을 구하면?

① 31   ② 32

③ 33   ④ 34

1994년 대전시 9급 행정직

3 $x^3 - 39x^2 + 491x - N = 0$의 세 근이 등차수열을 이룰 때, N의 값은?

① 1986   ② 1989

③ 1996   ④ 1998

2016년 9급 사회복지직

4 첫째항이 $a_1 = 42$이고 공차가 -2인 등차수열 $\{a_n\}$에서 $|a_1| + |a_2| + |a_3| + \cdots + |a_{25}|$의 값은?

① 474   ② 478

③ 482   ④ 486

Answer   1.①   2.③   3.②   4.①

5 네 실수 2, x, y, 54가 순서대로 등비수열을 이룬다고 할 때, $x+y$의 값은?

① 18

② 20

③ 22

④ 24

6 등비수열 $\{a_n\}$에 대하여 $a_7=12$, $\dfrac{a_6 a_{10}}{a_5}=36$이 성립할 때, a_{15}의 값은?

① 100

② 102

③ 106

④ 108

7 등차수열 $\{a_n\}$과 등비수열 $\{b_n\}$에서 $a_1=b_1=12$, $a_4=b_4=96$일 때, a_2+b_2의 값은?

① 54

② 64

③ 72

④ 76

8 양의 실수로 이루어진 등비수열 $\{a_n\}$에서 $a_1+a_3=2$, $a_6+a_8=486$일 때, a_5의 값은?

① $\dfrac{7}{5}$

② $\dfrac{14}{5}$

③ $\dfrac{27}{5}$

④ $\dfrac{81}{5}$

Answer   5.④   6.④   7.②   8.④

9 $\log a$, $\log b$, $\log c$가 등차수열을 이룬다면 a, b, c는 어떤 수열을 이루는가?

① 등차수열   ② 조화수열

③ 등비수열   ④ 계차수열

10 첫째항부터 제n항까지의 합 S_n이 각각 $n^2 + an$, $an^2 - 4n$인 두 수열이 있다. 두 수열의 제6항이 서로 같을 때, 상수 a의 값은?

① $\dfrac{1}{2}$ ② 1

③ $\dfrac{3}{2}$ ④ 2

2016년 9급 국가직

11 두 수열 $\{a_n\}$, $\{b_n\}$이 다음과 같다. $a_1 = 1$, $a_{n+1} = a_n + 4\,(n = 1,\ 2,\ 3,\ \cdots)$, $b_1 = 1$, $b_2 = 2$, $(b_{n+1})^2 = b_n\,b_{n+2}\ (n = 1,\ 2,\ 3,\ \cdots)$. 10 이하인 두 자연수 m, n에 대하여 $a_m + b_n$이 3의 배수인 순서쌍 $(a_m,\ b_n)$의 개수는?

① 30   ② 35

③ 40   ④ 45

Answer   9.③   10.③   11.②

20 수열의 합(시그마)

SECTION 1 합의 기호 $\sum$ 의 뜻

수열 $\{a_n\}$의 첫째항부터 제n항까지의 합을 기호 $\sum$를 써서 다음과 같이 나타낸다.

$$a_1 + a_2 + a_3 + \cdots + a_n = \sum_{k=1}^{n} a_k$$

POINT 팁

$\sum\limits_{k=1}^{n} a_k$에서 k대신에 다른 문자를 사용해서 $\sum\limits_{k=1}^{n} a_k = \sum\limits_{i=1}^{n} a_i = \sum\limits_{j=1}^{n} a_j$ 등과 같이 나타낼 수 있다.

SECTION 2 합의 기호 $\sum$ 의 성질

(1) $\displaystyle\sum_{k=1}^{n} (a_k + b_k) = \sum_{k=1}^{n} a_k + \sum_{k=1}^{n} b_k$

(2) $\displaystyle\sum_{k=1}^{n} (a_k - b_k) = \sum_{k=1}^{n} a_k - \sum_{k=1}^{n} b_k$

(3) $\displaystyle\sum_{k=1}^{n} ca_k = c\sum_{k=1}^{n} a_k$ (단, c는 상수)

(4) $\displaystyle\sum_{k=1}^{n} c = cn$ (단, c는 상수)

예 $\displaystyle\sum_{k=1}^{n} a_k = 5,\ \sum_{k=1}^{n} a_k^2 = 10$일 때,

$\displaystyle\sum_{k=1}^{10} (a_k^2 + 2a_k - 2)$

$\displaystyle = \sum_{k=1}^{10} a_k^2 + \sum_{k=1}^{10} 2a_k - \sum_{k=1}^{10} 2$

$\displaystyle = \sum_{k=1}^{10} a_k^2 + 2\sum_{k=1}^{10} a_k - 2 \times 10$

$= 10 + 2 \times 5 - 2 \times 10 = 0$

SECTION 3 자연수의 거듭제곱의 합

(1) $\displaystyle\sum_{k=1}^{n} k = 1 + 2 + 3 + \cdots + n = \frac{n(n+1)}{2}$

(2) $\displaystyle\sum_{k=1}^{n} k^2 = 1^2 + 2^2 + 3^2 + \cdots + n^2 = \frac{n(n+1)(2n+1)}{6}$

(3) $\displaystyle\sum_{k=1}^{n} k^3 = 1^3 + 2^3 + 3^3 + \cdots + n^3 = \left\{\frac{n(n+1)}{2}\right\}^2$

예 $\displaystyle\sum_{k=1}^{10} k = 1 + 2 + 3 + \cdots + 10$

$\displaystyle = \frac{10(10+1)}{2} = 55$

SECTION 4 분수 꼴 수열의 합

(1) $\displaystyle\sum_{k=1}^{n} \frac{1}{k(k+1)} = \sum_{k=1}^{n}\left(\frac{1}{k} - \frac{1}{k+1}\right) = 1 - \frac{1}{n+1}$

(2) $\displaystyle\sum_{k=1}^{n} \frac{1}{k(k+2)} = \sum_{k=1}^{n}\frac{1}{2}\left(\frac{1}{k} - \frac{1}{k+2}\right) = \frac{1}{2}\left(1 + \frac{1}{2} - \frac{1}{n+1} - \frac{1}{n+2}\right)$

(3) $\displaystyle\sum_{k=1}^{n} \frac{1}{(2k-1)(2k+1)} = \sum_{k=1}^{n}\frac{1}{2}\left(\frac{1}{2k-1} - \frac{1}{2k+1}\right) = \frac{1}{2}\left(1 - \frac{1}{2n+1}\right)$

(4) $\displaystyle\sum_{k=1}^{n} \frac{1}{\sqrt{k+1} + \sqrt{k}} = \sum_{k=1}^{n}(\sqrt{k+1} - \sqrt{k}) = \sqrt{n+1} - 1$

SECTION 5 군수열

(1) 군수열

수열의 각 항을 일정한 규칙에 따라 묶어서 군으로 나눈 수열을 군수열이라 한다.

(2) 군수열의 해결 방법

① 각 군 안에서의 규칙을 찾는다.

② 각 군의 항의 개수를 파악한다.

③ 각 군의 첫째항들의 규칙성을 파악한다.

예 $\displaystyle \frac{1}{1 \cdot 2} + \frac{1}{2 \cdot 3} + \frac{1}{3 \cdot 4} + \cdots$
$$+ \frac{1}{99 \cdot 100}$$
$$= \left(\frac{1}{1} - \frac{1}{2}\right) + \left(\frac{1}{2} - \frac{1}{3}\right) +$$
$$\left(\frac{1}{3} - \frac{1}{4}\right) + \cdots + \left(\frac{1}{99} - \frac{1}{100}\right)$$
$$= 1 - \frac{1}{100} = \frac{99}{100}$$

POINT 팁 부분분수

① $\dfrac{1}{AB} = \dfrac{1}{B-A}\left(\dfrac{1}{A} - \dfrac{1}{B}\right)$

② $\dfrac{1}{ABC} = \dfrac{1}{C-A}\left(\dfrac{1}{AB} - \dfrac{1}{BC}\right)$

POINT 팁
(등차수열)×(등비수열) 꼴의 수열의 합, 즉 멱급수를 구하는 경우, 주어진 수열의 합을 S라 하고 공비를 r라 하면 $S - rS$를 이용한다.

수열의 합(시그마)

☞ 해설 P.490

예제&유제문제

1 합의 기호 $\sum$ 와 그 성질

➤ **예제문제 01**

※ $\sum\limits_{k=1}^{10} a_k = -10$, $\sum\limits_{k=1}^{10} (a_k+1)^2 = 35$일 때, $\sum\limits_{k=1}^{10} a_k^2$의 값은?

① 35   ② 45

③ 55   ④ 65

풀이
$$\sum_{k=1}^{10} (a_k+1)^2 = \sum_{k=1}^{10} (a_k^2 + 2a_k + 1) = \sum_{k=1}^{10} a_k^2 + 2\sum_{k=1}^{10} a_k + \sum_{k=1}^{10} 1$$
$$= \sum_{k=1}^{10} a_k^2 + 2 \cdot (-10) + 10 = \sum_{k=1}^{10} a_k^2 - 10$$
$$= 35$$
$$\therefore \sum_{k=1}^{10} a_k^2 = 45$$

답 ②

유제 1-1 $\sum\limits_{k=1}^{n} a_k = n^2 + 2n$일 때, $\sum\limits_{k=1}^{3} (a_k+1)^2 - \sum\limits_{k=1}^{3} (a_k-1)^2$의 값은?

① 20   ② 40

③ 60   ④ 80

유제 1-2 $\sum\limits_{k=1}^{n} x_k = 10$, $\sum\limits_{k=1}^{n} x_k^2 = 30$일 때, $\sum\limits_{k=1}^{n} (2x_k+1)^2$의 값은?

① 161   ② $n + 160$

③ $160n$ ④ 160

Answer   1-1.③   1-2.②

➤ **예제문제 02**

✳ $\sum_{k=1}^{10}(k^2-k+1)+\sum_{i=1}^{10}(i^2+i-1)$의 값은?

① 450   ② 560

③ 640   ④ 770

풀이 $\sum_{k=1}^{10}(k^2-k+1)+\sum_{i=1}^{10}(i^2+i-1)=\sum_{k=1}^{10}(k^2-k+1)+\sum_{k=1}^{10}(k^2+k-1)$

$$=\sum_{k=1}^{10}2k^2=2\sum_{k=1}^{10}k^2$$

$$=2\cdot\frac{10\cdot11\cdot21}{6}$$

$$=770$$

답 ④

유제 2-1 $\sum_{k=1}^{10}k(k+2)$의 값은?

① 455   ② 495

③ 530   ④ 570

유제 2-2 $S_n=1\cdot2+2\cdot3+3\cdot4+\cdots+n(n+1)$일 때, S_{15}의 값은?

① 1360   ② 1365

③ 1370   ④ 1375

Answer   2-1.②   2-2.①

3 여러 가지 수열의 합

$*$ $\dfrac{1}{1\cdot 3}+\dfrac{1}{3\cdot 5}+\dfrac{1}{5\cdot 7}+\cdots+\dfrac{1}{19\cdot 21}$ 의 값은?

① $\dfrac{5}{21}$　　　　　　　　　　② $\dfrac{10}{21}$

③ $\dfrac{20}{21}$　　　　　　　　　　④ $\dfrac{5}{19}$

풀이 $a_n=\dfrac{1}{(2n-1)(2n+1)}=\dfrac{1}{2}\left(\dfrac{1}{2n-1}-\dfrac{1}{2n+1}\right)$ 이므로

$$\therefore S_n=\sum_{k=1}^{10}\left(\dfrac{1}{2k-1}-\dfrac{1}{2k+1}\right)$$
$$=\dfrac{1}{2}\left\{\left(1-\dfrac{1}{3}\right)+\left(\dfrac{1}{3}-\dfrac{1}{5}\right)+\left(\dfrac{1}{5}-\dfrac{1}{7}\right)+\cdots+\left(\dfrac{1}{19}-\dfrac{1}{21}\right)\right\}$$
$$=\dfrac{10}{21}$$

답 ②

유제 3-1 수열 $1,\ 1+2,\ 1+2+3,\ 1+2+3+4,\ \cdots$ 의 첫째항부터 제8항까지의 합은?

① 100　　　　　　　　　　② 110

③ 120　　　　　　　　　　④ 130

유제 3-2 $f(x)=\sqrt{x}+\sqrt{x+1}$ 일 때, $\displaystyle\sum_{k=1}^{15}\dfrac{1}{f(k)}$ 의 값은?

① 1　　　　　　　　　　② 2

③ 3　　　　　　　　　　④ 4

4 군수열

✻ 수열 $1,\ \dfrac{1}{2},\ \dfrac{2}{2},\ \dfrac{1}{3},\ \dfrac{2}{3},\ \dfrac{3}{3},\ \dfrac{1}{4},\ \cdots$ 에서 $\dfrac{5}{10}$ 는 몇 번째 항인가?

① 70   ② 60

③ 55   ④ 50

풀이 주어진 수열을 분모가 같은 것끼리 묶어 군수열로 나타내면

$(1),\ (\dfrac{1}{2},\ \dfrac{2}{2}),\ (\dfrac{1}{3},\ \dfrac{2}{3},\ \dfrac{3}{3}),\ \cdots$

이때, $\dfrac{5}{10}$ 은 제10군의 제5항이다.

따라서 제9군까지의 항의 수를 구하면

$1+2+3+\cdots+9=\dfrac{9\times10}{2}=45$ 이므로

$\dfrac{5}{10}$ 는 $45+5=50$, 즉 제50항이다.

답 ④

유제 4-1 수열 $\dfrac{1}{2},\ \dfrac{2}{3},\ \dfrac{1}{3},\ \dfrac{3}{4},\ \dfrac{2}{4},\ \dfrac{1}{4},\ \dfrac{4}{5},\ \dfrac{3}{5},\ \dfrac{2}{5},\ \dfrac{1}{5},\ \cdots$ 에서 $\dfrac{19}{25}$ 는 제 몇 항인가?

① 제261항   ② 제271항

③ 제282항   ④ 제299항

유제 4-2 수열 $1,\ 1,\ 2,\ 1,\ 2,\ 3,\ 1,\ 2,\ 3,\ 4,\ \cdots$ 에서 100은 제 몇 번째 항에서 처음으로 나타나는가?

① 4950   ② 4951

③ 5049   ④ 5050

Answer   4-1.③   4-2.④

연/습/문/제

수열의 합(시그마)

☞ 해설 P.491

1 1994년 서울시 9급 행정직

$\sum_{k=1}^{n} a_k = 2n$, $\sum_{k=1}^{n} b_k = 3n$, $\sum_{k=1}^{n} c_k = 7n$일 때, $\sum_{k=1}^{n} (3a_k - b_k + 2c_k - 8)$과 같은 것은?

① $4n - 8$　　　　　　　　　　② $9n - 8$

③ $4n$　　　　　　　　　　　　④ $9n$

2 2015년 9급 국가직

$\sum_{k=1}^{10} (k^2 + 2k)$의 값은?

① 485　　　　　　　　　　　② 490

③ 495　　　　　　　　　　　④ 500

3 1994년 전북 9급 행정직

$\sum_{k=1}^{30} \dfrac{1}{k(k+1)}$의 값은?

① $\dfrac{28}{29}$　　　　　　　　　　② $\dfrac{29}{30}$

③ $\dfrac{30}{31}$　　　　　　　　　　④ $\dfrac{31}{32}$

4 2015년 9급 사회복지직

양수 a, b에 대하여 $f(a, b) = \sqrt{a} + \sqrt{b}$ 라 할 때, $\sum_{k=1}^{99} \dfrac{1}{f(k,\ k+1)}$의 값은?

① 8　　　　　　　　　　　　② 9

③ 10　　　　　　　　　　　④ 11

Answer　1.④　2.③　3.③　4.②

2016년 9급 국가직

5 자연수 n에 대하여 두 직선 $x=n$, $x=n+1$이 곡선 $y=\sqrt{x}$ 와 만나는 점을 각각 A_n, B_n이라 하자. 그림과 같이 선분 A_nB_n을 대각선으로 하고 변이 축에 평행한 직사각형의 넓이를 S_n이라 할 때, $\displaystyle\sum_{n=1}^{99} S_n$의 값은?

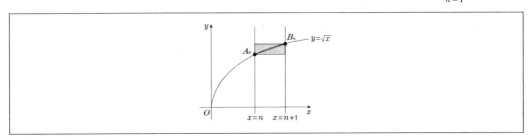

① 9

② 10

③ 11

④ 12

6 $S=1+2\left(\dfrac{1}{2}\right)+3\left(\dfrac{1}{2}\right)^2+\ldots+30\left(\dfrac{1}{2}\right)^{29}$일 때 S의 값은?

① $4-\left(\dfrac{1}{2}\right)^{24}$

② $4+\left(\dfrac{1}{2}\right)^{24}$

③ $4-\left(\dfrac{1}{2}\right)^{25}$

④ $4+\left(\dfrac{1}{2}\right)^{25}$

7 x에 대한 이차방정식 $x^2+4x-(2n-1)(2n+1)=0$의 두 근 α_n, β_n에 대하여 $\displaystyle\sum_{n=1}^{10}\left(\dfrac{1}{\alpha_n}+\dfrac{1}{\beta_n}\right)$의 값은?

① $\dfrac{11}{21}$

② $\dfrac{20}{21}$

③ $\dfrac{31}{21}$

④ $\dfrac{40}{21}$

1994년 대전시 9급 행정직

8 수열 $1,\ 1,\ \dfrac{1}{2},\ 1,\ \dfrac{1}{2},\ \dfrac{1}{3},\ 1,\ \dfrac{1}{2},\ \dfrac{1}{3},\ \dfrac{1}{4},\ \cdots$의 제 100번째 항에 나타나는 수는?

① 1

② $\dfrac{1}{3}$

③ $\dfrac{1}{6}$

④ $\dfrac{1}{9}$

Answer   5.① 6.① 7.④ 8.④

21 수학적 귀납법

SECTION 1 수학적 귀납법

자연수 n에 대한 명제 $p(n)$이 모든 자연수 n에 대하여 성립함을 증명하려면 다음 두 가지 사실을 증명하면 된다.

(i) $n=1$일 때, 명제 $p(n)$이 성립한다.

(ii) $n=k$일 때, 명제 $p(n)$이 성립한다고 가정하면 $n=k+1$일 때도 명제 $p(n)$이 성립한다.

이와 같은 증명법을 수학적 귀납법이라 한다.

SECTION 2 수열의 귀납적 정의

수열 $\{a_n\}$을 첫째항 a_1과 이웃하는 항 a_n과 a_{n+1}의 관계식으로 정의할 때, 이것을 수열 $\{a_n\}$의 귀납적 정의라 한다.

SECTION 3 기본적인 귀납적 정의

수열 $\{a_n\}$에서 $n=1,\ 2,\ 3,\ \cdots$일 때,

(1) $a_{n+1}-a_n=d$(일정) $\Rightarrow$ 공차가 d인 등차수열

(2) $a_{n+1}\div a_n=r$(일정) $\Rightarrow$ 공비가 r인 등비수열

(3) $2a_{n+1}=a_n+a_{n+2}$ (또는 $a_{n+1}-a_n=a_{n+2}-a_{n+1}$) $\Rightarrow$ 등차수열

(4) $(a_{n+1})^2=a_n\times a_{n+2}$ (또는 $a_{n+1}\div a_n=a_{n+2}\div a_{n+1}$) $\Rightarrow$ 등비수열

(5) $\dfrac{2}{a_{n+1}}=\dfrac{1}{a_{n+1}}+\dfrac{1}{a_{n+2}}$ $\left(\text{또는 } \dfrac{1}{a_{n+1}}-\dfrac{1}{a_n}=\dfrac{1}{a_{n+2}}-\dfrac{1}{a_{n+1}}\right)$ $\Rightarrow$ 조화수열

예 모든 자연수 n에 대하여 등식
$$1+2+3+\cdots+n=\frac{n(n+1)}{2}$$
$$\cdots \circledast$$
이 성립함을 수학적 귀납법으로 증명하면 다음과 같다.

(i) $n=1$일 때,

(좌변)$=1$, (우변)$=\dfrac{1\cdot 2}{2}=1$이므로 등식 $\circledast$이 성립한다.

(ii) $n=k$일 때, 등식 $\circledast$이 성립한다고 가정하면
$$1+2+3+\cdots+k=\frac{k(k+1)}{2}$$
의 식 양변에 $k+1$을 더하면
$$1+2+3+\cdots+k+(k+1)$$
$$=\frac{k(k+1)}{2}+(k+1)$$
$$=\frac{k(k+1)+2(k+1)}{2}$$
$$=\frac{(k+1)(k+2)}{2}$$
이므로 $n=k+1$일 때도 등식 $\circledast$은 성립한다.

따라서 (i), (ii)에 의하여 모든 자연수 n에 대하여 등식 $\circledast$이 성립한다.

SECTION 4 여러 가지 귀납적 정의

(1) $a_{n+1} = a_n + f(n)$의 꼴

n에 $1, 2, 3, \cdots, n-1$을 차례로 대입하여 변끼리 더한다.

$\Rightarrow a_n = a_1 + f(1) + f(2) + \cdots + f(n-1)$

$\Rightarrow a_n = a_1 + \displaystyle\sum_{k=1}^{n-1} f(k)$

(2) $a_{n+1} = f(n) \cdot a_n$의 꼴

$n = 1, 2, 3, \cdots, n-1$을 차례로 대입하여 변끼리 곱한다.

$\Rightarrow a_n = a_1 f(1) f(2) \cdots f(n-1)$

(3) $pa_{n+2} + qa_{n+1} + ra_n = 0 \ (p+q+r=0)$의 꼴

$a_{n+2} - a_{n+1} = \dfrac{r}{p}(a_{n+1} - a_n)$으로 변형하여 수열 $\{a_{n+1} - a_n\}$은 첫째항이

$a_2 - a_1$, 공비가 $\dfrac{r}{p}$인 등비수열임을 이용한다.

(4) $a_{n+1} = pa_n + q \, (p \neq 0, \ p \neq 1, \ q \neq 0)$의 꼴

$a_{n+1} - \alpha = p(a_n - \alpha)$로 변형하여 수열 $\{a_n - \alpha\}$은 첫째항이 $a_1 - \alpha$, 공비가

p인 등비수열임을 이용한다.

$\Rightarrow a_{n+1} - \alpha = p(a_n - \alpha)$ (α는 상수)

$\Rightarrow a_n = (a_1 - \alpha)p^{n-1} + \alpha$

POINT 팁

$a_{n+1} = \dfrac{pa_n}{qa_n + r}$

$\Rightarrow$ 역수를 취해서 푼다.

$a_{n+1} = pa_n^q \ (q \neq 1)$

$\Rightarrow$ 양변에 로그를 취해서 푼다.

수학적 귀납법

☞ 해설 P.492

1 수학적 귀납법

➤ **예제문제 01**

＊ 다음은 4 이상의 자연수 n에 대하여 $1 \cdot 2 \cdot 3 \cdot \cdots \cdot n > 2^n$임을 증명한 것이다. (가), (나)에 알맞은 것을 차례로 적으면?

(ⅰ) $n = 4$일 때, (좌변)=24 > 16=(우변)이므로 주어진 부등식은 성립한다.

(ⅱ) $n = k$일 때, 성립한다고 가정하면

$$1 \cdot 2 \cdot 3 \cdot \cdots \cdot k > 2^k$$

양변에 $\boxed{\text{(가)}}$ 를 곱하면

$$1 \cdot 2 \cdot 3 \cdot \cdots \cdot k \cdot \boxed{\text{(가)}} > 2^k \cdot \boxed{\text{(가)}} > 2^k \cdot \boxed{\text{(나)}} = 2^{k+1}.$$

($\because k \geq 4$이므로 $k+1 > \boxed{\text{(나)}}$)

따라서 $n = k+1$일 때도 성립한다.

(ⅰ), (ⅱ)에 의해 $n \geq 4$인 모든 자연수 n에 대하여 성립한다.

---

① $k+1,\ 2$
② $k,\ 2$
③ $k+1,\ 2^k$
④ $k,\ 2^k$

풀이 $1 \cdot 2 \cdot 3 \cdot \cdots \cdot k > 2^k$의 양변에 $\boxed{k+1}$ 을 곱하면

$$1 \cdot 2 \cdot 3 \cdot \cdots \cdot k \cdot \boxed{k+1} > 2^k \cdot \boxed{k+1} > 2^k \cdot \boxed{2} = 2^{k+1}$$

($\because k \geq 4$이므로 $k+1 > 2$)

답 ①

유제 **1-1** 등식 $1 \cdot 2 + 2 \cdot 3 + 3 \cdot 4 + \cdots + n(n+1) = \dfrac{1}{3}n(n+1)(n+2)$가 모든 자연수 n에 대하여 성립함을 수학적 귀납법으로 증명하여라.

Answer 1-1.(해설참조)

2 $a_{n+1}=a_n+f(n)$ 꼴과 $a_{n+1}=f(n)a_n$ 꼴의 귀납적 정의

➤ 예제문제 **02**

2014년 6월 21일 제1회 지방직 기출유형

✳ **수열 $\{a_n\}$에서 $a_1=-1$, $a_{n+1}=a_n+2n+1(n\geq 1)$일 때, 제10번째 항 a_{10}을 구하면?**

① 96   ② 98

③ 100   ④ 102

풀이 $a_{n+1}=a_n+2n+1$에 $n=1,\ 2,\ 3,\ \cdots,\ n-1$을 대입하여 좌변은 좌변끼리, 우변은 우변끼리 더하면

$$a_n=a_1+2\{1+2+3+\cdots+(n-1)\}+1\cdot(n-1)$$
$$=a_1+2\sum_{k=1}^{n-1}k+(n-1)$$
$$=-1+2\cdot\frac{n(n-1)}{2}+(n-1)$$
$$=n^2-2$$
$$\therefore a_{10}=10^2-2=98$$

(참고) 계차수열을 이용해서 푼다.

답 ②

유제 2-1 **수열 $\{a_n\}$에서 $a_1=1$, $a_{n+1}=a_n+2^n\ (n=1,\ 2,\ 3,\ \cdots)$일 때, a_{10}은?**

① 1022   ② 1023

③ 1024   ④ 1025

유제 2-2 **수열 $\{a_n\}$이 $a_1=1$, $a_{n+1}=3^n\cdot a_n$을 만족할 때, a_{20}을 구하면?**

① 3^{171} ② 3^{190}

③ 3^{210} ④ 3^{231}

Answer   2-1.②   2-2.②

3 $pa_{n+2}+qa_{n+1}+ra_n=0 \ (p+q+r=0)$ 꼴의 귀납적 정의

➤ **예제문제 03**

✻ 수열 $\{a_n\}$이 $a_1=2$, $a_2=3$, $a_{n+2}-3a_{n+1}+2a_n=0 \ (n\geq 1)$으로 정의될 때, a_{10}을 구하면?

① 129

② 257

③ 513

④ 1025

[풀이] $a_{n+2}-3a_{n+1}+2a_n=0$에서

$a_{n+2}-a_{n+1}=2(a_{n+1}-a_n)$

따라서 수열 $\{a_n\}$의 계차수열 $\{a_{n+1}-a_n\}$은 첫째항이 $a_2-a_1=1$, 공비가 2인 등비수열이다.

$\therefore a_n = a_1 + \sum_{k=1}^{n-1} 1 \cdot 2^{k-1} = 2 + \dfrac{1 \cdot (2^{n-1}-1)}{2-1}$

$\qquad = 2^{n-1}+1 \ (n\geq 2)$

$n=1$일 때, $a_1=2^0+1=2$이므로 성립한다.

$\therefore a_n=2^{n-1}+1 \ (n\geq 1)$

$\therefore a_{10}=513$

답 ③

[유제] 3-1 다음과 같이 정의된 수열 $a_1=0$, $a_2=1$, $a_{n+2}-3a_{n+1}+2a_n=0$에서 a_6-a_5의 값은?

① 4

② 8

③ 16

④ 32

[유제] 3-2 수열 $\{a_n\}$이 $a_1=1$, $a_2=3$, $a_{n+2}=4a_{n+1}-3a_n \ (n\geq 1)$으로 정의될 때, a_5의 값은?

① 3

② 9

③ 27

④ 81

Answer 3-1.③ 3-2.④

4 $a_{n+1} = pa_n + q$ 꼴의 귀납적 정의

➤ **예제문제 04**

✱ **수열 $\{a_n\}$에서 $a_1 = 1$, $a_{n+1} = \dfrac{1}{2}a_n + 1$ $(n \geq 1)$일 때, 일반항 a_n을 구하면?**

① $a_n = \left(\dfrac{1}{2}\right)^{n-1}$ ② $a_n = 2^{n-1}$

③ $a_n = 2 - \left(\dfrac{1}{2}\right)^{n-1}$ ④ $a_n = 2^n - 1$

풀이 $a_{n+1} = \dfrac{1}{2}a_n + 1$을 $a_{n+1} - \alpha = \dfrac{1}{2}(a_n - \alpha)$의 꼴로 변형하면

$a_{n+1} = \dfrac{1}{2}a_n + \dfrac{\alpha}{2}$에서 $\alpha = 2$

$\therefore a_{n+1} - 2 = \dfrac{1}{2}(a_n - 2)$

따라서 수열 $\{a_n - 2\}$는 첫째항이 $a_1 - 2 = 1 - 2 = -1$, 공비가 $\dfrac{1}{2}$인 등비수열이므로

$a_n - 2 = (1 - 2)\left(\dfrac{1}{2}\right)^{n-1}$

$\therefore a_n = 2 - \left(\dfrac{1}{2}\right)^{n-1}$

답 ③

2014년 6월 28일 서울특별시 기출유형

유제 4-1 **수열 $\{a_n\}$에서 $a_1 = 1$, $a_{n+1} = 3a_n + 2$ $(n \geq 1)$일 때, a_5의 값은?**

① 5   ② 17

③ 53   ④ 161

유제 4-2 **수열 $\{a_n\}$에 대하여 $a_1 = 2$, $a_{n+1} = 3a_n - 3$ $(n = 1, \ 2, \ 3, \ \cdots)$이 성립할 때, $a_6 - a_5$의 값은?**

① 27   ② 81

③ 243   ④ 729

Answer   4-1.④   4-2.②

➤ **예제문제 05**

✳ 수열 $\{a_n\}$에서 $a_1 = \dfrac{1}{2}$, $a_{n+1} = \dfrac{a_n}{3a_n + 1}$ 일 때, a_{20}은?

① $\dfrac{1}{59}$ ② $\dfrac{1}{29}$

③ 1   ④ 29

풀이 $\dfrac{1}{a_{n+1}} = \dfrac{3a_n + 1}{a_n} = 3 + \dfrac{1}{a_n}$ 이므로

수열 $\left\{\dfrac{1}{a_n}\right\}$은 첫째항 $\dfrac{1}{a_1} = 2$이고, 공차 3인 등차수열이다.

따라서 $\dfrac{1}{a_n} = 2 + 3(n-1) = 3n - 1$이므로

$a_n = \dfrac{1}{3n-1}$ $\therefore a_{20} = \dfrac{1}{59}$

답 ①

유제 5-1 $a_1 = 1$, $na_{n+1} = (n+1)a_n + 1 \ (n \geq 1)$으로 주어진 수열 $\{a_n\}$의 제50항을 구하면?

① 97   ② 99

③ 105   ④ 107

유제 5-2 $a_1 = 3$, $a_n = 3a_{n-1} + 3^n \ (n \geq 2)$으로 정의된 수열 $\{a_n\}$의 제10항은?

① $10 \cdot 3^9$ ② $10 \cdot 3^{10}$

③ $9 \cdot 3^{10}$ ④ $9 \cdot 3^9$

Answer   5-1.②   5-2.②

21 >> 수학적 귀납법

☞ 해설 P.493

1 수열 $\{a_n\}$이 모든 자연수 n에 대하여 $a_1 = 2$, $a_{n+1} = a_n + 3n$을 만족할 때, $a_k = 110$이 되는 k의 값은?

① 8   ② 9

③ 10   ④ 11

2 수열 $\{a_n\}$이 $a_1 = 0$, $a_{n+1} - a_n = \dfrac{1}{n(n+1)}$ $(n = 1,\ 2,\ 3,\ \cdots)$을 만족시킬 때, 각 항의 곱 $a_2 \cdot a_3 \cdot a_4 \cdot \cdots \cdot a_{100}$의 값은?

① $\dfrac{1}{70}$ ② $\dfrac{1}{88}$

③ $\dfrac{1}{90}$ ④ $\dfrac{1}{100}$

3 수열 $\{a_n\}$에서 $a_1 = 1$, $a_{n+1} = \dfrac{n}{n+1}a_n$ $(n \geq 1)$일 때, a_5를 구하면?

① $\dfrac{1}{5}$ ② $\dfrac{1}{4}$

③ $\dfrac{1}{3}$ ④ $\dfrac{1}{2}$

4 $a_1 = 20$, $a_{n+1} = \dfrac{1}{3}a_n + 10$ $(n = 1,\ 2,\ 3,\ \cdots)$과 같이 정의된 수열 $\{a_n\}$에서 a_{100}에 가장 가까운 정수는?

① 7   ② 9

③ 11   ④ 15

Answer   1.②   2.④   3.①   4.④

5 수열 $\{a_n\}$이 $a_{n+1} = -a_n + 3n - 1$을 만족시킬 때, $\sum\limits_{k=1}^{30} a_k$의 값은?

① 600

② 620

③ 640

④ 660

6 $a_1 = 2$, $a_2 = 1$, $a_{n+1} \cdot a_n - 2 \cdot a_n \cdot a_{n+2} + a_{n+1} \cdot a_{n+2} = 0$ $(n = 1,\ 2,\ 3,\ \cdots)$으로 정의된 수열 $\{a_n\}$에 대하여 $\sum\limits_{k=1}^{20} \dfrac{1}{a_k}$의 값은?

① 95

② 100

③ 105

④ 110

7 수열 $\{a_n\}$에서 $a_2 = 2a_1$, $a_5 = 16$, $\log a_n - 2\log a_{n+1} + \log a_{n+2} = 0$ $(n = 1,\ 2,\ 3,\ \cdots)$인 관계가 성립할 때, $\sum\limits_{k=1}^{5} a_k$의 값은?

① 30

② 31

③ 32

④ 33

8 수열 $\{a_n\}$이 $a_1 = 1$, $a_{n+1} = \begin{cases} \dfrac{1}{2} a_n & (a_n \geq 2) \\ \sqrt[3]{2}\, a_n & (a_n < 2) \end{cases}$를 만족시킬 때, a_{112}의 값은?

① 1

② $\sqrt[3]{2}$

③ $\sqrt{2}$

④ 2

Answer 5.④ 6.③ 7.② 8.④

파워특강 수학(수학 II)

합격에 한 걸음 더 가까이!

지수와 로그의 기본 개념을 익히고 서로의 관계를 이해하는 것이 중요합니다. 특히 밑변환 공식을 비롯한 로그와 로그함수의 성질, 상용로그를 활용하는 응용문제를 해결할 수 있도록 하는 것이 필요합니다.

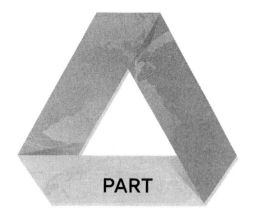

PART

07

지수와 로그

22

지수

SECTION 1 거듭제곱

어떤 실수 a를 n번 곱한 것을 a의 n제곱이라 하고 a^n으로 나타낸다.

$$a^n = \overbrace{a \times a \times a \times \cdots \times a}^{n \text{개}}$$

특히 a^2을 a의 제곱, a^3을 a의 세제곱이라 한다.

SECTION 2 거듭제곱근

(1) 거듭제곱근

$n \geq 2$일 때, n제곱하여 실수 a가 되는 수를 a의 n제곱근이라고 한다.

즉, a의 n제곱근은 n제곱을 하여 a가 되는 수, $x^n = a$에서 x를 말한다.

(2) a의 n제곱근 중 실수인 것의 개수, 즉 $x^n = a$에서 근의 개수

	$a > 0$	$a = 0$	$a < 0$
n이 짝수일 때	$\sqrt[n]{a},\ -\sqrt[n]{a}$	0	없다
n이 홀수일 때	$\sqrt[n]{a}$	0	$\sqrt[n]{a}$

① n이 짝수일 때 : $a > 0$이면 실근은 2개 존재한다.
$a < 0$이면 실근은 존재하지 않는다.

② n이 홀수일 때 : a가 양이든 음이든 실근은 1개 존재한다.

이때, $y = x^n$의 그래와 직선 $y = a$의 교점의 개수가 실수 a의 n제곱근 중 실수인 것의 개수와 같다.

POINT 팁 함수 $y = x^n$의 그래프

n : 짝수

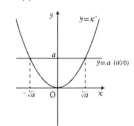

n : 홀수

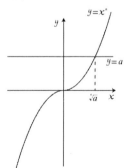

SECTION 3 거듭제곱근의 성질

$a > 0,\ b > 0$이고 $m,\ n,\ p$가 양의 정수일 때,

① $\sqrt[n]{a}\,\sqrt[n]{b} = \sqrt[n]{ab}$

② $\dfrac{\sqrt[n]{a}}{\sqrt[n]{b}} = \sqrt[n]{\dfrac{a}{b}}$

③ $(\sqrt[n]{a})^m = \sqrt[n]{a^m}$　　　　　　④ $\sqrt[m]{\sqrt[n]{a}} = \sqrt[mn]{a} = \sqrt[n]{\sqrt[m]{a}}$

⑤ $\sqrt[np]{a^{mp}} = \sqrt[n]{a^m}$

SECTION 4　지수의 확장

(1) 지수가 0 또는 음의 정수인 경우 : $a \neq 0$이고, n이 양의 정수일 때

$$a^0 = 1,\ a^{-n} = \frac{1}{n}$$

(2) 지수가 정수일 때의 지수법칙

$a \neq 0,\ b \neq 0$이고 $m,\ n$이 정수일 때,

① $a^m a^n = a^{m+n}$　　　　　　② $(a^m)^n = a^{mn}$

③ $(ab)^n = a^n b^n$　　　　　　④ $\left(\dfrac{a}{b}\right)^n = \dfrac{a^n}{b^n}$ (단, $b \neq 0$)

⑤ $a^m \div a^n = \dfrac{a^m}{a^n} = \begin{cases} a^{m-n} & (m > n) \\ 1 & (m = n) \\ \dfrac{1}{a^{n-m}} & (m < n) \end{cases}$ (단, $a \neq 0$)

(3) 지수가 유리수인 경우 : $a > 0$이고, m은 정수, $n \geq 2$의 정수일 때

① $a^{\frac{m}{n}} = \sqrt[n]{a^m}$　　　　　　② $a^{\frac{1}{n}} = \sqrt[n]{a}$

(4) 지수가 실수인 경우 : $a > 0,\ b > 0$이고, $x,\ y$가 실수일 때

① $a^x a^y = a^{x+y}$　　　　　　② $(a^x)^y = a^{xy}$

③ $(ab)^x = a^x b^x$　　　　　　④ $a^x \div a^y = a^{x-y}$

SECTION 5　거듭제곱근의 대소

밑을 같게 할 수 없을 때는 지수를 같게 하여 밑을 비교한다.

(1) 거듭제곱근의 꼴은 분수지수의 꼴로 고친다.

(2) 분수지수의 분모의 최소공배수(LCM)를 구하여 통분한다.

(3) 지수를 같게 하여 밑이 큰 쪽이 크다고 결정한다.

예 ① $2^0 = 1$

② $2^{-1} = \dfrac{1}{2}$

③ $2^{\frac{1}{3}} = \sqrt[3]{2}$

POINT 팁

$a < 0$일 때는 지수가 유리수일 때의 지수법칙을 사용할 수 없다.

① $\{(-3)^2\}^{\frac{1}{2}} = (-3)^{2 \times \frac{1}{2}}$
$= (-3)^1$
$= -3 \ (\times)$

② $\{(-3)^2\}^{\frac{1}{2}} = 9^{\frac{1}{2}}$
$= 3 \ (\bigcirc)$

예 $\sqrt{3}$, $\sqrt[3]{5}$ 의 크기를 비교하자.

$3^{\frac{1}{2}},\ 5^{\frac{1}{3}} \Rightarrow \left\{3^{\frac{1}{2}}\right\}^6,\ \left\{5^{\frac{1}{3}}\right\}^6$
$\Rightarrow 3^3,\ 5^2$
따라서 $\sqrt{3} > \sqrt[3]{5}$

22

≫ 지수

☞ 해설 P.495

1 거듭제곱근

➤ **예제문제 01**

＊ $\sqrt[3]{\dfrac{\sqrt[4]{a}}{\sqrt[8]{a}}} \times \sqrt[4]{\dfrac{\sqrt[6]{a}}{\sqrt[3]{a}}}$ 을 간단히 하면?

① 1 　　　　　　　　　　② $\sqrt{a}$

③ $\sqrt[3]{a}$ 　　　　　　　　　④ $\sqrt[4]{a}$

풀이 $\sqrt[3]{\dfrac{\sqrt[4]{a}}{\sqrt[8]{a}}} \times \sqrt[4]{\dfrac{\sqrt[6]{a}}{\sqrt[3]{a}}} = \dfrac{\sqrt[3]{\sqrt[4]{a}}}{\sqrt[3]{\sqrt[8]{a}}} \times \dfrac{\sqrt[4]{\sqrt[6]{a}}}{\sqrt[4]{\sqrt[3]{a}}}$

$\qquad\qquad = \dfrac{\sqrt[12]{a}}{\sqrt[24]{a}} \times \dfrac{\sqrt[24]{a}}{\sqrt[12]{a}}$

$\qquad\qquad = 1$

답 ①

유제 1-1 $\sqrt{\dfrac{8^7+4^8}{8^3+4^7}}$ 을 간단히 하면?

① $4\sqrt{2}$ 　　　　　　　　② 8

③ $8\sqrt{2}$ 　　　　　　　　④ 16

유제 1-2 $\left\{ \left(\dfrac{3}{4}\right)^{-\frac{3}{2}} \right\}^{\frac{4}{3}}$ 을 간단히 하면?

① $\dfrac{3}{8}$ 　　　　　　　　② $\dfrac{9}{8}$

③ $\dfrac{3}{16}$ 　　　　　　　④ $\dfrac{16}{9}$

Answer　　1-1.③　1-2.④

2 지수의 확장

예제문제 02

✳ 실수 x, y에 대해 $2^x = 9^y = 6$일 때, $\dfrac{2}{x} + \dfrac{1}{y}$의 값은?

① 1

② $\dfrac{4}{3}$

③ $\dfrac{5}{3}$

④ 2

풀이 $2^x = 6$에서 $2 = 6^{\frac{1}{x}}$, $4 = 6^{\frac{2}{x}}$ $\cdots$ ㉠

$9^y = 6$에서 $9 = 6^{\frac{1}{y}}$ $\cdots$ ㉡

따라서 구하는 값은

㉠ × ㉡ : $4 \times 6 = 6^{\frac{2}{x} + \frac{1}{y}}$

$36 = 6^2 = 6^{\frac{2}{x} + \frac{1}{y}}$

그러므로 $\dfrac{2}{x} + \dfrac{1}{y} = 2$

답 ④

유제 2-1 $(2.5)^x = 100$, $2^y = 10$일 때, $\dfrac{x+y}{xy}$의 값은?

① $\dfrac{1}{2}$

② 1

③ $\dfrac{3}{2}$

④ 2

유제 2-2 $5^x = 2^y = \sqrt{10^z}$, $xyz \neq 0$일 때, 방정식 $\dfrac{1}{x} + \dfrac{1}{y} = \dfrac{a}{z}$를 만족시키는 실수 a의 값은?

① 4

② 3

③ 2

④ 1

Answer   2-1.①   2-2.③

3 지수법칙의 활용

✳ $a^{2x} = 3 + \sqrt{2}$ 일 때, $\dfrac{a^x + a^{-x}}{a^x - a^{-x}}$ 의 값은?

① $6 + \sqrt{2}$ ② $3 + \sqrt{2}$

③ $\sqrt{2}$ ④ $3 - \sqrt{2}$

풀이 $\dfrac{a^x + a^{-x}}{a^x - a^{-x}}$ 의 분자와 분모에 각각 a^x를 곱하면

$$\frac{(a^x + a^{-x})a^x}{(a^x - a^{-x})a^x} = \frac{a^{2x} + 1}{a^{2x} - 1} = \frac{3 + \sqrt{2} + 1}{3 + \sqrt{2} - 1}$$

$$= \frac{4 + \sqrt{2}}{2 + \sqrt{2}} = \frac{(4 + \sqrt{2})(2 - \sqrt{2})}{(2 + \sqrt{2})(2 - \sqrt{2})}$$

$$= \frac{6 - 2\sqrt{2}}{2} = 3 - \sqrt{2}$$

답 ④

유제 3-1 $x + x^{-1} = 3$일 때, $x^3 + x^{-3}$의 값은?

① -18 ② -9

③ 9 ④ 18

유제 3-2 $x^{\frac{1}{2}} + x^{-\frac{1}{2}} = 3$일 때, $x + x^{-1}$의 값은?

① 6 ② 7

③ 8 ④ 9

Answer   3-1.④   3-2.②

연/습/문/제

≪

지수

22

☞ 해설 P.495

1992년 총무처 9급 행정직

1 $a > 0$, $a \neq 1$ 이고 $\sqrt[3]{a^2} = \sqrt[4]{a\sqrt{a^k}}$ 일 때, k의 값을 구하면?

① $\dfrac{1}{3}$ ② $\dfrac{2}{3}$

③ $\dfrac{7}{3}$ ④ $\dfrac{10}{3}$

2 세 수 $\sqrt{6}$, $\sqrt[3]{15}$, $\sqrt[4]{25}$ 의 대소 관계를 바르게 나타낸 것은?

① $\sqrt{6} < \sqrt[3]{15} < \sqrt[4]{25}$ ② $\sqrt[4]{25} < \sqrt{6} < \sqrt[3]{15}$

③ $\sqrt[3]{15} < \sqrt{6} < \sqrt[4]{25}$ ④ $\sqrt[4]{25} < \sqrt[3]{15} < \sqrt{6}$

3 n이 정수일 때, $\left(\dfrac{1}{64}\right)^{\frac{1}{n}}$ 이 나타낼 수 있는 모든 자연수의 합은?

① 62   ② 66

③ 70   ④ 78

Answer   1.④   2.②   3.④

4 $x = 9^{\frac{1}{3}} + 3^{\frac{1}{3}}$ 일 때, $x^3 - 9x$ 의 값은?

① 9

② 10

③ 12

④ 14

5 세 양수 a, b, c에 대하여 $a^6 = 3$, $b^5 = 7$, $c^2 = 11$일 때, $(abc)^n$이 자연수가 되는 최소의 자연수 n의 값은?

① 15

② 30

③ 40

④ 60

6 다음 식을 간단히 한 것은?

$$\left(2^{x+y} + 2^{x-y}\right)^2 - \left(2^{x+y} - 2^{x-y}\right)^2$$

① 2^{2x}

② 2^{2x+2}

③ 2^{2x+2y}

④ 2^{-2y}

23 로그

Check!

SECTION 1 로그의 정의

$a > 0$, $a \neq 1$, $b > 0$일 때, 임의의 양수 b에 대하여 $a^x = b$를 만족시키는 실수 x는 오직 하나 존재하는데, 이 x를 $x = \log_a b$로 나타내고 $\log_a b$는 a를 밑으로 하는 b의 로그라 하며 a를 $\log_a b$의 밑, b를 $\log_a b$의 진수라고 한다.

$a > 0$, $a \neq 1$, $b > 0$일 때, $a^x = b \Leftrightarrow x = \log_a b$

예 $2^x = 3$을 만족시키는 실수 x는 $x = \log_2 3$으로 나타낸다.

POINT 팁

$\log_a(x+y) \neq \log_a x + \log_a y$

$\dfrac{\log_a x}{\log_a y} \neq \log_a x - \log_a y$

SECTION 2 로그의 성질

$x > 0$, $y > 0$, $a \neq 1$, $a > 0$일 때,

(1) $\log_a a = 1$, $\log_a 1 = 0$

(2) $\log_a xy = \log_a x + \log_a y$

(3) $\log_a \dfrac{x}{y} = \log_a x - \log_a y$

(4) $\log_a x^n = n \log_a x$ (단, n은 실수)

POINT 팁

$a^m \times a^n = a^{m+n}$에서
$a^m = x$, $a^n = y$라고 하면
$m = \log_a x$, $n = \log_a y$
$a^{m+n} = xy \Rightarrow m+n = \log_a xy$
$m+n = \log_a xy = \log_a x + \log_a y$

예 $\log_8 2\sqrt{2}$ 의 값은?

답 $\log_8 2\sqrt{2} = \log_2 2^{\frac{3}{2}} = \dfrac{\frac{3}{2}}{3} = \dfrac{1}{2}$

SECTION 3 로그의 밑의 변환 공식

$a \neq 1$, $a > 0$, $b > 0$일 때,

(1) $\log_a b = \dfrac{\log_c b}{\log_c a}$ $(c \neq 1, c > 0)$

(2) $\log_a b = \dfrac{1}{\log_b a}$ $(b \neq 1, b > 0)$

POINT 팁 중요 공식

$a > 0$, $b > 0$, $c > 0$, $a \neq 0$, $b \neq 0$
일 때

① $\log_a b \cdot \log_b c = \log_a c$

② $a^{\log_b c} = c^{\log_b a}$

③ $\log_{a^m} b^n = \dfrac{n}{m} \log_a b$

Check! ▶

SECTION 4 상용로그

(1) 상용로그의 뜻

10을 밑으로 하는 로그를 상용로그라 하며 밑을 생략하고 쓴다.

$$\log_{10}N = \log N$$

(2) 상용로그표

상용로그표는 1.00에서 9.99까지 0.01의 간격인 수의 상용로그의 값을 소수 다섯째 자리에서 반올림하여 소수 넷째 자리까지 구한 근삿값을 나타낸 것이다.

아래 상용로그표에서 $\log 2.56$은 2.5의 행과 6의 열이 만나는 곳의 수인 0.4082 이다. 즉, $\log 2.56 = 0.4082$이다.

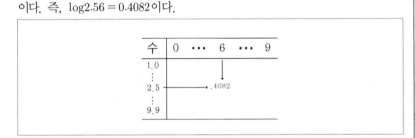

SECTION 5 상용로그의 정수부분과 소수부분

(1) 상용로그의 정수부분과 소수부분

N이 양수일 때 상용로그 $\log N$을

$\log N = n + \alpha$ (n은 정수, $0 \le \alpha < 1$)로 나타낸다.

(2) 상용로그의 정수부분의 성질

① $\log N$의 진수 N의 정수부분이 n자리이면 상용로그의 정수부분은 $n-1$ 이다.

② $\log N$의 진수 N이 소수 n번째 자리에서 처음으로 0이 아닌 숫자가 나 타나면 상용로그의 정수부분은 $-n$ 또는 $\overline{n}$이다.

(3) 상용로그의 소수부분의 성질

숫자의 배열이 같고 소수점의 위치만 다른 수들의 상용로그의 소수부분은 모두 같다.

예 양수 N에 대하여 $\log N$의 값이 다음과 같을 때, 상용로그의 정 수부분와 상용로그의 소수부분를 $n + \alpha$ ($0 \le \alpha < 1$)로 표시하면

$3.7619 = 3 + 0.7619$

$-3.7619 = (-3-1)$
$\qquad + (1 - 0.7619)$
$\qquad = -4 + 0.2381$

$\overline{3}.7619 = -3 + 0.7619$

예 진수의 숫자 배열이 같은 모든 수들의 상용로그의 소수부분은 같다.

$\log 2.56 = 0.4082$

$\log 256 = \log(2.56 \times 10^2)$
$\qquad = 2 + \log 2.56$
$\qquad = 2 + 0.4082$

$\log 0.00256 = \log(2.56 \times 10^{-3})$
$\qquad = -3 + \log 2.56$
$\qquad = -3 + 0.4082$

로그

☞ 해설 P.496

1 로그의 정의

➤ **예제문제 01**

✻ $\log_{(x-3)}(-x^2+5x-4)$의 값이 존재하기 위한 x값의 범위가 $\alpha < x < \beta$일 때, $\alpha+\beta$의 값은?

① 5   ② 6

③ 7   ④ 8

풀이 $\log_{(x-3)}(-x^2+5x-4)$에서

(i) 밑의 조건에 의하여

$x-3>0$, $x-3\neq1$ $\therefore x>3$, $x\neq4$

(ii) 진수의 조건에 의하여

$(-x^2+5x-4)>0$, $(x^2-5x+4)<0$, $(x-4)(x-1)<0$

$\therefore 1<x<4$

(i), (ii)에 의하여 $3<x<4$

따라서 $\alpha=3$, $\beta=4$이므로

$\alpha+\beta=3+4=7$

답 ③

유제 1-1 $\log_5(\log_3(\log_2 x))=0$일 때, x의 값은?

① 5   ② 6

③ 7   ④ 8

유제 1-2 $3^a=2$, $3^b=5$, $3^c=7$일 때, $\log_{30}350$을 a, b, c를 사용하여 나타내면?

① $\dfrac{a+b+c}{1+a+b}$ ② $\dfrac{a+2b+c}{1+a+b}$

③ $\dfrac{a+b+2c}{1+a+b}$ ④ $\dfrac{a+b+c}{1+a+c}$

Answer   1-1.④   1-2.②

2 로그의 성질

➤ **예제문제 02**

✳ $3\log_2 4 + 2\log_{\sqrt{2}} \sqrt{8}$ 을 간단히 하면?

① 12   ② 13

③ 14   ④ 15

풀이 $3\log_2 4 + 2\log_{\sqrt{2}} \sqrt{8}$

$$= 3\log_2 2^2 + 2\log_{2^{\frac{1}{2}}} 2^{\frac{3}{2}}$$

$$= 3 \cdot 2\log_2 2 + 2 \cdot 2 \cdot \frac{3}{2}\log_2 2$$

$$= 6 + 6 = 12$$

답 ①

유제 2-1 $\log_2 16 + \log_2 \dfrac{1}{8}$ 의 값은?

① 1   ② 2

③ 3   ④ 4

유제 2-2 1이 아닌 양수 a, b가 $a^2 b^3 = 1$을 만족할 때, $\log_a a^3 b^2$의 값은?

① $\dfrac{4}{3}$ ② $\dfrac{5}{3}$

③ 2   ④ $\dfrac{7}{3}$

Answer   2-1.①   2-2.②

3 밑의 변환

✳ $a > 0$, $b > 0$, $ab \neq 1$일 때, $(\log_3 a + 3\log_{27} b)\log_{\sqrt{ab}} 9$의 값은?

① 2   ② 3

③ 4   ④ 6

풀이
$(\log_3 a + 3\log_{27} b)\log_{\sqrt{ab}} 9$

$= (\log_3 a + 3\log_{3^3} b)\log_{(ab)^{\frac{1}{2}}} 3^2$

$= (\log_3 a + \log_3 b) \cdot 4\log_{ab} 3$

$= 4\log_3 ab \cdot \log_{ab} 3 = 4$

답 ③

유제 3-1 이차방정식 $x^2 - 6x + 3 = 0$의 두 근이 $\log_{10} a$, $\log_{10} b$일 때, $\log_a b + \log_b a$의 값은?

① 6   ② 9

③ 10   ④ 11

유제 3-2 $(\log_2 3)(\log_4 x) = \log_4 3$일 때, x의 값은?

① $\sqrt{2}$ ② 2

③ $2\sqrt{2}$ ④ $3\sqrt{2}$

상용로그의 정수부분의 성질

➤ **예제문제 04**

✱ 7^{100}은 85자리의 수이고, 11^{100}은 105자리의 수이다. 이때, 77^{30}은 몇 자리의 수인가?

① 57 　　　　　　　　　　　② 55

③ 53 　　　　　　　　　　　④ 51

풀이 $84 \leq 100\log y < 85$

$0.84 \leq \log 7 < 0.85$ ··· ㉠

$104 \leq 100\log 11 < 105$

$1.04 \leq \log 11 < 1.05$ ··· ㉡

㉠+㉡ ⇒ $1.88 \leq \log 77 < 1.90$

×30 ⇒ $56.4 \leq 30\log 77 < 57.0$

∴ $30\log 77$의 지표는 56이고 57자리의 수이다.

답 ①

유제 4-1 2^{70}은 몇 자리의 자연수인가? (단, $\log 2 = 0.3010$)

① 21 　　　　　　　　　　　② 22

③ 23 　　　　　　　　　　　④ 24

유제 4-2 $\log 2 = 0.3010$일 때, $\left(\dfrac{1}{2}\right)^{50}$을 계산하면 소수 몇째 자리에서 처음으로 0이 아닌 숫자가 나타나는가?

① 14째 자리 　　　　　　　　② 15째 자리

③ 16째 자리 　　　　　　　　④ 17째 자리

Answer　　4-1.②　4-2.③

5   상용로그의 정수부분과 소수부분

예제문제 05

✻ $\log x$의 소수부분와 $\log x^2$의 소수부분이 같을 때, x의 값은? (단, $10 \le x < 100$)

① 10

② 20

③ 30

④ 40

풀이 $10 \le x < 100$에서

$\log 10 \le \log x < \log 100$

$\therefore 1 < \log x < 2$ ······ ㉠

$\log x$와 $\log x^2$의 가수가 같으므로

$\log x^2 - \log x = 2\log x - \log x = \log x = (정수)$

따라서 ㉠에서 $\log x = 1$

$\therefore x = 10$

답 ①

2013년 7월 27일 안전행정부 기출유형

유제 5-1 $\log_{10} 120$의 정수부분을 n, 소수부분을 m이라 할 때, $10^n + 10^m$의 값을 구하여라.

① 100.2

② 100.3

③ 101.2

④ 101.3

유제 5-2 양수 A에 대해서 $\log A$의 정수부분과 소수부분이 이차방정식 $3x^2 - 5x + k = 0$의 두 근일 때, 상수 k의 값은?

① 1

② 2

③ 3

④ 4

Answer   5-1.③   5-2.②

>> 로그

☞ 해설 P.497

1991년 총무처 9급 행정직

1 모든 실수 x에 대하여 $\log_a(x^2+ax+a)$가 성립한 a값의 범위를 구하면?

① $0<a<3$　　　　　　　　② $0<a<4$

③ $0<a<3,\ 3<a<4$　　　④ $0<a<1,\ 1<a<4$

2016년 9급 국가직

2 $\log_2 3=a,\ \log_3 5=b$라 할 때 $\log_{15} 80$을 a, b로 바르게 나타낸 것은?

① $\dfrac{2+b}{a+b}$　　　　　　　② $\dfrac{4+a}{b+ab}$

③ $\dfrac{4+b}{a+ab}$　　　　　　④ $\dfrac{4+ab}{a+ab}$

2014년 9급 사회복지직

3 $\dfrac{1}{2\log_2 3}+\dfrac{2}{\log_5 3}=\log_3 k$일 때, 상수 k의 값은?

① 25　　　　　　　　　② $25\sqrt{2}$

③ $25\sqrt{3}$　　　　　　　④ 50

Answer　1.④　2.④　3.②

4
$\log_5\dfrac{3}{4} + \log_5\dfrac{4}{5} + \log_5\dfrac{5}{6} + \cdots + \log_5\dfrac{n}{n+1} = -1$일 때, 자연수 n의 값은?

① 10

② 12

③ 14

④ 16

5
두 실수 x, y 가 $10^x = 27$, $5^y = 9$를 만족시킬 때, $\dfrac{3}{x} - \dfrac{2}{y}$의 값은?

① $\log_3 2$

② $\log_2 3$

③ 2

④ 3

6
$\log x$의 소수부분을 $\alpha(\alpha \neq 0)$라 할 때, $\log\dfrac{1}{x}$의 소수부분은?

① α

② $\dfrac{1}{\alpha}$

③ $-\alpha$

④ $1-\alpha$

Answer 4.③ 5.① 6.④

2013년 9급 국가직

7 $\log 3250$의 **정수부분을** n, $\log 0.00325$의 **소수부분을** a **라 할 때,** n과 a의 곱 na의 값은?
(단, $\log 3.25 = 0.5119$로 계산한다)

① 0.5119
② 1.5357
③ 2.0476
④ 2.5595

1994년 서울시 9급 행정직

8 $\log N$의 **정수부분과 소수부분이** $2x^2 - 5x + k = 0$의 두 근일 때, N^k의 **값을 구하면?**
(단, $\log N$은 상용로그)

① 10
② 10^2
③ 10^5
④ 10^7

9 **정수부분이 두 자릿수인** x**에 대하여** $\log x$와 $\log x^3$의 **소수부분이 같을 때,** x**값들의 곱은?**

① $100\sqrt{2}$
② $100\sqrt{3}$
③ $100\sqrt{10}$
④ 200

Answer 7.② 8.③ 9.③

1993년 경기도 9급 행정직

10
두 개의 양의 정수 x, y가 있다. x^{50}의 정수부분은 42자릿수이고, $\left(\dfrac{1}{y}\right)^{50}$은 소수점 이하 36째 자리에서 처음으로 0이 아닌 수가 나타난다. 이때, $(xy)^{10}$의 정수부분은 몇 자릿수인가?

① 16자릿수   ② 17자릿수

③ 18자릿수   ④ 15자릿수

11
상용로그의 정수부분이 5인 자연수 전체의 개수를 x, 역수의 상용로그의 정수부분이 -4인 자연수 전체의 개수를 y라 할 때, $\log x - \log y$의 값은?

① 1   ② 2

③ 3   ④ 4

2013년 9급 국가직

12
수열 $\{a_n\}$이 모든 자연수 n에 대하여 $\displaystyle\sum_{k=1}^{n} a_k = \log(n+3)(n+4)$를 만족시킨다. $\displaystyle\sum_{k=1}^{29} a_{2k} = \log\dfrac{q}{p}$일 때, $p+q$의 값은? (단, p와 q는 서로소인 자연수이다)

① 24   ② 27

③ 30   ④ 33

Answer   10.①   11.②   12.④

파워특강 수학(미적분 I)

합격에 한 걸음 더 가까이!

수열의 극한은 수열의 극한과 급수로 구성되어 있습니다. 수열의 일반항을 통하여 수열의 수렴과 발산을 판정하고 극한값을 구하며, 급수와 부분합의 활용에 대해 확실히 활용할 수 있도록 합니다.

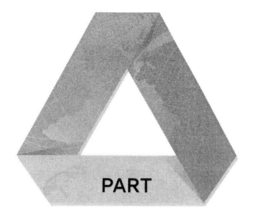

PART

08

수열의 극한

24 수열의 극한

 Check!

SECTION 1 수열의 수렴과 발산

(1) 수열의 수렴

수열 $\{a_n\}$에서 n의 값이 한없이 커질 때, a_n의 값이 일정한 값 α에 한없이 가까워지면 수열 $\{a_n\}$은 α에 수렴한다고 하며, α를 수열 $\{a_n\}$의 극한값 또는 극한이라고 한다.

$n \to \infty$일 때, $a_n \to \alpha$ 또는 $\lim\limits_{n\to\infty} a_n = \alpha$

(2) 수열의 발산

수열 $\{a_n\}$에 대하여 일반항 a_n의 값이 일정한 값에 수렴하지 않을 때, 수열 $\{a_n\}$은 발산한다고 한다. 이때, 극한값은 없다.

① 양의 무한대로 발산

$n \to \infty$일 때, $a_n \to \infty$ 또는 $\lim\limits_{n\to\infty} a_n = \infty$

② 음의 무한대로 발산

$n \to \infty$일 때, $a_n \to -\infty$ 또는 $\lim\limits_{n\to\infty} a_n = -\infty$

③ 진동

수렴하지도 않고 양의 무한대나 음의 무한대 중 하나로 발산하지도 않는 수열을 말한다.

예 ① $\lim\limits_{n\to\infty} n = \infty$,

② $\lim\limits_{n\to\infty}(-n) = \infty$

③ $\lim\limits_{n\to\infty}(-1)^n =$진동

SECTION 2 수열의 극한의 기본 성질

수열 $\{a_n\}$, $\{b_n\}$에 대하여 $\lim\limits_{n\to\infty} a_n = \alpha$, $\lim\limits_{n\to\infty} b_n = \beta$ (α, β는 상수)일 때,

(1) $\lim\limits_{n\to\infty} ca_n = c\lim\limits_{n\to\infty} a_n = c\alpha$ (c는 상수)

(2) $\lim\limits_{n\to\infty}(a_n + b_n) = \lim\limits_{n\to\infty} a_n + \lim\limits_{n\to\infty} b_n = \alpha + \beta$

(3) $\lim_{n\to\infty}(a_n - b_n) = \lim_{n\to\infty}a_n - \lim_{n\to\infty}b_n = \alpha - \beta$

(4) $\lim_{n\to\infty}a_nb_n = \lim_{n\to\infty}a_n \cdot \lim_{n\to\infty}b_n = \alpha\beta$

(5) $\lim_{n\to\infty}\dfrac{a_n}{b_n} = \dfrac{\lim\limits_{n\to\infty}a_n}{\lim\limits_{n\to\infty}b_n} = \dfrac{\alpha}{\beta}$ (단, $b_n \neq o,\ \beta \neq 0$))

Check! ▶

POINT 팁
수열의 극한의 기본 성질은
$\lim_{n\to\infty}a_n = \alpha,\ \lim_{n\to\infty}b_n = \beta$
($\alpha,\ \beta$는 상수)일 때, 즉 각각이 수렴할 때 성립한다는 것에 주의해야 한다.

SECTION 3　극한값의 계산

(1) $\dfrac{\infty}{\infty}$의 꼴

분모의 최고차항으로 분모, 분자를 나눈다.

① 분모차수 > 분자차수
극한값 : 0

② 분모차수 < 분자차수
극한값 : $\pm\infty$ (최고차항의 부호)

③ 분모차수 = 분자차수
극한값 : 최고차항의 계수의 비

(2) $\infty - \infty$의 꼴

① $\sqrt{}$가 있는 꼴 $\Rightarrow$ 분모 또는 분자를 유리화한다.

② $\sqrt{}$가 없는 다항식의 꼴 $\Rightarrow$ 최고차항으로 묶는다.

예 ① $\lim_{n\to\infty}(\sqrt{n+1} - \sqrt{n})$
$= \lim_{n\to\infty}\dfrac{1}{\sqrt{n+1}+\sqrt{n}} = 0$
② $\lim_{n\to\infty}(1 + n - n^2)$
$= \lim_{n\to\infty}n^2\left(\dfrac{1}{n^2} + \dfrac{1}{n} - 1\right)$
$= -\infty$

SECTION 4　수열의 극한과 대소 관계

수열 $\{a_n\}$, $\{b_n\}$이 수렴하고 $\lim_{n\to\infty}a_n = \alpha$, $\lim_{n\to\infty}b_n = \beta$일 때,

(1) $a_n \leq b_n$ $(n = 1,\ 2,\ 3,\ \cdots)$이면 $\lim_{n\to\infty}a_n \leq \lim_{n\to\infty}b_n$

(2) 수열 $\{c_n\}$에 대하여 $a_n \leq c_n \leq b_n$ $(n = 1,\ 2,\ 3,\ \cdots)$이고
$\lim_{n\to\infty}a_n = \lim_{n\to\infty}b_n = \alpha$이면 $\lim_{n\to\infty}c_n = \alpha$이다.

POINT 팁
$a_n < b_n$ 이지만 $\lim_{n\to\infty}a_n = \lim_{n\to\infty}b_n$ 인 경우도 있다. 예를 들어
$a_n = 1 - \dfrac{1}{n}$, $b_n = 1 + \dfrac{1}{n}$ 일 때,
$a_n < b_n$ 이지만
$\lim_{n\to\infty}a_n = \lim_{n\to\infty}b_n = 1$이다.

SECTION 5 무한등비수열의 수렴과 발산

(1) 무한등비수열 $\{r^n\}$의 수렴과 발산

① $|r| < 1$일 때, $\displaystyle\lim_{n\to\infty} r^n = 0$

② $r = 1$일 때, $\displaystyle\lim_{n\to\infty} r^n = 1$

③ $r > 1$일 때, $\displaystyle\lim_{n\to\infty} r^n = \infty$

④ $r \leq -1$일 때, $\displaystyle\lim_{n\to\infty} r^n$은 진동 (발산)

(2) 무한등비수열 $\{r^n\}$의 수렴 조건

$-1 < r \leq 1$

수열의 극한

☞ 해설 P.499

1 수열의 극한의 성질

➤ **예제문제 01**

＊ 수열 $\{a_n\}$, $\{b_n\}$이 수렴하고 $\lim_{n \to \infty}(a_n + b_n) = 4$, $\lim_{n \to \infty} 2a_n b_n = 6$이 성립할 때 $\lim_{n \to \infty}(a_n^2 + b_n^2)$의 값은?

① 8
② 10
③ 12
④ 14

풀이 $\lim_{n \to \infty} a_n = \alpha$, $\lim_{n \to \infty} b_n = \beta$라 하면

$$\lim_{n \to \infty}(a_n + b_n) = \lim_{n \to \infty} a_n + \lim_{n \to \infty} b_n = \alpha + \beta = 4$$

$$\lim_{n \to \infty} 2a_n b_n = 2\lim_{n \to \infty} a_n \cdot \lim_{n \to \infty} b_n = 2\alpha\beta = 6, \ \alpha\beta = 3$$

$$\lim_{n \to \infty}(a_n^2 + b_n^2) = \alpha^2 + \beta^2 = (\alpha + \beta)^2 - 2\alpha\beta$$

$$= 4^2 - 2 \cdot 3 = 10$$

답 ②

유제 1-1 수렴하는 수열 $\{a_n\}$에 대하여 $\lim_{n \to \infty} \dfrac{a_{n-1} + 20}{a_{n+1} - 14} = 2$일 때, $\lim_{n \to \infty} a_n$의 값은?

① 44
② 46
③ 48
④ 50

2014년 6월 28일 서울특별시 기출유형

유제 1-2 수열 $\{a_n\}$에 대하여 $\lim_{n \to \infty}(3n-2)a_n = 6$이 성립할 때, $\lim_{n \to \infty}(2n-1)a_n$의 값은?

① 3
② 4
③ 6
④ 8

Answer   1-1.③ 1-2.②

2 $\dfrac{\infty}{\infty}$ 꼴의 극한값

예제문제 **02**

✱ $\displaystyle\lim_{n\to\infty}\dfrac{1^2+2^2+3^2+\cdots+n^2}{n^3}$ 의 값은?

① 1   ② $\dfrac{1}{3}$

③ $\dfrac{1}{6}$ ④ 0

풀이 분모의 최고차항을 나누면

$$\lim_{n\to\infty}\dfrac{1^2+2^2+3^2+\cdots+n^2}{n^3}=\lim_{n\to\infty}\dfrac{\dfrac{n(n+1)(2n+1)}{6}}{n^3}$$
$$=\lim_{n\to\infty}\dfrac{n(n+1)(2n+1)}{6n^3}$$
$$=\lim_{n\to\infty}\dfrac{2n^3+3n^2+n}{6n^3}$$
$$=\lim_{n\to\infty}\dfrac{2+\dfrac{3}{n}+\dfrac{1}{n^2}}{6}=\dfrac{1}{3}$$

답 ②

유제 2-1 $\displaystyle\lim_{n\to\infty}\dfrac{5n^3+n+2}{4n^3-n^2+n-1}$ 의 값은?

① -2 ② 0

③ 1   ④ $\dfrac{5}{4}$

유제 2-2 $\displaystyle\lim_{n\to\infty}\dfrac{an^2+bn+3}{3n+2}=3$ 인 등식이 성립하도록 상수 $a,\ b$의 값을 정할 때, $a+b$의 값은?

① 7   ② 8

③ 9   ④ 10

Answer   2-1.④ 2-2.③

3 ∞ − ∞ 꼴의 극한값

➤ **예제문제 03**

✳ $\lim\limits_{n \to \infty}(\sqrt{n^2+15n+13} - \sqrt{n^2-13n})$의 값은?

① 0 　　　　　　　　　　　　② 1

③ 13 　　　　　　　　　　　④ 14

풀이 $\lim\limits_{n \to \infty}(\sqrt{n^2+15n+13} - \sqrt{n^2-13n})$

$= \lim\limits_{n \to \infty} \dfrac{28n+13}{\sqrt{n^2+15n+13} + \sqrt{n^2-13n}}$

$= \lim\limits_{n \to \infty} \dfrac{28+\dfrac{13}{n}}{\sqrt{1+\dfrac{15}{n}+\dfrac{13}{n^2}} + \sqrt{1-\dfrac{13}{n}}}$

$= \dfrac{28}{\sqrt{1}+\sqrt{1}} = 14$

답 ④

2014년 6월 28일 서울특별시 기출유형

유제 ▶ **3-1** 극한값 $\lim\limits_{n \to -\infty} \dfrac{1}{\sqrt{n^2+3n} - \sqrt{n^2+2n}}$ 의 값은?

① -4 　　　　　　　　　　② -3

③ -2 　　　　　　　　　　④ -1

2013년 7월 27일 안전행정부 기출유형

유제 ▶ **3-2** 자연수 n에 대하여 $\sqrt{n^2+1}$ 의 소수부분을 a_n 이라고 하면 $\lim\limits_{n \to \infty} n a_n$의 값은?

① 0 　　　　　　　　　　　② $\dfrac{1}{2}$

③ 1 　　　　　　　　　　　④ 2

4　수열의 극한값의 대소 관계

➤ **예제문제 04**

✳ 수열 $\{a_n\}$이 모든 자연수 n에 대하여 $3n^2-5n-1 < a_n < 3n^2+n+2$를 만족시킬 때,

$$\lim_{n\to\infty}\frac{a_n}{n^2+2n+2}\text{의 값은?}$$

① $-\dfrac{1}{2}$ ② 1

③ $\dfrac{1}{2}$ ④ 3

풀이　$\dfrac{3n^2-5n-1}{n^2+2n+2} < \dfrac{a_n}{n^2+2n+2} < \dfrac{3n^2+n+2}{n^2+2n+2}$

$\displaystyle\lim_{n\to\infty}\frac{3n^2-5n-1}{n^2+2n+2}=\lim_{n\to\infty}\frac{3n^2+n+2}{n^2+2n+2}=3$이므로

$\therefore \displaystyle\lim_{n\to\infty}\frac{a_n}{n^2+2n+2}=3$

답 ④

유제 4-1 $\displaystyle\lim_{n\to\infty}\frac{1}{n}\sin\frac{n\pi}{2}$ 의 값은?

① -1 ② 0

③ 1 ④ 존재하지 않는다.

유제 4-2 수렴하는 수열 $\{a_n\}$이 모든 자연수에 대하여 $\dfrac{9n^2+1}{n^2+3} \leq \dfrac{na_n}{2n+4} \leq \dfrac{9n^2+10}{n^2+3}$ 을 만족시킬 때,

$\displaystyle\lim_{n\to\infty}a_n$의 값은?

① 9 ② 10

③ 18 ④ 20

Answer　　4-1.② 　4-2.③

5 무한등비수열의 극한

➤ **예제문제 05**

✳ $\lim\limits_{n\to\infty}\dfrac{5^n-2^n}{5^{n+1}+3^{n+1}}$ 의 값은?

① $\dfrac{1}{8}$

② $\dfrac{1}{5}$

③ $\dfrac{1}{3}$

④ $\dfrac{3}{8}$

풀이 주어진 식의 분모, 분자를 5^n으로 나누면

$$\lim_{n\to\infty}\frac{5^n-2^n}{5^{n+1}+3^{n+1}}=\lim_{n\to\infty}\frac{1-\left(\dfrac{2}{5}\right)^n}{5+3\left(\dfrac{3}{5}\right)^n}=\frac{1}{5}$$

답 ②

유제 5-1 $\lim\limits_{n\to\infty}\dfrac{3^{n+2}+2^{2n-1}}{4^n-3^{n+1}}$ 의 값은?

① $\dfrac{1}{2}$

② 1

③ $\dfrac{3}{2}$

④ 2

유제 5-2 함수 $f(x)=\lim\limits_{n\to\infty}\dfrac{x^{n+2}-6x+2}{x^n+1}$ 에 대하여 $f\left(-\dfrac{1}{2}\right)+f(4)$ 의 값은?

① 19

② 21

③ 23

④ 25

Answer   5-1.①   5-2.②

6 무한등비수열의 수렴 조건

예제문제 06

✳ 수열 $\{a_n\}$에 대하여 $\left\{\dfrac{(3x+1)^n}{3^n}\right\}$이 수렴하기 위한 x의 범위에서 정수의 개수는?

① 0   ② 1

③ 2   ④ 3

풀이 무한등비수열이 수렴하기 위해서는

$-1 <$ 공비 ≤ 1이어야 하므로

$-1 < \dfrac{3x+1}{3} \leq 1,\ -3 < 3x+1 \leq 3,\ -4 < 3x \leq 2$

$\therefore -\dfrac{4}{3} < x \leq \dfrac{2}{3}$

따라서 정수는 -1, 0으로 2개다.

답 ③

유제 6-1 두 무한등비수열 $\{(x-2)^n\}$, $\left\{\left(\dfrac{x}{2}\right)^n\right\}$이 동시에 수렴할 때, x의 값의 범위는?

① $1 < x \leq 2$ ② $1 < x \leq 3$

③ $-2 < x \leq -1$ ④ $-2 < x \leq 1$

유제 6-2 수열 $\left\{\dfrac{r^{2n-1}+2}{r^{2n}+1}\right\}$가 수렴할 때, 다음 중 이 수열의 극한값이 될 수 없는 것은?

① $\dfrac{1}{2}$ ② 1

③ $\dfrac{3}{2}$ ④ 2

Answer   6-1.①   6-2.②

7 귀납적으로 정의된 수열의 극한

➤ **예제문제 07**

✳ $a_1 = 2$, $a_{n+1} = \dfrac{1}{2} a_n - 2$ $(n = 1, 2, 3, \cdots)$로 정의된 수열 $\{a_n\}$에서 $\displaystyle\lim_{n \to \infty} a_n$을 구하면?

① -2
② -4
③ 4
④ 0

풀이 $a_{n+1} = \dfrac{1}{2} a_n - 2$를 변형하면

$$a_{n+1} + 4 = \frac{1}{2}(a_n + 4)$$

수열 $\{a_n + 4\}$는 첫째항이 6이고 공비가 $\dfrac{1}{2}$인 등비수열이므로

일반항 a_n은 $a_n = 6 \cdot \left(\dfrac{1}{2}\right)^{n-1} - 4$

$\therefore \displaystyle\lim_{n \to \infty}\left\{6 \cdot \left(\dfrac{1}{2}\right)^{n-1} - 4\right\} = -4$

답 ②

유제 7-1 수열 $\{a_n\}$의 첫째항부터 제 n항까지의 합 S_n에 대하여 $S_1 = 10$, $S_{n+1} = \dfrac{1}{2} S_n + 1$ $(n = 1, 2, 3, \cdots)$인 관계가 성립할 때, $\displaystyle\lim_{n \to \infty} a_n$의 값은?

① 0
② 1
③ 3
④ 4

유제 7-2 $a_1 = 1$, $a_2 = 9$, $3a_{n+2} - 2a_{n+1} - a_n = 0$ $(n = 1, 2, 3, \cdots)$으로 정의된 수열 $\{a_n\}$에 대하여 $\displaystyle\lim_{n \to \infty} a_n$의 값은?

① 6
② 7
③ 8
④ 9

Answer　7-1.①　7-2.②

24
≫ 수열의 극한

☞ 해설 P.500

2015년 9급 지방직

1 두 수열 $\{a_n\}$, $\{b_n\}$에 대하여 $\lim\limits_{n \to \infty} a_n = -2$, $\lim\limits_{n \to \infty} b_n = 1$일 때, $\lim\limits_{n \to \infty} \dfrac{a_n - 2b_n}{1 + a_n b_n}$ 의 값은?

① 1   ② 2

③ 3   ④ 4

2016년 9급 사회복지직

2 수렴하는 수열 $\{a_n\}$에 대하여 $\lim\limits_{n \to \infty} \dfrac{2a_n - 3}{7 - 3a_n} = 1$일 때, $\lim\limits_{n \to \infty} a_n$의 값은?

① 1   ② 2

③ 3   ④ 4

2013년 9급 지방직

3 다음 중 수렴하는 수열만을 모두 고른 것은?

㉠ $\{2n+1\}$	㉡ $\left\{\dfrac{n+1}{n}\right\}$
㉢ $\left\{\dfrac{3^n - 2^n}{3^n + 2^n}\right\}$	㉣ $\left\{\dfrac{5n}{2n^2 + 1}\right\}$

① ㉠, ㉢   ② ㉡, ㉣

③ ㉠, ㉡, ㉣   ④ ㉡, ㉢, ㉣

4 두 수열 $\{a_n\}$, $\{b_n\}$에 대하여 $\lim\limits_{n \to \infty} (2n-1)a_n = 3$, $\lim\limits_{n \to \infty} (n^2 + 3n + 2)b_n = 2$일 때, $\lim\limits_{n \to \infty} (2n+1)^3 a_n b_n$의 값은?

① 20   ② 22

③ 24   ④ 26

Answer   1.④   2.②   3.④   4.③

5 $\lim_{n\to\infty}\{\log(2n^2+1)-2\log(n+3)\}$의 값은?

① 0 ② $\log 2$

③ 1 ④ $-2\log 3$

1992년 서울시 9급 행정직

6 $\lim_{n\to\infty}(\sqrt{n^2+n}-\sqrt{n^2-1}\,)$을 구하면?

① 0 ② $\sqrt{2}$

③ $\dfrac{\sqrt{2}}{2}$ ④ $\dfrac{1}{2}$

2014년 9급 사회복지직

7 극한 $\lim_{n\to\infty}2n\left(\sqrt{n^2+1}-n\right)$의 값은?

① 0 ② 1

③ 2 ④ $\dfrac{1}{2}$

2013년 9급 국가직

8 자연수 n에 대하여 $\sqrt{n^2+n+1}$ 의 소수 부분을 a_n이라 할 때, $\lim_{n\to\infty}a_n$의 값은?

① 1 ② $\dfrac{1}{2}$

③ $\dfrac{1}{3}$ ④ $\dfrac{1}{4}$

Answer   5.②   6.④   7.②   8.②

9 수열 $\{a_n\}$의 첫째항부터 제n항까지의 합 S_n이 $S_n = 2n^2 - n$일 때, $\displaystyle\lim_{n\to\infty}\frac{na_n}{S_n}$의 값은?

① 1

② 2

③ 3

④ 4

10 $\displaystyle\lim_{n\to\infty}\frac{a\times 6^{n+1}-5^n}{6^n+5^n}=4$일 때, 상수 a의 값은?

① $\dfrac{1}{3}$

② $\dfrac{1}{2}$

③ $\dfrac{2}{3}$

④ $\dfrac{4}{3}$

2016년 9급 국가직

11 $\displaystyle\lim_{n\to\infty}\frac{an^2+bn+3}{2n+5}=3$일 때, 상수 a, b의 합 $a+b$의 값은?

① 2

② 4

③ 6

④ 8

2014년 6월 28일 서울특별시 기출유형

12 수열 $\left\{(x+2)(x^2-4x+3)^{n-1}\right\}$이 수렴하도록 하는 모든 정수 x의 합은?

① 0

② 1

③ 2

④ 3

2013년 9급 국가직

13 양의 실수 전체의 집합에서 정의된 함수 $f(x)=\displaystyle\lim_{n\to\infty}\frac{x^{n+1}-1}{x^n+1}$에 대하여 $f(9)+f(\frac{1}{9})$의 값은?

① 8

② 9

③ 10

④ 11

Answer   9.②   10.③   11.③   12.③   13.①

25 급수

SECTION 1 급수

(1) 무한수열 $\{a_n\}$의 각 항을 순서대로 합의 기호 +로 연결한 식
$a_1 + a_2 + a_3 + \cdots + a_n + \cdots$을 급수라고 한다.

$$a_1 + a_2 + a_3 + \cdots + a_n + \cdots = \sum_{n=1}^{\infty} a_n$$

(2) 부분합

급수 $a_1 + a_2 + a_3 + \cdots + a_n + \cdots$에서 첫째항부터 제 n항까지의 합 S_n을 이 급수의 부분합이라고 한다.

$$S_n = a_1 + a_2 + a_3 + \cdots + a_n = \sum_{k=1}^{n} a_k$$

(3) 급수의 합

부분합의 수열 $\{S_n\}$이 일정한 수 S에 수렴하면, 즉 $\lim_{n \to \infty} S_n = S$이면 급수는 S에 수렴한다고 하고, S를 급수의 합이라고 한다.

SECTION 2 급수 $\sum_{n=1}^{\infty} a_n$과 수열 $\lim_{n \to \infty} a_n$의 관계

(1) 급수 $\sum_{n=1}^{\infty} a_n$이 수렴하면, 즉 $\lim_{n \to \infty} S_n = S$이면 $\lim_{n \to \infty} a_n = 0$이다.

(2) $\lim_{n \to \infty} a_n \neq 0$이면 급수 $\sum_{n=1}^{\infty} a_n$은 발산한다.

SECTION 3 급수의 성질

급수 $\sum_{n=1}^{\infty} a_n,\ \sum_{n=1}^{\infty} b_n$이 각각 수렴할 때,

POINT 팁 급수의 합 구하는 법
① S_n을 구한다.
② $\lim_{n \to \infty} S_n$을 구한다.

POINT 팁
급수 $\sum_{n=1}^{\infty} a_n$이 수렴할 때,
$\lim_{n \to \infty} S_n = \lim_{n \to \infty} S_{n-1} = S$이고
또 $a_n = S_n - S_{n-1}$이므로
$\lim_{n \to \infty} a_n = \lim_{n \to \infty} (S_n - S_{n-1})$
$\qquad\qquad = S - S = 0$

$\lim_{n \to \infty} a_n = 0$이다. 즉, $\sum_{n=1}^{\infty} a_n$이 수렴하면 $\lim_{n \to \infty} a_n = 0$이다

Check!

(1) $\displaystyle\sum_{n=1}^{\infty} ca_n = c\sum_{n=1}^{\infty} a_n$

(2) $\displaystyle\sum_{n=1}^{\infty} (a_n + b_n) = \sum_{n=1}^{\infty} a_n + \sum_{n=1}^{\infty} b_n$

(3) $\displaystyle\sum_{n=1}^{\infty} (a_n - b_n) = \sum_{n=1}^{\infty} a_n - \sum_{n=1}^{\infty} b_n$

Check!

POINT 팁

$$\sum_{n=1}^{\infty} a_n b_n \neq \sum_{n=1}^{\infty} a_n \sum_{n=1}^{\infty} b_n$$

SECTION 4 등비급수

(1) 첫째항이 $a(a \neq 0)$이고 공비가 r인 무한등비수열 $\{ar^{n-1}\}$에서 얻은 급수 $a + ar + ar^2 + \cdots + ar^{n-1} + \cdots = \displaystyle\sum_{n=1}^{\infty} ar^{n-1}$을 등비급수라 한다.

(2) 등비급수의 수렴 · 발산

등비급수 $a + ar + ar^2 + \cdots + ar^{n-1} + \cdots \ (a \neq 0)$는

① $|r| < 1$일 때 수렴하고, 그 합은 $S = \dfrac{a}{1-r}$이다.

② $|r| \geq 1$일 때 발산한다.

SECTION 5 등비급수의 활용

(1) 도형에의 활용

도형의 넓이나 도형의 길이가 일정한 비율로 한없이 작아질 때 도형의 닮음비를 이용하면 등비급수의 합을 구할 수 있다.

① 첫째항 a를 구한다.

② 첫째항과 둘째항을 이용해서 공비 r을 구하거나, 닮음비를 이용하여 공비 r을 구한다.

③ $S = \dfrac{a}{1-r}$를 구한다.

(2) 순환소수에의 활용

① $0.\dot{a} = \dfrac{a}{9}$, $0.\dot{a}\dot{b} = \dfrac{ab}{99}$

② $0.a\dot{b} = \dfrac{ab - a}{90}$

급수

☞ 해설 P.502

1 급수의 합

예제문제 01

✳ 급수 $\displaystyle\sum_{n=1}^{\infty} \frac{2}{(2n+1)(2n+3)}$ 의 합은?

① $\dfrac{1}{3}$

② $\dfrac{2}{3}$

③ 1

④ $\dfrac{4}{3}$

풀이
$$\sum_{n=1}^{\infty} \frac{2}{(2n+1)(2n+3)} = \sum_{n=1}^{\infty}\left(\frac{1}{2n+1}-\frac{1}{2n+3}\right)$$
$$= \lim_{n\to\infty}\left\{\left(\frac{1}{3}-\frac{1}{5}\right)+\left(\frac{1}{5}-\frac{1}{7}\right)+\cdots+\left(\frac{1}{2n+1}-\frac{1}{2n+3}\right)\right\}$$
$$= \lim_{n\to\infty}\left(\frac{1}{3}-\frac{1}{2n+3}\right)=\frac{1}{3}$$

답 ①

유제 1-1 급수 $\displaystyle\sum_{n=1}^{\infty} \frac{4}{1\cdot 2+2\cdot 3+\cdots+n\cdot(n+1)}$ 의 합을 구하면?

① 1

② 2

③ 3

④ 4

유제 1-2 급수 $\left(\dfrac{3}{2}-\dfrac{4}{3}\right)+\left(\dfrac{4}{3}-\dfrac{5}{4}\right)+\left(\dfrac{5}{4}-\dfrac{6}{5}\right)+\cdots$ 의 합은?

① 1

② $\dfrac{1}{2}$

③ $\dfrac{1}{3}$

④ $\dfrac{1}{4}$

Answer　　1-1.③　1-2.②

➤ **예제문제 02**

※ 수열 $\{a_n\}$에 대하여 $\displaystyle\sum_{n=1}^{\infty}\left(a_n-\frac{2n^2}{2n^2+1}\right)=\frac{1}{3}$일 때, $\displaystyle\lim_{n\to\infty}a_n$의 값은?

① $-\dfrac{2}{3}$ ② $-\dfrac{1}{3}$

③ $\dfrac{1}{3}$ ④ 1

풀이 $\displaystyle\sum_{n=1}^{\infty}\left(a_n-\frac{2n^2}{2n^2+1}\right)$이 수렴하므로 $\displaystyle\lim_{n\to\infty}\left(a_n-\frac{2n^2}{2n^2+1}\right)=0$이다.

$\displaystyle\lim_{n\to\infty}\left(a_n-\frac{2n^2}{2n^2+1}\right)=0$에서

$\displaystyle\lim_{n\to\infty}\frac{2n^2}{2n^2+1}=1$이므로

$\displaystyle\lim_{n\to\infty}a_n=1$이다.

답 ④

유제 2-1 급수 $a_1+\left(a_2-\dfrac{1}{2}\right)+\left(a_3-\dfrac{2}{3}\right)+\left(a_4-\dfrac{3}{4}\right)+\cdots$가 수렴할 때, $\displaystyle\lim_{n\to\infty}a_n$의 값은?

① 0 ② $\dfrac{1}{2}$

③ 1 ④ $\dfrac{2}{3}$

유제 2-2 수열 $\{a_n\}$의 첫째항부터 n항까지의 합을 S_n이라 하자. $a_1=\dfrac{5}{4}$, $S_n=a_n+\dfrac{n+3}{n+2}$ $(n=2,\ 3,\ 4,\ \cdots)$ 일 때, $\displaystyle\sum_{n=1}^{\infty}a_n$의 값은?

① 1 ② $\dfrac{5}{4}$

③ $\dfrac{3}{2}$ ④ $\dfrac{7}{4}$

Answer   2-1.③   2-2.①

3 급수의 성질

예제문제 03

2015년 6월 13일 서울특별시 기출유형

* 수열 $\{a_n\}$에 대하여 $\displaystyle\sum_{n=1}^{\infty}\left(3a_n - \frac{12n+3}{2n+5}\right)=3$일 때, $\displaystyle\lim_{n\to\infty}\frac{6a_n-6n}{na_n+3}$의 값은?

① -3 ② -2

③ 2 ④ 3

풀이 급수 $\displaystyle\sum_{n=1}^{\infty}\left(3a_n - \frac{12n+3}{2n+5}\right)=3$으로 수렴하므로

이 수열의 극한은 $\displaystyle\lim_{n\to\infty}\left(3a_n-\frac{12n+3}{2n+5}\right)=\lim_{n\to\infty}3a_n-6=0$, 즉 $\displaystyle\lim_{n\to\infty}a_n=2$이다.

또한 $\displaystyle\lim_{n\to\infty}\frac{a_n}{n}=0$이므로 구하고자 하는 극한의 수열에 대해

분모, 분자를 n으로 나누어 변형한 후 계산하면

$$\therefore \lim_{n\to\infty}\frac{6a_n-6n}{na_n+3}=\lim_{n\to\infty}\frac{\dfrac{6a_n}{n}-6}{a_n+\dfrac{3}{n}}=\frac{0-6}{2+0}=-3$$

답 ①

유제 3-1 급수 $\displaystyle\sum_{n=1}^{\infty}a_n=2$, $\displaystyle\sum_{n=1}^{\infty}b_n=-3$일 때, $\displaystyle\sum_{n=1}^{\infty}(a_n-2b_n)$의 값은?

① 2 ② 4

③ 6 ④ 8

유제 3-2 두 수열 $\{a_n\}$, $\{b_n\}$에 대하여 $\displaystyle\sum_{n=1}^{\infty}(a_n+3)=4$, $\displaystyle\sum_{n=1}^{\infty}b_n=-3$일 때, $\displaystyle\lim_{n\to\infty}\frac{24a_n+2b_n^2}{2a_n-b_n^2}$의 값은?

① 2 ② 4

③ 12 ④ 24

Answer   3-1.④   3-2.③

4 등비급수

예제문제 04

✱ $\displaystyle\sum_{n=1}^{\infty} \frac{1+2^n}{3^n}$ 의 값은?

① 1

② $\dfrac{3}{2}$

③ 2

④ $\dfrac{5}{2}$

풀이 $\displaystyle\sum_{n=1}^{\infty} \frac{1+2^n}{3^n} = \sum_{n=1}^{\infty}\left(\frac{1}{3}\right)^n + \sum_{n=1}^{\infty}\left(\frac{2}{3}\right)^n$

$\qquad\qquad = \dfrac{\dfrac{1}{3}}{1-\dfrac{1}{3}} + \dfrac{\dfrac{2}{3}}{1-\dfrac{2}{3}}$

$\qquad\qquad = \dfrac{5}{2}$

답 ④

유제 4-1 $\displaystyle\sum_{n=1}^{\infty} \frac{1}{2^n}\sin\frac{n\pi}{2}$ 의 값을 구하면?

① $\dfrac{1}{5}$

② $\dfrac{2}{5}$

③ $\dfrac{3}{5}$

④ $\dfrac{4}{5}$

유제 4-2 급수 $\displaystyle\sum_{n=1}^{\infty}\left(\frac{3}{2^n} - \frac{2}{3^n}\right)$ 의 합을 구하면?

① 1

② 2

③ 3

④ 4

Answer 4-1. ② 4-2. ②

➤ **예제문제 05**

＊ 무한등비수열 $\left\{\left(\dfrac{x+1}{2}\right)^n\right\}$ 과 등비급수 $\displaystyle\sum_{n=1}^{\infty}(\log x)^n$ 이 동시에 수렴하는 x 의 값의 범위로 옳은 것은?

① $\dfrac{1}{10} \le x \le 1$

② $\dfrac{1}{10} \le x < 1$

③ $\dfrac{1}{10} < x \le 1$

④ $\dfrac{1}{10} < x \le 10$

풀이 무한등비수열의 수렴조건 $-1 < r \le 1$ 에 의해서

$-1 < \dfrac{x+1}{2} \le 1$ 이므로 $-3 < x \le 1$ 이고,

등비급수의 수렴조건 $-1 < r < 1$ 에 의해서

$-1 < \log x < 1$ 이므로 $\dfrac{1}{10} < x < 10$ 이다.

따라서 동시에 수렴하는 x 값의 범위는 $\dfrac{1}{10} < x \le 1$ 이다.

답 ③

유제▶5-1 등비급수 $\displaystyle\sum_{n=1}^{\infty}(x+1)\left(1-\dfrac{x}{4}\right)^{n-1}$ 의 합이 존재하도록 하는 모든 정수 x 의 합은?

① 25

② 27

③ 29

④ 31

유제▶5-2 다음 등비급수 $1 + \dfrac{x}{2} + \dfrac{x^2}{4} + \cdots + \dfrac{x^{n-1}}{2^{n-1}} + \cdots$ 이 수렴하도록 x 의 값의 범위를 정하면?

① $-1 \le x \le 1$

② $-1 < x < 1$

③ $-2 \le x \le 2$

④ $-2 < x < 2$

Answer　　5-1.②　5-2.④

6 · 등비급수의 활용

예제문제 06

✳ 좌표평면 위에서 원점 O를 출발한 동점 P가 오른쪽 그림과 같이 P_1, P_2, P_3, $\cdots$ 로 움직인다. $\overline{OP_1}=1$, $\overline{P_1P_2}=\dfrac{2}{3}$, $\overline{P_2P_3}=\left(\dfrac{2}{3}\right)^2$, $\cdots$일 때, P_n은 좌표평면 위의 어떤 점에 가까워지겠는가?

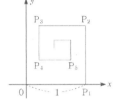

① $\left(\dfrac{9}{7},\ \dfrac{6}{7}\right)$

② $\left(\dfrac{5}{9},\ \dfrac{7}{9}\right)$

③ $\left(\dfrac{9}{11},\ \dfrac{6}{11}\right)$

④ $\left(\dfrac{9}{13},\ \dfrac{6}{13}\right)$

풀이 좌표를 $(x_n,\ y_n)$이라 할 때,

$$\lim_{n\to\infty}x_n = 1-\left(\frac{2}{3}\right)^2+\left(\frac{2}{3}\right)^4-\cdots = \frac{1}{1+\dfrac{4}{9}} = \frac{9}{13}$$

$$\lim_{n\to\infty}y_n = \frac{2}{3}-\left(\frac{2}{3}\right)^3+\left(\frac{2}{3}\right)^5-\cdots = \frac{\dfrac{2}{3}}{1+\dfrac{4}{9}} = \frac{6}{13}$$

$$\therefore \left(\frac{9}{13},\ \frac{6}{13}\right)$$

답 ④

 6-1 한 변의 길이가 2인 직각이등변삼각형의 내부에 그림과 같이 정사각형을 그리고 각각의 대각선의 길이를 l_1, l_2, l_3, $\cdots$라 할 때, $l_1+l_2+l_3+\cdots$의 값은?

① $\sqrt{2}$

② $2\sqrt{2}$

③ $3\sqrt{2}$

④ $4\sqrt{2}$

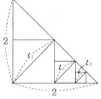

유제 6-2 등비급수 $0.3+0.03+0.003+\cdots$의 값을 구하면?

① 0

② 1

③ $\dfrac{1}{2}$

④ $\dfrac{1}{3}$

급수

☞ 해설 P.503

1 수열 $\{a_n\}$에 대하여 $\displaystyle\sum_{n=1}^{\infty}\left(a_n - \frac{1^3+2^3+3^3+\cdots+n^3}{n^4}\right)$이 수렴할 때, $\displaystyle\lim_{n\to\infty}a_n$의 값은?

① $\dfrac{1}{4}$ ② $\dfrac{1}{2}$

③ $\dfrac{3}{4}$ ④ 1

2 두 수열 $\{a_n\}$, $\{b_n\}$에 대하여 급수 $\displaystyle\sum_{n=1}^{\infty}\left(a_n - \frac{3n}{n+1}\right)$과 $\displaystyle\sum_{n=1}^{\infty}(a_n+b_n)$이 모두 수렴할 때, $\displaystyle\lim_{n\to\infty}\frac{3-b_n}{a_n}$의 값은? (단, $a_n \neq 0$)

① 1 ② 2

③ 3 ④ 4

1994년 서울시 9급 행정직

3 급수 $\dfrac{1}{1 \cdot 3} + \dfrac{1}{2 \cdot 4} + \dfrac{1}{3 \cdot 5} + \dfrac{1}{4 \cdot 6} + \cdots$의 값을 구하면?

① 1 ② $\dfrac{1}{2}$

③ $\dfrac{1}{4}$ ④ $\dfrac{3}{4}$

Answer   1.①   2.②   3.④

2014년 6월 21일 제1회 지방직 기출유형

4 $a_n = \dfrac{3^n - 1}{2}$ 일 때, $\displaystyle\sum_{n=1}^{\infty} \dfrac{a_n}{6^n}$ 의 값은?

① $\dfrac{2}{5}$　　　　　　　　　　② $\dfrac{1}{3}$

③ $\dfrac{1}{4}$　　　　　　　　　　④ $\dfrac{1}{6}$

2014년 9급 지방직

5 수열 $\{a_n\}$ 이 $a_n = \dfrac{1+(-1)^n}{2}$ 일 때, 급수 $\displaystyle\sum_{n=1}^{\infty} \dfrac{a_n}{5^n}$ 의 값은?

① $\dfrac{1}{24}$　　　　　　　　　　② $\dfrac{1}{16}$

③ $\dfrac{1}{12}$　　　　　　　　　　④ $\dfrac{5}{48}$

2013년 9급 지방직

6 급수 $\displaystyle\sum_{n=1}^{\infty} \left\{ \dfrac{1}{2^n} - \dfrac{1}{n(n+2)} \right\}$ 의 합은?

① $\dfrac{1}{4}$　　　　　　　　　　② $\dfrac{3}{8}$

③ $\dfrac{1}{2}$　　　　　　　　　　④ $\dfrac{5}{8}$

Answer　4.①　5.①　6.①

7 수열 $\{a_n\}$에 대하여 $\displaystyle\sum_{n=1}^{\infty}\frac{a_n}{n}=2$일 때, $\displaystyle\lim_{n\to\infty}\frac{a_n^2-3n^2}{na_n+n^2+2n}$ 의 값은?

① -3

② $-\dfrac{1}{3}$

③ $\dfrac{1}{3}$

④ 3

8 수열 $\{a_n\}$의 첫째항부터 제n항까지의 합 S_n이 $S_n=n^2+2n$일 때, 급수 $\displaystyle\sum_{n=1}^{\infty}\frac{2}{a_na_{n+1}}$의 값은?

① $\dfrac{1}{3}$

② $\dfrac{1}{4}$

③ $\dfrac{1}{5}$

④ $\dfrac{1}{6}$

9 넓이가 20π인 원 O_1을 그리고, 원 O_1의 사분원의 넓이보다 12π 더 넓은 원 O_2를 그린다. 또 원 O_2의 사분원의 넓이보다 12π 더 넓은 원 O_3를 그린다. 이와 같이 원 O_n의 사분원의 넓이보다 12π 더 넓은 원 O_{n+1}을 계속해서 그려 간다. 원 O_n의 넓이를 S_n이라 할 때, $\displaystyle\lim_{n\to\infty}S_n$의 값은?

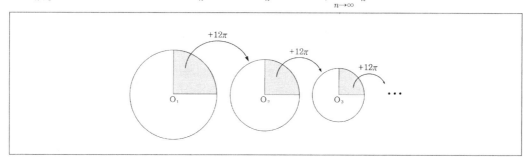

① 14π

② 15π

③ 16π

④ 17π

Answer   7.①   8.①   9.③

파워특강 수학(미적분 I)

합격에 한 걸음 더 가까이!

함수의 극한과 미분과 적분의 기초가 되는 단원으로 함수의 극한과 함수의 연속으로 구성되어 있습니다. 함수의 수렴·발산을 판정하여 극한값을 구하고, 일정 구간에서의 함수의 연속과 불연속, 최대·최소 및 사이값 정리 등 전반적인 개념을 익히도록 합니다.

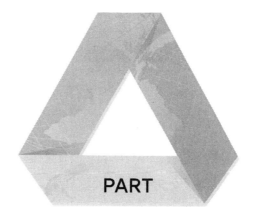

PART

09

함수의 극한

26 함수의 극한

SECTION 1 함수의 극한

(1) 함수의 수렴

함수 $f(x)$에서 x가 a와 다른 값을 취하면서 a에 한없이 가까워질 때, $f(x)$의 값이 일정한 값 α에 수렴한다고 하고, α를 $f(x)$의 극한값 또는 극한이라고 하며 다음과 같이 나타낸다.

$$\lim_{x \to a} f(x) = a \ \text{또는} \ x \to a \text{일 때} \ f(x) \to a$$

(2) 함수의 발산

함수 $f(x)$에서 x값이 a에 한없이 가까워질 때,

① $f(x)$의 값이 한 없이 커지면 $f(x)$는 양의 무한대로 발산한다고 한다.

$$\lim_{x \to a} f(x) = \infty \ \text{또는} \ x \to a \text{일 때} \ f(x) \to \infty \text{와 같이 나타낸다.}$$

② $f(x)$의 값이 음수이면서 그 절댓값이 한없이 커지면 $f(x)$는 음의 무한대로 발산한다고 한다.

$$\lim_{x \to a} f(x) = -\infty \ \text{또는} \ x \to a \text{일 때} \ f(x) \to -\infty \text{와 같이 나타낸다.}$$

예 $\lim\limits_{x \to +0} \dfrac{1}{x} = \infty$

$\lim\limits_{x \to -0} \dfrac{1}{x} = -\infty$

$\lim\limits_{x \to +\infty} \dfrac{1}{x} = 0$

$\lim\limits_{x \to -\infty} \dfrac{1}{x} = 0$

SECTION 2 좌극한과 우극한

(1) 함수 $f(x)$에서 x의 값이 a보다 작으면서 a에 한없이 가까워질 때, $f(x)$의 값이 일정한 값 α에 한없이 가까워지면 α를 $x = a$에서 $f(x)$의 좌극한이라 한다.

$$\lim_{x \to a-0} f(x) = \alpha$$

(2) 함수 $f(x)$에서 x의 값이 a보다 크면서 a에 한없이 가까워질 때, $f(x)$의 값이 일정한 값 β에 한없이 가까워지면 β를 $x = a$에서 $f(x)$의 우극한이라 한다.

$$\lim_{x \to a+0} f(x) = \beta$$

(3) 좌극한과 우극한이 일치할 때, 극한값이 존재한다.

$$\lim_{x \to a+0} f(x) = \lim_{x \to a-0} f(x) = \alpha \iff \lim_{x \to a} f(x) = \alpha \ (\alpha\text{는 상수})$$

(4) 좌극한과 우극한이 서로 같지 않으면 극한값이 없다.

$$\lim_{x \to a+0} f(x) \neq \lim_{x \to a-0} f(x) \implies \lim_{x \to a} f(x)\text{는 극한값이 없다.}$$

SECTION 3 함수의 극한에 대한 성질

$\lim\limits_{x \to a} f(x) = \alpha, \ \lim\limits_{x \to a} g(x) = \beta \ (\alpha, \ \beta\text{는 상수})$일 때,

(1) $\lim\limits_{x \to a} kf(x) = k\lim\limits_{x \to a} f(x) = k\alpha \ (k\text{는 상수})$

(2) $\lim\limits_{x \to a} \{f(x) \pm g(x)\} = \lim\limits_{x \to a} f(x) \pm \lim\limits_{x \to a} g(x) = \alpha \pm \beta \, (\text{복부호동순})$

(3) $\lim\limits_{x \to a} f(x) \cdot g(x) = \lim\limits_{x \to a} f(x) \cdot \lim\limits_{x \to a} g(x) = \alpha\beta$

(4) $\lim\limits_{x \to a} \dfrac{f(x)}{g(x)} = \dfrac{\lim\limits_{x \to a} f(x)}{\lim\limits_{x \to a} g(x)} = \dfrac{\alpha}{\beta} \ (g(x) \neq 0, \ b \neq 0)$

SECTION 4 함수의 극한의 대소 관계

(1) $f(x) \leq g(x)$이고 $\lim\limits_{x \to a} f(x) = \alpha, \ \lim\limits_{x \to a} g(x) = \beta$이면 $\alpha \leq \beta$

(2) $f(x) \leq g(x) \leq h(x)$이고 $\lim\limits_{x \to a} f(x) = \lim\limits_{x \to a} h(x) = \alpha$이면 $\lim\limits_{x \to a} g(x) = \alpha$

SECTION 5 함수의 극한값의 계산

(1) $\frac{0}{0}$ 꼴

분수식이면 분자, 분모를 인수분해한 다음 약분한다. 무리식이면 유리화한다.

(2) $\frac{\infty}{\infty}$ 꼴

분모의 최고차항으로 분자, 분모를 각각 나눈다.

① 분모차수 > 분자차수
　극한값 : 0

② 분모차수 < 분자차수
　극한값 : $\pm\infty$ (최고차항의 부호)

③ 분모차수 = 분자차수
　극한값 : 최고차항의 계수의 비

(3) $\infty - \infty$ 꼴

① $\sqrt{}$ 가 있는 꼴 $\Rightarrow$ 분모 또는 분자를 유리화한다.

② $\sqrt{}$ 가 없는 다항식의 꼴 $\Rightarrow$ 최고차항으로 묶는다.

(4) $\infty \times 0$ 꼴

통분이나 유리화하여 $\frac{\infty}{\infty}$ 꼴 또는 $\frac{0}{0}$ 꼴로 변형한다.

SECTION 6 미정계수의 결정

두 함수 $f(x)$, $g(x)$에 대하여 α가 상수일 때,

(1) $\lim\limits_{x \to a}\dfrac{f(x)}{g(x)} = \alpha$ (α는 상수), $\lim\limits_{x \to a}g(x) = 0 \Rightarrow \lim\limits_{x \to a}f(x) = 0$

(2) $\lim\limits_{x \to a}\dfrac{f(x)}{g(x)} = \alpha$ (α는 0이 아닌 상수), $\lim\limits_{x \to a}f(x) = 0 \Rightarrow \lim\limits_{x \to a}g(x) = 0$

함수의 극한

☞ 해설 P.504

1 함수의 수렴과 발산

➤ **예제문제 01**

✽ 다음 중 극한값이 존재하지 않는 것은?

① $\lim\limits_{x \to 3} x^2$　　　　　　　② $\lim\limits_{x \to 5} \sqrt{2x-1}$

③ $\lim\limits_{x \to \infty} \dfrac{1}{x}$　　　　　　　④ $\lim\limits_{x \to \infty} 2^x$

풀이 ① $\lim\limits_{x \to 3} x^2 = 9$

② $\lim\limits_{x \to 5} \sqrt{2x-1} = 3$

③ $x \to \infty$일 때, $f(x) \to 0$이다.

∴ $\lim\limits_{x \to \infty} \dfrac{1}{x} = 0$

④ 함수 $f(x) = 2^x$의 그래프에서 $x \to \infty$일 때, $f(x) \to \infty$이다.

∴ $\lim\limits_{x \to \infty} 2^x = \infty$

따라서 극한값이 존재하지 않는 것은 ④이다.

답 ④

유제 1-1 다음 극한값들 중 가장 큰 값은? (단, $[x]$는 x를 넘지 않는 최대 정수)

① $\lim\limits_{x \to 1+0} \dfrac{x}{[x]}$　　　　　　　② $\lim\limits_{x \to 1-0} \dfrac{[x]}{x}$

③ $\lim\limits_{x \to -0} \dfrac{[x-2]}{x-2}$　　　　　　④ $\lim\limits_{x \to +0} \dfrac{x+1}{[x+1]}$

유제 1-2 두 함수 $f(x)$, $g(x)$가 $\lim\limits_{x \to \infty} f(x) = \infty$, $\lim\limits_{x \to \infty} \{f(x) - 2g(x)\} = 3$를 만족시킬 때, $\lim\limits_{x \to \infty} \dfrac{-f(x) + 6g(x)}{f(x) + 2g(x)}$

의 값은?

① 1　　　　　　　② 2

③ 3　　　　　　　④ 4

Answer　　1-1. ③　1-2. ①

2 극한값의 계산

예제문제 02

2015년 6월 27일 제1회 지방직 기출유형

* 다항함수 $f(x)$에 대하여 $\lim\limits_{x \to 1} \dfrac{6(x^2-1)}{(x-1)f(x)} = 1$일 때, $f(1)$의 값은?

① 8   ② 10

③ 12   ④ 16

풀이 다항함수 $f(x)$에 대하여

$$\lim_{x \to 1} \frac{6(x^2-1)}{(x-1)f(x)} = \lim_{x \to 1} \frac{6(x+1)}{f(x)} = \frac{12}{f(1)} = 1$$

$$\therefore f(1) = 12$$

답 ③

유제 2-1 $\lim\limits_{x \to 2} \dfrac{1}{x-2}\left(\dfrac{1}{x+1} - \dfrac{1}{3}\right)$의 값은?

① $-\dfrac{1}{9}$ ② $-\dfrac{1}{6}$

③ $-\dfrac{1}{4}$ ④ $-\dfrac{1}{3}$

유제 2-2 $\lim\limits_{x \to 4} \dfrac{x^2-16}{\sqrt{x}-2}$의 값은?

① 32   ② 16

③ 8   ④ 4

Answer   2-1.①   2-2.①

3 미정계수의 결정

➤➤ **예제문제** **03**

✳ 두 상수 a, b에 대하여 $\displaystyle\lim_{x\to 1}\dfrac{ax+b}{\sqrt{x+1}-\sqrt{2}}=2\sqrt{2}$ 일 때, ab의 값은?

① -3 ② -2

③ -1 ④ 1

풀이 $x\to 1$일 때 (분모)$\to 0$이고 수렴하므로 (분자)$\to 0$

$\therefore a+b-0 \Rightarrow b=-a \cdots$ ㉠

$\begin{aligned} 2\sqrt{2} &= \lim_{x\to 1}\dfrac{a(x-1)}{\sqrt{x+1}-\sqrt{2}}\times\dfrac{\sqrt{x+1}+\sqrt{2}}{\sqrt{x+1}+\sqrt{2}}\\ &= \lim_{x\to 1}\dfrac{a(x-1)(\sqrt{x+1}+\sqrt{2})}{(x-1)}\\ &= \lim_{x\to 1}a(\sqrt{x+1}+\sqrt{2})=2\sqrt{2}\,a \end{aligned}$

$a=1$, ㉠에서 $b=-1$

$\therefore ab=-1$

답 ③

유제 **3-1** $\displaystyle\lim_{x\to 1}\dfrac{x^2+ax-b}{x^3-1}=3$이 성립하도록 상수 a, b의 값을 정할 때, $a+b$의 값은?

① 9 7② 11

③ 13 ④ 15

유제 **3-2** x에 대한 다항식 $f(x)$가 $\displaystyle\lim_{x\to 2}\dfrac{f(x)}{x-2}=3$, $\displaystyle\lim_{x\to\infty}\dfrac{f(x)}{x^2-x}=1$을 만족시킬 때, $f(1)$의 값은?

① -2 ② -1

③ 0 ④ 1

Answer   3-1.④   3-2.①

PART 09. 함수의 극한

연/습/문/제

함수의 극한

☞ 해설 P.505

1 함수 $f(x) = a[x]^3 + b[x]^2$ $(a \neq 0)$에 대하여 $\lim\limits_{x \to 1} f(x) = \alpha$ (α는 상수)일 때, a와 b의 관계로 옳은 것은? (단, $[x]$는 x보다 크지 않은 최대 정수)

① $a - b = 0$　　　　　　　② $a + b = 0$

③ $2a - b = 0$　　　　　　④ $a + 2b = 0$

2 $\lim\limits_{x \to \infty} \dfrac{2x + 1}{\sqrt{x^2 + 1} - 1}$ 의 값은?

① 0　　　　　　　　　　② 1

③ -1　　　　　　　　　④ 2

2015년 9급 지방직

3 다항함수 $f(x)$에 대하여 $\lim\limits_{x \to 1} \dfrac{6(x^2 - 1)}{(x - 1)f(x)} = 1$일 때, $f(1)$의 값은?

① 8　　　　　　　　　　② 10

③ 12　　　　　　　　　④ 16

2014년 9급 지방직

4 다항함수 $f(x)$에 대하여 $\lim\limits_{x \to 9} \dfrac{f(x)}{x - 9} = 2$일 때, $\lim\limits_{x \to 9} \dfrac{f(x)}{\sqrt{x} - 3}$의 값은?

① 10　　　　　　　　　② 11

③ 12　　　　　　　　　④ 13

Answer　1.②　2.④　3.③　4.③

2016년 9급 사회복지직

5 두 함수 $y=f(x)$, $y=g(x)$의 그래프가 그림과 같을 때, 다음 중 옳지 않은 것은?

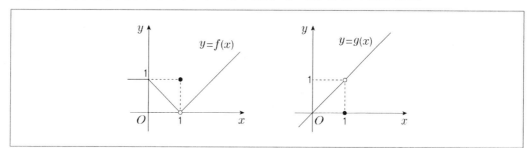

① $\displaystyle\lim_{x\to1} f(x)=0$

② $\displaystyle\lim_{x\to1} g(x)=1$

③ $\displaystyle\lim_{x\to1} f(g(x))=1$

④ $\displaystyle\lim_{x\to1} g(f(x))=0$

1990년 총무처 9급 행정직

6 $\displaystyle\lim_{x\to3}\frac{a\sqrt{x-2}+b}{x^2-9}=\frac{1}{6}$일 때, a, b의 값은?

① $a=2,\ b=-2$

② $a=-2,\ b=2$

③ $a=3,\ b=-3$

④ $a=-3,\ b=3$

1992년 총무처 9급 행정직

7 x의 다항식 $f(x)$에 대하여 $\displaystyle\lim_{x\to\infty}\frac{f(x)-x^3}{x^2}=2$, $\displaystyle\lim_{x\to1}\frac{f(x)}{x-1}=-3$이 성립할 때, $f(2)$의 값은?

① -3

② -2

③ 0

④ 3

Answer 5.③ 6.① 7.④

8 두 함수 $f(x)=x^2$, $y=g(x)$에 대하여 $y=g(x)$의 그래프가 다음과 같을 때, $\lim\limits_{x\to 0}g(f(x))$의 값은?

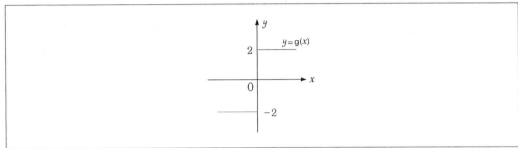

① -2

② -1

③ 0

④ 2

9 곡선 $y=\dfrac{2}{x}+\sqrt{3}$ $(x>0)$과 두 직선 $x=1$, $x=t$의 교점을 각각 A, B라 하고, 점 B에서 직선 $x=1$에 내린 수선의 발을 H라 하자. 이때, $\lim\limits_{t\to 1}\dfrac{\overline{AH}}{\overline{BH}}$의 값은? (단, $t>1$)

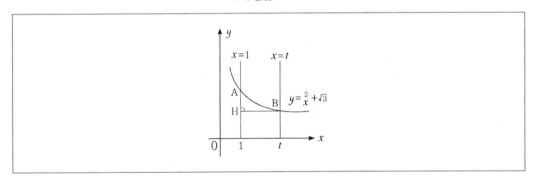

① $\dfrac{1}{3}$

② $\dfrac{1}{2}$

③ 1

④ 2

10 곡선 $y = \dfrac{a}{x}$ $(a > 0)$와 두 직선 $x = 1$, $x = t\,(t > 1)$의 교점을 각각 A, B라 하고, 점 B에서 직선 $x = 1$에 내린 수선의 발을 H라 하자. $\displaystyle \lim_{t \to 1 + 0} \dfrac{\overline{\mathrm{AH}}}{\overline{\mathrm{BH}}}$ 의 값은?

① $\dfrac{1}{\sqrt{a}}$ ② 1

③ $\sqrt{a}$ ④ a

11 아래 그림과 같이 한 변의 길이가 2인 정사각형 AOQB에서 변 BQ위의 한 점을 P라 하자. 직선 AP와 x축과의 교점을 R이라 할 때, 점 P가 선분 BQ를 따라 점 Q(2, 0)에 한없이 가까워진다면 $\displaystyle \lim_{\mathrm{P} \to \mathrm{Q}} \dfrac{\overline{\mathrm{QR}}}{\overline{\mathrm{PQ}}}$ 의 값은? (단, O는 원점)

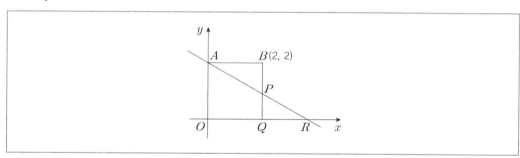

① $\dfrac{1}{2}$ ② 1

③ $\dfrac{3}{2}$ ④ 2

Answer   10.④   11.②

27

함수의 연속

 Check!

SECTION 1 **함수의 연속과 불연속**

(1) 한 점에서의 연속

함수 $f(x)$가 다음 세 조건을 만족시킬 때, 함수 $f(x)$는 $x=a$에서 연속이라고 한다.

① $x=a$에서 함수 $f(x)$가 정의되어 있다. 즉, $f(a)$의 값이 존재한다.

② $\lim\limits_{x \to a} f(x)$가 존재한다. $\lim\limits_{x \to a-0} f(x) = \lim\limits_{x \to a+0} f(x)$

③ $\lim\limits_{x \to a} f(x) = f(a)$

(2) 구간에서의 연속

함수 $f(x)$가 어떤 구간의 모든 점에서 연속이면 $f(x)$는 그 구간에서 연속 또는 연속함수라고 한다.

(3) 함수의 불연속

함수 $f(x)$가 $x=a$에서 연속이 아닐 때, 함수 $f(x)$는 $x=a$에서 불연속이라고 한다.

POINT 팁
두 실수 a, $b\,(a<b)$에 대하여 다음 실수의 집합을
$\{x \mid a < x < b\} \Leftrightarrow (a,\ b)$ 열린구간
$\{x \mid a \leq x \leq b\} \Leftrightarrow [a,\ b]$ 닫힌구간
$\{x \mid a < x \leq b\} \Leftrightarrow (a,\ b]$
반열린구간 또는 반닫힌구간
$\{x \mid a \leq x < b\} \Leftrightarrow [a,\ b)$
반열린구간 또는 반닫힌구간
이라 한다.

SECTION 2 **연속함수의 성질**

함수 $f(x)$, $g(x)$가 모두 $x=a$에서 연속이면 다음 함수도 $x=a$에서 연속이다.

(1) $kf(x)$ (단, k는 상수)

(2) $f(x) \pm g(x)$

(3) $f(x)g(x)$

(4) $\dfrac{f(x)}{g(x)}$ (단, $g(a) \neq 0$)

POINT 팁
여러 가지 함수의 연속성
① 다항함수 $f(x)$: 모든 실수에서 연속
② 분수함수 $\dfrac{f(x)}{g(x)}$: $f(x)$, $g(x)$가 연속일 때, $g(x) \neq 0$인 x의 범위에서 연속
③ 무리함수 $\sqrt{f(x)}$: $f(x)$가 연속일 때, $f(x) \geq 0$인 x의 범위에서 연속

SECTION 3 x^n이 포함된 함수의 연속과 불연속

x^n을 포함한 극한으로 정의되는 함수는 다음과 같이 네 가지 경우로 나누어 연속성을 조사한다.

(1) $|x| > 1$일 때, $\lim\limits_{x \to \infty} x^n = \infty$ (또는 진동)

(2) $|x| < 1$일 때, $\lim\limits_{x \to \infty} x^n = 0$

(3) $x = 1$일 때, $\lim\limits_{n \to \infty} x^n = 1$

(4) $x = -1$일 때, $\lim\limits_{n \to \infty} x^n$ (진동)

SECTION 4 최대·최소의 정리

함수 $f(x)$가 폐구간 $[a, b]$에서 연속이면 $f(x)$는 이 구간에서 반드시 최댓값과 최솟값을 가진다.

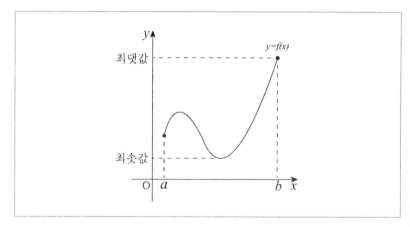

SECTION 5   사이값의 정리

(1) 사이값의 정리

함수 $f(x)$가 폐구간 $[a,\ b]$에서 연속이고, $f(a) \neq f(b)$일 때, $f(a)$와 $f(b)$ 사이의 임의의 값 k에 대하여 $f(c) = k\ (a < c < b)$인 c가 적어도 하나 존재한다.

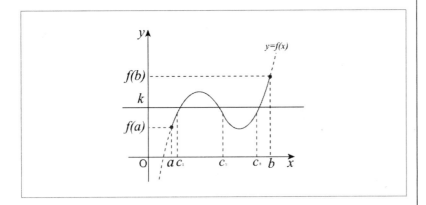

(2) 사이값의 정리의 활용

함수 $f(x)$가 폐구간 $[a,\ b]$에서 연속이고 $f(a)$와 $f(b)$의 부호가 다르면, 즉 $f(a)f(b) < 0$이면 방정식 $f(x) = 0$은 a와 b사이에 적어도 하나의 실근을 가진다.

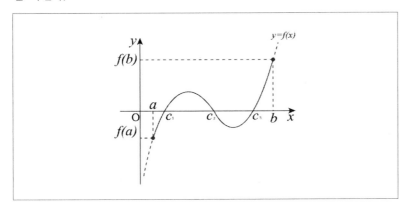

예제&유제문제

《《

함수의 연속

☞ 해설 P.507

1 연속인 함수

➤ **예제문제 01**

✳ 함수 $f(x) = \begin{cases} \dfrac{x^2 + ax - 10}{x-2} & (x \neq 2) \\ b & (x = 2) \end{cases}$ 가 실수 전체의 집합에서 연속일 때, 두 상수 a, b의 합 $a+b$의 값은?

① 10   ② 11

③ 12   ④ 13

풀이 실수 전체의 집합에서 연속이므로

$$\lim_{x \to 2} f(x) = f(2)$$

$$\lim_{x \to 2} \frac{x^2 + ax - 10}{x-2} = b$$

$x \to 2$일 때 분모 $\to 0$이므로 분자 $\to 0$

$4 + 2a - 10 = 0 \Rightarrow a = 3$

$\lim_{x \to 2} \dfrac{x^2 + 3x - 10}{x-2} = b$, $\lim_{x \to 2} \dfrac{(x+5)(x-2)}{x-2} = 7$ ∴ $b = 7$

따라서 $a + b = 10$

답 ①

유제 1-1 폐구간 $[-5, 5]$에서 정의된 함수 $f(x) = \begin{cases} \dfrac{\sqrt{5+x} - \sqrt{5-x}}{x} & (x \neq 0) \\ k & (x = 0) \end{cases}$ 가 $x = 0$에서 연속일 때, 상수 k의 값은?

① 0   ② 1

③ 5   ④ $\dfrac{\sqrt{5}}{5}$

유제 1-2 함수 $f(x) = \begin{cases} x(x-1) & (|x| > 1) \\ -x^2 + ax + b & (|x| \leq 1) \end{cases}$ 가 모든 실수 x에서 연속이 되도록 상수 a, b의 값을 정할 때, $a - b$의 값은?

① -3 ② -1

③ 0   ④ 1

Answer   1-1.④   1-2.①

2 x^n이 포함된 함수의 연속성

예제문제 02

* 함수 $f(x) = \lim\limits_{n \to \infty} \dfrac{x^{2n}}{x^{2n}+1}$ 에서 불연속점의 개수는?

① 0   ② 1

③ 2   ④ 3

풀이 $|x| > 1$일 때, $f(x) = \lim\limits_{n \to \infty} \dfrac{x^{2n}}{x^{2n}+1} = \lim\limits_{n \to \infty} \dfrac{1}{1 + \dfrac{1}{x^{2n}}} = 1$

$|x| < 1$일 때, $f(x) = \lim\limits_{n \to \infty} \dfrac{x^{2n}}{x^{2n}+1} = 0$

$|x| = 1$일 때, $f(x) = \dfrac{1}{2}$

함수의 그래프를 그려보면 $\lim\limits_{x \to 1+0} f(x) = 1 \neq \lim\limits_{x \to 1-0} f(x) = 0$

따라서 $\lim\limits_{x \to 1} f(x)$은 존재하지 않는다. $(\because \lim\limits_{x \to 1+0} f(x) = 1 \neq \lim\limits_{x \to 1-0} f(x) = 0)$

$f(x)$는 $x = \pm 1$에서 불연속이다. 그러므로 불연속점의 개수는 2개이다.

답 ③

유제 2-1 함수 $f(x) = \lim\limits_{n \to \infty} \dfrac{ax^{n+1} + 4x + 1}{x^n + b}$ 이 $x = 1$에서 연속이 되도록 자연수 a, b의 값을 정할 때, $a^2 + b^2$

의 값은?

① 16   ② 17

③ 25   ④ 26

2013년 7월 27일 안전행정부 기출유형

유제 2-2 함수 $f(x)$를 $f(x) = \lim\limits_{n \to \infty} \dfrac{x^n + 3}{x^n + 1}$ 으로 정의할 때, $f(-3) + f\left(\dfrac{1}{4}\right) + f(1)$의 값은?

① 5   ② 6

③ 7   ④ 8

Answer   2-1.④   2-2.②

3 함수의 그래프와 연속

예제문제 03

✳ 정의역이 $\{x|-1 \leq x \leq 3\}$인 함수 $y = f(x)$의 그래프가 오른쪽 그림과 같을 때, 다음 중 옳은 것을 모두 고른 것은?

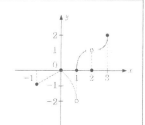

ㄱ. $\lim\limits_{x \to 1} f(x)$가 존재한다.

ㄴ. $\lim\limits_{x \to 2} f(x)$가 존재한다.

ㄷ. $-1 < a < 1$인 실수 a에 대하여 $\lim\limits_{x \to a} f(x)$가 존재한다.

① ㄱ   ② ㄴ

③ ㄷ   ④ ㄴ, ㄷ

풀이 ㄱ. $\lim\limits_{x \to 1-0} f(x) = -2$이고 $\lim\limits_{x \to 1+0} f(x) = 0$이므로 $\lim\limits_{x \to 1} f(x)$는 존재하지 않는다.

ㄴ. $x = 2$에서 불연속이지만 $\lim\limits_{x \to 2} f(x) = 1$이므로 존재한다.

ㄷ. 위의 그래프에서 $-1 < a < 1$인 실수 a에서 연속이므로 $\lim\limits_{x \to a} f(x) = f(a)$은 존재한다.

답 ④

유제 3-1 두 함수 $y = f(x)$, $y = g(x)$의 그래프가 다음과 같을 때, $\lim\limits_{x \to 1+0} f(g(x))$의 값은?

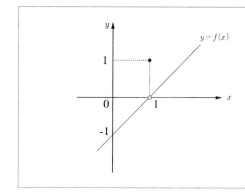 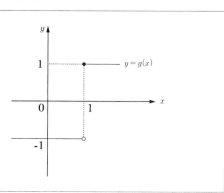

① -1   ② 0

③ 1   ④ 2

Answer   3-1.③

4   사이값의 정리

➤ **예제문제 04**

✱ 방정식 $\cos x - x + 1 = 0$이 오직 하나의 실근을 가질 때, 다음 중 실근이 존재하는 구간은?

① $\left(0,\ \dfrac{\pi}{3}\right)$ ② $\left(\dfrac{\pi}{3},\ \dfrac{\pi}{2}\right)$

③ $\left(\dfrac{\pi}{2},\ \dfrac{2\pi}{3}\right)$ ④ $\left(\dfrac{2\pi}{3},\ \pi\right)$

풀이 $f(x) = \cos x - x + 1$로 놓으면

$f(x)$는 모든 실수 x에 대하여 연속이고

$f\left(\dfrac{\pi}{3}\right) > 0,\ f\left(\dfrac{\pi}{2}\right) < 0$이므로

중간값의 정리에 의해 $\left(\dfrac{\pi}{3},\ \dfrac{\pi}{2}\right)$에서 적어도 하나의 실근을 갖는다.

답 ②

유제 ▶ 4-1 함수 $f(x) = 2x^2 + 2x + k + 1$에 대하여 구간 $(1,\ 2)$에서 방정식 $f(x) = 0$가 적어도 하나의 실근을 갖도록 하는 정수 k의 개수는?

① 4   ② 5

③ 6   ④ 7

유제 ▶ 4-2 다음 방정식 중 개구간 $(0,\ 1)$에서 적어도 한 개의 실근을 갖는 것을 모두 고르면?

> ㉠ $\cos \pi x - x = 0$
>
> ㉡ $2^x + x - 2 = 0$
>
> ㉢ $\log_2(x+1) + x - 1 = 0$

① ㉠   ② ㉢

③ ㉠, ㉡   ④ ㉠, ㉡, ㉢

Answer   4-1.④   4-2.④

연/습/문/제

함수의 연속

☞ 해설 P.507

2015년 9급 사회복지직

1 다음 〈보기〉 중 $x = 1$에서 연속인 함수만을 모두 고른 것은?

〈보기〉

㉠ $f(x) = \dfrac{x}{x-1}$

㉡ $f(x) = \begin{cases} x, & x > 1 \\ -1, & x \leq 1 \end{cases}$

㉢ $f(x) = \begin{cases} \dfrac{x^2-1}{x-1}, & x \neq 1 \\ 2, & x = 1 \end{cases}$

㉣ $f(x) = |x-1|$

① ㉠, ㉢   ② ㉡, ㉣

③ ㉢, ㉣   ④ ㉠, ㉡, ㉣

2013년 9급 지방직

2 연속함수 $f(x)$가 $\lim\limits_{x \to 0} \dfrac{f(x)}{x} = \dfrac{1}{2}$을 만족시킬 때, $\lim\limits_{x \to 2} \dfrac{x^2-4}{f(x-2)}$ 의 값은?

① 2   ② 4

③ 6   ④ 8

3 모든 실수 x에 대하여 연속인 함수 $f(x)$는 $f(x+4) = f(x)$를 만족시키고, 폐구간 $[0, 4]$에서 $f(x) = \begin{cases} 3x & (0 \leq x < 1) \\ x^2 + ax + b & (1 \leq x \leq 4) \end{cases}$ 와 같이 정의된다. 이때, $f(10)$의 값은?

① -1 ② 0

③ 1   ④ 2

Answer   1.③   2.④   3.②

4

$x \neq 0$인 실수 x에서 정의된 함수 $f(x) = \dfrac{\sqrt{x^2+9}+a}{x^2}$ 가 구간 $(-\infty, \infty)$에서 연속일 때, $f(0)$의 값은?

① $\dfrac{1}{6}$

② $\dfrac{1}{4}$

③ $\dfrac{1}{3}$

④ $\dfrac{1}{2}$

5

함수 $f(x)$가 $f(x) = \begin{cases} \dfrac{x^2}{2x-|x|} & (x \neq 0) \\ a & (x = 0) \end{cases}$ 일 때, 다음에서 옳은 것을 모두 고른 것은?

(단, a는 실수이다.)

> ㉠ $f(-3) = 1$이다.
> ㉡ $x > 0$일 때, $f(x) = x$이다.
> ㉢ 함수 $f(x)$가 $x = 0$에서 연속이 되도록 하는 a가 존재한다.

① ㉡

② ㉢

③ ㉠, ㉡

④ ㉡, ㉢

6

$f(x)$가 다항함수일 때, 모든 실수에서 연속인 함수 $g(x)$를 $g(x) = \begin{cases} \dfrac{f(x)-x^2}{x-1} & (x \neq 1) \\ k & (x=1) \end{cases}$ 로 정의하자.

$\lim\limits_{x \to \infty} g(x) = 2$일 때, $k+f(3)$의 값은? (단, k는 상수)

① 11

② 13

③ 15

④ 1

파워특강 미적분 I

합격에 한 걸음 더 가까이!

미분은 함수의 극한과 연속을 응용한 핵심 단원으로 미분계수와 도함수 및 도함수의 활용으로 이루어져 있습니다. 미분의 정의를 확실히 이해하고, 여러 가지 함수의 미분을 구하는 방법과 응용문제에 대한 적응능력을 기르도록 합니다.

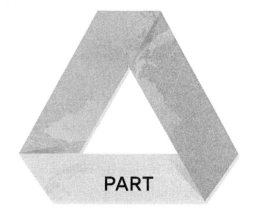

PART

10

다항함수의 미분법

28

미분계수와 도함수

Check! ▶

SECTION 1 평균변화율

(1) 함수 $y = f(x)$에서 x값이 a에서 b까지 변할 때의 평균변화율은

$$\frac{\Delta y}{\Delta x} = \frac{f(b) - f(a)}{b - a} = \frac{f(a + \Delta x) - f(a)}{\Delta x}$$

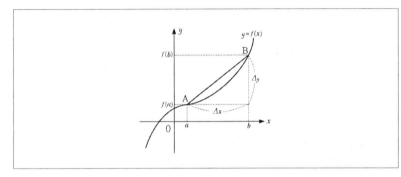

(2) 평균변화율의 기하학적 의미

함수 $y = f(x)$에서 x의 값이 a에서 b까지 변할 때, 함수 $y = f(x)$의 평균변화율은 두 점 $P(a,\ f(a))$, $Q(a,\ f(b))$를 지나는 직선의 기울기와 같다.

SECTION 2 미분계수(순간변화율)

(1) 함수 $y = f(x)$에서 구간 $[a,\ a + \Delta x]$에서의 평균변화율에서 $\Delta x \to 0$일 때의 극한값

$$\lim_{\Delta x \to 0} \frac{\Delta y}{\Delta x} = \lim_{\Delta x \to 0} \frac{f(a + \Delta x) - f(a)}{\Delta x} = \lim_{x \to a} \frac{f(x) - f(a)}{x - a}$$ 가 존재할 때,

이 극한값을 함수 $y = f(x)$의 $x = a$에서의 순간변화율 또는 미분계수라 하고 $f'(a)$로 나타낸다.

(2) 미분계수의 기하학적 의미

함수 $y=f(x)$의 $x=a$에서의 미분계수 $f'(a)$는 곡선 $y=f(x)$ 위의 점 $(a,\ f(a))$에서의 접선의 기울기와 같다.

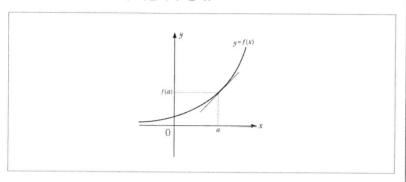

SECTION 3 미분 가능성과 연속

(1) 함수 $f(x)$의 $x=a$에서의 미분계수 $f'(a)$가 존재할 때, 함수 $f(x)$는 $x=a$에서 미분 가능하다고 한다.

(2) 미분 가능과 연속

함수 $f(x)$가 $x=a$에서 미분 가능하면 $f(x)$는 $x=a$에서 연속이다. 그러나 함수 $y=f(x)$가 $x=a$에서 연속이라고 해서 $x=a$에서 미분 가능한 것은 아니다.

SECTION 4 · 도함수

함수 $f(x)$에 대하여

$x=a$에서 $\displaystyle\lim_{\Delta x\to 0}\frac{\Delta y}{\Delta x}=\lim_{\Delta x\to 0}\frac{f(x+\Delta x)-f(x)}{\Delta x}=\lim_{h\to 0}\frac{f(x+h)-f(x)}{h}$를

x에 관한 y의 도함수라 하고 y', $f'(x)$, $\dfrac{dy}{dx}$, $\dfrac{df(x)}{dx}$로 나타낸다.

SECTION 5 · 미분법의 공식

두 함수 $f(x)$, $g(x)$가 미분 가능할 때,

(1) $y=c$ (c는 상수) $\qquad\qquad\qquad$ $y'=0$

(2) $y=x^n$ (n는 양의 정수) $\qquad\qquad$ $y'=nx^{n-1}$

(3) $y=cf(x)$ $\qquad\qquad\qquad\qquad$ $y'=cf'(x)$

(4) $y=f(x)\pm g(x)$ $\qquad\qquad\qquad$ $y'=f'(x)\pm g'(x)$ (복부호동순)

(5) $y=f(x)g(x)$ $\qquad\qquad\qquad$ $y'=f'(x)g(x)+f(x)g'(x)$

(6) $y=\{f(x)\}^n$ (n은 양의 정수) $\qquad$ $y'=n\{f(x)\}^{n-1}f'(x)$

예제&유제문제

미분계수와 도함수

28

☞ 해설 P.508

---

1 평균변화율과 미분계수

➤➤ **예제문제 01**

* 함수 $f(x) = 3x^2 - 2x$에 대하여 x의 값이 0에서 a까지 변할 때의 평균변화율과 $x = 1$에서의 미분계수가 같을 때, 상수 a의 값은?

① 2　　　　　　　　　　　　　② 3

③ 4　　　　　　　　　　　　　④ 5

풀이 x의 값이 0부터 a까지 변할 때의

$f(x)$의 평균변화율은 $\dfrac{f(a) - f(0)}{a - 0} = \dfrac{3a^2 - 2a}{a} = 3a - 2$

$x = 1$에서의 미분계수 $f'(1) = 4$이므로

$3a - 2 = 4$

$\therefore a = 2$

답 ①

유제 1-1 함수 $f(x) = x^3 - x + 1 \ (-1 \le x \le a)$에 대하여 집합 $A = \left\{ a \middle| \dfrac{f(a) - f(-1)}{a + 1} = f'(a) \right\}$일 때, 집합 A의 원소의 개수는?

① 0　　　　　　　　　　　　　② 1

③ 2　　　　　　　　　　　　　④ 3

유제 1-2 자연수 n에 대하여 구간 $[n, \ n+1]$에서 함수 $y = f(x)$의 평균변화율은 $n + 1$이다. 이때, 함수 $y = f(x)$의 구간 $[1, \ 100]$에서의 평균변화율은?

① 50　　　　　　　　　　　　② 51

③ 52　　　　　　　　　　　　④ 53

Answer　　1-1. ②　1-2. ②

2 미분 가능성과 연속성

* 함수 $f(x) = \begin{cases} x^2 & (x \leq 3) \\ -\dfrac{1}{2}(x-a)^2 + b & (x > 3) \end{cases}$ 이 모든 실수에서 미분 가능할 때, $a+b$의 값은?

① 32
② 34
③ 36
④ 38

풀이 $f(x)$가 $x=3$에서 연속이므로

$-\dfrac{1}{2}(3-a)^2 + b = 9$ ⋯ ①

또한 $f'(x) = \begin{cases} 2x & (x \leq 3) \\ -x+a & (x > 3) \end{cases}$

$f(x)$는 $x=3$에서 미분 가능하므로 $a=9$⋯ ②

①, ②에 의하여

$a=9,\ b=27$

$\therefore a+b = 36$

답 ③

2014년 6월 28일 서울특별시 기출유형

유제 2-1 함수 $f(x) = \begin{cases} x^3 + ax^2 + bx & (x \geq 1) \\ 2x^2 + 1 & (x < 1) \end{cases}$ 가 모든 실수 x에서 미분 가능하도록 상수 a, b를 정할 때,

ab의 값은?

① -5
② -3
③ -1
④ 0

유제 2-2 자연수 a, b에 대하여 함수 $f(x) = \lim\limits_{n \to \infty} \dfrac{ax^{n+b} + 2x - 1}{x^n + 1}$ $(x > 0)$이 $x=1$에서 미분 가능할 때,

$a + 10b$의 값을 구하시오.

① 21
② 22
③ 23
④ 24

3 도함수와 극한값

✳ 함수 $y=f(x)$의 그래프가 y축에 대하여 대칭이고, $f'(2)=-3$, $f'(4)=6$일 때, $\displaystyle\lim_{x\to-2}\dfrac{f(x^2)-f(4)}{f(x)-f(-2)}$ 의 값은?

① -8 ② -4

③ 4 ④ 8

풀이 y축 대칭이므로 $f(x)=f(-x)$이다.

양변을 미분하면 $f'(x)=-f'(-x)$

∴ $f'(-2)=3$, $f'(-4)=-6$

$$\lim_{x\to-2}\frac{f(x^2)-f(4)}{f(x)-f(-2)}=\lim_{x\to-2}\frac{x-(-2)}{f(x)-f(-2)}\times\frac{f(x^2)-f(4)}{x-(-2)}$$

$$=\lim_{x\to-2}\frac{\dfrac{f(x^2)-f(4)}{x^2-4}}{\dfrac{f(x)-f(-2)}{x-(-2)}}\times(x-2)$$

$$=\frac{f(4)}{f'(-2)}\times(-4)=-8$$

답 ①

유제 3-1 두 함수 $f(x)=x+x^3+x^5$, $g(x)=x^2+x^4+x^6$에 대하여 $\displaystyle\lim_{h\to0}\dfrac{f(1+2h)-g(1-h)}{3h}$의 값은?

① 7 ② 8

③ 9 ④ 10

유제 3-2 다항함수 $f(x)$에 대하여 $\displaystyle\lim_{x\to2}\dfrac{f(x+1)-8}{x^2-4}=5$일 때, $f(3)+f'(3)$의 값은?

① 24 ② 28

③ 32 ④ 36

Answer   3-1.④   3-2.②

28. 미분계수와 도함수 | 315

예제문제 04

✳ 함수 $f(x) = x(4x^2 + 5)$에 대하여 $f'(1)$의 값은?

① 11　　　　　　　　　　　　② 13

③ 15　　　　　　　　　　　　④ 17

풀이 $f(x) = x(4x^2 + 5)$에서 $f(x) = 4x^3 + 5x$

　　　$f'(x) = 12x^2 + 5$

　　　$\therefore f'(1) = 12 + 5 = 17$

답 ④

유제 4-1 이차함수 $f(x) = x^2 + 3x$에 대하여 $f(2) + f'(2)$의 값은?

① 13　　　　　　　　　　　　② 15

③ 17　　　　　　　　　　　　④ 19

유제 4-2 함수 $f(x) = \sum\limits_{n=1}^{10} \dfrac{x^n}{n}$에 대하여 $f'\left(\dfrac{1}{2}\right) = \dfrac{q}{p}$일 때, $q-p$의 값은? (단, p와 q는 서로소인 자연수)

① 508　　　　　　　　　　　② 509

③ 510　　　　　　　　　　　④ 511

Answer　　4-1.③　4-2.④

➤ **예제문제 05**

⁕ 다항식 $f(x)$에 대하여 $\lim_{x \to 2} \dfrac{f(x)-a}{x-2} = 4$이고, $f(x)$를 $(x-2)^2$으로 나눈 나머지를 $bx+3$이라 할 때, $a+b$의 값은?

① 11   ② 13

③ 15   ④ 17

풀이 $\lim_{x \to 2} \dfrac{f(x)-a}{x-2} = 4$에서 (분모)가 0에 가까워지므로 $f(2)-a=0$에서 $f(2)=a$

$\lim_{x \to 2} \dfrac{f(x)-f(2)}{x-2} = f'(2) = 4$

$f(x)$를 $(x-2)^2$으로 나눌 때의 몫을 $Q(x)$라 하면

$f(x) = (x-2)^2 Q(x) + bx + 3$

$x=2$일 때, $f(2) = 2b+3 = a$

$f'(x) = 2(x-2)Q(x) + (x-2)^2 Q'(x) + b$

여기에 $x=2$를 대입하면 $f'(2) = b$

$\therefore a=11, \ b=4$

답 ③

유제 5-1 다항식 $x^3 + ax^2 - x + b$가 $(x-1)^2$으로 나누어떨어질 때, $a-b$의 값은?

① -2 ② -1

③ 1 ④ 2

유제 5-2 다항식 $x^4 + ax + b$를 $(x+1)^2$으로 나누었을 때의 나머지가 $2x-1$일 때, 상수 a, b의 합 $a+b$의 값은?

① 2 ② 4

③ 6 ④ 8

Answer   5-1.①   5-2.④

28

>> 미분계수와 도함수

☞ 해설 P.510

1994년 서울시 9급 행정직

1 함수 $f(x) = x^2 - x$에 대하여 구간 $[-1, 1]$에서의 평균변화율과 $x = a$에서의 미분계수가 같을 때, a의 값은?

① -1 ② -2

③ 0 ④ 2

2016년 9급 사회복지직

2 실수 a, b에 대하여 함수 $f(x) = x^2 + ax + b$가 $f(1) = f(2)$를 만족할 때, $f'(3)$의 값은?

① 2 ② 3

③ 4 ④ 5

3 함수 $f(x)$가 다음과 같다.

$$f(x) = \begin{cases} -3x + a & (x < -1) \\ x^3 + bx^2 + cx & (-1 \le x < 1) \\ -3x + d & (x \ge 1) \end{cases}$$

함수 $f(x)$가 모든 실수 x에 대하여 미분 가능하도록 네 실수 a, b, c, d의 값을 정할 때, $a + b + c + d$의 값은?

① -10 ② -8

③ -6 ④ -4

Answer 1.③ 2.② 3.③

4 $f'(x) = 3x^2 - 2x + 1$ 일 때, $\displaystyle\lim_{h \to 0} \frac{f(1+3h) - f(1)}{h}$ 의 값은?

① 3 ② 4
③ 5 ④ 6

5 함수 $f(x) = x^3 + x + 1$에 대하여 $\displaystyle\lim_{h \to 0} \frac{f(1+3h) - f(1)}{2h}$ 의 값은?

① 2 ② 4
③ 6 ④ 8

6 함수 $f(x) = 2x^2 + 5x + 1$에 대하여 $\displaystyle\lim_{n \to \infty} n\left\{ f\left(1 + \frac{3}{n}\right) - f\left(1 - \frac{1}{n}\right) \right\}$의 값은?

① 30 ② 32
③ 34 ④ 36

7 함수 $f(x)$가 모든 실수 x, y에 대하여 $f(x+y) = f(x) + f(y) - xy$를 만족시킨다. $f'(0) = 4$일 때, $f'(3)$의 값은?

① 1 ② 2
③ 3 ④ 4

Answer   4.④   5.③   6.④   7.①

8 미분 가능한 함수 $y = f(x)$의 그래프가 다음 그림과 같다. $g(x) = xf(x)$라 할 때, 〈보기〉에서 옳은 것을 모두 고른 것은? (단, $f'(2) = 0$)

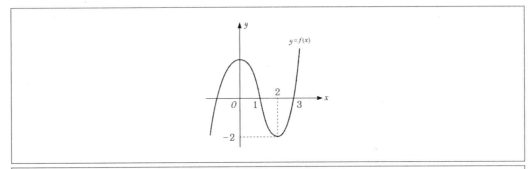

ㄱ $f(1) + g'(1) > 0$ ㄴ $g(2)g'(2) > 0$
ㄷ $f(3) + g'(3) > 0$

① ㄱ   ② ㄴ
③ ㄱ, ㄷ   ④ ㄴ, ㄷ

2015년 9급 사회복지직

9 미분 가능한 함수 $f(x)$에 대하여 다음의 함수 $g(x)$가 모든 실수 x에 대하여 연속일 때, $f'(1)$의 값은?

$$g(x) = \begin{cases} \dfrac{f(x) - f(1)}{x^2 - 1}, & x \neq 1 \\ 2, & x = 1 \end{cases}$$

① 1   ② 2
③ 3   ④ 4

Answer   8.④   9.④

29 도함수의 활용(1)

Check! ▶

SECTION 1 접선의 방정식

(1) 접선의 방정식

곡선 $y=f(x)$ 위의 점 $(a, f(a))$ 에서의 접선의 기울기는 $f'(a)$ 이므로
점 $(a, f(x))$ 에서의 접선의 방정식은 $y-f(a)=f'(a)(x-a)$

(2) 법선의 방정식

곡선 $y=f(x)$ 위의 점 $(a, f(a))$ 에서의 접선에 수직이면서 점 $(a, f(a))$ 를
지나는 직선을 법선이라 하고 법선의 기울기를 $-\dfrac{1}{f(a)}$ 라 한다.

법선의 방정식은 $y-f(a)=-\dfrac{1}{f(a)}(x-a)$

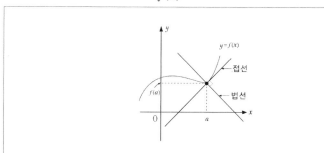

SECTION 2 접선의 방정식 구하는 방법

(1) 접점 (x_1, y_1) 의 좌표가 주어질 때

① 접선의 기울기 $f'(x)$ 을 구한다.

② $y-y_1=f'(x)(x-x_1)$ 에 대입한다.

(2) 기울기가 m인 접선의 방정식

곡선 $y=f(x)$에 접하고 기울기가 m인 접선의 방정식은

① 접점의 좌표를 $(a,\ f(a))$로 놓는다.

② $f'(a)=m$에서 좌표를 구한다.

③ $y-f(a)=f'(a)(x-a)$를 이용하여 접선의 방정식을 구한다.

SECTION 3 · 평균값 정리

(1) 롤의 정리

함수 $f(x)$가 닫힌구간 $[a,b]$에서 연속이고 열린구간 $[a,b]$에서 미분 가능할 때, $f(a)=f(b)$이면 $f'(c)=0$인 c가 열린구간 (a,b)에 적어도 하나 존재한다.

(2) 평균값의 정리

함수 $f(x)$가 닫힌구간 $[a,b]$에서 연속이고 열린구간 (a,b)에서 미분가능할 때, $\dfrac{f(b)-f(a)}{b-a}=f'(c)$인 c가 열린구간 (a,b)에 적어도 하나 존재한다.

SECTION 4 · 함수의 증가 · 감소

(1) 함수의 증가 · 감소

함수 $y=f(x)$가 어떤 구간에 속하는 임의의 두 수 $x_1,\ x_2$에 대하여

① $x_1<x_2$일 때, $f(x_1)<f(x_2)$이면 함수 $f(x)$는 이 구간에서 증가한다고 한다.

② $x_1<x_2$일 때, $f(x_1)>f(x_2)$이면 함수 $f(x)$는 이 구간에서 감소한다고 한다.

(2) 함수의 증가상태 · 감소상태

$f(x)$가 충분히 작은 양수 h에 대하여

① $f(a-h) < f(a) < f(a+h)$이면 $f(x)$는 $x=a$에서 증가상태에 있다.

② $f(a-h) > f(a) > f(a+h)$이면 $f(x)$는 $x=a$에서 감소상태에 있다.

(3) 함수 $f(x)$가 어떤 구간에서 미분 가능할 때, 이 구간의 모든 x에 대하여

① $f'(x) > 0$이면 $f(x)$는 그 구간에서 증가한다.

② $f'(x) < 0$이면 $f(x)$는 그 구간에서 감소한다.

Check!

POINT 팁
함수 $f(x)$가 어떤 구간에서 미분 가능할 때
① 이 구간에서 증가하면 $f'(x) \geq 0$이다.
② 이 구간에서 감소하면 $f'(x) \leq 0$이다.

SECTION 5 · 함수의 극대 · 극소

(1) $x=a$에서 연속함수 $f(x)$가

① 증가상태에서 감소상태로 변하면 $f(x)$는 $x=a$에서 극대라 하고, $f(a)$를 극댓값이라 한다.

② 감소상태에서 증가상태로 변하면 $f(x)$는 $x=a$에서 극소라 하고, $f(a)$를 극솟값이라 한다.

(2) 함수의 극대 · 극소의 판정

미분 가능한 함수 $f(x)$가 $f'(a) = 0$이고 $x=a$의 좌우에서 $f'(x)$의 부호가

① 양에서 음으로 바뀌면 $f(x)$는 $x=a$에서 극대이다.

② 음에서 양으로 바뀌면 $f(x)$는 $x=a$에서 극소이다.

POINT 팁
연속함수 $f(x)$가 $x=a$에서 미분 가능하고, $x=a$에서 극값을 가지면 $f'(a) = 0$이다. 그러나 일반적으로 그 역은 성립하지 않는다. 즉, 미분 가능한 함수 $f(x)$에 대하여 $f'(a) = 0$이라고 해서 함수 $f(x)$가 $x=a$에서 반드시 극값을 갖는 것은 아니다.
예 $y = x^3$

POINT 팁
연속함수 $f(x)$가 $x=a$에서 극값을 갖기 위해서는 $x=a$에서 반드시 미분 가능할 필요는 없다. 예를 들어 $y = |x|$는 $x=0$에서 극솟값을 갖지만 $x=0$에서 미분 가능하지 않다.

SECTION 6 · 함수의 최대 · 최소

함수 $y = f(x)$가 닫힌구간 $[a, b]$에서 연속일 때, 최댓값과 최솟값은 다음 고 같은 순서로 구한다.

(1) 주어진 구간에서 $f(x)$의 극댓값과 극솟값을 구한다.

(2) 주어진 구간의 양 끝 값 $f(a)$, $f(b)$를 구한다.

(3) 위에서 구한 극댓값과 극솟값 $f(a)$, $f(b)$ 중에서 가장 큰 값이 최댓 값이고 가장 작은 값이 최솟값이다.

29

>> 도함수의 활용(1)

☞ 해설 P.511

1 접선의 방정식

>> **예제문제 01**

* 미분 가능한 함수 $f(x)$가 $\lim\limits_{x \to 2} \dfrac{f(x)-2}{x-2} = -3$을 만족하고 $g(x)=(x-1)^2$이다. 곡선 $y=f(x)g(x)$ 위의 x좌표가 2인 점에서의 접선의 기울기는?

① 1 ② 2

③ 3 ④ 4

풀이 $\lim\limits_{x \to 2} \dfrac{f(x)-2}{x-2} = -3$에서 (분모)가 0으로 가까워지므로 $f(2)-2=0$에서 $f(2)=2$

$\lim\limits_{x \to 2} \dfrac{f(x)-f(2)}{x-2} = f'(2) = -3$

$g(x)=(x-1)^2$에서 $g'(x)=2(x-1)$이므로

$g(2)=1$, $g'(2)=2$

$x=2$일 때 $y=f(x)g(x)$에서의 접선의 기울기는

$y'_{x=2} = f'(2)g(2)+f(2)g'(2) = 1$

따라서 기울기는 1이다.

답 ①

2013년 7월 27일 안전행정부 기출유형

유제 1-1 곡선 $y=(x^2-1)(2x+1)$ 위의 점 $(1,\ 0)$에서 접하는 직선의 방정식이 $y=ax+b$일 때, $a+b$의 값은?

① 0 ② 1

③ 2 ④ 3

유제 1-2 곡선 $y=x^3-4x+1$ 위의 점 $(1,\ -2)$에서 접하는 접선과 수직을 이루는 직선의 방정식이 $y=ax+b$일 때, $a+b$의 값은?

① -3 ② -2

③ -1 ④ 0

Answer 1-1.① 1-2.②

2 접선의 방정식의 활용

예제문제 02

✳ 곡선 $y = x^3 - 2x$ 위의 점 $(2, 4)$에서의 접선과 x축, y축으로 둘러싸인 삼각형의 넓이를 S라 할 때, $10S$의 값은?

① 124   ② 126

③ 128   ④ 130

풀이 $y' = 3x^2 - 2$이므로 곡선 위의 점 $(2, 4)$에서의 접선의 기울기는 10이다.

따라서 구하는 접선의 방정식은

$$y - 4 = 10(x - 2), \quad y = 10x - 16$$

$$S = \frac{1}{2} \cdot 16 \cdot \frac{8}{5} = \frac{64}{5}$$

$$\therefore 10S = 128$$

답 ③

유제 2-1 곡선 $y = x^2 + 1$ 위의 점 $(1, 2)$에서의 법선이 x축, y축과 만나는 점을 각각 P, Q라 하고 원점을 O라 할 때, $\triangle OPQ$의 면적을 S라 한다. 이때, 16S의 값은?

① 50   ② 100

③ 150   ④ 200

유제 2-2 곡선 $y = x^3 + 3x^2 - 6x + 3$의 접선 중 $y = 3x$와 평행한 접선의 방정식은? (단, 접점의 x좌표는 양수이다.)

① $y = 3x - 1$ ② $y = 3x - 2$

③ $y = 3x - 3$ ④ $y = 3x - 4$

Answer   2-1.②   2-2.②

3 평균값 정리

예제문제 03

✱ 함수 $f(x) = x^2 - 2x$에 대하여 닫힌구간 $[0, 3]$에서 평균값 정리를 만족시키는 상수 c의 값은?

① $\dfrac{3}{2}$ ② 1

③ -1 ④ $-\dfrac{3}{2}$

풀이 함수 $f(x) = x^2 - 2x$는 닫힌구간 $[0, 3]$에서 연속이고 열린구간 $(0, 3)$에서 미분가능하므로,

평균값 정리에서 $\dfrac{f(3) - f(0)}{3 - 0} = f'(c)$인 c가 열린구간 $(0, 3)$에 적어도 하나 존재한다.

그런데 $f(3) = 3$, $f(0) = 0$, $f'(c) = 2c - 2$이므로

$$\dfrac{3 - 0}{3 - 0} = 2c - 2$$

따라서 $c = \dfrac{3}{2}$

답 ①

유제 3-1 함수 $f(x) = 2x^2 - x$에 대하여 닫힌구간 $\left[0, \dfrac{1}{2}\right]$에서 롤의 정리를 만족시키는 상수 c의 값은?

① $\dfrac{1}{4}$ ② $\dfrac{1}{3}$

③ $\dfrac{1}{2}$ ④ 1

유제 3-2 함수 $f(x) = x^2 + x$에 대하여 닫힌구간 $[0, a]$에서 평균값 정리를 만족시키는 상수 c의 값은 $c = 2$이다. 이때 a의 값은?(단 $a > 0$)

① $\dfrac{3}{2}$ ② 2

③ 3 ④ 4

Answer   3-1.①   3-2.④

4. 함수의 증가 · 감소

예제문제 **04**

✳ 삼차함수 $f(x) = x^3 + ax^2 + 2ax$ 가 구간 $(-\infty, \infty)$ 에서 증가하도록 하는 실수 a 의 최댓값을 M 이라 하고, 최솟값을 m 이라 할 때, $M - m$ 의 값은?

① 3   ② 4

③ 5   ④ 6

풀이 주어진 삼차함수 $f(x) = x^3 + ax^2 + 2ax$ 가 실수 전체 구간에서 증가하도록 하려면

도함수인 $f'(x)$ 가 $f'(x) = 3x^2 + 2ax + 2a \geq 0$ 을 모든 실수에 대해 항상 만족해야 한다.

그러므로 판별식을 이용하면

$\dfrac{D}{4} = a^2 - 6a \leq 0$ 이 된다.

그러므로 $0 \leq a \leq 6$ 이 된다.

따라서 최댓값은 6, 최솟값은 0이므로 구하는 $M - m = 6$

답 ④

유제 4-1 함수 $f(x) = \dfrac{1}{3}x^3 - ax^2 + 3ax$ 의 역함수가 존재하도록 하는 상수 a 의 최댓값은?

① 3   ② 4

③ 5   ④ 6

유제 4-2 함수 $f(x) = \dfrac{1}{3}x^3 + ax^2 + (a+2)x$ 가 실수 전체의 집합 R 에서 증가함수가 되도록 실수 a 값의 범위를 구하면 $m \leq a \leq n$ 이다. 이때, $m + n$ 의 값은?

① 0   ② 1

③ 2   ④ 3

Answer   4-1.①   4-2.②

➤➤ **예제문제 05**

✳ 함수 $f(x) = (x-1)^2(x-4) + a$의 극솟값이 10일 때, 상수 a의 값은?

① 10   ② 12

③ 14   ④ 16

풀이 $f'(x) = 2(x-1)(x-4) + (x-1)^2$

$\qquad\quad = (x-1)\{2(x-4) + (x-1)\}$

$\qquad\quad = (x-1)(3x-9)$

$\qquad\quad = 3(x-1)(x-3)$

따라서 $x = 3$에서 극솟값 $f(3) = (3-1)^2(3-4) + a$를 갖는데 조건에서 극솟값이 10이므로

$(3-1)^2(3-4) + a = 10$

$\therefore a = 14$

답 ③

유제 5-1 함수 $f(x) = x^3 - 3x^2 + 20$의 극솟값은?

① 14   ② 15

③ 16   ④ 17

유제 5-2 삼차함수 $f(x) = -x^3 + 3x + 1$이 $x = \alpha$, $x = \beta$에서 극값을 가질 때, 두 점 $(\alpha, f(\alpha))$, $(\beta, f(\beta))$를 지나는 직선의 기울기는?

① 1   ② 2

③ 3   ④ 4

Answer   5-1.③   5-2.②

6 함수의 최대·최소

✳ 함수 $f(x) = ax^3 - 6ax^2 + b \, (-1 \leq x \leq 2)$의 최댓값이 3이고 최솟값이 -29일 때, 양수 a, b의 합은?

① 2　　　　　　　　　　　② 3
③ 4　　　　　　　　　　　④ 5

풀이 $f'(x) = 3ax^2 - 12ax = 3ax(x-4) = 0$에서 $x = 0$, 4
주어진 구간이 $[-1, 2]$이므로 $f(x)$는 $f(0)$에서만 극값을 갖는다.
$f(-1)$, $f(2)$, $f(0)$을 구하면
$f(-1) = -7a + b$, $f(0) = b$, $f(2) = -16a + b$
a, b는 양수이므로 최댓값은 b, 최솟값은 $-16a + b$가 되어
$b = 3$, $-16a + b = -29$
두 식에서 $a = 2$, $b = 3$이므로
∴ $a + b = 5$

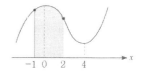

답 ④

유제 6-1 폐구간 $[-1, 3]$에서 정의된 삼차함수 $f(x) = x^3 - 3x - 2$의 최댓값과 최솟값의 합은?

① 10　　　　　　　　　　② 12
③ 14　　　　　　　　　　④ 16

유제 6-2 등식 $x^2 + 3y^2 = 9$를 만족시키는 실수 x, y에 대하여 $x^2 + xy^2$의 최솟값은?

① $-\dfrac{5}{3}$　　　　　　　　② -1

③ $-\dfrac{1}{3}$　　　　　　　　④ $\dfrac{2}{3}$

29
도함수의 활용(1)

☞ 해설 P.512

2014년 9급 사회복지직

1 점 $(1, -3)$에서 곡선 $f(x) = x^3 - 5x + 1$에 그은 접선의 기울기는?

① -2　　　　　　　　② -1

③ 1　　　　　　　　④ 2

2016년 9급 사회복지직

2 다항식 $x^7 - 3x^2 + 2$를 $(x-1)^2$으로 나눈 나머지를 $R(x)$라 할 때, $R(3)$의 값은?

① 1　　　　　　　　② 2

③ 3　　　　　　　　④ 4

3 두 곡선 $y = x^3$, $y = x^3 + 4$의 공통접선의 방정식을 $y = f(x)$라 할 때, $f(2)$의 값은?

① 2　　　　　　　　② 4

③ 6　　　　　　　　④ 8

2013년 9급 국가직

4 곡선 $y = x^3$ 위의 점 $(1, 1)$에서의 접선이 곡선 $y = x^2 + ax + 2$에 접하도록 하는 모든 상수 a의 값의 합은?

① 3　　　　　　　　② 4

③ 5　　　　　　　　④ 6

Answer　1.①　2.②　3.④　4.④

5 함수 $f(x) = x^3 + 6x^2 + 15|x - 2a| + 3$이 실수 전체의 집합에서 증가하도록 하는 실수 a의 최댓값은?

① $-\dfrac{5}{2}$ 　　　　　　② -2

③ $-\dfrac{3}{2}$ 　　　　　　④ -1

1991년 총무처 9급 행정직

6 함수 $y = x^3 - 3x + 1$의 극댓값과 극솟값의 차는?

① 1 　　　　　　② 2

③ 3 　　　　　　④ 4

1994년 서울시 9급 행정직

7 함수 $f(x)$의 도함수 $f'(x)$의 그래프가 다음과 같을 때, 다음 중 옳은 것은?

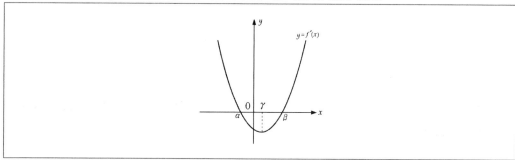

① $f(x)$는 $x = r$에서 극솟값을 갖는다.
② $f(x)$는 $x = 0$에서 극댓값을 갖는다.
③ $f(x)$는 $x = \alpha$에서 극댓값, $x = \beta$에서 극솟값을 갖는다.
④ $f(x)$는 극값을 갖지 않는다.

Answer 5.① 6.④ 7.③

8 열린 구간 $(-5, 15)$에서 정의된 미분가능한 함수 $f(x)$에 대하여, 도함수 $y = f'(x)$의 그래프가 그림과 같다. 함수 $f(x)$가 극댓값을 갖는 x의 개수를 a, 극솟값을 갖는 x의 개수를 b라 할 때, $a - b$의 값은?

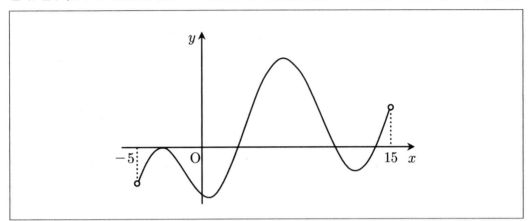

① -1

② 0

③ 1

④ 2

9 함수 $f(x) = \dfrac{1}{3}ax^3 - (b-1)x^2 - (a-2)x - 1$이 극값을 갖지 않을 때, 좌표평면에서 점 (a, b)가 나타내는 영역의 넓이는?

① π

② 2π

③ 3π

④ 4π

Answer 8.① 9.①

30

도함수의 활용(2)

Check!

SECTION 1   방정식에의 활용

(1) 방정식의 실근의 개수

① 방정식 $f(x)=0$의 실근의 개수는 함수 $y=f(x)$의 그래프와 x축의 교점의 개수와 같다.

② 방정식 $f(x)=g(x)$의 실근의 개수는 두 함수 $y=f(x)$, $y=g(x)$의 그래프의 교점의 개수와 같다.

(2) 삼차방정식의 근의 판별

① 서로 다른 세 실근 $\Leftrightarrow$ (극댓값)×(극솟값)<0

② 한 실근과 중근 $\Leftrightarrow$ (극댓값)×(극솟값)$=0$

③ 한 실근과 두 허근 $\Leftrightarrow$ (극댓값)×(극솟값)>0

SECTION 2   부등식에의 활용

(1) 부등식 $f(x)>0$의 증명

어떤 구간에서 부등식 $f(x)>0$임을 보일 때에는 그 구간에서 $f(x)$의 최솟값을 구한 다음 $(f(x)$의 최솟값)>0임을 보인다.

(2) 부등식 $f(x)>g(x)$의 증명

두 함수 $f(x)$, $g(x)$에 대하여 부등식 $f(x)>g(x)$임을 보일 때에는 $h(x)=f(x)-g(x)$로 놓고 $(h(x)$의 최솟값)>0임을 보인다.

SECTION 3 직선 위의 운동에서의 속도와 가속도

수직선 위를 움직이는 점 P의 위치 x가 시각 t의 함수 $x=f(t)$로 나타내어질 때,

(1) 시각 t에서의 점 P의 속도 : $v = \dfrac{dx}{dt} = f'(t)$

(2) 시각 t에서의 점 P의 가속도 : $a = \dfrac{dv}{dt} = f''(t)$

SECTION 4 시각에 대한 변화율

어떤 물체의 시각 t에서의 길이를 l, 넓이를 S, 부피를 V라 하면

(1) 길이 l의 변화율 : $\displaystyle\lim_{\Delta t \to 0} \dfrac{\Delta l}{\Delta t} = \dfrac{dl}{dt}$

(2) 넓이 S의 변화율 : $\displaystyle\lim_{\Delta t \to 0} \dfrac{\Delta S}{\Delta t} = \dfrac{dS}{dt}$

(3) 부피 V의 변화율 : $\displaystyle\lim_{\Delta t \to 0} \dfrac{\Delta V}{\Delta t} = \dfrac{dV}{dt}$

예제&유제문제

도함수의 활용(2)

☞ 해설 P.514

1 방정식에의 활용

➤ **예제문제 01**

✻ 삼차방정식 $x^3 - 3x^2 - 9x - k = 0$이 중근과 한 실근을 가질 때, k값들의 합은?

① 28   ② 22

③ -16 ④ -22

풀이 $f(x) = x^3 - 3x^2 - 9x - k$라 하면

$f'(x) = 3x^2 - 6x - 9 = 3(x+1)(x-3) = 0$

$x = -1$, $x = 3$에서 극값을 갖는다.

방정식이 중근과 한 실근을 가지려면 극값 중 하나가 0이 되어야 하므로

$f(-1) \cdot f(3) = 0$

$(5-k)(-27-k) = 0$

$\therefore k = 5$ 또는 $k = -27$

따라서 k값들의 합은 -22

답 ④

유제 1-1 삼차방정식 $2x^3 - 3x^2 - 12x - k = 0$이 서로 다른 세 실근을 갖도록 하는 실수 k값은 범위는?

① $-21 < k < 6$ ② $-20 < k < 7$

③ $-19 < k < 8$ ④ $-18 < k < 9$

유제 1-2 방정식 $x^3 - 3px + p = 0$이 서로 다른 세 실근을 갖기 위한 p의 값의 범위는?

① $p > 0$ ② $p \geq 0$

③ $p > \dfrac{1}{4}$ ④ $p \geq \dfrac{1}{4}$

Answer   1-1.②   1-2.③

2 부등식에의 활용

예제문제 02

✳ 모든 실수 x에 대하여 부등식 $x^4 - 4x + a > 0$이 항상 성립하도록 실수 a의 값의 범위는?

① $a > 0$　　　　　　　　　　② $a > 1$

③ $a > 2$　　　　　　　　　　④ $a > 3$

풀이 $f(x) = x^4 - 4x + a$로 놓으면

$f'(x) = 4x^2 - 4 = 4(x-1)(x^2 + x + 1)$

$f'(x) = 0$일 때 $x = 1$

아래의 증감표에서 $x = 1$일 때 극소이면서 최소이다.

x	$\cdots$	1	$\cdots$
$f'(x)$	$-$	0	$+$
$f(x)$	$\searrow$	극소	$\nearrow$

$\therefore f(1) > 0$

$\therefore -3 + a > 0,\ a > 3$

답 ④

유제 2-1 모든 실수 x에 대하여 $x^4 + 2ax^2 - 4(a+1)x + a^2 > 0$이 성립할 때, 양의 실수 a의 범위는?

① $a > 1$　　　　　　　　　　② $a > 2$

③ $a > 3$　　　　　　　　　　④ $a > 4$

유제 2-2 두 함수 $f(x) = 5x^3 - 10x^2 + k$, $g(x) = 5x^2 + 2$가 있다. $\{x | 0 < x < 3\}$에서 부등식 $f(x) \geq g(x)$가 성립하도록 하는 상수 k의 최솟값은?

① 20　　　　　　　　　　② 22

③ 24　　　　　　　　　　④ 26

3 속도와 가속도

➤ **예제문제 03**

* 수직선 위를 움직이는 점 P의 시각 t에서의 위치가 $t^3 + at^2 + bt + 4$이고, $t = 3$일 때 점 P는 운동 방향을 바꾸며 그 때의 위치는 -5이다. 점 P가 $t = 3$ 이외에 운동방향을 바꾸는 시각은?

① $\dfrac{1}{6}$ ② $\dfrac{1}{3}$

③ $\dfrac{1}{2}$ ④ $\dfrac{2}{3}$

풀이 $s(t) = t^3 + at^2 + bt + 4$라 하면

$s'(t) = 3t^2 + 2at + b$이고,

$t = 3$에서 점 P가 운동 방향을 바꾸므로

$s'(3) = 0$ $\therefore 6a + b + 27 = 0$ $\cdots$ ㉠

또, $s(3) = -5$이므로 $27 + 9a + 3b + 4 = -5$

$\therefore 3a + b + 12 = 0$ $\cdots$ ㉡

㉠, ㉡에서 $a = -5$, $b = 3$

$s'(t) = 3t^2 - 10t + 3 = (3t - 1)(t - 3)$

따라서 점 P가 $t = 3$ 이외에 운동 방향을 바꾸는 시각은 $t = \dfrac{1}{3}$

답 ②

유제 3-1 수직선 위를 움직이는 점 P의 좌표가 $x = t^3 - 4t^2 + 3t$로 주어질 때, $t = 2$에서의 속도를 v, 가속도를 a라 하자. 이때, $v + a$의 값은?

① 1   ② 2

③ 3   ④ 4

유제 3-2 수직선 위를 움직이는 두 점 P, Q에 대하여 시각 t일 때 두 점의 위치는 각각 $P(t) = \dfrac{1}{3}t^3 + 4t - \dfrac{2}{3}$, $Q(t) = 2t^2 - 10$이다. 두 점 P, Q의 속도가 같아지는 순간 두 점 P, Q 사이의 거리는?

① 10   ② 12

③ 14   ④ 16

Answer   3-1.③   3-2.②

>> 도함수의 활용(2)

☞ 해설 P.515

1 방정식 $x^4 + 4x + 3 = 0$의 서로 다른 실근의 개수는?

① 1개   ② 2개

③ 3개   ④ 4개

2 방정식 $x^3 - x^2 + a = 2x^2 + 9x$가 음의 근 두 개, 양의 근 하나를 갖도록 실수 a값의 범위를 정하면?

① $-5 < a < 27$ ② $0 < a < 27$

③ $a < -5$ ④ $-5 < a < 0$

3 모든 실수 x에 대하여 부등식 $3x^4 - 8x^3 - 6x^2 + 24x \geq k - 2\sin\dfrac{\pi}{2}x$가 성립할 때, 상수 k의 최댓값은?

① -23 ② -22

③ -21 ④ -20

4 그림과 같은 직육면체에서 모든 모서리의 길이의 합이 36일 때, 부피의 최댓값은?

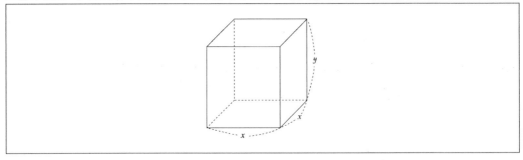

① 25   ② 27

③ 29   ④ 30

Answer 1.① 2.④ 3.③ 4.②

5 잔잔한 호수에 돌을 던지면 동심원의 물결이 생긴다. 새로 생기는 물결의 반지름은 매초 $10cm$의 비율로 커진다고 한다. 이때, 돌을 던진 후 2초 후에 물결이 일고 있는 넓이의 증가율은?

① $100\pi\,(cm/초)$ ② $200\pi\,(cm/초)$

③ $300\pi\,(cm/초)$ ④ $400\pi\,(cm/초)$

6 키가 165㎝인 학생 A가 지상 3m의 높이에 있는 가로등의 바로 밑에서 출발하여 매분 85m의 속도로 일직선으로 걸어갈 때, 다음 물음에 답하여라.(단, 단위는 $m/분$)

(1) 학생 A의 그림자의 길이가 늘어나는 속도는?

① 85 ② $\dfrac{935}{9}$

③ $\dfrac{1700}{9}$ ④ $\dfrac{1870}{9}$

(2) 학생 A의 그림자 끝의 속도는?

① 85 ② $\dfrac{935}{9}$

③ $\dfrac{1700}{9}$ ④ $\dfrac{1870}{9}$

7 지면에서 똑바로 위를 향하여 처음 속도 $v_0\,(m/초)$로 물체를 던진 후 t초에서의 높이를 $x\,(m)$라고 하면, $x = v_0 t - \dfrac{1}{2}g t^2$(단, g는 중력가속도)으로 나타내어진다고 한다. 이때 이 물체가 도달하는 최고 높이는?

① $\dfrac{v_0}{g}$ ② $\dfrac{v_0}{2g}$

③ $\dfrac{v_0^{\,2}}{g}$ ④ $\dfrac{v_0^{\,2}}{2g}$

Answer   5.④ 6.(1) ② (2) ③ 7.④

파워특강 수학(미적분Ⅰ)

합격에 한 걸음 더 가까이!

적분은 미분에 상대되는 개념으로 적분구간의 유·무에 따라 크게 정적분과 부정적분으로 나뉩니다. 따라서 부정적분과 정적분의 개념을 정확히 이해하고, 정적분을 활용한 넓이 및 속도와 거리 문제의 해결능력을 충분히 기를 수 있도록 합니다.

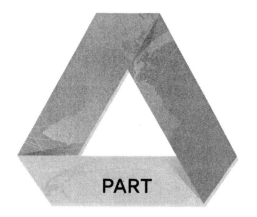

PART

11

다항함수의 적분법

31 부정적분

 Check!

SECTION 1 부정적분

함수 $f(x)$에 대하여 $F'(x) = f(x)$일 때, $F(x)$를 $f(x)$의 부정적분 또는 원시함수라 하고 $\int f(x)dx = F(x) + C$ (단, C는 적분상수)로 나타낸다.

(1) $\int \left\{ \dfrac{d}{dx}f(x) \right\} dx = f(x) + C$(단, C는 적분상수)

(2) $\dfrac{d}{dx} \left\{ \int f(x)dx \right\} = f(x)$

> **POINT** 팁 부정적분과 미분의 관계
> ① $\int \left\{ \dfrac{d}{dx}f(x) \right\} dx = f(x) + C$
> (단, C는 적분상수)
> ② $\dfrac{d}{dx} \left\{ \int f(x)dx \right\} = f(x)$

SECTION 2 x^n의 부정적분

n이 실수이고 $n \neq -1$일 때, $\int x^n dx = \dfrac{1}{n+1}x^{n+1} + C$ (단, C는 적분상수)

> **POINT** 팁
> cf) $a \neq 0$이고 n은 자연수일 때,
> $\int (ax+b)^n dx$
> $\dfrac{1}{a(n+1)}(ax+b)^{n+1} + C$
> (단, C는 적분상수)

SECTION 3 부정적분의 성질

① $\int kf(x)\,dx = k\int f(x)\,dx$ (단, k는 상수)

② $\int \{f(x) + g(x)\}\,dx = \int f(x)\,dx + \int g(x)\,dx$

③ $\int \{f(x) - g(x)\}\,dx = \int f(x)\,dx - \int g(x)\,dx$

부정적분

☞ 해설 P.516

1 부정적분

➤ **예제문제 01**

※ 함수 $f(x)$의 한 부정적분을 $F(x)$라고 한다. $xf(x)-F(x)=x^3-4x^2$, $f(1)=-\dfrac{25}{2}$일 때, $f(2)$의 값은?

① -20 ② -18

③ -16 ④ -14

풀이 $xf(x)-F(x)=x^3-4x^2$의 양변을 미분하면

$f(x)+xf'(x)-F'(x)=3x^2-8x$

$F'(x)=f(x)$이므로 $f'(x)=3x-8$

$\therefore f(x)=\displaystyle\int f'(x)dx=\int(3x-8)dx=\dfrac{3}{2}x^2-8x+C$

$f(1)=\dfrac{25}{2}$이므로 $C=-6$

$\therefore f(x)=\dfrac{3}{2}x^2-8x-6$이므로

$f(2)=6-16-6=-16$

답 ③

유제 1-1 함수 $f(x)$가 $f'(x)=3x^2+2x$, $f(-1)=1$을 만족시킬 때, $f(1)$의 값은?

① 1 ② 2

③ 3 ④ 4

유제 1-2 곡선 $y=f(x)$는 점 $(0,\ -2)$를 지나고, 곡선 위의 임의의 점 $(x,\ y)$에서의 접선의 기울기는 $3x^2-6x+4$이다. 이때, 방정식 $f(x)=0$의 모든 근의 합은?

① 1 ② 3

③ 5 ④ 7

Answer   1-1. ③   1-2. ②

부정적분

☞ 해설 P.516

1 두 다항함수 $f(x)$, $g(x)$가 $f(0) = -3$, $g(0) = 2$이고, $\dfrac{d}{dx}\{f(x) + g(x)\} = 3$, $\dfrac{d}{dx}\{f(x)g(x)\} = 4x + 1$ 을 만족할 때, $f(10) + g(20)$의 값은?

① 29 ② 37
③ 39 ④ 49

2 함수 $f(x)$가 $\displaystyle\int (3x + 1)f(x)dx = x^3 + 2x^2 + x + C$(단, C는 상수)를 만족할 때, $f(1)$의 값은?

① 1 ② 2
③ 3 ④ 4

3 다항함수 $f(x)$에 대하여 $f'(x) = 3x^2 - 2x + a$이고, $f(x)$를 $x^2 - x - 2$로 나누었을 때 나머지가 $x - 2$ 이다. 이때, $f(3)$의 값은?

① 11 ② 12
③ 13 ④ 14

Answer　1.③　2.②　3.③

4 다항함수 $y = f(x)$가 다음 두 조건을 만족시킨다.

> (가) 모든 실수 x, y에 대하여 $f(x+y) = f(x) + f(y)$
> (나) $f'(0) = 2$

이때, $\dfrac{f'(1)}{f(1)}$ 의 값은?

① $\dfrac{1}{4}$

② $\dfrac{1}{2}$

③ $\dfrac{3}{4}$

④ 1

5 함수 $f(x) = \displaystyle\int \{(x-1)^3 + 5x - 1\}\, dx$ 일 때, $\displaystyle\lim_{h \to 0} \dfrac{f(1+2h) - f(1-h)}{h}$ 의 값은?

① 4

② 8

③ 12

④ 16

Answer   4.④   5.③

32

정적분의 정의와 성질

SECTION 1 구분구적분

어떤 도형의 넓이나 부피를 구할 때, 주어진 도형을 넓이 또는 부피를 알고 있는 기본 도형으로 세분하여 근삿값을 구하고, 이 근삿값의 극한값으로 주어진 도형의 넓이나 부피는 구하는 방법을 구분구적분이라 한다.

SECTION 2 정적분의 정의

함수 $y=f(x)$가 구간 $[a, b]$에서 연속이고 구간 $[a, b]$를 n등분한 x축 위의 각 점을 차례로 $a=x_0, x_1, x_2, \cdots, x_n=b$라 할 때, $\displaystyle\lim_{n\to\infty}\sum_{k=1}^{n}f(x_k)\Delta x$의 값을 $f(x)$의 a에서 b까지의 정적분이라 하고, 기호로 $\displaystyle\int_a^b f(x)dx$로 나타낸다.

즉, $\displaystyle\int_a^b f(x)dx = \lim_{n\to\infty}\sum_{k=1}^{n}f(x_k)\Delta x$ $\left(\text{단, } \Delta x = \dfrac{b-a}{n}, \ x_k = a + k\Delta x\right)$

SECTION 3 정적분의 기본정리

(1) 정적분의 기본정리

함수 $f(x)$가 구간 $[a, b]$에서 연속이고, $f(x)$의 한 부정적분을 $F(x)$라 할 때,

$$\int_a^b f(x)dx = \left[F(x)\right]_a^b = F(b) - F(a)$$

(2) $a \geq b$인 경우에는 정적분 $\displaystyle\int_a^b f(x)dx$를 다음과 같이 정의한다.

① $a = b$일 때, $\displaystyle\int_a^b f(x)dx = 0$

② $a > b$일 때, $\displaystyle\int_a^b f(x)dx = -\int_b^a f(x)dx$

SECTION 4   **정적분의 성질**

두 함수 $f(x)$, $g(x)$가 세 실수 a, b, c를 포함하는 구간에서 연속일 때,

(1) $\displaystyle\int_a^b kf(x)dx = k\int_a^b f(x)dx$ (단, k는 상수)

(2) $\displaystyle\int_a^b \{f(x) \pm g(x)\}dx = \int_a^b f(x)dx \pm \int_a^b g(x)dx$ (복호동순)

(3) $\displaystyle\int_a^b f(x)dx = \int_a^c f(x)dx + \int_c^b f(x)dx$

SECTION 5   **우함수와 기함수의 정적분**

함수 $y = f(x)$가 구간 $[-a, a]$에서 연속일 때,

(1) $f(-x) = f(x)$, 즉 우함수이면 $\displaystyle\int_{-a}^a f(-x)dx = 2\int_0^a f(x)dx$

(2) $f(-x) = -f(x)$, 즉 기함수이면 $\displaystyle\int_{-a}^a f(x)dx = 0$

SECTION 6   **정적분으로 표시된 함수**

(1) 정적분으로 표시된 함수의 미분

① $\displaystyle\frac{d}{dx}\int_a^x f(t)dt = f(x)$ ② $\displaystyle\frac{d}{dx}\int_x^{x+a} f(t)dt = f(x+a) - f(x)$

(2) 정적분으로 표시된 함수의 극한

① $\displaystyle\lim_{x\to 0}\frac{1}{x}\int_a^{x+a} f(t)dt = f(a)$ ② $\displaystyle\lim_{x\to a}\frac{1}{x-a}\int_a^x f(t)dt = f(a)$

SECTION 7   **정적분과 급수**

(1) $\displaystyle\lim_{n\to\infty}\sum_{k=1}^n f\left(a + \frac{b-a}{n}k\right)\frac{b-a}{n} = \int_a^b f(x)dx$

(2) $\displaystyle\lim_{n\to\infty}\sum_{k=1}^n f\left(\frac{p}{n}k\right)\frac{p}{n} = \int_0^p f(x)dx$ **(3)** $\displaystyle\lim_{n\to\infty}\sum_{k=1}^n f\left(\frac{k}{n}\right)\frac{1}{n} = \int_0^1 f(x)dx$

정적분의 정의와 성질

☞ 해설 P.517

1 정적분의 계산

➤➤ **예제문제 01**

* $\displaystyle\int_0^2 |x^2(x-1)| dx$ 의 값은?

① $\dfrac{3}{2}$

② 2

③ $\dfrac{5}{2}$

④ 3

풀이
$$\int_0^2 |x^2(x-1)| dx = -\int_0^1 x^2(x-1) dx + \int_1^2 x^2(x-1) dx$$
$$= \left[-\frac{1}{4}x^4 + \frac{1}{3}x^3\right]_0^1 + \left[\frac{1}{4}x^4 - \frac{1}{3}x^2\right]_1^2$$
$$= \left(-\frac{1}{4} + \frac{1}{3}\right) + \left\{\frac{1}{4}(2^4-1^4) - \frac{1}{3}(2^3-1^3)\right\} = \frac{3}{2}$$

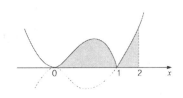

답 ①

유제 **1-1** 함수 $f(x) = 6x^2 + 2ax$ 가 $\displaystyle\int_0^1 f(x) dx = f(1)$ 을 만족시킬 때, 상수 a의 값은?

① -4

② -2

③ 0

④ 2

유제 **1-2** 정적분 $\displaystyle\int_1^2 (3x^2+1) dx$ 의 값은?

① -8

② -4

③ 0

④ 8

Answer   1-1.①   1-2.④

2 정적분의 성질

예제문제 02

✳ 정적분 $\int_0^1 \dfrac{x^3}{x+1}dx - \int_1^0 \dfrac{1}{t+1}dt$의 값은?

① $\dfrac{1}{6}$ ② $\dfrac{5}{6}$

③ 1 ④ 2

풀이

$$\int_0^1 \frac{x^3}{x+1}dx - \int_1^0 \frac{1}{t+1}dt = \int_0^1 \frac{x^3}{x+1}dx - \int_1^0 \frac{1}{x+1}dx$$

$$= \int_0^1 \frac{x^3}{x+1}dx + \int_0^1 \frac{1}{x+1}dx = \int_0^1 \frac{x^3+1}{x+1}dx$$

$$= \int_0^1 \frac{(x+1)(x^2-x+1)}{x+1}dx = \int_0^1 (x^2-x+1)dx$$

$$= \frac{5}{6}$$

답 ②

2014년 6월 28일 서울특별시 기출유형

유제 2-1 정적분 $\int_{-1}^0 (x^3+x^2+2x+4)dx + \int_0^1 (x^3+x^2+2x+4)dx$ 의 값은?

① $\dfrac{17}{3}$ ② $\dfrac{20}{3}$

③ $\dfrac{23}{3}$ ④ $\dfrac{26}{3}$

유제 2-2 임의의 다항함수 $f(x)$에 대하여 $\int_{-2}^0 f(x)dx - \int_1^0 f(x)dx + \int_1^a f(x)dx = 0$이 항상 성립하도록 하는 상수 a의 값은?

① -2 ② 2

③ -3 ④ 3

Answer   2-1.④   2-2.①

3 정적분으로 표시된 함수

예제문제 03

✳ 함수 $f(x)$가 $\displaystyle\int_1^{x+2} f(t)dt = x^3 + ax$를 만족시킬 때, $f(2)$의 값은?

① -1 　　　　　　　　　② 0

③ 1 　　　　　　　　　　④ 2

풀이 $\displaystyle\int_1^{x+2} f(t)dt = x^3 + ax$

$x = -1$을 대입하면 $0 = -1 - a$, $a = -1$

x에 대하여 미분하면 $f(x+2) = 3x^2 - 1$

$x = 0$을 대입하면 $f(2) = -1$

답 ①

유제 3-1 함수 $f(x) = x^3 + 3x^2 - 2x - 1$에 대하여 $\displaystyle\lim_{x \to 2} \frac{1}{x-2}\int_2^x f(t)dt$의 값은?

① 9 　　　　　　　　　② 10

③ 13 　　　　　　　　　④ 15

유제 3-2 다항함수 $f(x)$가 모든 실수 x에 대해서 $f(x) = x^3 - 3x^2 + \displaystyle\int_0^2 f(t)dt$을 만족시킬 때, 함수 $f(0)$을 구하면?

① 1 　　　　　　　　　② 2

③ 3 　　　　　　　　　④ 4

Answer　　3-1.④　3-2.④

4 정적분과 급수

✳ $\displaystyle\lim_{n \to \infty} \frac{1}{n^5}[(n+1)^4 + (n+2)^4 + (n+3)^4 + \cdots + (2n)^4]$의 값은?

① $\dfrac{24}{5}$　　　　　　　　　　　② $\dfrac{28}{5}$

③ $\dfrac{31}{5}$　　　　　　　　　　　④ $\dfrac{33}{5}$

풀이 $\displaystyle\lim_{n \to \infty} \frac{1}{n^5}[(n+1)^4 + (n+2)^4 + (n+3)^4 + \cdots + (2n)^4]$

$\displaystyle= \lim_{n \to \infty} \frac{1}{n}\left[\left(1+\frac{1}{n}\right)^4 + \left(1+\frac{2}{n}\right)^4 + \cdots + \left(1+\frac{n}{n}\right)^4\right]$

$\displaystyle= \lim_{n \to \infty} \sum_{k=1}^{n}\left(1+\frac{k}{n}\right)^4 \cdot \frac{1}{n}$

$\displaystyle= \int_{1}^{2} x^4 dx = \left[\frac{1}{5}x^5\right]_{1}^{2} = \frac{1}{5}(2^5 - 1) = \frac{31}{5}$

답 ③

2015년 6월 13일 서울특별시 기출유형

유제 4-1 $f(x) = 3x^2 - 6x$일 때, $\displaystyle\lim_{n \to \infty}\sum_{k=1}^{n}f\left(1+\frac{2k}{n}\right)\frac{3}{n}$의 값은?

① 3　　　　　　　　　　　② 6

③ 9　　　　　　　　　　　④ 12

유제 4-2 $\displaystyle\lim_{n \to \infty}\sum_{k=1}^{n}\left(3+\frac{2k}{n}\right)^2\frac{1}{n}$을 정적분으로 나타낸 것 중 옳지 않은 것은?

① $\displaystyle\int_{0}^{1}(3+2x)^2 dx$　　　　　　② $\displaystyle\frac{1}{2}\int_{0}^{2}(3+x)^2 dx$

③ $\displaystyle\frac{1}{3}\int_{0}^{3}(3+x)^2 dx$　　　　　　④ $\displaystyle\frac{1}{2}\int_{3}^{5}x^2 dx$

Answer　　4-1. ①　4-2. ③

정적분의 정의와 성질

☞ 해설 P.518

2016년 9급 사회복지직

1 정적분 $\int_{-2}^{2} (3x^2 + x)dx$의 값은?

① 16

② 18

③ 20

④ 22

1994년 서울시 9급 행정직

2 함수 $f(x) = \begin{cases} x^2 & (0 \le x \le 1) \\ 2x - x^2 & (1 \le x \le 2) \end{cases}$에 대하여 $\int_{0}^{2} f(x)dx$를 구하면?

① -2

② 1

③ 2

④ 4

1994년 전북 9급 행정직

3 정적분 $\int_{0}^{3} |x(x-2)|dx$를 구하면?

① 3

② 8

③ $\dfrac{8}{3}$

④ 10

Answer　1.①　2.②　3.③

2016년 9급 국가직

4 정적분 $\displaystyle\int_{-1}^{2} |x^2-1|\,dx$ 의 값은?

① $\dfrac{4}{3}$ ② 2

③ $\dfrac{8}{3}$ ④ $\dfrac{10}{3}$

2015년 9급 사회복지직

5 구간 $[0,\,d]$에서 정의된 함수 $y=f(x)$의 그래프가 다음과 같을 때, 함수 $g(x)=\displaystyle\int_{0}^{x} f(t)\,dt$ $(0 \le x \le d)$

의 최댓값은? (단, 상수 $a,\,b,\,c,\,d$는 $0 < a < b < c < d$를 만족한다.)

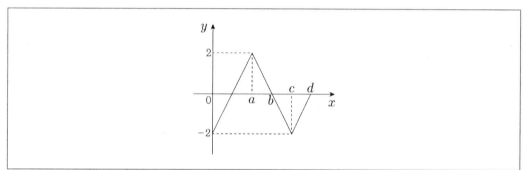

① $g(a)$ ② $g(b)$

③ $g(c)$ ④ $g(d)$

Answer 4.③ 5.②

6

$f(x) = 4x + \int_0^3 f(x)dx$를 만족하는 함수 $f(x)$를 구하면?

① $2x^2 + 3x + 1$　　　　　　② $2x^2 + 3x + 4$

③ $4x$　　　　　　④ $4x - 9$

7

$\lim_{h \to 0} \dfrac{1}{h} \int_1^{1+h} (x^2 + x + 1)dx$의 값은?

① 1　　　　　　② 2

③ 3　　　　　　④ 4

8

$\lim_{h \to 0} \dfrac{1}{h} \int_1^{1+h} (x^3 - 2x^2 + 3)\,dx$의 값은?

① -4　　　　　　② -1

③ 2　　　　　　④ 5

9

함수 $f(x) = x^3 - x^2$의 역함수를 $g(x)$라 할 때, $\int_1^2 f(x)dx + \int_0^4 g(x)dx$의 값은?

① 2　　　　　　② 4

③ 6　　　　　　④ 8

Answer　6.④　7.③　8.③　9.④

10 수열 $\{a_n\}$ 에 대하여 $a_n = \int_0^1 (1 + 4x^2 + 9x^3 + \cdots + n^2 x^{n-1})\,dx$ 가 성립할 때, $\lim\limits_{n\to\infty} \dfrac{a_n}{n^2}$ 의 값을 정적분을 이용하여 구하면?

① $\dfrac{1}{4}$ ② $\dfrac{1}{3}$

③ $\dfrac{1}{2}$ ④ 1

2015년 9급 지방직

11 사차함수 $f(x)$ 와 그 도함수 $f'(x)$ 가 다음 조건을 만족시킬 때, $\dfrac{f(3)}{f(2)}$ 의 값은?

> (가) $f(1) = f'(1) = 0$
>
> (나) 임의의 실수 α 에 대하여 $\displaystyle\int_{-1-\alpha}^{1+\alpha} f'(x)\,dx = 0$ 이다.

① $\dfrac{64}{9}$ ② $\dfrac{81}{16}$

③ $\dfrac{1}{4}$ ④ $\dfrac{121}{36}$

2014년 9급 지방직

12 이차함수 $y = f(x)$ 의 그래프가 아래로 볼록이고 두 점 $(1,\,0)$, $(3,\,0)$ 을 지난다. 함수 $g(x) = \displaystyle\int_0^x f(t)\,dt$ 의 극댓값이 4일 때, $f(x)$ 의 최솟값은?

① -1 ② -2

③ -3 ④ -4

Answer   10.③   11.①   12.③

33 정적분의 활용

Check! ▶ ·····················

SECTION 1 · 좌표축과 곡선 사이의 넓이

(1) 함수 $y=f(x)$가 닫힌구간 $[a,\ b]$에서 연속일 때, 곡선 $y=f(x)$와 x축 및 두 직선 $x=a$, $x=b$로 둘러싸인 도형의 넓이를 S라 하면

$$S=\int_a^b |f(x)|dx$$

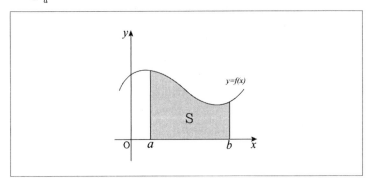

(2) 함수 $x=g(y)$가 닫힌구간 $[c,\ d]$에서 연속일 때, 곡선 $x=g(y)$와 y축 및 두 직선 $y=c$, $y=d$로 둘러싸인 도형의 넓이를 S라 하면

$$S=\int_c^d |g(y)|dy$$

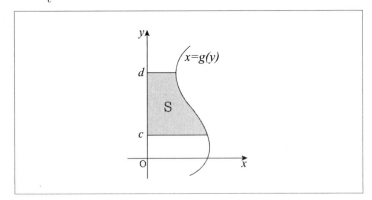

SECTION 2 　두 곡선 사이의 넓이

두 함수 $y=f(x)$와 $y=g(x)$가 구간 $[a,\ b]$에서 연속일 때, 두 곡선 $y=f(x)$와 $y=g(x)$ 및 두 직선 $x=a$, $x=b$로 둘러싸인 도형의 넓이를 S라 하면

$$S=\int_a^b |f(x)-g(x)|dx$$

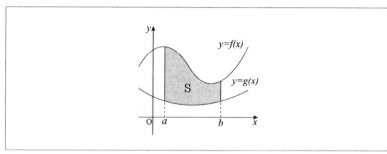

SECTION 3 　곡선과 x축으로 둘러싸인 두 도형의 넓이를 각각 S_1, S_2 라 할 때

$S_1=S_2$이면 $\displaystyle\int_a^b f(x)dx=0$

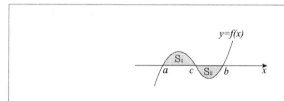

SECTION 4 　속도와 거리

수직선 위를 움직이는 점 P의 시각 t에서의 속도가 $v(t)$이고, 시각 $t=t_0$에서의 위치가 x_0일 때,

(1) **시각 t에서의 점 P의 위치**: $x(t)$　$x(t)=x_0+\displaystyle\int_{t_0}^t v(t)dt$

(2) **시각 $t=a$에서 $t=b$까지 점 P의 위치의 변화량**: $\displaystyle\int_a^b v(t)dt$

(3) **시각 $t=a$에서 $t=b$까지 점 P가 실제 움직인 거리**: $\displaystyle\int_a^b |v(t)|dt$

예제&유제문제

33 >> 정적분의 활용

☞ 해설 P.520

1 곡선과 좌표축 사이의 넓이

➤ **예제문제 01**

2014년 4월 19일 안전행정부 기출유형

✳ 곡선 $y = x^3 - 3x + 2$와 x축으로 둘러싸인 도형의 넓이는?

① $\dfrac{25}{4}$

② $\dfrac{13}{2}$

③ $\dfrac{27}{4}$

④ 7

풀이 $y = x^3 - 3x + 2 = (x-1)^2(x+2)$와 x축으로 둘러싸인 도형은 다음 그림과 같다.

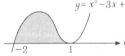

$$\int_{-2}^{1} (x^3 - 3x + 2)dx = \left[\frac{1}{4}x^4 - \frac{3}{2}x^2 + 2x \right]_{-2}^{1} = \left(\frac{1}{4} - \frac{3}{2} + 2 \right) - (4 - 6 - 4) = \frac{27}{4}$$

답 ③

유제 1-1 곡선 $y = x^2 - 2x$와 x축, $x = 3$으로 둘러싸인 도형의 넓이는?

① $\dfrac{5}{3}$

② 2

③ $\dfrac{7}{3}$

④ $\dfrac{8}{3}$

유제 1-2 곡선 $y = x(x-1)(x-a)$와 x축으로 둘러싸인 두 도형의 넓이가 같을 때, 상수 a의 값은? (단, $a > 1$)

① $\dfrac{4}{3}$

② 2

③ $\dfrac{5}{3}$

④ $\dfrac{3}{2}$

Answer   1-1.④ 1-2.②

2 두 곡선 사이의 넓이

＊ 두 곡선 $y = x^2 - x$와 $y = -x^2 + 3x + 4$로 둘러싸인 도형의 넓이는?

① $2\sqrt{3}$ ② $4\sqrt{3}$

③ $6\sqrt{3}$ ④ $8\sqrt{3}$

풀이 곡선 $y = x^2 - x$와 곡선 $y = -x^2 + 3x + 4$의 교점의 x좌표는

$x^2 - x = -x^2 + 3x + 4$, $x^2 - 2x - 2 = 0$

근의 공식에 의하면 $x = 1 \pm \sqrt{3}$ 이고 이를 각각 α, β라 하면

$\displaystyle\int_{\alpha}^{\beta} \{(-x^2 + 3x + 4) - (x^2 - x)\}dx$

$\displaystyle = \int_{\alpha}^{\beta} (-2x^2 + 4x + 4)dx$

$\displaystyle = \frac{|-2|}{6}(\beta - \alpha)^3$

$\displaystyle = \frac{1}{3}\left(\sqrt{(\alpha - \beta)^2}\right)^3$

$\displaystyle = \frac{1}{3}\left(\sqrt{(\alpha + \beta)^2 - 4\alpha\beta}\right)^3$

$\displaystyle = \frac{1}{3}\{(1 + \sqrt{3}) - (1 - \sqrt{3})\}^3$

$= 8\sqrt{3}$

답 ④

유제 2-1 두 곡선 $x = y^2$와 $x = y + 2$로 둘러싸인 도형의 넓이는?

① 3 ② $\dfrac{7}{2}$

③ 4 ④ $\dfrac{9}{2}$

유제 2-2 두 곡선 $y = x^3 - (2a + 1)x^2 + a(a + 1)x$와 $y = x^2 - ax$로 둘러싸인 두 부분의 넓이가 같아지도록 하는 a의 값은? (단, $a > 0$)

① 1 ② 2

③ 3 ④ 4

3 속도와 거리

➤ **예제문제 03**

✳ 원점을 출발하여 수직선 위를 7초 동안 움직이는 점 P의 t초 후의 속도 $v(t)$가 오른쪽 그림과 같을 때, 다음 설명 중 옳은 것을 모두 고르면?

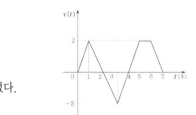

㉠ 점 P는 출발하고 나서 1초 동안 멈춘 적이 있다.
㉡ 점 P는 움직이는 동안 방향을 3번 바꾸었다.
㉢ 점 P는 출발하고 나서 4초가 지났을 때 출발점에 있었다.

① ㉠   ② ㉢
③ ㉠, ㉡   ④ ㉠, ㉢

풀이 ㉠ 1초 동안 속도가 0인 지점은 존재하지 않는다. (거짓)
  ㉡ $v(t)=0$인 t의 값은 $t=2$, 4이고 이 시각에 $v(t)$의 부호가 바뀌었으므로 운동방향이 두 번 바뀐 것이다. (거짓)
  ㉢ $\int_0^t v(t)dt=0$일 때이므로 $t=4$인 순간의 동점 P의 위치는 원점이다. (참)

답 ②

유제 3-1 x축 위를 움직이는 점 P는 원점을 출발한 후 t초가 지났을 때의 속도가 $v=2-t(m/s)$라고 할 때, $t=0$일 때부터 $t=3$일 때까지 점 P가 움직인 거리는?

① $\dfrac{3}{2}$ ② 2

③ $\dfrac{5}{2}$ ④ 4

유제 3-2 일직선으로 곧게 뻗은 도로 위에 두 자동차 A, B가 있다. B의 t초 후의 속도는 $t^2(m/초)$이고, A는 B의 $18m$ 뒤에서 출발하여 일정한 속도로 B를 뒤쫓아 간다. 두 자동차가 동시에 출발한 지 3초 후에 만난다고 할 때, 자동차 A의 속도는? (단, 자동차의 길이는 무시한다.)

① $9(m/초)$ ② $10.5(m/초)$
③ $12(m/초)$ ④ $13.5(m/초)$

Answer   3-1.③   3-2.①

연/습/문/제

정적분의 활용

☞ 해설 P.521

1992년 서울시 9급 행정직

1 직선 $y = x + 1$과 곡선 $y = x^2 - 1$로 둘러싸인 도형의 면적을 구하면?

① 7

② 5

③ $\dfrac{1}{2}$

④ $\dfrac{9}{2}$

1994년 대전시 9급 행정직

2 곡선 $y = x^3 - 5x^2 + 8x - 4$와 x축으로 둘러싸인 부분의 넓이는?

① $\dfrac{1}{4}$

② $\dfrac{1}{6}$

③ $\dfrac{1}{12}$

④ $\dfrac{1}{9}$

2014년 9급 사회복지직

3 두 곡선 $y = x^3 - x$, $y = x^2 - 1$로 둘러싸인 도형의 넓이는?

① 1

② $\dfrac{4}{3}$

③ $\dfrac{5}{3}$

④ 2

Answer 1.④ 2.③ 3.②

4 곡선 $y = x^2 - 2x$와 x축으로 둘러싸인 부분의 넓이는?

① $\dfrac{1}{3}$

② $\dfrac{2}{3}$

③ 1

④ $\dfrac{4}{3}$

5 곡선 $y = 6x^2 + 1$과 x축 및 두 직선 $x = 1 - h$, $x = 1 + h$ $(h > 0)$로 둘러싸인 부분의 넓이를 $S(h)$라 할 때, $\displaystyle\lim_{h \to +0} \dfrac{S(h)}{h}$의 값은?

① 12

② 14

③ 16

④ 18

6 $x \geq 0$일 때, 두 곡선 $y = x^{n+2}$과 $y = x^2$으로 둘러싸인 도형의 넓이를 S_n이라 하자. $\displaystyle\lim_{n \to \infty} S_n$의 값은? (단, n은 자연수)

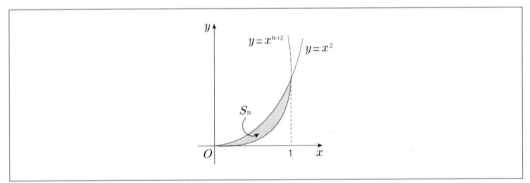

① $\dfrac{1}{6}$

② $\dfrac{1}{4}$

③ $\dfrac{1}{3}$

④ $\dfrac{5}{12}$

Answer   4.④ 5.② 6.③

7 점 $(1, 2)$를 지나고 기울기가 m인 직선과 곡선 $y = x^2$으로 둘러싸인 부분의 넓이를 $S(m)$이라 하자. $S(m)$의 **최솟값**이 $\dfrac{q}{p}$일 때, $p+q$의 값은? (단, p, q는 서로소인 자연수)

① 7   ② 8

③ 9   ④ 10

8 처음 속도 $20\text{m}/\text{sec}$로 똑바로 위로 발사한 물체의 t초 후의 속도 v가 $v = 20 - 10t$일 때, 발사 후 3초 동안의 실제 운동 거리는?

① $15\ \text{m}$ ② $25\ \text{m}$

③ $30\ \text{m}$ ④ $50\ \text{m}$

9 같은 높이의 지면에서 동시에 출발하여 지면과 수직인 방향으로 올라가는 두 물체 A, B가 있다. 그림은 시각 $t\,(0 \le t \le c)$에서 물체 A의 속도 $f(t)$와 물체 B의 속도 $g(t)$를 나타낸 것이다.

$\displaystyle \int_0^c f(t)dt = \int_0^c g(t)dt$이고 $0 \le t \le c$일 때, 옳은 것만을 〈보기〉에서 모두 고른 것은?

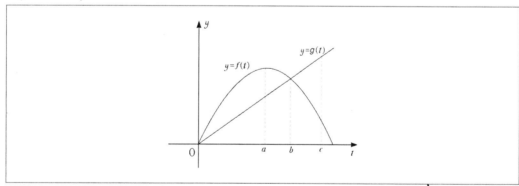

ㄱ. $t = a$일 때, 물체 A는 물체 B보다 높은 위치에 있다.
ㄴ. $t = b$일 때, 물체 A와 물체 B의 높이의 차가 최대이다.
ㄷ. $t = c$일 때, 물체 A와 물체 B는 같은 높이에 있다.

① ㄴ   ② ㄷ

③ ㄱ, ㄴ   ④ ㄱ, ㄴ, ㄷ

Answer   7.①   8.②   9.④

파워특강 수학(확률과 통계)

합격에 한 걸음 더 가까이!

순열과 조합을 바탕으로 한 단원으로 경우의 수를 통하여 여러 가지 확률을 구하는 방법을 익히는 것이 중요합니다. 배반사건, 조건부 확률, 독립과 종속, 독립시행의 개념을 정확히 이해하고 이를 활용하여 확률 문제를 해결할 수 있도록 합니다.

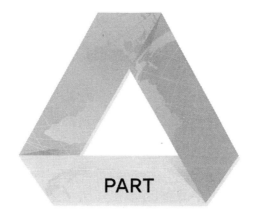

PART

12

순열과 조합

34

순열

SECTION 1

경우의 수

(1) 합의 법칙

두 사건 A, B가 동시에 일어나지 않을 때, 사건 A, B가 일어나는 경우의 수를 m, n이라 하면 A 또는 B가 일어나는 경우의 수는 $m+n$(가지)이다.

(2) 곱의 법칙

사건 A가 일어나는 경우의 수가 m이고, 그 각각에 대하여 사건 B가 일어나는 경우의 수가 n일 때, 두 사건 A, B가 동시에 일어나는 경우의 수는 $m \times n$ (가지)이다.

> **예** $(a+b)(x+y+z)$를 전개할 때, 항의 개수는?
>
> **답** $(a+b)(x+y+z)$이므로
> $2 \times 3 = 6$

SECTION 2

순열

(1) 순열의 뜻

서로 다른 n개의 원소에서 $r(r \leq n)$개를 택하여 일렬로 나열하는 것을 n개에서 r개를 택하는 순열이라고 하고, 그 순열의 수를 $_n\mathrm{P}_r$로 나타낸다.

(2) n의 계승

1부터 n까지의 자연수를 차례로 곱한 것을 n의 계승이라 하고, 기호로 $n!$과 같이 나타낸다.

$$n! = n(n-1)(n-2) \cdots 3 \cdot 2 \cdot 1$$

(3) 순열의 수

① $_n\mathrm{P}_r = n(n-1)(n-2) \cdots (n-r+1) = \dfrac{n!}{(n-r)!}$ (단, $0 \leq r \leq n$)

② $_n\mathrm{P}_n = n(n-1)(n-2) \cdots 3 \cdot 2 \cdot 1 = n!$

③ $_n\mathrm{P}_0 = 1$, $0! = 1$

> **POINT 팁** 양의 약수의 개수
>
> $N = a^\alpha b^\beta c^\gamma$
> (단, a, b, c는 서로 다른 소수)
>
> (ⅰ) 양의 약수의 개수
> $(\alpha+1)(\beta+1)(\gamma+1)$
>
> (ⅱ) 양의 약수의 총합
> $(1+\alpha+\alpha^2+\cdots+\alpha^n)$
> $(1+\beta+\beta^2+\cdots+\beta^n)$
> $(1+\gamma+\gamma^2+\cdots+\gamma^n)$

SECTION 3 여러 가지 순열

(1) 원순열

서로 다른 n개를 원형으로 배열하는 원순열의 수는 $\dfrac{n!}{n} = (n-1)!$이다.

(2) 중복순열

서로 다른 n개에서 중복을 허용하여 r개로 만든 중복순열의 수는 $_n\Pi_r$로 나타내고, $_n\Pi_r = n^r$이다.

(3) 같은 것이 있는 순열

n개 중에서 같은 것이 각각 p개, q개,$\cdots$, r개가 있을 때, n개를 일렬로 나열하는 순열의 수는 $\dfrac{n!}{p!\,q!\cdots r!}$ (단, $p+q+\cdots+r=n$)이다.

34

>> 순열

☞ 해설 P.523

---

1   경우의 수

➤ **예제문제 01**

＊ A, B 두 개의 주사위를 던질 때, A와 B의 눈의 합이 홀수인 경우의 수는?

① 6   ② 12

③ 18   ④ 24

풀이 A, B 주사위의 눈을 순서쌍 (a, b)라 하면

합이 3인 경우 : $(1, 2)$, $(2, 1)$

합이 5인 경우 : $(1, 4)$, $(2, 3)$, $(3, 2)$, $(4, 1)$

합이 7인 경우 : $(1, 6)$, $(2, 5)$, $(3, 4)$, $(4, 3)$, $(5, 2)$, $(6, 1)$

합이 9인 경우 : $(3, 6)$, $(4, 5)$, $(5, 4)$, $(5, 3)$

합이 11인 경우 : $(5, 6)$, $(6, 5)$

따라서 모두 18가지

답 ③

유제 1-1 방정식 $x+2y+3z=7$를 만족하는 양의 정수의 해는 몇 개인가?

① 0개   ② 1개

③ 2개   ④ 3개

유제 1-2 $2 < x+y \leq 5$를 만족하는 자연수 x, y의 순서쌍 (x, y)는 모두 몇 개인가?

① 5개   ② 6개

③ 7개   ④ 9개

Answer   1-1.②   1-2.④

2 경로의 개수

예제문제 02

✱ 다음 그림에서 P지점에서 R지점까지 가는 모든 경우의 수는?

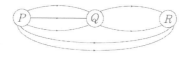

① 3가지   ② 5가지

③ 6가지   ④ 8가지

풀이 경로 $P \to Q \to R$ 경우 $3 \times 2 = 6$(가지)

경로 $P \to R$ 경우 2(가지)

따라서 $6 + 2 = 8$(가지)

답 ④

유제 2-1 네 지점 A, B, C, D 사이에 그림과 같은 길이 있다. A지점에서 B지점 또는 C지점을 지나 D지점까지 가는 방법의 수는? (단, 같은 길, 같은 지점은 두 번 지나지 않는다.)

① 31

② 33

③ 35

④ 37

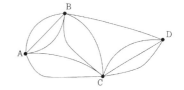

유제 2-2 오른쪽 그림과 같이 주어진 정육면체에서 모서리를 따라 A에서 G로 가는 최단경로의 수는?

① 4

② 5

③ 6

④ 7

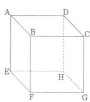

3 약수의 개수

예제문제 03

✳ $2^n \times 5^2$의 양의 약수의 개수가 18개일 때, 자연수 n의 값은?

① 2   ② 3

③ 4   ④ 5

풀이 $2^n \times 5^2$의 양의 약수의 개수가 18개이므로

$(n+1) \times (2+1) = 3 \times (n+1) = 18$

따라서 $n+1 = 6$이므로 $n = 5$

답 ④

유제 3-1 108의 양의 약수의 개수는 얼마인가?

① 12개   ② 14개

③ 16개   ④ 18개

유제 3-2 100원짜리 동전 3개, 50원짜리 동전 2개, 10원짜리 동전 3개의 일부 또는 전부를 사용하여 지불할 수 있는 방법의 수는?

① 43   ② 45

③ 47   ④ 49

Answer   3-1.①   3-2.③

4 사전식 배열법

예제문제 04

✳ 5개의 숫자 0, 1, 2, 3, 4를 한 번씩만 사용하여 만들 수 있는 세 자리 정수의 개수를 구하면?

① 24

② 36

③ 48

④ 64

풀이 처음 백의 자리에는 0이 올 수 없으므로 남은 4개의 숫자가 올 수 있고,
십의 자리와 일의 자리는 남은 4개 중 2개를 뽑아 순서를 정하는 경우와 같으므로
$4 \times {}_4P_2 = 48$(가지)

답 ③

유제 4-1 0, 1, 2, 3의 4개의 숫자 가운데 3개를 사용하여 세 자리 정수를 만들 때, 만들 수 있는 3의 배수의 개수는?

① 4개

② 6개

③ 8개

④ 10개

2014년 4월 19일 안전행정부 기출유형

유제 4-2 다섯 개의 자연수 1, 2, 3, 4, 5를 한 번씩 사용하여 만든 다섯 자리의 정수를 작은 것부터 나열하였을 때, 32000보다 큰 수의 개수는?

① 45

② 66

③ 72

④ 80

Answer   4-1.④   4-2.②

5 이웃하는 순열의 수

예제문제 **05**

＊ 남학생 3명과 여학생 3명이 일렬로 설 때, 여학생은 이웃하지 않게 서는 경우의 수는?

① 138　　　　　　　　　　② 140

③ 142　　　　　　　　　　④ 144

풀이 남학생 3명을 일렬로 세우는 경우의 수는 3!가지이다.
그 각각에 대하여 양 끝과 남학생 사이의 4개의 자리 중
3개의 자리에 여학생 3명을 세우는 경우의 수는 $_4P_3$가지이다.
따라서 구하는 경우의 수는
$3! \times _4P_3 = (3 \times 2 \times 1) \times (4 \times 3 \times 2) = 144$(가지)

답 ④

유제 5-1 6개의 문자 A, B, C, D, E, F를 일렬로 배열할 때, C, D가 이웃하는 경우는 모두 몇 가지인가?

① 240　　　　　　　　　　② 156

③ 166　　　　　　　　　　④ 120

유제 5-2 남학생 3명, 여학생 3명이 일렬로 설 때, 남학생과 여학생이 교대로 서는 방법의 수는?

① 18가지　　　　　　　　② 36가지

③ 48가지　　　　　　　　④ 72가지

Answer　　5-1.①　5-2.④

6 조건을 만족하는 순열의 수

예제문제 06

✳ mother의 모든 문자를 일렬로 나열할 때, o와 e사이에 2개의 문자가 들어 있는 경우는 모두 몇 가지인가?

① 36

② 72

③ 144

④ 216

풀이 o와 e 사이에 2개의 문자가 들어가는 경우의 수는 $_4P_2$가지이고,

o와 e를 나열하는 경우의 수는 2!가지이나,

o○○e를 묶고 전체를 나열하는 경우의 수를 생각하면 3!가지이다.

따라서 구하는 경우의 수는

$_4P_2 \times 2! \times 3! = (4 \times 3) \times 2 \times 6 = 144$(가지)

답 ③

유제 6-1 korean의 6개의 문자를 사용하여 만든 순열 중 적어도 한 쪽 끝에 자음이 오는 경우의 수는?

① 575

② 576

③ 577

④ 578

유제 6-2 다섯 개의 문자 a, b, c, d, e를 모두 써서 만든 순열 중 a로 시작하여 e로 끝나는 순열의 개수는?

① 2

② 4

③ 6

④ 8

Answer   6-1.②   6-2.③

7 교대로 배열하는 원순열의 수

✳ 남학생 3명과 여학생 3명이 원탁에 둘러앉을 때, 남학생끼리는 이웃하지 않는 방법의 수는?

① 4

② 12

③ 24

④ 36

풀이 남학생 3명과 여학생 3명이 원탁에 둘러앉을 때, 남학생끼리는 이웃하지 않는 것은 남학생과 여학생이 교대로 앉는 경우이다. 즉 남학생 3명이 원탁에 둘러앉은 다음 여학생이 남학생 사이에 앉으면 된다. 주의할 것은 남학생이 앉는 것은 원순열이지만 여학생이 앉는 것은 남학생이 앉은 상태에서 앉는 것이기 때문에 원순열이 아니고 일렬로 서는 순열이다. 따라서 구하는 경우의 수는 $(3-1)! \times 3! = 12$(가지)

답 ②

유제 7-1 부모를 포함하여 5명의 가족이 원탁에 둘러앉을 때, 부모가 이웃하는 방법의 수는?

① 6

② 12

③ 18

④ 24

유제 7-2 서로 다른 6개의 구슬이 있다. 이 구슬 6개 모두 실에 꿰어 목걸이를 만드는 방법의 수는?

① 40

② 60

③ 120

④ 180

Answer 7-1.② 7-2.②

8 정수를 만드는 방법의 수

✳ 1, 2, 3, 4의 네 숫자를 사용하여 만들 수 있는 3자리 정수의 개수는? (단, 숫자를 중복하여 사용할 수 있다.)

① 24 ② 48

③ 64 ④ 72

풀이 1, 2, 3, 4의 네 숫자를 중복하여 사용할 수 있으므로, 서로 다른 4개에서 중복하여 3개 택하는 중복순열이다. 따라서 방법의 수는 $_4\Pi_3 = 4^3 = 64$(가지)

답 ③

유제 8-1 0, 1, 2, 3, 4의 다섯 숫자를 사용하여 만들 수 있는 3자리 정수의 개수는?(단, 숫자를 중복하여 사용할 수 있다.)

① 60 ② 100

③ 120 ④ 125

유제 8-2 집합 $A = \{1, 2, 3\}$이 있다. A에서 A로의 함수의 개수를 a, 일대일대응의 개수를 b라 할 때, $a - b$의 값은?

① 15 ② 18

③ 21 ④ 27

9 같은 것이 있는 순열의 수

예제문제 09

✳ $mathematics$에 있는 11개의 문자를 일렬로 나열할 때 양 끝에 m이 오도록 나열하는 방법의 수는?

① $\dfrac{11!}{2!\,2!\,2!}$

② $\dfrac{11!}{2!\,2!}$

③ $\dfrac{9!}{2!\,2!\,2!}$

④ $\dfrac{9!}{2!\,2!}$

풀이 2개의 m이 양 끝에 오게 되므로 나머지 $atheatics$ 즉 a, t 각각 2개, h, e, i, c, s 각각 1개 포함하여 9개를 나열하는 같은 것이 있는 경우의 순열이다. 따라서 방법의 수는 $\dfrac{9!}{2!\,2!\,1!\,1!\,1!\,1!\,1!} = \dfrac{9!}{2!\,2!}$

답 ④

유제 **9-1** $1, 1, 1, 2, 2, 3, 3$의 7개의 숫자를 모두 사용하여 만들 수 있는 7자리 정수의 개수는?

① 28

② 30

③ 60

④ 72

유제 **9-2** 오른쪽 그림과 같은 도로망이 있다. A지점에서 B지점까지 최단 거리로 가는 방법의 수는?

① 24

② 35

③ 42

④ 72

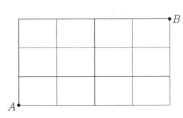

Answer 9-1.② 9-2.②

예제&유제문제

순열

☞ 해설 P.525

1994년 전북 9급 행정직

1 2,000의 양의 약수의 개수는?

① 1   ② 18

③ 20   ④ 24

1994년 서울시 9급 행정직

2 남자 3명과 여자 3명이 한 줄로 설 때, 여학생끼리 이웃하는 경우의 수는?

① 110   ② 120

③ 132   ④ 144

2014년 9급 사회복지직

3 숫자 1, 2, 3, 4, 5, 6을 일렬로 나열하여 순서대로 a_1, a_2, a_3, a_4, a_5, a_6이라고 할 때, $a_1 + a_2 + a_3 = 11$이 되는 경우의 수는?

① 108   ② 120

③ 144   ④ 240

Answer   1.③   2.④   3.①

2014년 9급 국가직

4 다섯 개의 숫자 1, 2, 3, 4, 5를 한 번씩 써서 만들 수 있는 다섯 자리 자연수를 작은 수부터 차례로 나열할 때, 73번째 나타나는 수는?

① 34512   ② 35124

③ 41235   ④ 41325

5 그림과 같은 도로망이 있다. A 지점에서 P를 거치지 않고 B 지점으로 갈 때, 최단거리로 가는 방법의 수는?

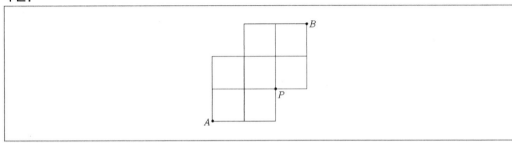

① 9   ② 18

③ 20   ④ 30

Answer   4.③   5.①

6 아래 그림과 같은 직사각형 모양의 식탁에 6명의 가족이 둘러앉는 방법의 수는?

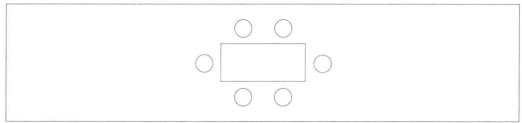

① 120   ② 240

③ 360   ④ 720

7 기호 −와 • 을 네 개 이하로 사용하여 만들 수 있는 부호의 가짓수는?

① 16   ② 28

③ 30   ④ 40

8 여섯 개의 문자 A, A, B, C, D, E 중에서 3개의 문자를 뽑아 일렬로 나열할 수 있는 방법의 수는?

① 60   ② 72

③ 76   ④ 84

Answer   6.③   7.③   8.②

35

조합

Check!

SECTION 1 조합

(1) 조합의 뜻

서로 다른 n개 중에서 순서를 생각하지 않고 r개를 택하는 것을 n개에서 r개를 택하는 조합이라 하고, 이 조합의 수를 기호로 $_n\mathrm{C}_r$로 나타낸다.

(2) 조합의 수

① $_n\mathrm{C}_r = \dfrac{_n\mathrm{P}_r}{r!} = \dfrac{n!}{r!(n-r)!}$ (단, $0 \le r \le n$)

② $_n\mathrm{C}_r = {_n\mathrm{C}_{n-r}}$, $_n\mathrm{C}_0 = {_n\mathrm{C}_n} = 1$

③ $_n\mathrm{C}_r = {_{n-1}\mathrm{C}_{r-1}} + {_{n-1}\mathrm{C}_r}$ (단, $1 \le r \le n-1$)

SECTION 2 분할과 분배

(1) 분할

서로 다른 n개의 물건을 p개, q개, r개$(p+q+r=n)$의 세 묶음으로 나누는 방법의 수

① p, q, r이 모두 다른 수일 때 : $_n\mathrm{C}_p \times {_{n-p}\mathrm{C}_q} \times {_r\mathrm{C}_r}$

② p, q, r 중 같은 수가 $k\,(k=1,\ 2,\ 3)$개일 때 : $_n\mathrm{C}_p \times {_{n-p}\mathrm{C}_q} \times {_r\mathrm{C}_r} \times \dfrac{1}{k!}$

(2) 분배

분할한 것을 배열, 즉 나누어 주는 방법의 수

(분할한 수)×(묶음의 수)! : $_n\mathrm{C}_p \times {_{n-p}\mathrm{C}_q} \times {_r\mathrm{C}_r} \times \dfrac{1}{k!} \times 3!$

Check!

SECTION 3   중복조합

(1) 중복조합

서로 다른 n개에서 중복을 허락하여 r개를 택하는 조합을 중복조합이라 한다.

(2) 중복조합의 수

$$_n\mathrm{H}_r = {}_{n+r-1}\mathrm{C}_r$$

SECTION 4   중복조합의 활용

(1) 방정식 $x+y+z=n$ (n은 자연수)에서

① 음이 아닌 정수해의 개수: $_3\mathrm{H}_n = {}_{3+n-1}\mathrm{C}_n$

② 양의 정수해의 개수: $_3\mathrm{H}_{n-3} = {}_{3+(n-3)-1}\mathrm{C}_{n-3}$ (단, $n \geq 3$)

(2) $(a+b+c)^n$ (n은 자연수)의 전개식에서 서로 다른 항의 개수

$$_3\mathrm{H}_n = {}_{3+n-1}\mathrm{C}_n$$

SECTION 5   이항정리

(1) 이항정리

자연수 n에 대하여 $(a+b)^n$을 전개하면

$$(a+b)^n = {}_n\mathrm{C}_0 a^n + {}_n\mathrm{C}_1 a^{n-1}b + {}_n\mathrm{C}_2 a^{n-2}b^2 + \cdots + {}_n\mathrm{C}_r b^n = \sum_{r=0}^{n} {}_n\mathrm{C}_r a^{n-r}b^r$$

이 식을 이항정리라 하고, $_n\mathrm{C}_0 + {}_n\mathrm{C}_1 + {}_n\mathrm{C}_2 + \cdots + {}_n\mathrm{C}_n = 2^n$ $_n\mathrm{C}_r a^{n-r}b^r$을 일반항, 각 항의 계수 $_n\mathrm{C}_0,\ {}_n\mathrm{C}_1,\ \cdots,\ {}_n\mathrm{C}_n$을 이항계수라고 한다.

(2) 다항정리

자연수 n에 대하여 $(a+b+c)^n$의 전개식에서 일반항은

$$\frac{n!}{p!q!r!} a^p b^q c^r \quad (\text{단},\ p+q+r=n,\ p \geq 0,\ q \geq 0,\ r \geq 0$$

POINT 팁 이항계수 구하는 방법

$a^{n-r}b^r$의 계수는 $_n\mathrm{C}_r$이므로

$\dfrac{n}{(n-r)!r!}$을 이용해서 푼다.

SECTION 6 이항계수의 성질

$(1+x)^n = {}_nC_0 + {}_nC_1x + {}_nC_2x^2 + \cdots + {}_nC_nx^n$을 이용하면

(1) ${}_nC_0 + {}_nC_1 + {}_nC_2 + \cdots + {}_nC_n = 2^n$

(2) ${}_nC_0 - {}_nC_1 + {}_nC_2 - \cdots + (-1)^n {}_nC_n = 0$

(3) ${}_nC_0 + {}_nC_2 + {}_nC_4 + \cdots = {}_nC_1 + {}_nC_3 + {}_nC_5 + \cdots = 2^{n-1}$

(4) ${}_nC_1 + 2{}_nC_2 + 3{}_nC_3 + \cdots + n{}_nC_n = n \cdot 2^{n-1}$

SECTION 7 파스칼의 삼각형

$(a+b)^1$의 계수 ········ ${}_1C_0 \ {}_1C_1$ ····································· 1 1

$(a+b)^2$의 계수 ········ ${}_2C_0 \ {}_2C_1 \ {}_2C_2$ ························ 1 2 1

$(a+b)^3$의 계수 ········ ${}_3C_0 \ {}_3C_1 \ {}_3C_2 \ {}_3C_3$ ·············· 1 3 3 1

$(a+b)^4$의 계수 ········ ${}_4C_0 \ {}_4C_1 \ {}_4C_2 \ {}_4C_3 \ {}_4C_4$ ········ 1 4 6 4 1

$(a+b)^5$의 계수 ········ ${}_5C_0 \ {}_5C_1 \ {}_5C_2 \ {}_5C_3 \ {}_5C_4 \ {}_5C_5$ ···· 1 5 10 10 5 1

SECTION 8 분할

(1) 자연수 n의 분할

① 자연수 n의 분할의 뜻

자연수 n을 n보다 크지 않은 자연수 $n_1, n_2, \cdots, n_k$의 합으로 즉 $n = n_1 + n_2 + \cdots + n_k (n \geq n_1 \geq n_2 \geq \cdots \geq n_k)$와 같이 나타내는 것을 자연수의 분할이라 하고, 자연수 n을 k개의 수로 분할하는 방법의 수를 기호로 $P(n, k)$와 같이 나타낸다.

② 자연수 n의 분할의 수

　ⅰ) $P(n, 1) = 1$, $P(n, n) = 1$

　ⅱ) 자연수 n의 분할의 수는 $P(n, 1) + P(n, 2) + P(n, 3) + \cdots + P(n, n)$이다.

(2) 집합의 분할

원소의 개수가 n인 집합을 공집합이 아니면서 서로소인 k개의 부분집합의 합집합으로 나타내는 것을 그 집합의 분할이라 하고, 원소의 개수가 n인 집합을 k개의 부분집합으로 분할하는 방법의 수를 기호로 $S(n, k)$와 같이 나타낸다.

조합

☞ 해설 P.525

1 조합

예제문제 01

✱ 남학생 4명, 여학생 6명 중 3명의 대표를 뽑을 때, 남녀학생이 각각 적어도 한 명씩 뽑히는 경우의 수는?

① 36   ② 60

③ 72   ④ 96

풀이 총 10명 중 3명을 뽑는 경우는 $_{10}C_3 = 120$(가지)이고
이 중 남자만 뽑는 경우는 $_4C_3 = 4$(가지)
여자만 뽑는 경우는 $_6C_3 = 20$(가지)이므로
적어도 남녀 한 명씩 뽑히는 경우는
$120 - (4 + 20) = 96$가지이다.

답 ④

유제 1-1 남자 6명, 여자 4명 중에서 남자 3명, 여자 2명의 대표를 각각 선출하는 방법은 모두 몇 가지인가?

① 60   ② 80

③ 90   ④ 120

유제 1-2 $_nC_3 = {_nC_7}$을 만족하는 n의 값을 구하면?

① 3   ② 7

③ 10   ④ 21

Answer   1-1.④   1-2.③

2 직선 또는 도형의 개수

예제문제 02

＊ 오른쪽 그림과 같이 반원 위에 7개의 점이 있다. 이 중 세 점을 꼭짓점으로 하는 삼각형의 개수는?

① 34개
② 33개
③ 32개
④ 31개

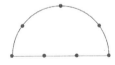

풀이 세 점을 꼭짓점으로 하는 삼각형의 개수는
7개의 점에서 세 점을 택하는 조합의 수에서
지름 위에 있는 네 점 중에서 세 점을 택하는 조합의 수를 빼는 것과 같다.

$$_7C_3 - {_4C_3} = \frac{7 \cdot 6 \cdot 5}{3!} - \frac{4 \cdot 3 \cdot 2}{3!}$$
$$= 35 - 4 = 31(개)$$

답 ④

유제 2-1 오른쪽 그림과 같이 4개의 평행선과 3개의 평행선이 서로 만나고 있다. 이들 평행선으로 이루어지는 평행사변형의 수를 구하면?

① 6
② 12
③ 18
④ 48

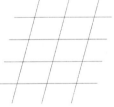

유제 2-2 오른쪽 그림과 같이 원의 둘레를 8등분하는 8개의 점이 있다. 이들 중 세 점을 선택하여 삼각형을 만들 때, 직각삼각형이 될 경우의 수를 구하시오.

① 20
② 22
③ 24
④ 26

Answer   2-1.③ 2-2.③

3 분할과 분배

예제문제 **03**

2015년 6월 13일 서울특별시 기출유형

✻ 50,000원권 지폐 8장이 있다. 이것을 A, B, C, D 네 사람에게 적어도 한 장씩 나누어 주려고 한다. C, D 두 사람에게는 같은 액수를 주기로 할 때, 나누어 줄 수 있는 모든 경우의 수는?

① 9

② 10

③ 11

④ 12

풀이 A, B, C, D 네 사람이 받은 지폐 수를 각각 a, b, c, d라 하면
$a+b+c+d=8$ (단, $a \geq 1$, $b \geq 1$, $c \geq 1$, $d \geq 1$, $c=d$인 정수)
$a-1=x$, $b-1=y$, $c-1=z$, $d-1=w$로 치환하면
$x+y+z+w=4$ (단, x, y, z, w는 음이 아닌 정수, $z=w$)
조건을 만족하는 경우의 수는
ⅰ) $z=w=0$인 경우 $x+y=4$를 만족하는 경우의 수는 $_2H_4 = _5C_4 = 5$
ⅱ) $z=w=1$인 경우 $x+y=2$를 만족하는 경우의 수는 $_2H_2 = _3C_2 = 3$
ⅲ) $z=w=2$인 경우 $x+y=0$를 만족하는 경우의 수는 $_2H_0 = _1C_0 = 1$
따라서 구하는 모든 경우의 수는 $5+3+1=9$이다.

답 ①

유제 3-1 서로 다른 종류의 7송이 꽃이 있다. 2송이, 2 송이, 3송이씩 포장하여 3명의 친구에게 각각 선물하는 방법의 수는?

① 600

② 610

③ 620

④ 630

유제 3-2 3명의 학생에게 서로 다른 책 5권을 1권, 2권, 2권씩 나누어 주는 방법의 수는?

① 60

② 70

③ 80

④ 90

Answer   3-1.④   3-2.④

4 중복조합

➤ **예제문제 04**

✳ 3명의 후보자에게 5명의 유권자가 무기명 투표하는 방법의 수는?

① 19　　　　　　　　　　② 21

③ 56　　　　　　　　　　④ 243

풀이 3명의 후보자를 각각 a, b, c라 할 때,

a가 2표, b가 2표, c가 1표를 얻었다면 이를 (a, a, b, b, c)라 쓸 수 있다.

이것은 a, b, c 세 개 중에서 중복을 허락하여 5개를 뽑는 방법의 수와 같으므로

$_{3+5-1}C_5 = {_7}C_5 = {_7}C_2 = 21$(가지)

답 ②

유제 4-1 검정색, 빨간색, 파란색 공이 각각 8개씩 들어있는 주머니에서 8개의 공을 꺼낼 때, 각 색깔의 공이 적어도 한 개씩은 포함되도록 꺼내는 방법의 수는?

① 19　　　　　　　　　　② 20

③ 21　　　　　　　　　　④ 22

유제 4-2 같은 종류의 인형 10개를 3명의 어린이에게 나누어 주는 방법의 수는? (단, 인형을 하나도 못 받는 어린이도 있을 수 있다.)

① 45　　　　　　　　　　② 55

③ 66　　　　　　　　　　④ 78

Answer　　4-1.③　4-2.③

5 중복조합의 활용

➤ **예제문제 05**

✳ **방정식 $x+y+z=12$의 해 중에서 $x,\ y,\ z$가 모두 음이 아닌 정수해의 개수는?**

① 87   ② 89

③ 91   ④ 93

풀이 방정식 $x+y+z=12$의 해는

서로 다른 3개의 문자 $x,\ y,\ z$에서 중복을 허락하여 12개를 택하는 중복조합의 수와 같다.

따라서 구하는 해의 개수는

$$_{3+12-1}C_{12} = {}_{14}C_{12} = {}_{14}C_2 = \frac{14 \times 13}{2 \times 1} = 91$$

답 ③

유제 5-1 **방정식 $x+y+z=10$의 해 중에서 $x,\ y,\ z$가 모두 양인 정수해의 개수는?**

① 34   ② 36

③ 38   ④ 40

유제 5-2 **$(a+b+c)^{10}$의 전개식에서 서로 다른 항의 개수는?**

① 66   ② 77

③ 88   ④ 99

Answer   5-1.②   5-2.①

6 이항정리

✳ $\left(x - \dfrac{3}{x}\right)^6$ 의 전개식에서 x^2의 계수는?

① 15   ② -45

③ 135   ④ -405

풀이 $_6C_r x^{6-r}\left(-\dfrac{3}{x}\right)^r = {}_6C_r(-3)^r x^{6-2r}$ 이므로

$6 - 2r = 2$일 때 $r = 2$이다.

따라서 x^2의 계수는

$_6C_2(-3)^2 = 135$이다.

답 ③

유제 6-1 $\left(\dfrac{x}{2} + \dfrac{2}{x}\right)^6$ 의 전개식에서 상수항은?

① 10   ② 20

③ 30   ④ 40

2013년 7월 27일 안전행정부 기출유형

유제 6-2 $(3x + y)^6$의 전개식에서 x^2y^4의 계수는?

① 15   ② 30

③ 135   ④ 405

Answer   6-1.②   6-2.③

7 이항계수의 성질

예제문제 **07**

✳ $_{10}C_1 + _{10}C_2 + \cdots + _{10}C_{10}$의 값을 구하면?

① 255   ② 511

③ 1023   ④ 2047

풀이 $\quad (1+1)^{10} = _{10}C_0 + _{10}C_1 + _{10}C_2 + \cdots + _{10}C_{10}$
$$= 2^{10}$$
$$_{10}C_1 + _{10}C_2 + \cdots + _{10}C_{10} = _{10}C_0 + _{10}C_1 + _{10}C_2 + \cdots + _{10}C_{10} - _{10}C_0$$
$$= 2^{10} - 1$$
$$= 1023$$

답 ③

유제 7-1 $\log_2\left(_{100}C_0 + _{100}C_1 + _{100}C_2 + \cdots + _{100}C_{100}\right)$의 값은?

① 50   ② 100

③ 150   ④ 200

유제 7-2 $500 < _nC_1 + _nC_2 + \cdots + _nC_n < 1000$을 만족하는 자연수 n의 값은?

① 7   ② 8

③ 9   ④ 10

Answer   7-1.②   7-2.③

35. 조합 | **389**

8 분할의 수

➤➤ **예제문제 08**

✳ 5의 분할의 수를 구하여라.

① 5   ② 6

③ 7   ④ 8

풀이 $5 = 5$
$\qquad = 4+1 = 3+2$
$\qquad = 3+1+1 = 2+2+1$
$\qquad = 2+1+1+1$
$\qquad = 1+1+1+1+1$
이므로 $P(5,1) = 1$, $P(5,2) = 2$, $P(5,3) = 2$, $P(5,4) = 1$, $P(5,5) = 1$
따라서 5의 분할의 수는
$P(5,1) + P(5,2) + P(5,3) + P(5,4) + P(5,5) = 1+2+2+1+1 = 7$

답 ③

유제 8-1 자연수의 분할에서 $P(4, 2) + P(6, 3)$의 값은?

① 4   ② 5

③ 6   ④ 7

유제 8-2 집합의 분할에서 $S(6, 2)$의 값은?

① 28   ② 29

③ 30   ④ 31

Answer   8-1.② 8-2.④

조합

☞ 해설 P.527

2016년 9급 국가직

1 두 집합 A, B는 공집합이 아니고 다음 조건을 만족시킨다.

> (가) $A \cup B = \{1, 2, 3, 4, 5\}$
> (나) A와 B는 서로소이다.

두 집합 A, B의 순서쌍 (A, B)의 개수는?

① 29　　　　　　　② 30

③ 31　　　　　　　④ 32

2 어느 탁구 동아리의 회원은 모두 12명이다. 이 동아리에서 3명의 대표를 선출할 때 적어도 한 명의 여학생이 선출되는 경우의 수가 216일 때, 여학생 수는?

① 4　　　　　　　② 6

③ 7　　　　　　　④ 8

3 $_4P_2 + {_4\Pi_2} + {_4C_2} + {_4H_2}$의 값은?

① 20　　　　　　　② 30

③ 36　　　　　　　④ 44

Answer　1.②　2.④　3.④

4 $_3C_0 + _4C_1 + _5C_2 + _6C_3 + \cdots + _{20}C_{17} = _nH_r$ (단, $n \ge r$인 양의 정수)를 만족하는 n, r에 대하여 $2n - r$의 값은?

① 31   ② 32

③ 33   ④ 34

5 방정식 $x + y + z = 21$을 만족하는 양의 홀수해의 개수는?

① 55   ② 66

③ 77   ④ 88

2015년 9급 지방직

6 부등식 $x + y + z \le 2$를 만족하는 음이 아닌 정수 x, y, z의 순서쌍 (x, y, z)의 개수는?

① 7   ② 10

③ 13   ④ 16

7 두 집합 $A = \{1, 2, \cdots, 8\}$, $B = \{1, 2, 3\}$에 대하여 $f : A \to B$를 정의한다. 이때, $x_1 < x_2$이면 $f(x_1) \le f(x_2)$를 만족시키는 함수 중 치역이 공역과 일치하는 것의 개수는?

① 15   ② 21

③ 36   ④ 7

Answer   4.②   5.①   6.②   7.②

8 다음 중 $\left(2x^2 + \dfrac{1}{x}\right)^7$ 의 전개식에서 x^5의 계수와 같은 것은?

① $16 \times {}_7\mathrm{C}_2$

② $16 \times {}_7\mathrm{C}_3$

③ $8 \times {}_7\mathrm{C}_3$

④ $8 \times {}_7\mathrm{C}_2$

2013년 9급 국가직

9 다항식 $(3x-2)^4$의 전개식에서 x^2의 계수는?

① -216

② -108

③ 108

④ 216

10 다항식 $(1+ax)^7$의 전개식에서 x의 계수가 14일 때, x^2의 계수는?

① 21

② 42

③ 84

④ 168

11 ${}_{1995}\mathrm{C}_{20} + {}_{1994}\mathrm{C}_{19} + {}_{1993}\mathrm{C}_{18} + {}_{1992}\mathrm{C}_{17} + {}_{1991}\mathrm{C}_{16} + {}_{1991}\mathrm{C}_{15}$의 값을 간단하게 표현한 것은?

① ${}_{1995}\mathrm{C}_{21}$

② ${}_{1996}\mathrm{C}_{20}$

③ ${}_{1995}\mathrm{C}_{22}$

④ ${}_{1996}\mathrm{C}_{21}$

Answer　8.②　9.④　10.③　11.②

파워특강 수학(확률과 통계)

합격에 한 걸음 더 가까이!

고등수학의 순열과 조합을 바탕으로 한 단원으로 경우의 수를 통하여 여러 가지 확률을 구하는 방법을 익히는 것이 중요합니다. 중복조합을 응용한 이항정리의 개념을 이해하고, 주어진 경우의 수에 대한 임의의 사건이 일어날 확률을 정확히 구할 수 있도록 합니다.

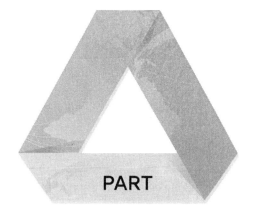

PART

13

확률

36

확률의 정의와 성질

 Check!

SECTION 1 시행과 사건

(1) 시행

같은 조건 아래서 반복할 수 있고, 그 결과가 우연에 의하여 결정되는 실험이나 관찰

(2) 표본공간

어떤 시행에서 일어날 수 있는 모든 결과의 집합

(3) 표본공간 S의 두 부분집합인 두 사건 A, B에 대하여

① 합사건: A 또는 B가 일어나는 사건이고 $A \cup B$로 나타낸다.

② 곱사건: A와 B가 동시에 일어나는 사건이고 $A \cap B$로 나타낸다.

③ 배반사건: A와 B가 동시에 일어나지 않을 때, 즉 $A \cap B \neq \phi$일 때 A와 B는 서로 배반사건이라 한다.

④ 여사건: 어떤 사건 A에 대하여 A가 일어나지 않는 사건을 A의 여사건이라 하고, A^C로 나타낸다.

SECTION 2 확률

(1) 수학적 확률

표본공간 S에 속하는 근원사건이 일어날 가능성이 서로 같을 때, 사건 A가 일어날 확률은 $\mathrm{P}(A) = \dfrac{n(A)}{n(S)}$

(2) 통계적 확률

일정한 조건하에 같은 시행을 n번의 반복했을 때 사건 A가 일어나는 횟수를 r 라 하면, 시행 횟수 n을 충분히 크게 함에 따라 상대도수 $\dfrac{r}{n}$가 일정한 값 p에 가까워지면 이 p를 사건 A의 통계적 확률이라고 한다.

$$P(A) = \lim_{n \to \infty} \frac{r}{n} = p$$

SECTION 3 확률의 기본성질

(1) 임의의 사건 A에 대하여 $0 \le P(A) \le 1$

(2) 전사건 S가 일어날 확률은 $P(S) = 1$

(3) 공사건 $\varnothing$가 일어날 확률은 $P(\varnothing) = 0$

SECTION 4 확률의 덧셈정리

(1) 두 사건 A, B에 대하여 $P(A \cup B) = P(A) + P(B) - P(A \cap B)$

(2) 두 사건 A, B가 배반사건일 때,
  즉 $A \cap B = \varnothing \Rightarrow P(A \cup B) = P(A) + P(B)$

POINT 팁

$$\frac{n(A \cup B)}{n(S)}$$
$$= \frac{n(A)}{n(S)} + \frac{n(B)}{n(S)} - \frac{n(A \cap B)}{n(S)}$$

$$P(A \cup B)$$
$$= P(A) + P(B) - P(A \cap B)$$

SECTION 5 여사건의 확률

사건 A와 A의 여사건 A^c에 대하여 $P(A^c) = 1 - P(A)$

POINT 팁

'적어도 ~인', '~이상인 사건', '~이하인 사건'의 확률을 구할 때에는 여사건의 확률을 이용하면 편리하다.

36

확률의 정의와 성질

예제&유제문제

☞ 해설 P.528

1 수학적 확률

예제문제 01

✳ BANANA의 6개의 문자 B, A, N, A, N, A를 일렬로 나열할 때, 두 개의 N이 서로 이웃할 확률은?

① $\dfrac{1}{8}$ ② $\dfrac{1}{6}$

③ $\dfrac{1}{5}$ ④ $\dfrac{1}{3}$

풀이 B, A, N, A, N, A를 일렬로 나열하는 방법의 수는

$$\dfrac{6!}{3!2!}=60\,(가지)$$

두 개의 N을 하나로 묶어서 일렬로 나열하는 방법의 수는

$$\dfrac{5!}{3!}=20\,(가지)$$

따라서 구하는 확률은 $\dfrac{20}{60}=\dfrac{1}{3}$ 이다.

답 ④

유제▶1-1 서로 다른 두 개의 주사위를 동시에 던져서 나온 두 눈의 수의 곱이 짝수일 때, 나온 두 눈의 수의 합이 6 또는 8일 확률은?

① $\dfrac{2}{27}$ ② $\dfrac{5}{27}$

③ $\dfrac{8}{27}$ ④ $\dfrac{11}{27}$

유제▶1-2 흰 공 2개, 노란 공 2개, 파란 공 2개가 들어 있는 주머니가 있다. 이 주머니에서 임의로 3개의 공을 동시에 꺼낼 때, 공의 색깔이 모두 다를 확률은? (단, 모든 공의 크기와 모양은 같다.)

① $\dfrac{2}{5}$ ② $\dfrac{1}{2}$

③ $\dfrac{3}{5}$ ④ $\dfrac{7}{10}$

Answer   1-1.②   1-2.①

2 확률의 덧셈정리

➤ **예제문제 02**

＊ 두 사건 A, B는 서로 배반사건이고 $P(A \cap B^c) = \dfrac{1}{5}$, $P(A^c \cap B) = \dfrac{1}{4}$일 때, $P(A \cup B)$의 값은?

(단, A^c은 A의 여사건이다.)

① $\dfrac{9}{20}$
② $\dfrac{11}{20}$

③ $\dfrac{13}{20}$
④ $\dfrac{17}{20}$

풀이 두 사건 A, B가 배반사건이므로 $P(A \cap B) = 0$

$P(A \cap B^c) = P(A) = \dfrac{1}{5}$

$P(A^c \cap B) = P(B) = \dfrac{1}{4}$

$\therefore P(A \cup B) = P(A) + P(B) = \dfrac{1}{5} + \dfrac{1}{4} = \dfrac{9}{20}$

답 ①

유제 2-1 두 사건 A, B에 대하여 $P(A) = \dfrac{1}{2}$, $P(A \cap B) = \dfrac{1}{4}$, $P(A \cup B) = \dfrac{7}{12}$일 때, $P(B)$의 값은?

① $\dfrac{1}{4}$
② $\dfrac{1}{3}$

③ $\dfrac{1}{2}$
④ $\dfrac{2}{3}$

유제 2-2 어느 학급은 35명으로 이루어져 있다. 이 학급의 모든 학생 중 대학수학능력시험 사회탐구 영역에서 한국사를 선택한 학생은 22명이고 세계사를 선택한 학생은 17명이다. 한국사와 세계사 중 어느 것도 선택하지 않은 학생은 4명이다. 이 학급에서 한 명의 학생을 뽑을 때, 이 학생이 한국사와 세계사를 모두 선택하였을 확률은?

① $\dfrac{6}{35}$
② $\dfrac{1}{5}$

③ $\dfrac{8}{35}$
④ $\dfrac{9}{35}$

Answer　　2-1.②　2-2.③

3 여사건의 확률

✱ 2개의 당첨제비가 포함되어 있는 10개의 제비 중에서 임의로 3개의 제비를 동시에 뽑을 때, 적어도 한 개가 당첨제비일 확률은?

① $\dfrac{2}{15}$

② $\dfrac{4}{15}$

③ $\dfrac{2}{5}$

④ $\dfrac{8}{15}$

풀이 당첨 제비가 하나도 뽑히지 않을 확률은 $\dfrac{{}_8C_3}{{}_{10}C_3}$ 이므로

적어도 한 개의 당첨제비가 뽑힐 확률은

$1 - \dfrac{{}_8C_3}{{}_{10}C_3} = 1 - \dfrac{7}{15} = \dfrac{8}{15}$

답 ④

유제 ▶3-1 남학생 2명과 여학생 3명을 일렬로 세울 때, 적어도 한쪽 끝에는 남학생을 세울 확률은?

① $\dfrac{1}{2}$

② $\dfrac{3}{5}$

③ $\dfrac{7}{10}$

④ $\dfrac{4}{5}$

유제 ▶3-2 50원, 100원, 500원짜리 동전이 각각 3개씩 모두 9개가 들어있는 지갑에서 동전 3개를 임의로 꺼낼 때, 꺼낸 모든 동전 금액의 합이 250원 이상일 확률을 $\dfrac{q}{p}$ 라 하자. 이때, $p+q$의 값은? (단, p, q는 서로소인 자연수이다.)

① 46

② 47

③ 78

④ 79

Answer 3-1.③ 3-2.④

확률의 정의와 성질

연/습/문/제

☞ 해설 P.528

1993년 경기도 9급 행정직

1 두 개 주사위를 동시에 던져서 나온 눈의 수의 곱이 완전제곱수가 될 확률은?

① $\dfrac{1}{2}$

② $\dfrac{2}{3}$

③ $\dfrac{1}{6}$

④ $\dfrac{2}{9}$

1990년 총무처 9급 행정직

2 주머니 속에 흰 공 2개, 검은 공이 3개, 빨간 공이 5개가 들어 있다. 이 주머니에서 3개의 공을 꺼낼 때, 빨간 공이 2개일 확률은?

① $\dfrac{5}{42}$

② $\dfrac{10}{63}$

③ $\dfrac{5}{12}$

④ $\dfrac{8}{21}$

2016년 9급 사회복지직

3 붉은 공이 1개, 푸른 공이 2개, 노란 공이 3개가 들어 있는 주머니에서 임의로 3개의 공을 동시에 꺼낼 때, 두 가지 색깔의 공만 나올 확률은?

① $\dfrac{7}{20}$

② $\dfrac{9}{20}$

③ $\dfrac{11}{20}$

④ $\dfrac{13}{20}$

Answer   1.④   2.③   3.④

4 서로 배반사건인 두 사건 A, B 에 대하여 $P(B) = \dfrac{2}{3} P(A)$, $P(A \cup B) = \dfrac{2}{3}$ 일 때, $P(A)$의 값은?

① $\dfrac{3}{10}$

② $\dfrac{2}{5}$

③ $\dfrac{1}{2}$

④ $\dfrac{3}{5}$

5 부모를 포함하여 다섯 명의 가족이 원탁에 둘러앉을 때, 부모가 이웃하지 않을 확률은?

① $\dfrac{1}{5}$

② $\dfrac{1}{4}$

③ $\dfrac{1}{3}$

④ $\dfrac{1}{2}$

6 영업팀 직원 2명, 재무팀 직원 3명, 인사팀 직원 4명으로 구성된 동호회 회원들을 일렬로 세울 때, 인사팀 직원끼리 서로 이웃하지 않을 확률은?

① $\dfrac{5}{99}$

② $\dfrac{5}{42}$

③ $\dfrac{5}{36}$

④ $\dfrac{5}{18}$

Answer 4.② 5.④ 6.②

37 조건부확률

SECTION 1 조건부확률

사건 A가 일어났다는 조건 아래에서 사건 B가 일어날 확률을 사건 A가 일어났을 때의 사건 B의 조건부확률이라 하고, $\mathrm{P}(B|A)$로 나타낸다.

$$\mathrm{P}(B|A) = \frac{\mathrm{P}(A \cap B)}{\mathrm{P}(A)} \quad (\text{단, } \mathrm{P}(A) > 0)$$

POINT 팁

$$\mathrm{P}(B|A) = \frac{n(A \cap B)}{n(A)}$$
$$= \frac{\dfrac{n(A \cap B)}{n(S)}}{\dfrac{n(A)}{n(S)}}$$
$$= \frac{P(A \cap B)}{P(A)}$$

SECTION 2 확률의 곱셈정리

$$\mathrm{P}(A \cap B) = \mathrm{P}(A)\mathrm{P}(B|A) = \mathrm{P}(A)\mathrm{P}(A|B) \quad (\text{단, } \mathrm{P}(A) > 0, \ \mathrm{P}(B) > 0)$$

SECTION 3 독립사건과 종속사건

(1) 독립사건

사건 A가 일어날 확률에 사건 B가 영향을 주지 않을 때, A와 B는 서로 독립이라 하고, 이 두 사건을 독립사건이라 한다.

$$\mathrm{P}(B|A) = \mathrm{P}(B|A^c) = \mathrm{P}(B)$$

(2) 종속사건

두 사건이 서로 독립사건이 아닐 때, 두 사건을 종속사건이라 한다.

$$\mathrm{P}(A|B) \neq \mathrm{P}(A) \ \text{또는} \ \mathrm{P}(B|A) \neq \mathrm{P}(B)$$

POINT 팁

두 사건 A와 B가 서로 독립이면 $\mathrm{P}(A \cap B) = \mathrm{P}(A)\mathrm{P}(B)$이다.

SECTION 4 독립시행의 확률

(1) 독립시행

어떤 시행을 반복할 때, 매번 일어나는 사건이 서로 독립인 경우를 말한다.

(2) 독립시행의 확률

1회 시행에서 사건 A가 일어날 확률을 p, 일어나지 않을 확률을 q라 하고, n회의 독립시행에서 사건 A가 r회 일어날 확률을 P_r이라 할 때,

$$\mathrm{P}_r = {}_n\mathrm{C}_r p^r q^{n-r} \quad (\text{단, } q = 1 - p, \ r = 0, \ 1, \ 2, \ \cdots, \ n)$$

POINT 팁

두 사건 A와 B가 서로 독립이면 A^c와 B^c도 서로 독립이다.

예제 & 유제문제

37

>> 조건부확률

☞ 해설 P.529

1 조건부 확률

➤ **예제문제 01**

✳ 두 사건 A, B가 다음 조건을 만족시킬 때, $P(B)$의 값은?

(가) $P(A \cup B) = 0.6$	(나) $P(A)\{1 - P(B|A)\} = 0.2$

① 0.1　　　　　　　　　　　　② 0.2

③ 0.3　　　　　　　　　　　　④ 0.4

풀이 (가)에서
$P(A \cup B) = P(A) + P(B) - P(A \cap B) = 0.6$
(나)에서
$P(A)\{1 - P(B|A)\} = P(A) - P(A \cap B) = 0.2$
∴ $P(B) = 0.6 - 0.2 = 0.4$

답 ④

유제 1-1 두 사건 A, B에 대하여 $P(A) = P(B|A) = \dfrac{2}{3}$일 때, $P(A \cap B)$의 값은?

① $\dfrac{5}{18}$　　　　　　　　　　　② $\dfrac{1}{3}$

③ $\dfrac{7}{18}$　　　　　　　　　　　④ $\dfrac{4}{9}$

유제 1-2 두 사건 A, B에 대하여 $P(A \cup B) = \dfrac{5}{8}$, $P(B) = \dfrac{1}{4}$일 때, $P(A|B^c)$의 값은?

(단, B^c는 B의 여사건이다.)

① $\dfrac{1}{2}$　　　　　　　　　　　② $\dfrac{1}{3}$

③ $\dfrac{1}{4}$　　　　　　　　　　　④ $\dfrac{1}{5}$

Answer　　1-1.④　1-2.①

2 확률의 곱셈정리

✳ 두 사건 A와 B는 서로 독립이고 $P(A) = \dfrac{2}{3}$, $P(A \cap B) = P(A) - P(B)$ 일 때, $P(B)$의 값은?

① $\dfrac{1}{10}$ ② $\dfrac{1}{5}$

③ $\dfrac{3}{10}$ ④ $\dfrac{2}{5}$

풀이 A, B가 독립이므로 $P(A \cap B) = P(A) \cdot P(B)$이다.
따라서 $P(A) \cdot P(B) = P(A) - P(B)$
$P(B)$를 구하면
$$\dfrac{2}{3} \cdot P(B) = \dfrac{2}{3} - P(B) \implies \dfrac{5}{3}P(B) = \dfrac{2}{3}$$
$$\therefore P(B) = \dfrac{2}{5}$$

답 ④

유제 2-1 서로 독립인 두 사건 A, B에 대하여 $\mathrm{P}(B) = \dfrac{1}{3}$, $\mathrm{P}(A \cap B^c) = \dfrac{1}{2}$일 때, $\mathrm{P}(A \cap B)$의 값은?

① $\dfrac{1}{18}$ ② $\dfrac{1}{15}$

③ $\dfrac{1}{12}$ ④ $\dfrac{1}{4}$

유제 2-2 서로 독립인 두 사건 A, B에 대하여 $\mathrm{P}(A|B) = \mathrm{P}(B|A) = \dfrac{3}{4}$이 성립할 때, $\mathrm{P}(A \cup B)$의 값은?

① $\dfrac{15}{16}$ ② $\dfrac{13}{16}$

③ $\dfrac{11}{16}$ ④ $\dfrac{9}{16}$

Answer   2-1.④ 2-2.①

3 독립시행의 확률

예제문제 03

* 자유투 성공률이 $\dfrac{1}{3}$인 농구 선수가 3번의 자유투를 던질 때, 한 번 이상 성공할 확률은?

① $\dfrac{8}{27}$

② $\dfrac{19}{27}$

③ $\dfrac{23}{27}$

④ $\dfrac{25}{27}$

풀이 자유투를 한 번 이상 성공하는 사건을 A라 하면 A의 여사건 A^c는 한 번도 성공하지 못하는 사건이므로

$$P(A^c) = {}_3C_0\left(\dfrac{1}{3}\right)^0\left(\dfrac{2}{3}\right)^3 = \dfrac{8}{27}$$

$$\therefore P(A) = 1 - P(A^c) = 1 - \dfrac{8}{27} = \dfrac{19}{27}$$

답 ②

유제 3-1 한 개의 주사위를 5번 던질 때, 소수가 3번 나올 확률은?

① $\dfrac{1}{16}$

② $\dfrac{1}{8}$

③ $\dfrac{3}{16}$

④ $\dfrac{5}{16}$

유제 3-2 1회의 시행에서 어떤 사건 A가 일어날 확률이 $\dfrac{1}{3}$이다. 10회의 독립시행에서 사건 A가 r회 일어날 확률을 $P(r)$라고 할 때, $\dfrac{P(2)}{P(9)}$의 값은?

① 576

② 577

③ 578

④ 579

Answer 　3-1.④ 3-2.①

연/습/문/제

≪

조건부확률

☞ 해설 P.530

2015년 9급 국가직

1 두 사건 A, B에 대하여 $\mathrm{P}(A|B) = \mathrm{P}(B|A) = \dfrac{1}{2}$, $\mathrm{P}(A \cap B) = 3\mathrm{P}(A) \cdot \mathrm{P}(B)$가 성립할 때, $\mathrm{P}(A \cup B)$의 값은? (단, $\mathrm{P}(A) \neq 0$, $\mathrm{P}(B) \neq 0$)

① $\dfrac{1}{4}$ 　　　　　　　　　　② $\dfrac{5}{12}$

③ $\dfrac{7}{12}$ 　　　　　　　　　　④ $\dfrac{3}{4}$

2014년 6월 21일 제1회 지방직 기출유형

2 35명의 남학생 중에서 18명, 25명의 여학생 중에서 5명이 수학을 좋아한다. 전체 60명의 학생 중에서 임의로 선택한 학생이 수학을 좋아하지 않는 학생이었을 때, 그 학생이 여학생일 확률은?

① $\dfrac{5}{37}$ 　　　　　　　　　　② $\dfrac{10}{37}$

③ $\dfrac{15}{37}$ 　　　　　　　　　　④ $\dfrac{20}{37}$

2014년 9급 지방직

3 어느 고등학교에서 안경을 낀 학생은 전체 학생의 40%이고, 남학생은 전체 학생의 50%이며, 안경을 낀 남학생은 전체 학생의 25%라고 한다. 이 학교의 여학생 중에서 임의로 한 명을 뽑았을 때, 그 학생이 안경을 끼고 있을 확률은?

① $\dfrac{1}{10}$ 　　　　　　　　　　② $\dfrac{1}{5}$

③ $\dfrac{3}{10}$ 　　　　　　　　　　④ $\dfrac{2}{5}$

Answer　　1.①　2.④　3.③

4 어느 고등학교에서 선택과목별로 반 편성을 하려고 한다. A, B과목 중 한 과목과 C, D과목 중 한 과목을 반드시 선택하도록 하여 희망 과목을 조사하였더니 표와 같았다. D과목을 희망한 학생 중 임의로 1명을 뽑을 때, 그 학생이 A과목도 희망한 학생일 확률은?

과목	A	B	계
C	24	20	44
D	30	26	56
계	54	46	100

① $\dfrac{5}{11}$ ② $\dfrac{6}{11}$

③ $\dfrac{13}{28}$ ④ $\dfrac{15}{28}$

1993년 경기도 9급 행정직

5 한 개의 주사위를 던질 때, 짝수의 눈이 나오는 사건을 A, 3 또는 6이 나오는 사건을 B라 할 때, A와 B는 어떤 관계인가?

① 독립사건 ② 배반사건
③ 여사건 ④ 공사건

6 2개의 당첨제비가 포함된 5개의 제비 중에서 A, B의 순서로 제비를 1개씩 한번 뽑을 때, A가 뽑은 제비를 다시 넣고 B가 뽑을 때와 넣지 않고 B가 뽑을 때, B가 당첨제비를 뽑을 확률을 각각 p, q라 한다. 이때 $2p+q$의 값은?

① $\dfrac{4}{5}$ ② 1

③ $\dfrac{6}{5}$ ④ $\dfrac{7}{5}$

Answer   4.④   5.①   6.③

7 두 사람 A, B가 공무원시험에 1회 응시하여 합격할 확률은 각각 $\frac{1}{5}$, $\frac{1}{4}$이라 한다. 이때 2017년 3월 공무원시험에 두 사람 모두 응시하여 두 사람 A, B 중 한 사람만 합격할 확률은?

① $\frac{7}{20}$ ② $\frac{1}{4}$

③ $\frac{1}{5}$ ④ $\frac{3}{20}$

8 A회사의 입사시험에서 출제된 5문제 중 4문제 이상 맞게 풀면 합격이라 한다. 이때 3문제 중 2문제를 맞게 풀 수 있는 수험생 B가 이번 입사시험에 합격할 확률은? (단, 각 문제를 풀 가능성은 모두 같다.)

① $\frac{80}{243}$ ② $\frac{112}{243}$

③ $\frac{2}{3}$ ④ $\frac{4}{5}$

2016년 9급 국가직

9 주사위를 던져 3의 배수의 눈이 나오면 동쪽으로 1m 직진하고, 3의 배수가 아닌 눈이 나오면 북쪽으로 1m 직진한다고 하자. 이 규칙에 따라 주사위를 던지는 시행을 4회 반복할 때, 처음 위치로부터 거리가 3m 이하일 확률은?

① $\frac{5}{27}$ ② $\frac{2}{9}$

③ $\frac{7}{27}$ ④ $\frac{8}{27}$

Answer 7.① 8.② 9.④

파워특강 수학(확률과 통계)

합격에 한 걸음 더 가까이!

마지막 단원인 통계는 이산확률분포와 연속확률분포 및 통계적 추정으로 구성되어 있습니다. 확률의 기본적인 내용을 토대로 확률질량함수, 평균, 분산 및 표준편차 등 통계의 다양한 개념을 이해하고 각각의 값을 구할 수 있도록 학습하는 것이 중요합니다.

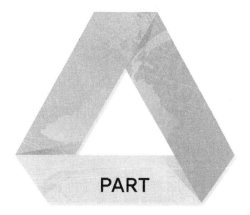

PART

14

통계

38

확률분포(1)

Check!

SECTION 1 이산확률변수와 확률분포

(1) 이산확률변수

확률변수 X가 가지는 값이 유한개이거나 자연수와 같이 셀 수 있을 때, X를 이산확률변수라고 한다.

(2) 확률질량함수

이산확률변수 X가 취할 수 있는 값이 x_i일 때, 각각의 x_i에 대하여 $P(X=x_i)=p_i \ (i=1,\ 2,\ 3,\ \cdots,\ n)$를 대응시킨 함수를 X의 확률질량함수 라고 한다.

(3) 확률분포표

이산확률변수 X의 확률분포표는 다음과 같다.

X	x_1	x_2	x_3	$\cdots$	x_n	합계
$P(X=x_i)$	p_1	p_2	p_3	$\cdots$	p_n	1

SECTION 2 확률질량함수의 성질

이산확률변수 X가 취할 수 있는 값이 $x_1,\ x_2,\ x_3,\ \cdots,\ x_n$이고 X가 이 값을 취할 확률이 각각 $p_1,\ p_2,\ p_3,\ \cdots,\ p_n$일 때, X의 확률질량함수 $P(X=x_i)=p_i$ $(i=1,\ 2,\ 3,\ \cdots,\ n)$에 대하여 다음이 성립한다.

(1) $0 \leq P(X=x_i) \leq 1$ **(2)** $\displaystyle\sum_{i=1}^{n} P(X=x_i) = 1$

(3) $\displaystyle P(x_i \leq X \leq x_j) = \sum_{k=1}^{j} p_k \ (i=1,\ 2,\ 3,\ \cdots,\ n)$

POINT 팁
확률의 전체의 합은 1이므로 $\displaystyle\sum_{i=1}^{n} p_i = 1$을 자주 사용한다.

SECTION 3 이산확률변수의 기댓값(평균)과 분산 및 표준편차

이산확률변수 X의 확률질량함수 $P(X=x_i)=p_i \ (i=1,\ 2,\ 3,\ \cdots,\ n)$에 대하여

(1) **기댓값(평균)** $E(X) = m = x_1p_1 + x_2p_2 + \cdots + x_np_n = \displaystyle\sum_{i=1}^{n} x_ip_i$

(2) **분산** $V(X) = E((X-m)^2) = \displaystyle\sum_{i=1}^{n} (x_i - m)^2 p_i = E(X^2) - \{E(X)\}^2$

(3) **표준편차** $\sigma(X) = \sqrt{V(X)}$

SECTION 4   확률변수 $aX+b$의 평균과 분산 및 표준편차

확률변수 X와 임의의 상수 a, b에 대하여

(1) $E(aX+b) = aE(X) + b$

(2) $V(aX+b) = a^2V(X)$

(3) $\sigma(aX+b) = |a|\sigma(X)$

SECTION 5   이항분포

(1) 이항분포

1회의 시행에서 사건 A가 일어날 확률이 p일 때, n회의 독립시행에서 사건 A가 일어나는 횟수를 확률변수 X라 하면 확률분포 $P(X=r) = {}_nC_r = p^r q^{n-r}$ (단, $q = 1-p$, $r = 0, 1, 2, \cdots, n$)을 이항분포라 하고, $B(n, p)$로 나타낸다.

(2) 이항분포 $B(n, p)$의 평균과 표준편차

① 평균 : $E(X) = np$

② 분산 : $V(X) = npq$ (단, $q = 1-p$)

③ 표준편차 : $\sigma(X) = \sqrt{V(X)} = \sqrt{npq}$

SECTION 6   큰 수의 법칙

어떤 시행에서 사건 A가 일어날 수학적 확률이 p일 때, n번의 독립시행에서 사건 A가 일어나는 횟수를 X라 하면 임의의 양수 h에 대하여 다음이 성립한다.

$\displaystyle\lim_{n\to\infty} P\left(\left|\frac{X}{n} - p\right| < h\right) = 1$

확률분포(1)

☞ 해설 P.531

1 이산확률변수의 평균과 분산

➤ **예제문제 01**

＊ 다음 확률분포표에서 확률변수 X의 평균은?

X	2	3	4	6	계
$P(X)$	a	$\dfrac{1}{3}$	a	$\dfrac{1}{6}$	1

① 5

② $\dfrac{9}{2}$

③ $\dfrac{17}{4}$

④ $\dfrac{7}{2}$

풀이 확률의 총합은 1이므로 $a+\dfrac{1}{3}+a+\dfrac{1}{6}=1$에서 $a=\dfrac{1}{4}$

따라서 확률변수 X의 평균은 $2\times\dfrac{1}{4}+3\times\dfrac{1}{3}+4\times\dfrac{1}{4}+6\times\dfrac{1}{6}=\dfrac{7}{2}$

답 ④

유제 1-1 다음은 이산확률변수 X에 대한 확률분포표이다. $E(X)=4$일 때, $V(X)$의 값은?

X	2	4	a	계
$P(X=x)$	b	$\dfrac{1}{4}$	$\dfrac{1}{4}$	1

① 6

② 7

③ 8

④ 9

유제 1-2 확률변수 X의 확률분포표는 다음과 같다. 확률변수 X의 분산이 $\dfrac{5}{12}$일 때, $(a-b)^2$의 값은?

X	-1	0	1	계
$P(X=x)$	a	$\dfrac{1}{3}$	b	1

① 1

② $\dfrac{1}{2}$

③ $\dfrac{1}{3}$

④ $\dfrac{1}{4}$

Answer 1-1.① 1-2.④

2 이산확률변수 $aX+b$의 평균과 분산

➤ **예제문제 02**

✱ 확률변수 X의 확률분포표는 다음과 같다. 확률변수 $5X+3$의 평균 $\mathrm{E}(5X+3)$은?

X	1	2	3	4	5	계
$\mathrm{P}(X=x)$	$\dfrac{3}{10}$	p	$\dfrac{1}{10}$	p	p	1

① 17   ② 18

③ 19   ④ 20

풀이 확률의 총합이 1이므로

$$\frac{3}{10}+p+\frac{1}{10}+p+p=1 \quad \therefore p=\frac{2}{10}$$

$$E(X)=\sum_{i=1}^{5}x_ip_i=1\times\frac{3}{10}+2\times\frac{2}{10}+3\times\frac{1}{10}+4\times\frac{2}{10}+5\times\frac{2}{10}=\frac{14}{5}$$

$$\therefore E(5X+3)=5E(X)+3=5\times\frac{14}{5}+3=17$$

답 ①

유제 2-1 확률변수 X의 확률분포표가 아래와 같을 때, 확률변수 $2X+5$의 평균은?

X	0	1	2	3	계
$\mathrm{P}(X)$	$\dfrac{7}{30}$	$\dfrac{4}{15}$	$\dfrac{4}{15}$	$\dfrac{7}{30}$	1

① 6   ② 7

③ 8   ④ 9

유제 2-2 각 면에 1, 1, 2, 2, 2, 4의 숫자가 하나씩 적혀 있는 정육면체 모양의 상자가 있다. 이 상자를 던졌을 때, 윗면에 적힌 수를 확률변수 X라 하자. 확률변수 $5X+3$의 평균은?

① 11   ② 13

③ 15   ④ 17

Answer   2-1.③   2-2.②

3 　이항분포

✽ 5지선다형 문항 50개가 있다. 모든 문항 각각에 대하여 답을 임의로 하나씩만 택할 때 맞힌 문항의 개수를 확률변수 X라 하자. 이때, X^2의 평균은?

① 102　　　　　　　　　　② 104

③ 106　　　　　　　　　　④ 108

풀이 　5지선다형 문항 50개에 대하여 각각의 문항에 답을 하나만 선택했을 때 맞힌 문항의 개수를 확률변수 X라 하면

X는 이항분포 $B\left(50, \dfrac{1}{5}\right)$을 따른다.

그러므로 $E(X) = 50 \times \dfrac{1}{5} = 10$,　$V(X) = 50 \times \dfrac{1}{5} \times \dfrac{4}{5} = 8$

$E(X^2) = V(X) + \{E(X)\}^2 = 8 + 10^2 = 108$

따라서 X^2의 평균은 108이다.

답 ④

유제 3-1 동전 2개를 100번 던질 때, 모두 앞면이 나올 횟수를 X라 하자. $Y = 2X + 3$일 때, $E(Y)$의 값은?

① 51　　　　　　　　　　② 53

③ 55　　　　　　　　　　④ 57

유제 3-2 이항분포 $B\left(n, \dfrac{1}{3}\right)$을 따르는 확률변수 X의 분산이 20일 때, 자연수 n의 값은?

① 30　　　　　　　　　　② 60

③ 90　　　　　　　　　　④ 120

Answer　　3-1.②　3-2.③

연/습/문/제

《 **확률분포(1)**

☞ 해설 P.531

1994년 서울시 9급 행정직

1 다음은 확률변수 X의 확률분포표이다. 확률변수 X의 분산은?

X	1	2	3	4
$P(X)$	$\dfrac{1}{10}$	$\dfrac{1}{5}$	$\dfrac{3}{10}$	$\dfrac{2}{5}$

① 1   ② 2

③ 3   ④ 4

1994년 전북 9급 행정직

2 확률변수 X의 평균이 2이고, 표준편차가 3일 때 $E(X-1)^2$의 값은?

① 4   ② 6

③ 8   ④ 10

3 1이 적힌 구슬이 1개, 2가 적힌 구슬이 2개, 3이 적힌 구슬이 3개, … , 10이 적힌 구슬이 10개 들어 있는 주머니가 있다. 이 주머니에서 임의로 한 개의 구슬을 꺼낼 때, 그 구슬에 적힌 숫자를 X라 하자. 이때, 확률변수 $5X+2$의 평균은?

① 33   ② 35

③ 37   ④ 39

Answer   1.①   2.④   3.③

2014년 9급 국가직

4 아래 표와 같은 확률분포를 갖는 확률변수 X가 있다. X의 평균과 분산이 각각 $E(X)=2$, $V(X)=\dfrac{1}{2}$ 일 때, 확률 $P(X=3)$은?

X	1	2	3	합계
$P(X=x)$	a	b	c	1

① $\dfrac{1}{6}$

② $\dfrac{1}{4}$

③ $\dfrac{1}{3}$

④ $\dfrac{1}{2}$

5 확률변수 X는 이항분포 $B\left(n, \dfrac{1}{2}\right)$을 따른다. $\mathrm{P}(X=2)=10\mathrm{P}(X=1)$이 성립할 때, n의 값은?

① 20

② 21

③ 22

④ 23

2016년 9급 국가직

6 어느 고등학교에서는 전체 학생의 20%가 자전거를 타고 등교한다고 한다. 이 학교 학생 중 100명을 임의로 뽑아 등교 수단을 조사할 때, 자전거를 타고 등교하는 학생의 수를 확률변수 X라 하자. X의 표준편차는?

① 4

② 10

③ 16

④ 20

Answer 4.② 5.② 6.①

7 동전 2개를 동시에 던지는 시행을 10회 반복할 때, 동전 2개 모두 앞면이 나오는 횟수를 확률변수 X라고 하자. 확률변수 $4X+1$의 분산 $V(4X+1)$의 값은?

① 10

② 20

③ 30

④ 40

1992년 서울시 9급 행정직

8 한 개의 동전을 5회 던질 때, 앞면이 나오는 횟수를 X라 하자. $(X-a)^2$의 평균을 $f(a)$라 할 때, $f(a)$의 최솟값은? (단, a는 실수)

① $\dfrac{1}{2}$

② $\dfrac{3}{2}$

③ $\dfrac{5}{2}$

④ $\dfrac{5}{4}$

2013년 9급 지방직

9 1개의 주사위를 한 번 던져서 2이하의 눈이 나오면 3점, 3이상의 눈이 나오면 1점을 얻는다. 이 주사위를 100번 던져서 얻은 점수를 X라 할 때, X의 평균 $E(X)$와 분산 $V(X)$를 각각 구하면?

① $E(X) = \dfrac{200}{3}$, $V(X) = \dfrac{800}{9}$

② $E(X) = \dfrac{200}{3}$, $V(X) = \dfrac{3200}{9}$

③ $E(X) = \dfrac{500}{3}$, $V(X) = \dfrac{800}{9}$

④ $E(X) = \dfrac{500}{3}$, $V(X) = \dfrac{3200}{9}$

Answer　7.③　8.④　9.③

39

확률분포(2)

SECTION 1 연속확률변수

(1) 연속확률변수

확률변수 X가 어떤 구간에 속하는 모든 실수 값을 가질 때, X를 연속확률변수라 한다.

(2) 확률밀도함수

연속확률변수 X가 구간 $[\alpha, \beta]$에 속하는 임의의 실수 값을 가지고, 이 구간에서 함수 $f(x)$가 다음 성질을 만족할 때, $f(x)$를 X의 확률밀도함수라고 한다.

① $f(x) \geq 0$ (단, $\alpha \leq x \leq \beta$)

② $y = f(x)$의 그래프와 x축 및 두 직선 $x = \alpha$, $x = \beta$로 둘러싸인 도형의 넓이가 1이다. 즉 $\displaystyle\int_{\alpha}^{\beta} f(x)dx = 1$

③ $P(a \leq X \leq b)$는 $y = f(x)$의 그래프와 x축 및 두 직선 $x = a$, $x = b$로 둘러싸인 도형의 넓이와 같다. 즉 $P(a \leq X \leq b) = \displaystyle\int_{a}^{b} f(x)dx$

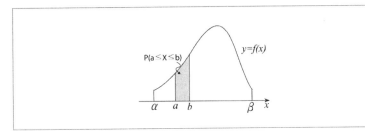

SECTION 2   연속확률변수의 평균, 분산, 표준편차

연속확률변수 X가 구간 $[\alpha, \beta]$의 모든 값을 가지고 X확률밀도 함수가 $f(x)$일 때,

(1) 평균 $\mathrm{E}(X) = m = \displaystyle\int_{\alpha}^{\beta} x f(x) dx$

(2) 분산 $\mathrm{V}(X) = \displaystyle\int_{\alpha}^{\beta} (x-m)^2 f(x) dx = \int_{\alpha}^{\beta} x^2 f(x) dx - m^2$

(3) 표준편차 $\sigma(X) = \sqrt{\mathrm{V}(X)}$

SECTION 3   정규분포

연속확률변수 X의 확률밀도함수 $f(x)$가

$$f(x) = \frac{1}{\sqrt{2\pi}\,\sigma} e^{-\frac{(x-m)^2}{2\sigma^2}} \quad (단, \ -\infty < x < \infty)$$

일 때, X의 확률분포를 정규분포라 하고 확률밀도함수 $f(x)$의 그래프를 정규분포곡선이라 한다. 이때, 평균이 m이고 표준편차 σ인 정규분포를 기호로 $\mathrm{N}(m, \ \sigma^2)$으로 나타낸다.

SECTION 4   정규분포곡선의 성질

정규분포 $\mathrm{N}(m, \ \sigma^2)$을 따르는 확률밀도함수 $f(x)$의 그래프는

(1) 직선 $x = m$에 대하여 좌우대칭인 종 모양의 곡선이다.

(2) $x = m$에서 최댓값 $\dfrac{1}{\sqrt{2\pi}\,\sigma}$을 갖고, x축을 점근선으로 한다.

(3) 그래프와 x축 사이의 넓이는 1이다.

(4) 평균 m의 값이 일정할 때

① 표준편차 σ의 값이 커지면 그래프의 폭은 넓어지고 높이는 낮아진다.

② 표준편차 σ의 값이 작아지면 그래프의 폭은 좁아지고 높이는 높아진다.

(5) 표준편차 σ가 일정할 때, m의 값이 변하면 대칭축의 위치는 바뀌지만 곡선의 모양은 같다.

Check! ▶

POINT 팁

① m이 일정할 때

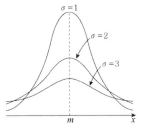

② σ가 일정할 때

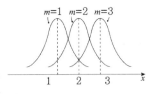

SECTION 5   표준정규분포

(1) 표준정규분포

평균이 0이고 표준편차가 1인 정규분포 $N(0,\ 1)$을 표준정규분포라고 하며 확률변수 Z가 표준정규분포를 따를 때, Z의 확률밀도함수는

$$f(z) = \frac{1}{\sqrt{2\pi}} e^{-\frac{x^2}{2}} \ (\text{단}, \ -\infty < z < \infty)$$

(2) 정규분포의 표준화

정규분포 $N(m,\ \sigma^2)$을 따르는 확률변수 X를 표준정규분포 $N(0,\ 1)$을 따르는 확률변수 $Z = \dfrac{X-m}{\sigma}$로 바꾸는 것을 표준화라고 한다.

POINT 팁

일반적으로 이항분포 $B(n,\ p)$에서 $np \geq 5$일 때, n이 충분히 크다고 할 수 있다.

SECTION 6   이항분포와 정규분포의 관계

확률변수 X가 이항분포 $B(n,\ p)$를 따를 때, n이 충분히 크면 X는 근사적으로 정규분포 $N(np,\ npq)$을 따른다. (단, $p + q = 1$)

POINT 팁

확률변수 X가 이항분포 $B(n,\ p)$를 따를 때, n의 값에 대한 그래프는

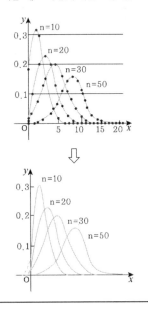

확률분포(2)

☞ 해설 P.533

---

1 연속확률변수와 확률밀도함수

➤ **예제문제 01**

2014년 6월 21일 제1회 지방직 기출유형

* **연속확률변수 X의 확률밀도함수가 $f(x) = kx$ $(0 \le x \le 2)$일 때, 상수 k의 값은? (단, k는 상수)**

① $\dfrac{1}{2}$ ② 1

③ $\dfrac{3}{2}$ ④ 2

풀이 $f(x)$가 확률밀도함수이므로 $k > 0$

$y = kx$의 그래프와 x축 및 직선 $x = 2$로 둘러싸인 부분의 넓이가 1이므로

$\dfrac{1}{2} \cdot 2 \cdot 2k = 1$

$\therefore k = \dfrac{1}{2}$

답 ①

유제 1-1 연속확률변수 X의 확률밀도함수가 $f(x) = \begin{cases} ax & (0 \le x \le 2) \\ 0 & (x < 0, \ x > 2) \end{cases}$ 일 때, X의 평균은?

① $\dfrac{1}{3}$ ② $\dfrac{1}{2}$

③ $\dfrac{2}{3}$ ④ $\dfrac{4}{3}$

유제 1-2 구간 $[-1, \ 1]$의 임의의 값을 취하는 확률변수 X의 확률밀도함수가 $f(x) = ax^2 + \dfrac{1}{4}$ 일 때,

$P\left(0 \le X \le \dfrac{1}{2}\right)$의 값은? (단, $-1 \le x \le 1$)

① $\dfrac{1}{16}$ ② $\dfrac{1}{8}$

③ $\dfrac{5}{32}$ ④ $\dfrac{3}{16}$

Answer   1-1.④   1-2.③

2 정규분포의 표준화

2013년 7월 27일 안전행정부 기출유형

* 확률변수 X는 평균이 60이고, 표준편차가 4인 정규분포에 따른다. 이때, 오른쪽 표를 이용하여 확률 $P(60 \leq X \leq 68)$의 값을 구하면?

① 0.1359   ② 0.3413

③ 0.4772   ④ 0.7745

[표준정규분포표]

z	$P(0 \leq Z \leq z)$
1	0.3413
1.5	0.4332
2	0.4772
2.5	0.4983

풀이 확률변수 X의 평균은 60, 표준편차가 4이므로

$Z = \dfrac{X-60}{4}$ 이라 하면 확률변수 Z는 표준정규분포 $N(0,\ 1^2)$을 따른다.

$$\therefore P(60 \leq X \leq 68) = P\left(\frac{60-60}{4} \leq \frac{X-60}{4} \leq \frac{68-60}{4}\right)$$
$$= P(0 \leq Z \leq 2)$$
$$= 0.4772$$

답 ③

유제 2-1 연속확률변수 X가 정규분포 $N(6,\ 2^2)$을 따를 때, $P(X \geq 4)$의 값을 오른쪽 표준정규분포표를 이용하여 구하면?

① 0.1587

② 0.3413

③ 0.6826

④ 0.8413

z	$P(0 \leq Z \leq z)$
1.0	0.3413
2.0	0.4772
3.0	0.4987

유제 2-2 확률변수 Z가 표준정규분포 $N(0,\ 1^2)$을 따르고 $P(-1 \leq Z \leq 2) = a$, $P(-1 \leq Z \leq 1) = b$일 때, $P(Z \geq 2)$의 값을 a, b를 써서 나타내면?

① $\dfrac{1-a}{2}$ ② $\dfrac{1-b}{2}$

③ $\dfrac{1-a+b}{2}$ ④ $\dfrac{1-2a+b}{2}$

Answer   2-1.④   2-2.④

3 이항분포와 정규분포의 관계

* 확률변수 X가 이항분포 $B\left(400, \dfrac{4}{5}\right)$를 따를 때, 오른쪽 표준정규분포표를 이용하여 $P(X \geq 332)$의 값을 구한 것은?

① 0.01 ② 0.03
③ 0.05 ④ 0.07

z	$P(0 \leq Z \leq z)$
0.5	0.19
1.0	0.34
1.5	0.43
2.0	0.48

풀이 확률변수 X는 이항분포 $B\left(400, \dfrac{4}{5}\right)$를 따른다.

$m = 400 \times \dfrac{4}{5} = 320$, $\sigma^2 = 400 \times \dfrac{4}{5} \times \dfrac{1}{5} = 64 = 8^2$

이때, $n = 400$은 충분히 크므로 X는 정규분포 $N(320, 8^2)$을 따른다.

$Z = \dfrac{X - 320}{8}$으로 놓으면 구하는 확률은

$P(X \geq 332) = P\left(Z \geq \dfrac{332 - 320}{8}\right) = P(Z \geq 1.5)$
$= 0.5 - P(0 \leq Z \leq 1.5) = 0.5 - 0.43 = 0.07$

답 ④

유제 3-1 확률변수 X가 이항분포 $B\left(192, \dfrac{3}{4}\right)$를 따를 때, 오른쪽 정규분포표를 이용하여 $P(X \geq 132)$의 값을 구하면?

① 0.6915
② 0.7745
③ 0.8413
④ 0.9772

[표준정규분포표]

z	$P(0 \leq Z \leq z)$
0.5	0.1915
1.0	0.3413
1.5	0.4332
2.0	0.4772

2014년 6월 28일 서울특별시 기출유형

유제 3-2 주사위를 180번 던질 때, 1의 눈이 25번 이상 43번 이하로 나올 확률은?

① 0.6924
② 0.6929
③ 0.8336
④ 0.8366

z	$P(0 \leq Z \leq z)$
1.0	0.3413
1.5	0.4332
2.6	0.4953

Answer 3-1.④ 3-2.④

확률분포(2)

☞ 해설 P.533

1 다음 중 폐구간 $[-1, 1]$에서 정의된 확률밀도 함수 $y = f(x)$의 그래프가 될 수 있는 것은?

①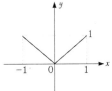

②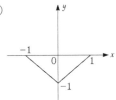

③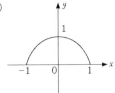

④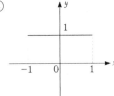

2016년 9급 국가직

2 연속확률변수 X의 확률밀도함수가 $f(x) = ax + 1 \ (0 \leq x \leq 2)$일 때, 상수 a의 값은?

① -1

② $-\dfrac{1}{2}$

③ $\dfrac{1}{2}$

④ 1

Answer 1.① 2.②

3 연속확률변수 X의 확률밀도함수 $f(x)$가 $f(x) = ax(x-2)$일 때, 상수 a의 값은? (단, $0 \leq x \leq 2$)

① 1

② $\dfrac{3}{4}$

③ $-\dfrac{3}{4}$

④ -1

4 연속확률변수 X의 확률밀도함수가 $f(x) = \begin{cases} ax(1-x), & 0 \leq x \leq 1 \\ 0, & x < 0 \text{ 또는 } x > 1 \end{cases}$일 때, 확률 $\mathrm{P}\left(0 \leq X \leq \dfrac{3}{4}\right)$의 값은? (단, a는 양의 상수이다.)

① $\dfrac{9}{16}$

② $\dfrac{21}{32}$

③ $\dfrac{3}{4}$

④ $\dfrac{27}{32}$

5 확률변수 X는 정규분포 $\mathrm{N}(m, \sigma^2)$을 따른다. $\dfrac{1}{5}X$의 분산이 1이고 $\mathrm{P}(X \leq 80) = \mathrm{P}(X \geq 120)$일 때, $m + \sigma^2$의 값은?

① 105

② 110

③ 115

④ 125

Answer   3.③   4.④   5.④

6 어느 동물의 특정 자극에 대한 반응시간은 평균이 m, 표준편차가 1인 정규분포를 따른다고 한다. 반응시간이 2.93 미만일 확률이 0.1003일 때, m의 값을 오른쪽 표준정규분포표를 이용하여 구하면?

① 3.47

② 3.84

③ 4.21

④ 4.58

z	$P(0 \leq Z \leq z)$
0.91	0.3186
1.28	0.3997
1.65	0.4505
2.02	0.4783

1992년 총무처 9급 행정직

7 A공장에서 생산되는 제품에는 10% 비율로 불량품이 나오는 것으로 조사되었다. 이 공장에서 생산되는 100개의 제품 중에 불량품이 16개 이상 포함될 확률을 구하면?
(단, $P(|t| \leq 1) = 0.6286$, $P(|t| \leq 2) = 0.9544$)

① 0.0228

② 0.1547

③ 0.3174

④ 0.3413

2015년 9급 국가직

8 확률변수 X가 정규분포 $N(50, 15^2)$을 따를 때, 주어진 표준정규분포표를 이용하여 구한 확률 $P(X \geq 80)$의 값은?

① 0.0228

② 0.0668

③ 0.3413

④ 0.4772

z	$P(0 \leq Z \leq z)$
1.0	0.3413
1.5	0.4332
2.0	0.4772

Answer   6.③   7.①   8.①

2016년 9급 사회복지직

9 정규분포 $N(20, 4^2)$을 따르는 확률변수 X와 정규분포 $N(15, 3^2)$을 따르는 확률변수 Y에 대하여 $P(16 \le X \le 28) = P(a \le Y \le 18)$일 때, 상수 a의 값은?

① 6

② 7

③ 8

④ 9

2013년 9급 국가직

10 어느 학교 전체 학생의 수학 점수는 평균이 50점, 표준편차가 4점인 정규분포를 따른다고 한다. 이 학교 학생 중 임의로 1명을 선택할 때, 이 학생의 수학 점수가 46점 이상 58점 이하일 확률을 표준정규분포표를 이용하여 구한 값은?

① 0.8185

② 0.7745

③ 0.6587

④ 0.3413

z	$P(0 \le Z \le z)$
1.0	0.3413
1.5	0.4332
2.0	0.4772

2014년 9급 사회복지직

11 어느 회사에서 생산하는 과자의 무게는 평균이 $230\,g$이고 표준편차가 σ인 정규분포를 따른다고 한다. 이 회사의 과자 중에서 임의로 한 개의 과자를 선택할 때, 이 과자의 무게가 $232\,g$ 이상일 비율이 6.68 %라고 한다. 이 때, 표준편차 σ를 표준정규분포표를 이용하여 구한 값은?

① $\dfrac{1}{3}$

② $\dfrac{2}{3}$

③ 1

④ $\dfrac{4}{3}$

z	$P(0 \le Z \le z)$
1.0	0.3413
1.5	0.4332
2.0	0.4772

Answer   9.④   10.①   11.④

12 각 면에 1, 2, 3, 4의 숫자가 하나씩 적혀 있는 정사면체 모양의 상자 2개를 동시에 던졌을 때 바닥에 닿은 면에 적혀 있는 두 눈의 수의 곱이 홀수인 사건을 A라 하자. 이 시행을 1200번 하였을 때 사건 A가 일어나는 횟수가 270 이하일 확률을 오른쪽 표준정규분포표를 이용하여 구한 값을 p라 하자. 이때, $1000p$의 값은?

① 21

② 22

③ 23

④ 24

z	$P(0 \leq Z \leq z)$
1.0	0.341
1.5	0.433
2.0	0.477
2.5	0.494

2015년 9급 지방직

13 한 개의 동전을 64번 던질 때, 앞면이 28번 이상 36번 이하로 나올 확률을 표준정규분포표를 이용하여 구한 것은?

① 0.5328

② 0.6826

③ 0.7745

④ 0.8664

z	$P(0 \leq Z \leq z)$
0.5	0.1915
1.0	0.3413
1.5	0.4332
2.0	0.4772

Answer   12.③   13.②

40

통계적 추측

SECTION 1   **모평균의 추정**

(1) 모평균과 표본평균

모집단의 평균, 분산, 표준편차를 각각 모평균, 모분산, 모표준편차라 하고, 각각 기호 m, σ^2, σ로 나타낸다. 모집단에서 크기가 n인 표본을 임의추출할 때 추출된 n개의 변량을 각각 X_1, X_2, $\cdots$, X_n이라 할 때,

$$\overline{X} = \frac{1}{n}(X_1 + X_2 + \cdots + X_n)$$

$$s^2 = \frac{1}{n-1}\sum_{i=1}^{n}(X_i - \overline{X})^2 = \frac{1}{n-1}\sum_{i=1}^{n}X_i^2 - \overline{X}$$

$\overline{X}$를 표본평균, s^2을 표본분산이라 한다.

(2) 표본평균의 평균, 분산, 표준편차

모평균이 m, 모표준편차가 σ인 모집단에서 크기가 n인 표본을 복원추출할 때, 표본평균 $\overline{X}$의 평균, 분산, 표준편차는 다음과 같다.

$$\mathrm{E}(\overline{X}) = m, \ \mathrm{V}(\overline{X}) = \frac{\sigma^2}{n}, \ \sigma(\overline{X}) = \frac{\sigma}{\sqrt{n}}$$

(3) 표본평균 $\overline{X}$의 확률분포

① 모집단이 정규분포 $\mathrm{N}(m, \sigma^2)$을 따르면 표본의 크기 n에 관계없이 표본평균 $\overline{X}$는 정규분포 $\mathrm{N}\left(m, \dfrac{\sigma^2}{n}\right)$을 따른다.

② 모집단이 정규분포를 따르지 않더라도 표본의 크기 n이 충분히 크면 표본평균 $\overline{X}$의 분포는 정규분포 $\mathrm{N}\left(m, \dfrac{\sigma^2}{n}\right)$에 가까워진다.

(4) 모평균의 추정

정규분포 $\mathrm{N}(m,\ \sigma^2)$을 따르는 모집단에서 크기가 n인 표본의 표본평균을 $\overline{X}$라 하면

① 모평균 m의 신뢰도 95%인 신뢰구간은

$$\overline{X}-1.96\frac{\sigma}{\sqrt{n}} \leq m \leq \overline{X}+1.96\frac{\sigma}{\sqrt{n}}$$

② 모평균 m의 신뢰도 99%인 신뢰구간은

$$\overline{X}-2.58\frac{\sigma}{\sqrt{n}} \leq m \leq \overline{X}+2.58\frac{\sigma}{\sqrt{n}}$$

(5) 신뢰구간의 길이

① 신뢰도 95%일 때, 신뢰구간의 길이

$$2\times1.96\frac{\sigma}{\sqrt{n}}$$

② 신뢰도 99%일 때, 신뢰구간의 길이

$$2\times2.58\frac{\sigma}{\sqrt{n}}$$

SECTION 2   모비율의 추정

(1) 모비율과 표본비율

① 모집단에서 어떤 특정 성질을 가진 것의 비율을 모비율이라 하고, 기호로 p로 나타낸다.

② 모집단에서 임의추출한 표본에서의 어떤 특정 성질을 가진 것의 비율을 그 사건에 대한 표본비율이라 하고, 기호로 $\hat{p}$로 나타낸다. 크기가 n인 표본에서 어떤 사건이 일어난 횟수를 확률변수 X라고 할 때, 그 사건에 대한 표본비율 $\hat{p}$는 $\hat{p}=\dfrac{X}{n}$

(2) 표본비율의 평균, 분산, 표준편차

모집단에서 어떤 사건에 대한 모비율이 p일 때, 크기가 n인 표본을 임의추출하면 표본비율 $\hat{p}$의 평균, 분산, 표준편차는

$$E(\hat{p})=p,\ V(\hat{p})=\frac{pq}{n},\ \sigma(\hat{p})=\sqrt{\frac{pq}{n}}$$

(3) 표본비율의 분포

모비율이 p이고 표본의 크기 n이 충분히 클 때, 표본비율 $\hat{p}$는 근사적으로 정규분포 $N\left(p, \dfrac{pq}{n}\right)$를 따른다. 따라서 확률변수 $Z = \dfrac{\hat{p} - p}{\sqrt{\dfrac{pq}{n}}}$는 근사적으로 표준정규분포 $N(0, 1)$을 따른다.(단, $q = 1 - p$)

(4) 모비율의 추정

모집단에서 임의추출한 크기가 n인 표본의 표본비율 $\hat{p}$에 대하여 표본의 크기 n이 충분히 크면 모비율 p의 신뢰구간은 다음과 같다.(단, $\hat{q} = 1 - \hat{p}$)

① 신뢰도 95%의 신뢰구간 $\hat{p} - 1.96\sqrt{\dfrac{\hat{p}\,\hat{q}}{n}} \le p \le \hat{p} + 1.96\sqrt{\dfrac{\hat{p}\,\hat{q}}{n}}$

② 신뢰도 99%의 신뢰구간 $\hat{p} - 2.58\sqrt{\dfrac{\hat{p}\,\hat{q}}{n}} \le p \le \hat{p} + 2.58\sqrt{\dfrac{\hat{p}\,\hat{q}}{n}}$

(5) 신뢰구간의 길이

① 신뢰도 95%의 신뢰구간의 길이 $2 \times 1.96\sqrt{\dfrac{\hat{p}\,\hat{q}}{n}}$

② 신뢰도 99%의 신뢰구간의 길이 $2 \times 2.58\sqrt{\dfrac{\hat{p}\,\hat{q}}{n}}$

통계적 추측

☞ 해설 P.535

1 표본평균의 평균

➤ **예제문제 01**

＊ 모집단의 확률변수 X의 확률분포가 다음 표와 같다.

X	0	1	2	합계
$P(X=x)$	$\dfrac{1}{6}$	$\dfrac{2}{3}$	$\dfrac{1}{6}$	1

이 모집단에서 크기가 4인 표본을 복원추출할 때, 표본평균 $\overline{X}$의 평균과 분산의 곱은?

① $\dfrac{1}{3}$ ② $\dfrac{4}{3}$

③ $\dfrac{1}{12}$ ④ $\dfrac{13}{12}$

풀이 모평균 $m=0\times\dfrac{1}{6}+1\times\dfrac{2}{3}+2\times\dfrac{1}{6}=1$, 모분산 $\sigma^2=(0\times\dfrac{1}{6}+1\times\dfrac{2}{3}+4\times\dfrac{1}{6})-1^2=\dfrac{1}{3}$

따라서 표본평균 $\overline{X}$에 대하여, $E(\overline{X})=m=1$, $V(\overline{X})=\dfrac{\sigma^2}{n}=\dfrac{1}{3}\times\dfrac{1}{4}=\dfrac{1}{12}$

그러므로 평균과 분산의 곱은 $1\times\dfrac{1}{12}=\dfrac{1}{12}$

답 ③

유제▶1-1 정규분포를 이루는 어떤 모집단의 평균이 50, 표준편차가 10인 경우, 여기서 크기 25인 표본을 임의추출할 때, 그 표본평균 $\overline{X}$의 분포에 대하여 평균 $E(\overline{X})$와 분산 $V(\overline{X})$의 합은?

① 51 ② 52

③ 53 ④ 54

유제▶1-2 모집단의 확률변수 X의 확률분포가 다음 표와 같다. 이 모집단에서 크기가 4인 표본을 복원추출할 때, 표본평균 $\overline{X}$는?

X	1	2	3	합계
$P(X)$	$\dfrac{1}{4}$	$\dfrac{1}{2}$	k	1

① 1 ② 2

③ 3 ④ 4

Answer 1-1.④ 1-2.②

2 표본평균의 확률분포

➤ **예제문제 02**

※ 정규분포 $N(30, 6^2)$을 따르는 모집단에서 임의추출한 크기가 9인 표본의 평균이 28 이상 32 이하인 확률은? (단, $P(0 \leq Z \leq 1) = 0.34$)

① 0.68 ② 0.86

③ 0.94 ④ 0.99

풀이 표본평균 $\overline{X}$가 $E(\overline{X}) = 30$,

$\sigma(\overline{X}) = \dfrac{6}{\sqrt{9}} = 2$인 정규분포 $N(30, 2^2)$을 따르므로

$$P(28 \leq \overline{X} \leq 32) = P(-1 \leq Z \leq 1)$$
$$= 2P(0 \leq Z \leq 1) = 0.68$$

답 ①

유제 2-1 평균 250, 표준편차 40인 정규분포를 따르는 모집단에서 임의추출한 크기 100인 표본의 평균 $\overline{X}$에 대하여 $P(246 \leq \overline{X} \leq 258)$의 값을 구하면?
(단, $P(0 \leq Z \leq 1) = 0.3413$, $P(0 \leq Z \leq 2) = 0.4772$)

① 0.6826 ② 0.8185

③ 0.8664 ④ 0.9104

유제 2-2 어느 공장에서 생산되는 전지의 수명이 평균 200시간, 표준편차 5시간인 정규분포를 따른다고 한다. 이 공장에서 생산된 전지 중에서 100개를 임의 추출한 표본의 평균 수명이 201시간 이상일 확률을 주어진 표준정규분포표를 이용하여 구하면?

① 0.0062

② 0.0228

③ 0.0668

④ 0.1587

z	$P(0 \leq Z \leq z)$
1.0	0.3413
1.5	0.4332
2.0	0.4772
2.5	0.4938

Answer 2-1.② 2-2.②

3 모평균의 추정

➤ **예제문제 03**

＊ 어느 고등학교 3학년 학생 중에 100명을 임의추출하여 키를 조사했더니 평균 172cm, 표준편차 5cm였다. 이 고등학교 3학년 학생 전체의 키의 평균 m을 신뢰도 99%로 추정한 신뢰구간은?
(단, $\mathrm{P}(|Z| \leq 2.58) = 0.99$)

① $[170.71,\ 173.29]$ 　　　　　② $[171.71,\ 173.29]$

③ $[171.71,\ 174.29]$ 　　　　　④ $[172.71,\ 174.29]$

풀이 표본의 크기 $n = 100$, 표본평균 $\overline{X} = 172$, 표본표준편차 $s = 5$이고,
모표준편차를 알 수 없으므로 표본인 100명의 표준편차 s를 모표준편차로 대신하여 사용한다.
신뢰도 99%인 모평균의 신뢰구간은

$$\overline{X} - 2.58\frac{\sigma}{\sqrt{n}} \leq m \leq \overline{X} + 2.58\frac{\sigma}{\sqrt{n}}$$

$$172 - 2.58 \times \frac{5}{10} \leq m \leq 172 + 2.58 \times \frac{5}{10}$$

$$\therefore\ 170.71 \leq m \leq 173.29$$

답 ①

유제 3-1 정규분포 $N(m,\ 6^2)$을 따르는 모집단에서 임의로 추출한 크기가 36인 표본의 표본평균이 124일 때, 모평균 m을 신뢰도 95%로 추정하면? (단, $P(|Z| \leq 2) = 0.95$)

① $110 \leq m \leq 130$ 　　　　　② $118 \leq m \leq 135$

③ $120 \leq m \leq 128$ 　　　　　④ $122 \leq m \leq 126$

유제 3-2 어느 대학교 남학생들의 몸무게는 표준편차가 10인 정규분포를 따른다고 한다. 이 학생들 중 100명을 임의 추출하여 남학생들의 몸무게의 평균 m을 신뢰도 95%로 추정할 때, 신뢰구간의 길이는? (단, $P(|Z| \leq 1.96) = 0.95$)

① 2.88 　　　　　② 3.90

③ 3.92 　　　　　④ 3.96

Answer　　3-1.④　3-2.③

4 모비율의 추정

✱ 어느 고등학교 학생 100명을 임의추출하여 과목 선호도를 조사하였더니 50명이 수학을 좋아하였다. 이 학교의 전체 학생 중에서 수학을 좋아하는 비율 p의 신뢰도 95%의 신뢰구간은?

① $0.242 \leq p \leq 0.758$ ② $0.304 \leq p \leq 0.696$

③ $0.402 \leq p \leq 0.598$ ④ $0.371 \leq p \leq 0.629$

풀이 수학을 좋아하는 표본비율은 $\hat{p} = \dfrac{50}{100} = \dfrac{1}{2}$

그런데 100은 충분히 큰 수이므로 모비율 p의 신뢰도 95%의 신뢰구간은

$\hat{p} - 1.96\sqrt{\dfrac{\hat{p}\,\hat{q}}{n}} \leq p \leq \hat{p} + 1.96\sqrt{\dfrac{\hat{p}\,\hat{q}}{n}}$ 에서 $n = 100$, $\hat{p} = \hat{q} = \dfrac{1}{2}$ 이므로

$\dfrac{1}{2} - 1.96\sqrt{\dfrac{\dfrac{1}{2} \times \dfrac{1}{2}}{100}} \leq p \leq \dfrac{1}{2} + 1.96\sqrt{\dfrac{\dfrac{1}{2} \times \dfrac{1}{2}}{100}}$

따라서 $0.402 \leq p \leq 0.598$

답 ③

유제▶4-1 모비율이 $\dfrac{4}{5}$ 인 모집단에서 크기가 100인 표본을 임의추출할 때, 표본비율이 0.9 이상일 확률을 아래 표준정규분포표를 이용하여 구하면?

① 0.01%

② 1%

③ 3%

④ 7%

〈표준정규분포표〉	
z	$P(0 \leq Z \leq z)$
1.0	0.34
1.5	0.43
2.0	0.47
2.5	0.49

유제▶4-2 어느 고등학교 학생 64명을 임의추출하여 기호식품 선호도를 조사하였더니 32명이 딸기를 좋아하였다. 이 학교의 전체 학생 중에서 딸기를 좋아하는 비율 p의 신뢰도 95%로서 신뢰구간의 길이는?

① 0.232   ② 0.245

③ 0.324   ④ 0.333

통계적 추측

☞ 해설 P.536

1 어느 도시에서 공용 자전거의 1회 이용시간은 평균이 60분, 표준편차가 10분인 정규분포를 따른다고 한다. 공용 자전거를 이용한 25회를 임의추출하여 조사할 때, 25회 이용시간의 총합이 1450분 이상일 확률을 다음 표준정규분포표를 이용하여 구하면?

① 0.8351
② 0.8413
③ 0.9332
④ 0.9772

z	$P(0 \le Z \le z)$
1.0	0.3413
1.5	0.4332
2.0	0.4772
2.5	0.4938

2 어느 지역에서 생산되는 귤의 당도는 평균이 m 이고 표준편차가 1.5인 정규분포를 따른다고 한다. 다음 표는 이 지역에서 생산된 귤 중에서 임의로 9개를 추출하여 당도를 측정한 결과를 나타낸 것이다. 이 결과를 이용하여 이 지역에서 생산되는 귤의 당도의 평균 m 을 신뢰도 95%로 추정한 신뢰구간은?
(단, $P(0 \le Z \le 1.96) = 0.475$ 이고 당도의 단위는 브릭스이다.)

당도	10	11	12	13	계
귤의 개수	4	2	2	1	9

① $10.02 \le m \le 11.98$
② $9.77 \le m \le 12.23$
③ $9.53 \le m \le 12.47$
④ $9.35 \le m \le 12.65$

Answer   1.②   2.①

3 어떤 도시에 있는 전체 고등학교 학생들의 몸무게는 표준편차가 5kg인 정규분포를 따른다고 한다. 이 도시의 고등학교 학생 전체에 대한 몸무게의 평균을 신뢰도 95%로 추정할 때, 신뢰구간의 길이를 1kg 이하가 되도록 하려고 한다. 조사하여야 할 표본의 크기의 최솟값은?

(단, $\mathrm{P}(0 \leq Z \leq 1.96) = 0.4750$이다.)

① 381   ② 383

③ 385   ④ 387

4 표준편차가 2인 정규분포를 따르는 모집단에서 16개의 표본을 임의로 추출하여 모평균을 추정하였더니 신뢰구간의 길이가 4였다. 같은 신뢰도로 모평균을 추정할 때, 신뢰구간의 길이가 1이 되도록 하는 표본의 크기는?

① 121   ② 144

③ 225   ④ 256

5 9시 등교에 대한 학생들의 선호도를 알아보기 위하여 고등학생 300명을 임의 추출하여 찬반 조사를 하였더니 225명이 찬성하는 것으로 나타났다. 전체 고등학생의 9시 등교에 대한 찬성률을 p라 할 때, 신뢰도 95%로서 p의 신뢰구간은?

① $0.739 \leq p \leq 0.761$ ② $0.738 \leq p \leq 0.762$

③ $0.701 \leq p \leq 0.799$ ④ $0.684 \leq p \leq 0.814$

Answer   3.③   4.④   5.③

파워특강 수학(해설)

합격에 한 걸음 더 가까이!

각 단원별 유제 및 연습문제에 대한 정답 및 해설을 첨부하였습니다. 혼자서도 문제풀이가 가능하도록 핵심적인 설명과 내용을 심도 있게 정리하였습니다.

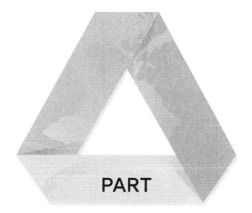

PART

15

정답 및 해설

정답 및 해설

01. 다항식의 연산

유제1-1
정답 ②
$x^3 + x^2 - 2 = A(x+2) + (x-4)$
$A(x+2) = x^3 + x^2 - 2 - x + 4$
$A = \dfrac{x^3 + x^2 - x + 2}{x+2}$
$\therefore A = x^2 - x + 1$

유제1-2
정답 ④
$(3x-1)^3 (x-1)^2 = (27x^3 - 27x^2 + 9x - 1)(x^2 - 2x + 1)$
이 식의 전개식에서 x^3의 항은
$27x^3 \cdot - 27x^2 \cdot (-2x) + 9x \cdot x^2 = 27x^3 + 54x^3 + 9x^3 = 90x^3$

유제2-1
정답 ④
$(x-y)^2 = (x+y)^2 - 4xy = 20 - 16 = 4$
$\Rightarrow x - y = 2 \ (\because x > y)$
$\therefore \dfrac{x}{y} - \dfrac{y}{x} = \dfrac{x^2 - y^2}{xy} = \dfrac{(x+y)(x-y)}{xy} = \dfrac{2\sqrt{5} \cdot 2}{4} = \sqrt{5}$

유제2-2
정답 ④
$x^2 - x - 1 = 0$의 양변을 x로 나누면
$x - 1 - \dfrac{1}{x} = 0 \ \Rightarrow \ x - \dfrac{1}{x} = 1$
$\therefore x^3 - \dfrac{1}{x^3} = \left(x - \dfrac{1}{x}\right)^3 + 3x \cdot \dfrac{1}{x}\left(x - \dfrac{1}{x}\right) = 1^3 + 3 \cdot 1 \cdot 1 = 4$

유제3-1
정답 ③
$x^3 + y^3 + z^3$
$= (x+y+z)(x^2 + y^2 + z^2 - xy - yz - zx) + 3xyz$이므로
$x^3 + y^3 + z^3 = 0 + 3 \cdot 2 = 6$

유제3-2
정답 ②
$a^2 b^2 + b^2 c^2 + c^2 a^2 = (ab)^2 + (bc)^2 + (ca)^2$
$\qquad = (ab + bc + ca)^2 - 2abc(a+b+c)$
$\qquad = 2^2 - 2 \times (-1) \times 4 = 12$

연/습/문/제

1 정답 ③
$x^3 + y^3 = 4$, $(xy)^3 = -1$이므로
$(x+y)^3 = x^3 + y^3 + 3xy(x+y)$에서 $x + y = A$라 놓으면
$A^3 + 3A - 4 = 0$
이것을 풀면 $A = 1$
$\therefore x + y = 1$

2 정답 ③
$x + y = 4$, $xy = 6$이므로
$x^3 - x^2 y - xy^2 + y^3 = x^3 + y^3 - (x^2 y + xy^2)$
$\qquad = (x+y)^3 - 3xy(x+y) - xy(x+y)$
$\qquad = (x+y)^3 - 4xy(x+y)$
$\qquad = 4^3 - 4 \times 6 \times 4 = -32$

3 정답 ④
$(x-y)^2 = (x+y)^2 - 4xy = (2\sqrt{5})^2 - 4 \times 4 = 4$
그런데 $x > y$이므로 $x - y = \sqrt{(x-y)^2} = \sqrt{4} = 2$
따라서
$\dfrac{x}{y} - \dfrac{y}{x} = \dfrac{x^2 - y^2}{xy} = \dfrac{(x+y)(x-y)}{xy} = \dfrac{2\sqrt{5} \times 2}{4} = \sqrt{5}$

4 정답 ②
$a + b = 3$, $ab = 1$일 때
$a^3 + b^3 = (a+b)^3 - 3ab(a+b) = 3^3 - 3 \times 1 \times 3 = 18$

5 정답 ④

$f(x)$를 $x+1$로 나누었을 때의 몫은 x^2+2x+4이고 나머지가 5이므로

$f(x)=(x+1)(x^2+2x+4)+5=x^3+3x^2+6x+9$이다.

따라서 $f(1)=19$

6 정답 ④

조립제법을 사용하여 몫 $Q(x)$와 나머지 R을 구하면 아래와 같다.

```
 1 |  1    1   -2    3
   |       1    2    0
   ------------------
      1    2    0  | 3
```

여기서 $Q(x)=x^2+2x$, $R=3$이다. 따라서 $Q(1)+R=6$

7 정답 ③

다항식의 나눗셈을 하면 아래와 같다.

$$
\begin{array}{r}
2x+1 \\
2x^2-x-1 \overline{\smash{\big)}\,4x^3+3x-1} \\
\underline{4x^3-2x^2-2x} \\
2x^2+5x-1 \\
\underline{2x^2-x-1} \\
6x
\end{array}
$$

여기서 $Q(x)=2x+1$, $R(x)=6x$

따라서 $Q(1)+R(2)=3+12=15$

02. 항등식과 나머지 정리

유제1-1
정답 ②

$(x-2)(x+1)f(x)=x^3+ax^2+bx+6$의 양변에 $x=2$를 대입하면

$8+4a+2b+6=0$, $2a+b=-7$ ····· ㉠

주어진 식의 양변에 $x=-1$을 대입하면

$-1+a-b+6=0$, $a-b=-5$ ····· ㉡

㉠+㉡을 하면 $3a=-12$에서 $a=-4$이므로 $b=1$

$\therefore ab=(-4)\cdot 1=-4$

유제1-2
정답 ④

x에 대한 항등식이므로

$x=1$일 때 $2=c$

$x=2$일 때 $9=b+c$

$x=3$일 때 $28=2a+2b+c$

$\therefore a=6$, $b=7$, $c=2$

유제2-1
정답 ②

$f(x)=x^3-3x^2+px+q$로 놓으면

$f(-1)=-1-3-p+q=0$

$\therefore p-q=-4$ ··· ㉠

$f(1)=1-3+p+q=-4$

$\therefore p+q=-2$ ··· ㉡

㉠, ㉡에서 $p=-3$, $q=1$

$\therefore p+2q=-1$

유제2-2
정답 ②

$f(x)=x^2+ax+b$에서

$f(1)=-1$이므로 $1+a+b=-1$ ······ ㉠

$f(2)=-2$이므로 $4+2a+b=-2$ ······ ㉡

㉠, ㉡에서 $a=-4$, $b=2$

$\Rightarrow f(x)=x^2-4x+2$

$\therefore f(3)=9-12+2=-1$

유제3-1
정답 ②

$f(x)$를 $(x+2)(x-1)^2$으로 나누었을 때의 몫을 $Q(x)$, 나머지를 ax^2+bx+c라 하면

$f(x)=(x+2)(x-1)^2Q(x)+ax^2+bx+c$

$f(x)=(x+2)(x-1)^2Q(x)+a(x-1)^2+4x+2$

한편 $f(-2)=3$이므로

$f(-2)=9a-8+2=3 \Rightarrow a=1$

$R(x)=(x-1)^2+4x+2=x^2+2x+3$

$\therefore R(-1)=2$

유제3-2
정답 ①

$f(x) = (x-1)(x-2)(x-3)Q_1(x) + x^2 + x + 1$이므로
$f(1) = 3, \ f(2) = 7, \ f(3) = 13$
$f(6x) = (2x-1)(3x-1)Q_2(x) + ax + b$
$x = \dfrac{1}{2}$ 을 대입하면 $f(3) = \dfrac{1}{2}a + b = 13$
$x = \dfrac{1}{3}$ 을 대입하면 $f(2) = \dfrac{1}{3}a + b = 7$
따라서 $a = 36, \ b = -5$
$\therefore a + b = 31$

유제4-1
정답 ②

$x-1$ 로 나누는 조립제법을 연속으로 하면 나머지가 0이 된다.

$$
\begin{array}{r|rrrr}
 & 1 & -2 & a & b \\
1 & & 1 & -1 & a-1 \\
\hline
 & 1 & -1 & a-1 & \boxed{a+b-1} \\
1 & & 1 & 0 & \\
\hline
 & 1 & 0 & \boxed{a-1} &
\end{array}
$$

위와 같이 $a+b-1 = 0, \ a-1 = 0$
두 식을 연립하면 $a = 1, \ b = 0$

유제4-2
정답 ③

$3x^4 + (a-1)x^3 - ax^2 - 2ax + 2$
$= 3(x-\alpha)(x-\beta)(x-\gamma)(x-\delta)$
$\therefore (2-\alpha)(2-\beta)(2-\gamma)(2-\delta)$
$\qquad = \dfrac{1}{3}(48 + 8a - 8 - 4a - 4a + 2) = 14$

───── 연/습/문/제 ─────

1 정답 ②

$x + y = 1$에서 $y = 1 - x$이므로
$x^2 + axy + by + c = x^2 + ax(1-x) + b(1-x) + c$
$= (1-a)x^2 + (a-b)x + (b+c) = 0$
계수비교법에서 $\begin{cases} 1-a = 0 \\ a-b = 0 \\ b+c = 0 \end{cases}$ 즉 $a = b = 1, \ c = -1$
따라서 $10a + 5b + c = 10 + 5 - 1 = 14$

2 정답 ②

등식 $x^4 + ax + b = (x+\sqrt{2})(x-\sqrt{3})P(x) + \sqrt{6}$ 이 항등식
이므로 x에 어떤 수를 대입해도 성립한다. $x = -\sqrt{2}$ 일 때
$4 - \sqrt{2}a + b = \sqrt{6}$, 즉 $\sqrt{2}a - b = 4 - \sqrt{6}$ ─── ㉠
$x = \sqrt{3}$ 일 때 $9 + \sqrt{3}a + b = \sqrt{6}$
즉, $\sqrt{3}a + b = -9 + \sqrt{6}$ ─── ㉡
㉠+㉡하면 $(\sqrt{3} + \sqrt{2})a = -5$
따라서 $a = -\dfrac{5}{\sqrt{3} + \sqrt{2}} = -5(\sqrt{3} - \sqrt{2})$

3 정답 ④

$f(x) = x^{2015}$를 $x+1$로 나눈 몫을 $Q(x)$, 나머지를 R라
하면 $f(x) = x^{2015} = (x+1)Q(x) + R$
$\therefore f(-1) = R = -1$
즉 $f(x) = x^{2015} = (x+1)Q(x) - 1 \ x = 2016$라 하면
$f(2016) = 2016^{2015} = 2017Q(2016) - 1$
$\qquad\qquad = 2017\{Q(2016) - 1\} + 2016$
따라서 2016^{2015}을 2017로 나눈 나머지는 2016

4 정답 ④

$f(x) = x^{100} - x + 2$로 놓으면
$f(-1) = (-1)^{100} - (-1) + 2 = 1 + 1 + 2 = 4$

5 정답 ④

다항식 $f(x) = x^3 - 2x^2 - 4x + 2$를 $x+2$로 나눈 나머지는
$f(-2)$이므로
$f(-2) = (-2)^3 - 2\times(-2)^2 - 4\times(-2) + 2 = -6$

6 정답 ④

나누었을 때의 몫을 $Q(x)$라고 하면
$x^3 + ax^2 - x + b = (x-1)^2 Q(x)$ ⋯⋯ ㉠
㉠의 양변에 $x = 1$을 대입하면
$\therefore a + b = 0$

7 정답 ③

$f(x) = x^3 - x^2 - 3x + 6$이라 할 때,
$a(x-1)^3 + b(x-1)^2 + c(x-1) + d$
$= (x-1)\{a(x-1)^2 + b(x-1) + c\} + d$ ⋯⋯ ㉠
$= (x-1)[(x-1)\{a(x-1) + b\} + c] + d$ ⋯⋯ ㉡

$\bigcirc$에서 $f(x)$를 $x-1$로 나누었을 때의
몫은 $a(x-1)^2+b(x-1)+c$, 나머지는 d이다.

또, $\bigcirc$에서 $a(x-1)^2+b(x-1)+c$를 $x-1$로 나누었을 때의
몫은 $a(x-1)+b$, 나머지는 c이고,

$a(x-1)+b$를 $x-1$로 나누었을 때의
몫은 a, 나머지는 b이다.

따라서 다음과 같이 조립제법을 반복하여 이용하면

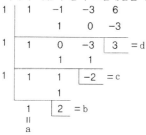

$\therefore abcd = 1 \cdot 2 \cdot (-2) \cdot 3 = -12$

---

8 정답 ②

$f(x) = x^3 + ax^2 + bx + 1$을 $x+1$, $x-1$로 나눈 나머지가
각각 -2, 2이므로 나머지정리에서

$\begin{cases} f(-1) = -1 + a - b + 1 = -2 \\ f(1) = 1 + a + b + 1 = 2 \end{cases}$

즉 $\begin{cases} a - b = -2 \\ a + b = 0 \end{cases}$ $\therefore a = -1, \ b = 1$

따라서 $ab = (-1) \times 1 = -1$

---

9 정답 ②

(i) $f(x)$를 $x-3$, $x-4$로 나눈 나머지가 각각 3, 2이므로
$f(3) = 3, \ f(4) = 2$ --- $\bigcirc$

(ii) $f(x+1)$를 $x^2 - 5x + 6$로 나눈 몫을 각각 $Q(x)$, 나머지를 $R(x) = ax + b$라 하면

$f(x+1) = (x^2 - 5x + 6)Q(x) + ax + b$
$= (x-2)(x-3)Q(x) + ax + b$

이 식에서 $x = 2, \ x = 3$을 각각 대입하면

$f(3) = 2a + b, \ f(4) = 3a + b$ --- $\bigcirc$

(iii) $\bigcirc$, $\bigcirc$에서 $\begin{cases} f(3) = 2a + b = 3 \\ f(4) = 3a + b = 2 \end{cases}$

$\therefore a = -1, \ b = 5$ 즉 $R(x) = -x + 5$

따라서 $R(1) = -1 + 5 = 4$

---

10 정답 ②

$P(x)$를 $(x-1)^2$, $x+1$로 나누었을 때의 몫을 각각
$Q_1(x)$, $Q_2(x)$라 하고, $(x-1)^2(x+1)$로 나누었을 때의
몫과 나머지를 각각 $Q(x)$, $ax^2 + bx + c$라 하면

$P(x) = (x-1)^2 Q_1(x) + 2x - 1 = (x+1)Q_2(x) + 3$
$= (x-1)^2(x+1)Q(x) + ax^2 + bx + c$
$= (x-1)^2(x+1)Q(x) + a(x-1)^2 + 2x - 1$

여기서 $R(x) = ax^2 + bx + c = a(x-1)^2 + 2x - 1$이다.

$\therefore P(-1) = -3 = 4a - 3$, 즉 $a = \dfrac{3}{2}$

$\therefore R(x) = \dfrac{3}{2}(x-1)^2 + 2x - 1 = \dfrac{3}{2}x^2 - x + \dfrac{1}{2}$

따라서 $R(3) = \dfrac{27}{2} - 3 + \dfrac{1}{2} = 11$

---

03. 인수분해

유제1-1
정답 ④

$x^4 - 3x^2 + 1 = (x^4 - 2x^2 + 1) - x^2 = (x^2 - 1)^2 - x^2$
$= (x^2 - 1 + x)(x^2 - 1 - x)$
$= (x^2 + x - 1)(x^2 - x - 1)$

$\therefore (x^2 + x - 1)$과 $(x^2 - x - 1)$이 인수

유제1-2
정답 ②

주어진 식에 $x = 1$을 대입하면 0이 되므로

$x^4 + x^3 - 4x^2 + x + 1 = (x-1)(x^3 + 2x^2 - 2x - 1)$
$= (x-1)(x-1)(x^2 + 3x + 1)$
$= (x^2 + 3x + 1)(x^2 - 2x + 1)$

유제2-1
정답 ①

주어진 식을 c에 대하여 내림차순으로 정리하면

$a^4 + a^2c^2 - b^2c^2 - b^4 = (a^2 - b^2)c^2 + (a^4 - b^4)$
$= (a^2 - b^2)c^2 + (a^2 + b)^2(a^2 - b^2)$
$= (a^2 - b^2)(c^2 + a^2 + b^2)$
$= (a+b)(a-b)(a^2 + b^2 + c^2)$

유제2-2
정답 ④

$a = 2013$이라 하면

$2012 \times 2013 + 1 = (a-1)a + 1 = a^2 - a + 1$

$\therefore \dfrac{2013^3 + 1}{2012 \times 2013 + 1} = \dfrac{a^3 + 1}{a^2 - a + 1}$

$\qquad\qquad\qquad\quad = \dfrac{(a+1)(a^2 - a + 1)}{a^2 - a + 1}$

$\qquad\qquad\qquad\quad = a + 1 = 2014$

연/습/문/제

---

1 정답 ④

$(x-1)(x-2)(x-3)(x-4) + k$

$= \{(x-1)(x-4)\}\{(x-2)(x-3)\} + k$

$= (x^2 - 5x + 4)(x^2 - 5x + 6) + k$

$x^2 - 5x = t$로 놓으면

(주어진 식) $= (t+4)(t+6) + k = t^2 + 10t + 24 + k$ ····· ㉠

주어진 식이 x에 대한 이차식의 완전제곱꼴로 인수분해되려면
㉠이 t에 대한 일차식의 완전제곱꼴로 인수분해되어야 한다.

따라서 $24 + k = 25$이므로 $k = 1$

2 정답 ②

$x^4 + 2x^3 - x^2 + 2x + 1 = x^2\left(x^2 + 2x - 1 + \dfrac{2}{x} + \dfrac{1}{x^2}\right)$

$\qquad\qquad\qquad\qquad = x^2\left\{\left(x + \dfrac{1}{x}\right)^2 + 2\left(x + \dfrac{1}{x}\right) - 3\right\}$

$\qquad\qquad\qquad\qquad = x^2\left(x + \dfrac{1}{x} - 1\right)\left(x + \dfrac{1}{x} + 3\right)$

$\qquad\qquad\qquad\qquad = (x^2 - x + 1)(x^2 + 3x + 1)$

따라서 두 이차식 $x^2 - x + 1$, $x^2 + 3x + 1$의
x항의 계수의 합은 $-1 + 3 = 2$이다.

3 정답 ②

주어진 식에서

$a^2 b - a^2 c + b^2 c - ab^2 + (a-b)c^2 = 0$

$ab(a-b) - c(a^2 - b^2) + c^2(a-b) = 0$

$(a-b)(ab - ac - bc + c^2) = 0$

$(a-b)\{a(b-c) - c(b-c)\} = 0$

$(a-b)(b-c)(a-c) = 0$

$\therefore a = b$ 또는 $b = c$ 또는 $a = c$

따라서 이등변삼각형이다.

4 정답 ①

$97^3 + 9 \times 97^2 + 27 \times 97 + 27$

$= 97^3 + 3 \times 97^2 \times 3 + 3 \times 97 \times 3^2 + 3^3$

$= (97 + 3)^3 = 10^3 = 2^3 \times 5^3$

따라서 $m = n = 3 \Rightarrow m + n = 3 + 3 = 6$

5 정답 ①

$a = 2$, $a^3 + b^3 + c^3 = 3abc$에서 $a = 2$, $a^3 + b^3 + c^3 - 3abc = 0$

그런데 $a^3 + b^3 + c^3 - 3abc$

$= \dfrac{1}{2}(a+b+c)\{(a-b)^2 + (b-c)^2 + (c-a)^2\} = 0$이고

$a + b + c \neq 0$이므로 $(a-b)^2 + (b-c)^2 + (c-a)^2 = 0$

$\therefore a = b = c$, 즉 $\triangle ABC$는 한 변의 길이가 2인 정삼각형이
다. 한 변의 길이가 2인 정삼각형의 높이는 피타고라스 정
리에 의하여 $\sqrt{3}$이므로 넓이는 $\dfrac{1}{2} \times 2 \times \sqrt{3} = \sqrt{3}$이다.

6 정답 ①

$f(1) = 1$, $f(2) = 2$, $f(3) = 3$

$f(1) - 1 = f(2) - 2 = f(3) - 3 = 0$이므로

인수정리에서 $f(x) - x$는 $x - 1$, $x - 2$, $x - 3$의 인수를 갖는
다. 그런데 3차항의 계수가 1이므로

$f(x) - x = (x-1)(x-2)(x-3)$이다.

$\therefore f(x) = (x-1)(x-2)(x-3) + x = x^3 - 6x^2 + 12x - 6$

따라서 $f(x)$를 $x - 4$로 나눈 나머지는

$f(4) = 64 - 96 + 48 - 6 = 10$

04. 복소수와 이차방정식

유제1-1
정답 ④

$3\sqrt{(-4)^2} = 3\sqrt{16} = 3 \cdot 4 = 12$

$\sqrt{-4}\sqrt{-9} = 2i \cdot 3i = -6$

$\dfrac{\sqrt{8}}{\sqrt{-2}} = \dfrac{2\sqrt{2}}{\sqrt{2}\,i} = \dfrac{2}{i} = -2i$

(주어진 식) $= 12 + (-6) + (-2i) = 6 - 2i = 6 + (-2)i$

$a = 6$, $b = -2$ $\quad \therefore a + b = 4$

유제1-2

정답 ②

$(x+y-1)+(2x+y-3)i=0$ 에서

$x+y-1=0$ ······ ㉠

$2x+y-3=0$ ······ ㉡

두 식을 연립하면 ㉡-㉠

$x-2=0$ ∴ $x=2$, $y=-1$

유제2-1

정답 ③

주어진 식의 좌변을 정리하면

$i+2i^2+3i^3+4i^4+5i^5+6i^6+7i^7+8i^8+\cdots$

$\quad +2001i^{2001}+2002i^{2002}+2003i^{2003}+2004i^{2004}$

$\quad +2005i^{2005}+2006i^{2006}+2007i^{2007}$

$=(i-2-3i+4)+(5i-6-7i+8)$

$\quad +(2001i-2002-2003i+2004)$

$\quad +2005i-2006-2007i$

$=(2-2i)+(2-2i)+\cdots+(2-2i)-2i-2006$

$=501(2-2i)-2i-2006$

$=-1004-1004i$

∴ $-1004-1004i=x+yi$

복소수가 서로 같을 조건에 의하여

$x=-1004$, $y=-1004$

∴ $x+y=-2008$

유제2-2

정답 ①

$\dfrac{1}{i}+\dfrac{1}{i^2}+\dfrac{1}{i^3}+\dfrac{1}{i^4}=\dfrac{1}{i}+\dfrac{1}{-1}+\dfrac{1}{-i}+\dfrac{1}{1}=0$ 이므로

$\dfrac{1}{i}+\dfrac{1}{i^2}+\dfrac{1}{i^3}+\dfrac{1}{i^4}+\cdots+\dfrac{1}{i^{102}}$

$=\left(\dfrac{1}{i}+\dfrac{1}{i^2}+\dfrac{1}{i^3}+\dfrac{1}{i^4}\right)+\cdots$

$\quad +\dfrac{1}{i^{96}}\left(\dfrac{1}{i}+\dfrac{1}{i^2}+\dfrac{1}{i^3}+\dfrac{1}{i^4}\right)+\dfrac{1}{i^{101}}+\dfrac{1}{i^{102}}$

$=0+\cdots+0+\dfrac{1}{(i^4)^{25}\cdot i}+\dfrac{1}{(i^4)^{25}\cdot i^2}$

$=\dfrac{1}{i}-1=-i-1$

∴ $-1-i=x+yi$

복소수가 서로 같을 조건에 의하여

$x=-1$, $y=-1$

∴ $x+y=-2$

유제3-1

정답 ②

$z=1+i$ 이면 $\bar{z}=1-i$

∴ $\dfrac{z-1}{\bar{z}}+\dfrac{z}{\bar{z}-1}=\dfrac{i}{1-i}+\dfrac{1+i}{-i}$

$\qquad =\dfrac{i(1+i)}{(1-i)(1+i)}+\dfrac{(1+i)i}{-i\cdot i}$

$\qquad =\dfrac{-1+i}{2}+(-1+i)$

$\qquad =\dfrac{3(-1+i)}{2}=\dfrac{-3+3i}{2}$

유제3-2

정답 ②

$\alpha\cdot\bar{\alpha}=1$ 에서 $\bar{\alpha}=\dfrac{1}{\alpha}$

$\beta\cdot\bar{\beta}=1$ 에서 $\bar{\beta}=\dfrac{1}{\beta}$

∴ $\dfrac{1}{\alpha}+\dfrac{1}{\beta}=\bar{\alpha}+\bar{\beta}=\overline{\alpha+\beta}=\bar{i}=-i$

유제4-1

정답 ①

$(a^2-3)x-1=a(2x+1)$

$\Leftrightarrow (a^2-2a-3)x=a+1$

$\Leftrightarrow (a-3)(a+1)x=a+1$

(i) $a\neq 3$이고 $a\neq -1$이면 $x=\dfrac{1}{a-3}$

(ii) $a=3$이면 $0\cdot x=4$이므로 근이 존재하지 않는다.

(iii) $a=-1$이면 $0\cdot x=0$이므로 근은 모든 실수가 된다.

따라서 구하는 a의 값은 -1이다.

유제4-2

정답 ④

$(a+5)(a-3)x-3=a(1+4x)$ 에서

$(a^2-2a-15)x=a+3$

$(a+3)(a-5)x=a-3$

∴ $\begin{cases} a=5\text{일 때, 해가 없다.} \\ a=-3\text{일 때, 해가 무수히 많다.} \\ a\neq -5,\ a\neq -3\text{일 때, } x=\dfrac{1}{a-5} \end{cases}$

유제5-1
정답 ①

$x^2 - |x| - 20 = 0$에서

(i) $x < 0$일 때, $x^2 + x - 20 = 0$

$\qquad (x+5)(x-4) = 0$ $\therefore x = -5$ 또는 $x = 4$

$\qquad$ 그런데 $x < 0$이므로 $x = -5$

(ii) $x \geq 0$일 때, $x^2 - x - 20 = 0$

$\qquad (x+4)(x-5) = 0$ $\therefore x = -4$ 또는 $x = 5$

$\qquad$ 그런데 $x \geq 0$이므로 $x = 5$

(i), (ii)에서 주어진 방정식의 해는 $x = -5$ 또는 $x = 5$

[다른 풀이]

$x^2 = |x|^2$이므로 주어진 방정식은

$|x|^2 - |x| - 20 = 0$, $(|x|+4)(|x|-5) = 0$

그런데 $|x|+4 > 0$이므로 $|x| = 5$

$\therefore x = -5$ 또는 $x = 5$

유제5-2
정답 ②

$n \leq x < n+1$일 때, $[x] = n$이다. (n은 정수)

즉, $[x]$는 실수 x를 정수부분과 소수부분으로 나눌 때, x의 정수부분이다.

예를 들어

$[1.3] = [1+0.3] = 1$, $[-1.3] = [-2+0.7] = -2$이다.

$[x] = X$라 두면

$X^2 - 3X + 2 = (X-1)(X-2) = 0$에서

$X = 1$ 또는 $X = 2$

(i) $X = [x] = 1$이면 $1 \leq x < 2$

(ii) $X = [x] = 2$이면 $2 \leq x < 3$

(i), (ii)에서 $1 \leq x < 3$

유제6-1
정답 ④

중근을 가지려면 판별식의 값이 0이어야 하므로

$D = \{-(k-1)\}^2 - 4 \cdot 4 \cdot 1 = 0$

$k^2 - 2k - 15 = 0$

$(k+3)(k-5) = 0$

$k = -3$ 또는 $k = 5$

따라서 k값의 합은 2이다.

유제6-2
정답 ④

이차방정식 $x^2 + 2kx + k^2 + k - 1 = 0$이 허근을 가질 조건은 $D < 0$이므로

$\dfrac{D}{4} = k^2 - (k^2 + k - 1) < 0$

$-k + 1 < 0 \Rightarrow k > 1$ ······㉠

이차방정식 $x^2 - 2x + 2k - 3 = 0$이 실근을 가질 조건은

$D' \geq 0$이므로 $\dfrac{D'}{4} = 1 - (2k-3) \geq 0$

$2k - 4 \leq 0 \Rightarrow k \leq 2$ ······㉡

구하는 범위는 ㉠, ㉡의 공통범위이므로 $1 < k \leq 2$

유제7-1
정답 ④

$x^2 - 3x + 5 = 0$의 두 근이 α, β이므로

$\alpha + \beta = 3$, $\alpha\beta = 5$

$\dfrac{\beta}{\alpha} + \dfrac{\alpha}{\beta} = \dfrac{\alpha^2 + \beta^2}{\alpha\beta} = \dfrac{(\alpha+\beta)^2 - 2\alpha\beta}{\alpha\beta} = \dfrac{9-10}{5} = -\dfrac{1}{5}$

따라서 구하는 이차방정식은

$x^2 - \left(\dfrac{\beta}{\alpha} + \dfrac{\alpha}{\beta}\right)x + \dfrac{\beta}{\alpha} \cdot \dfrac{\alpha}{\beta} = x^2 + \dfrac{1}{5}x + 1 = 0$

$\therefore 5x^2 + x + 5 = 0$

유제7-2
정답 ②

$x^2 + 2x + 3 = 0$의 두 근이 α, β이므로

$\alpha + \beta = -2$, $\alpha\beta = 3$

또한 $\alpha^2 + 2\alpha + 3 = 0$, $\beta^2 + 2\beta + 3 = 0$

$(\alpha^2 + 5\alpha + 3)(\beta^2 + 7\beta + 3)$

$= (\alpha^2 + 2\alpha + 3 + 3\alpha)(\beta^2 + 2\beta + 3 + 5\beta)$

$= 3\alpha \cdot 5\beta = 15\alpha\beta$

$= 15 \cdot 3 = 45$

유제8-1
정답 ①

다른 한 근은 $2 + \sqrt{3}$ 이므로 근과 계수와의 관계로부터

$(2-\sqrt{3}) + (2+\sqrt{3}) = -a$

$(2-\sqrt{3})(2+\sqrt{3}) = b$

$\therefore a = -4$, $b = 1$

유제8-2
정답 ③

유리계수의 이차방정식의 한 근이 $2+\sqrt{3}$ 이므로
다른 한 근은 $2-\sqrt{3}$ 이다.
근과 계수의 관계에서
$(2+\sqrt{3})+(2-\sqrt{3})=-a$, $(2+\sqrt{3})(2-\sqrt{3})=b$
$\therefore a=-4$, $b=1$
그러므로 $x^2+bx+a=0$은 $x^2+x-4=0$이고,
두 근을 α, β라 하면
$\alpha+\beta=-1$, $\alpha\beta=-4$
$(\alpha-\beta)^2=(\alpha+\beta)^2-4\alpha\beta=(-1)^2-4\cdot(-4)=17$

유제9-1
정답 ②

$f(x)=0$의 두 근이 α, β이므로
$(x-\alpha)(x-\beta)=0$으로 놓을 수 있다.
이 식을 정리하면 $x^2-(\alpha+\beta)x+\alpha\beta=0$
$\alpha+\beta=6$이므로 $x^2-6x+\alpha\beta=0$
$\therefore f(5x-7)=(5x-7)^2-6(5x-7)+\alpha\beta$
$\qquad\qquad\quad =25x^2-100x+91+\alpha\beta$
따라서 방정식 $f(5x-7)=0$의 두 근의 합은 $\dfrac{100}{25}=4$이다.

유제9-2
정답 ④

$f(x)=0$의 두 근을 α, β라 하면 $f(\alpha)=0$, $f(\beta)=0$이고,
조건에서 $\alpha+\beta=2$, $\alpha\beta=3$
$f(2x+1)=0$에서 $2x+1=\alpha$나 $2x+1=\beta$가 되는 x가
$f(2x+1)=0$의 근이 된다.
즉, $2x+1=\alpha$에서 $x=\dfrac{\alpha-1}{2}$
$f\!\left(2\!\left(\dfrac{\alpha-1}{2}\right)+1\right)=f(\alpha)=0$이 되어 $\dfrac{\alpha-1}{2}$이 근이 된다.
따라서 $f(2x+1)=0$의 근은 $\dfrac{\alpha-1}{2}$, $\dfrac{\beta-1}{2}$
두 근의 합은 $\dfrac{\alpha+\beta-2}{2}=\dfrac{2-2}{2}=0$
두 근의 곱은 $\dfrac{\alpha\beta-(\alpha+\beta)+1}{4}=\dfrac{3-2+1}{4}=\dfrac{2}{4}=\dfrac{1}{2}$

유제10-1
정답 ③

두 근을 α, β라 하면
(i) 두 근의 곱 : $\alpha\beta=-m+2<0$, $m>2$
(ii) 양근 < |음근| : $\alpha+\beta=2(m-7)<0$, $m<7$

(i), (ii)의 공통범위 $2<m<7$
$\therefore m=3,\ 4,\ 5,\ 6$

유제10-2
정답 ②

(i) (두 근의 합)$=\dfrac{4m}{m^2+1}<0 \Rightarrow m<0$
(ii) (두 근의 곱)$=\dfrac{3}{m^2+1}>0 \Rightarrow$ 항상 성립
(iii) $\dfrac{D}{4}=(2m)^2-(m^2+1)\times 3=m^2-3\geq 0$
$\qquad \Rightarrow m\geq\sqrt{3}$ 또는 $m\leq-\sqrt{3}$
(i), (ii), (iii)에 의해서 $m\leq-\sqrt{3}$

1 정답 ③

$z=1+i$에서
$z^2=(1+i)^2=1+2i+i^2=2i$,
$z^4=(z^2)^2=(2i)^2=4i^2=-4$, $z^8=(z^4)^2=(-4)^2=16$
따라서 $z^{10}=z^8\cdot z^2=16\times 2i=32i$

2 정답 ④

$z=\dfrac{\sqrt{2}}{1+i}=\dfrac{1-i}{\sqrt{2}}$ 에서
$z^2=\left(\dfrac{1-i}{\sqrt{2}}\right)^2=\dfrac{1-2i+i^2}{2}=-i$,
$z^4=(z^2)^2=(-i)^2=-1$, $z^8=(z^4)^2=(-1)^2=1$
$z^{2014}=(z^8)^{251}\cdot z^6=(z^8)^{251}\cdot z^4\cdot z^2=1^{251}\times(-1)\times(-i)=i$

3 정답 ①

$\dfrac{1+i}{1-i}=\dfrac{(1+i)^2}{(1-i)(1+i)}=\dfrac{2i}{2}=i$
$\dfrac{1-i}{1+i}=\dfrac{(1-i)^2}{(1-i)(1+i)}=\dfrac{-2i}{2}=-i$
$f\!\left(\dfrac{1+i}{1-i}\right)+f\!\left(\dfrac{1-i}{1+i}\right)=f(i)+f(-i)$
$\qquad\qquad\qquad\qquad\quad =(i)^{50}+(-i)^{50}$
$\qquad\qquad\qquad\qquad\quad =2\cdot i^{50}$
$\qquad\qquad\qquad\qquad\quad =-2$

4 정답 ③

$\dfrac{1+i}{\sqrt{2}}$, $\dfrac{1-i}{\sqrt{2}}$ 를 각각 제곱하면

$$\left(\dfrac{1+i}{\sqrt{2}}\right)^2 = \dfrac{2i}{2} = i$$

$$\left(\dfrac{1-i}{\sqrt{2}}\right)^2 = \dfrac{-2i}{2} = -i$$

$$\therefore \left(\dfrac{1+i}{\sqrt{2}}\right)^{4n} + \left(\dfrac{1-i}{\sqrt{2}}\right)^{4n+2}$$

$$= \left\{\left(\dfrac{1+i}{\sqrt{2}}\right)^2\right\}^{2n} + \left\{\left(\dfrac{1-i}{\sqrt{2}}\right)^2\right\}^{2n} \cdot \left(\dfrac{1-i}{\sqrt{2}}\right)^2$$

$$= i^{2n} + (-i)^{2n} \cdot (-i)$$

$$= (-1)^n + (-1)^n \cdot (-i)$$

$$= 1 + 1 \cdot (-i) \quad (\because n \text{은 짝수})$$

$$= 1 - i$$

5 정답 ②

$\dfrac{1-i}{1+i} = -i$이므로

$$(x+1)\left(x + \dfrac{1-i}{1+i}\right) = (x+1)(x-i) = (x^2+x) - (x+1)i,$$

$$2 + y\left(\dfrac{1-i}{1+i}\right) = 2 - yi$$

$$\therefore (x^2+x) - (x+1)i = 2 - yi \,(x,\ y\text{는 실수})$$

$$\therefore \begin{cases} x^2 + x = 2 \\ y = x + 1 \end{cases} \Rightarrow \begin{cases} x = -2 \\ y = -1 \end{cases}, \begin{cases} x = 1 \\ y = 2 \end{cases}$$

따라서 $xy = 2$

6 정답 ②

$$(2+i)(1-i) + \dfrac{2}{1-i} = (2 - 2i + i - i^2) + \dfrac{2(1+i)}{(1-i)(1+i)}$$

$$= (3-i) + (1+i)$$

$$= 4$$

7 정답 ③

두 실수 $x,\ y$에 대하여 $z = xy + (x+y)i$이므로

$$\bar{z} = xy - (x+y)i$$

$$\therefore \begin{cases} z + \bar{z} = 2xy = 4 \\ z\bar{z} = (xy)^2 + (x+y)^2 = 13 \end{cases}$$

$$\therefore (x+y)^2 = 9,\ xy = 2$$

따라서 $x^2 + y^2 = (x+y)^2 - 2xy = 9 - 2 \times 2 = 5$

8 정답 ③

$\dfrac{a}{1+i} + \dfrac{b}{1-i} = \dfrac{1}{2}(a+b) + \dfrac{1}{2}(-a+b)i$이므로

$$\begin{cases} \dfrac{1}{2}(a+b) = 2 \\ \dfrac{1}{2}(-a+b) = -1 \end{cases} \Rightarrow \begin{cases} a + b = 4 \\ a - b = 2 \end{cases}$$

$$\therefore a = 3,\ b = 1$$

따라서 $a^2 - b^2 = 3^2 - 1^2 = 8$

9 정답 ③

$\sqrt{ab} = -\sqrt{a}\sqrt{b}$이므로 $a,\ b$의 부호는

$$a \le 0,\ b \le 0 \ \cdots\cdots \ \bigcirc$$

$\sqrt{\dfrac{d}{c}} = -\dfrac{\sqrt{d}}{\sqrt{c}}$이므로 $c,\ d$의 부호는

$$c < 0,\ d \ge 0 \ \cdots\cdots \ \bigcirc$$

$\bigcirc$, $\bigcirc$을 이용하여 $b+c$, $a-d$의 부호를 정하면

$$b + c < 0,\ a - d \le 0$$

$$\therefore \sqrt{a^2} - |b| - \sqrt{c^2} + \sqrt{(b+c)^2} - |a-d|$$

$$= |a| - |b| - |c| + |b+c| - |a-d|$$

$$= -a + b + c - b - c + a - d$$

$$= -d$$

10 정답 ④

주어진 조건을 변형하면

$$x = \dfrac{-1 + \sqrt{3}\,i}{2} \Rightarrow 2x + 1 = \sqrt{3}\,i$$

양변을 제곱하여 정리하면

$$4x^2 + 4x + 1 = -3,\ 4x^2 + 4x + 4 = 0$$

$$\therefore x^2 + x + 1 = 0$$

$$\therefore x^4 + x^3 + 2x^2 + x + 3 = (x^4 + x^3 + x^2) + (x^2 + x + 1) + 2$$

$$= x^2(x^2 + x + 1) + (x^2 + x + 1) + 2$$

$$= 0 + 0 + 2 = 2$$

[다른 풀이]

$x^3 - 1 = (x-1)(x^2 + x + 1) = 0$을 이용한다.

11 정답 ②

주어진 이차방정식이 중근을 가지려면

$$\dfrac{D}{4} = (k-a)^2 - \{(k-1)^2 + a - b\} = 0$$

이것을 정리하면 $(-2a+2)k + a^2 - a + b - 1 = 0 \ \cdots\cdots \ \bigcirc$

$\bigcirc$이 k에 대한 항등식이 되어야 하므로

$$-2a + 2 = 0,\ a^2 - a + b - 1 = 0,\ \therefore a = 1,\ b = 1$$

$$\therefore a + b = 2$$

12 정답 ③

이차방정식 $x^2-ax+a=0$이 허근을 가질 조건은 $D<0$이
어야 하므로 $D=a^2-4a<0$, $a(a-4)<0$

$\therefore 0<a<4$

13 정답 ④

이차방정식 $f(x)=0$의 두 근을 α, β라 하면 $\alpha+\beta=8$

그런데 $f(3x-2)=0$의 두 근은 $\dfrac{1}{3}(\alpha+2)$, $\dfrac{1}{3}(\beta+2)$이다.

따라서 $f(3x-2)=0$의 두 근의 합은

$\dfrac{1}{3}(\alpha+2)+\dfrac{1}{3}(\beta+2)=\dfrac{1}{3}\{(\alpha+\beta)+4\}=\dfrac{1}{3}\times(8+4)=4$

14 정답 ①

$x^2+(k+2)x+(k-1)p+q-1=0$의 한 근이 $x=1$이므로
$1+(k+2)+(k-1)p+q-1=0$

즉 $(p+1)k+(-p+q+2)=0$이다. 이 식이 k의 값에 관계
없이 성립하므로,

즉 k에 대한 항등식이므로 $\begin{cases} p+1=0 \\ -p+q+2=0 \end{cases}$

따라서 $p=-1$, $q=-3$ 즉 $p+q=(-1)+(-3)=-4$

15 정답 ③

두 이차방정식 $x^2+kx+5=0$, $x^2+5x+k=0$의 공통근을
α라 하면 $\begin{cases} \alpha^2+k\alpha+5=0 & ----① \\ \alpha^2+5\alpha+k=0 & ----② \end{cases}$이므로

①$-$②하면 $(k-5)(\alpha-1)=0$ $\therefore k=5$ 또는 $\alpha=1$

그런데 $k=5$이면 두 개의 공통근을 가지므로
$k\neq5$ $\therefore \alpha=1$ 이때 $k=-6$

따라서 $k+\alpha=(-6)+1=-5$

16 정답 ④

$f(x)=-g(x)$의 근이 3, a이므로
$f(x)+g(x)=2(x-3)(x-a)$ $---㉠$
$f(x)g(x)=0$의 근이 3, 5, 9이므로
$f(x)g(x)=(x-3)(x-5)(x-9)$ $---㉡$
㉠, ㉡에서 $f(x)=(x-3)(x-5)$, $g(x)=(x-3)(x-9)$

$\therefore f(x)+g(x)=(x-3)(x-5)+(x-3)(x-9)$
$\qquad\qquad\qquad =2(x-3)(x-7)$

따라서 $f(x)=-g(x)$의 근이 3, 7이므로 $a=7$

17 정답 ②

주어진 다항식에서 $x^2-2xy-3y^2=(x+y)(x-3y)$으로 인
수분해 된다. 또한 주어진 다항식 전체가 x와 y에 대한 일차
식의 곱으로 인수분해 된다고 하였으므로 상수 a, b에 대하여
$x^2-2xy-3y^2+kx+7y-2=(x+y+a)(x-3y+b)$라 하면
우항은 $x^2-2xy-3y^2+(a+b)x+(b-3a)y+ab$가 된다.
$b-3a=7$, $ab=-2$이므로 두 식을 연립하면

$a=-2$, $b=1$ 또는 $a=-\dfrac{1}{3}$, $b=6$이 된다.

그런데 k는 정수라고 하였으므로 $a+b=k$에서
$k=a+b=-2+1=-1$이 된다.

18 정답 ②

두 근을 α, β라고 하면 $\alpha+\beta=m+1$, $\alpha\beta=2m$이므로
$(\alpha-\beta)^2=(\alpha+\beta)^2-4\alpha\beta=(m+1)^2-8m$
$\qquad\qquad\quad =m^2-6m+1=1$
$\therefore m(m-6)=0$
$m=0$ 또는 6에서 $m>0$을 만족하는 값은 $m=6$

19 정답 ③

두 근을 α, 2α라 하면 $\begin{cases} \alpha+2\alpha=-k & \cdots\cdots① \\ \alpha(2\alpha)=k-1 & \cdots\cdots② \end{cases}$

①에서 $\alpha=-\dfrac{k}{3}$를 ②에 대입하면 $2\left(-\dfrac{k}{3}\right)^2=k-1$

$\Rightarrow 2k^2-9k+9=0 \Rightarrow (2k-3)(k-3)=0$

$\therefore k=\dfrac{3}{2}$ 또는 $k=3$

20 정답 ④

①, ② 실근이 아닐 수도 있다.

③ 계수가 복소수인 이차방정식은 판별식 $D=b^2-4ac$가 음
수가 아닌 경우에만 근의 공식이 성립한다.

④ 근과 계수와의 관계는 성립한다.

05. 이차방정식과 이차함수

유제1-1
정답 ②

위로 볼록한 함수이므로 $a<0$

대칭축이 0보다 크므로 $-\dfrac{b}{2a}>0 \Rightarrow b>0$

원점을 지나는 함수이므로 $c=0$

따라서 $y=cx^2+bx+a=bx+a$이고 기울기가 양수이며 y절편이 음수인 직선이므로 제1, 3, 4사분면을 지난다.

유제1-2
정답 ③

$y=ax^2+bx+c$의 그래프에서

① 위로 볼록하므로 $a<0$

② y절편이 x축의 아래쪽에 있으므로 $c<0$

③ $x=1$일 때, $y=2$이므로 $a+b+c=2>0$

④ $x=-1$일 때, $y<0$이므로 $a-b+c<0$

따라서 부호가 다른 것은 ③이다.

유제2-1
정답 ①

이차함수 $y=x^2+2x-3$의 그래프를
x축에 대하여 대칭이동하면

$-y=x^2+2x-3$, $y=-x^2-2x+3$

이것을 다시 y축의 방향으로 3만큼 평행이동하면

$y-3=-x^2-2x+3$, $y=-x^2-2x+6$

이때, $y=-x^2-2x+6=-(x+1)^2+7$

따라서 그래프의 꼭짓점의 좌표는 $(-1,\ 7)$이다.

$p=-1$, $q=7$이므로 $p+q=6$

유제2-2
정답 ②

$y=2x^2+4x=2(x^2+2x)=2(x^2+2x+1-1)$

$\quad =2(x+1)^2-2$

따라서 $y=2x^2+4x$의 그래프는 $y=2x^2$의 그래프를
x축의 방향으로 -1만큼, y축의 방향으로 -2만큼
평행이동한 것이다.

$\therefore a+b=(-1)+(-2)=-3$

유제3-1
정답 ②

(i) $x<-1$일 때, $f(x)=-(x+1)-x-(x-1)=-3x$

(ii) $-1\le x<0$일 때,

$\qquad f(x)=(x+1)-x-(x-1)=-x+2$

(iii) $0\le x\le 1$일 때, $f(x)=(x+1)+x-(x-1)=x+2$

(iv) $x\ge 1$일 때, $f(x)=x+1+x+x-1=3x$

(i), (ii), (iii), (iv)에서 $y=f(x)$의 그래프를 그리면
다음과 같다.

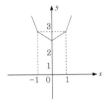

따라서 $f(x)$의 최솟값은 2이다.

유제3-2
정답 ④

$y=x^2+2x-5=(x+1)^2-6$

이므로 $y=x^2+2x-5$의 그래프는
오른쪽 그림과 같다. 이때,
$y=|x^2+2x-5|$의 그래프는 오른
쪽 그래프에서 x축 윗부분은 그대로
두고, x축 아랫부분을 x축에 대하여
대칭이동한 것과 같다.

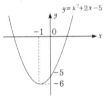

따라서 $-2\le x\le 1$에서 함수
$y=|x^2+2x-5|$의
최댓값은 $x=-1$일 때 $y=6$,
최솟값은 $x=1$일 때 $y=2$이므로
최댓값과 최솟값의 합은 8이다.

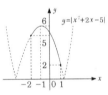

유제4-1
정답 ④

$2|x|+3|y|$ …… ①

(i) $x\ge 0$, $y\ge 0$일 때, $2x+3y=a$

(ii) $x<0$, $y\ge 0$일 때, $-2x+3y=a$

(iii) $x<0$, $y<0$일 때, $-2x-3y=a$

(iv) $x\ge 0$, $y<0$일 때, $2x-3y=a$

(i), (ii), (iii), (iv)에서

①의 그래프로 둘러싸인 부분의 넓이는

$S=4\cdot\dfrac{1}{2}\cdot\dfrac{a}{2}\cdot\dfrac{a}{3}=\dfrac{1}{3}a^2$

그런데 $S=48$이므로 $\dfrac{1}{3}a^2=48$, $a^2=144$

$\therefore a=12$

유제4-2
정답 ④
① y축 대칭
② 원점 대칭
③ x축 대칭
④ x, y, 원점 대칭

유제5-1
정답 ③
$f(x)=-2x^2+8x+a=-2(x-2)^2+a+8$이므로
최댓값은 $f(2)=a+8=5 \implies a=-3$
이때, 최솟값은 $f(-1)=-2-8+a=-13$

유제5-2
정답 ④
$x^2-2x+3=(x-1)^2+2=t$로 치환한다. (단, $t \geq 2$)
그러면 $y=t^2-2t+1=(t-1)^2$
$\therefore t=2$일 때 최솟값 1을 가진다.

유제6-1
정답 ②
$y^2=1-x^2$이므로 $1-x^2 \geq 0$
$-1 \leq x \leq 1$
$x^2+2x+y^2=x^2+2x+(1-x^2)=2x+1$
$f(x)=2x+1$이라고 하면
$f(x)$는 x의 값이 증가할 때 y의 값도 증가하는 함수이므로
최솟값은 $x=-1$일 때, $f(-1)=-1$
최댓값은 $x=1$일 때, $f(1)=3$
따라서 최댓값은 3, 최솟값은 -1이다.

유제6-2
정답 ④
$y=x^2-2|x|+3=|x|^2-2|x|+3$에서 $|x|=t$라 하면
$y=t^2-2t+3=(t-1)^2+2$
이때, $-3 \leq x \leq 2$에서 $0 \leq t \leq 3$이므로
$t=3$일 때 y의 최댓값은 $(3-1)^2+2=6$

유제7-1
정답 ②
이차함수 $y=x^2-kx+4$의 그래프가
x축과 서로 다른 두 점에서 만나기 위해서는
허근을 가져야 하므로 판별식 $D>0$이어야 한다.

$D=k^2-4 \cdot 4>0$
$(k-4)(k+4)>0$
$\therefore k<-4, \ k>4$

유제7-2
정답 ③
$y=mx-4$와 $y=2x^2-2$가 접하면
이차방정식 $mx-4=2x^2-2$의 판별식이 0이다.
$2x^2-mx+2=0$
$D=m^2-4 \cdot 2 \cdot 2=m^2-16$
$\quad =(m-4)(m+4)=0$
$\therefore m=\pm 4$

연/습/문/제

1 정답 ④
$f(x)=|x-3|+kx-6$에서
(i) $x \geq 3$인 경우
$\qquad f(x)=x-3+kx-6=(k+1)x-9$
(ii) $x<3$인 경우
$\qquad f(x)=-x+3+kx-6=(k-1)x-3$
역함수가 존재하려면 $y=f(x)$가 일대일대응이므로

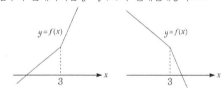

증가하거나 감소하는 함수이다.
즉, $(k+1)(k-1)>0$이므로 $k<-1$ 또는 $k>1$

2 정답 ②
그림의 이차함수의 그래프에서 (i) 위로 볼록하므로 $a<0$
(ii) y절편이 양수이므로 $c>0$
(iii) 꼭짓점의 x좌표가 음수이므로 $-\dfrac{b}{2a}<0$, 즉 $b<0$
(iv) x축과 서로 다른 두 점에서 만나므로 $b^2-4ac>0$,
$\qquad$ 즉 $b^2>4ac$
따라서 옳지 않은 것은 $b>0$이다.

3 정답 ④

이차함수 $f(x)$가 모든 실수 x에 대하여 $f(x)=f(6-x)$이면 대칭축이 $x=3$이다. 그런데 이차항의 계수가 양수이므로 $f(x)$는 $x=3$일 때 최솟값 $f(3)$을 갖는다.

4 정답 ③

$y=-\left(x-\dfrac{p}{2}\right)^2+\dfrac{p^2}{4}+q$에서

$x=\dfrac{p}{2}$일 때 y는 $\dfrac{p^2}{4}+q$를 가지므로

$\dfrac{p}{2}=1$에서 $p=2$, $\dfrac{p^2}{4}+q=4$에서 $q=3$

$\therefore p+q=5$

5 정답 ③

점 (a,b)가 $y=x+4$위의 점이므로 $b=a+4$

$\therefore a^2+b^2=a^2+(a+4)^2=2a^2+8a+16=2(a+2)^2+8$

따라서 $a=-2$일 때 최솟값 8을 갖는다.

6 정답 ①

구간 $[0,1]$에서

$f(x)=px^2-2x+q=p(x-\dfrac{1}{p})^2+(q-\dfrac{1}{p})$

그런데 $0<p<1$이므로 $\dfrac{1}{p}>1$, 즉 $y=f(x)$의 그래프의 꼭짓점은 $x=1$의 우측에 있고 아래로 볼록한 포물선이다. 그러므로 구간 $[0,1]$에서 $f(x)$는 $x=1$에서 최솟값 $f(1)=p-2+q=1$을 갖는다. 따라서 $p+q=3$

7 정답 ①

$x^2-2ax+a=0$의 한 근은 1보다 크고, 다른 한 근은 1보다 작으면 $y=x^2-2ax+a$의 그래프와 x축과의 교점이 $x=1$의 양쪽에 있어야 한다. 즉, $x=1$일 때 함숫값이 음수이다. 따라서 $1-2a+a<0$, 즉 $a>1$

8 정답 ①

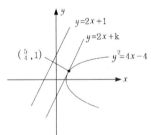

$y=2x+1$과 평행한 직선을 $y=2x+k$라고 놓으면

$y=2x+k$는 $y^2=4x-4$에 접하는 경우

$(2x+k)^2=4x-4$, $4x^2+4kx+k^2=4x-4$

$4x^2+4(k-1)x+(k^2+4)=0$을 4로 나누어 주면

$x^2+(k-1)x+\dfrac{(k^2+4)}{4}=0$ ······ ㉠

서로 접하므로 $D/4=0$, $(k-1)^2-\dfrac{4(k^2+4)}{4}=0$

$(k^2-2k+1)-(k^2+4)=0$, $-2k=3$

$k=-\dfrac{3}{2}$ ······ ㉡

㉡을 ㉠에 대입하여 접점을 구하면

$x^2+\left(-\dfrac{3}{2}-1\right)x+\dfrac{\left(\dfrac{9}{4}+4\right)}{4}=0$

$x^2-\dfrac{5}{2}x+\dfrac{25}{16}=0$

$16x^2-40x+25=0$, $(4x-5)^2=0$

$x=\dfrac{5}{4}$일 때 접점은 $\left(\dfrac{5}{4},\ 1\right)$

따라서 $y=2x+1$과 접점 $\left(\dfrac{5}{4},\ 1\right)$ 사이의 거리 d는

$d=\dfrac{\left|2\times\dfrac{5}{4}-1+1\right|}{\sqrt{2^2+(-1)^2}}=\dfrac{\sqrt{5}}{2}$

9 정답 ④

$f(x)=t$로 놓으면 $t=x^2-1$이므로

$-3\le x\le1$에서 $-1\le t\le8$

$y=(g\circ f)(x)=g(t)=t^2-2$에서

$t=0$일 때 $y=-2$, $t=8$일 때 $y=62$

따라서 $M=62$, $m=-2$이므로 $M-m=64$

10 정답 ①

포물선 $y=x^2-2x+2$가 직선 $y=kx-2$보다 항상 위쪽에 있기 위해서는 모든 실수 x에 대하여

$x^2-2x+2>kx-2$

즉, $x^2-(k+2)x+4>0$이 성립해야 하므로

이차방정식 $x^2-(k+2)x+4=0$에서 $D=(k+2)^2-16<0$

$k^2+4k-12<0$, $(k+6)(k-2)<0$

$\therefore -6<k<2$

11 정답 ①

x축과의 교점의 x좌표는 $kx^2-2x+k=0$ ···①의 두 근이다.

두 근을 α, β라 하면 주어진 조건에서

$|\alpha-\beta|=2\sqrt{3}$, $(\alpha-\beta)^2=12$

$(\alpha+\beta)^2=4\alpha\beta=12$ ···②

α, β는 ①의 두 근이므로 $\alpha+\beta=\dfrac{2}{k}$, $\alpha\beta=1$ ···③

②, ③에서 $\dfrac{4}{k^2}-4=12$ $\therefore k=\pm\dfrac{1}{2}$

12 정답 ③

이차방정식 $f(x)=0$의 두 근이 $x=\alpha$, $x=\beta$이므로,

$(f\circ f)(x)=f\{f(x)\}=0$에서 $f(x)=\alpha$, $f(x)=\beta$이다.

그런데 $f(x)=\alpha$의 근은 $y=f(x)$와 $y=\alpha$의 그래프의 교점의 x좌표이므로 그림에서 교점은 1개, 즉 근은 1개이다.

마찬가지로 $f(x)=\beta$의 근은 $y=f(x)$와 $y=\beta$의 그래프의 교점의 x좌표이고 $\beta>0$이므로 그림에서 교점은 2개, 즉 근은 2개이다.

따라서 $(f\circ f)(x)=0$의 서로 다른 실근의 개수는 3개이다.

06. 여러 가지 방정식

유제1-1
정답 ④

한 근이 2라고 주어졌으므로 $x=2$를 대입하면

$8-4m+48-2m+4=0$

$\therefore m=10$

$m=10$을 방정식에 대입하여 인수분해하면

$x^3-10x^2+24x-16=0$

$(x-2)(x^2-8x+8)=0$

따라서 다른 두 근은 $x^2-8x+8=0$에서 나오는 것이고, 근과 계수와의 관계에서 그 합은 8이다.

유제1-2
정답 ②

$f(x)=x^3-4x^2+x+6$이라 하면

$f(-1)=-1-4-1+6=0$

따라서 $f(x)$는 $x+1$을 인수로 갖는다.

조립제법에 의해서

$f(x)=(x+1)(x^2-5x+6)=(x+1)(x-2)(x-3)$이므로

주어진 방정식은 $(x+1)(x-2)(x-3)=0$

$\therefore x=-1$, 2, 3

따라서 구하는 값은 $|-1|+2+3=6$

유제2-1
정답 ①

주어진 근이 α이므로 $x=\alpha$를 대입하면

$\alpha^4+4\alpha^3+6\alpha^2+4\alpha+1=0$

양변을 α^2으로 나누면

$\alpha^2+4\alpha+6+\dfrac{4}{\alpha}+\dfrac{1}{\alpha^2}=0$

$\left(\alpha+\dfrac{1}{\alpha}\right)^2+4\left(\alpha+\dfrac{1}{\alpha}\right)+4=0$

$\alpha+\dfrac{1}{\alpha}=t$라 하면

$t^2+4t+4=0$

$(t+2)^2=0$

$t=-2$

$\therefore \alpha+\dfrac{1}{\alpha}=-2$

유제2-2
정답 ④

$x^2=X$라 하면

$X^2+2X-3=0$

$(X+3)(X-1)=0$

$X=-3$, 1

(i) $X=x^2=-3$일 때, $x=\pm\sqrt{3}i$

(ii) $X=x^2=1$일 때, $x=\pm1$

실근은 $x=\pm1$이므로 두 근의 곱은 -1

유제3-1
정답 ②

근과 계수와의 관계에서

$\alpha+\beta+\gamma=1$, $\alpha\beta+\beta\gamma+\gamma\alpha=3$, $\alpha\beta\gamma=3$

$\dfrac{\beta+\gamma}{\alpha}+\dfrac{\gamma+\alpha}{\beta}+\dfrac{\alpha+\beta}{\gamma}=\dfrac{1-\alpha}{\alpha}+\dfrac{1-\beta}{\beta}+\dfrac{1-\gamma}{\gamma}$

$=\left(\dfrac{1}{\alpha}+\dfrac{1}{\beta}+\dfrac{1}{\gamma}\right)-3$

$=\dfrac{\alpha\beta+\beta\gamma+\gamma\alpha}{\alpha\beta\gamma}-3$

$=\dfrac{3}{3}-3=-2$

유제3-2
정답 ①

$x^3-3x-1=0$의 세 근이 α, β, γ이고

삼차항의 계수가 1이므로

$x^3-3x-1=(x-\alpha)(x-\beta)(x-\gamma)$

$x=1$을 대입하면

$1^3-3\times1-1=(1-\alpha)(1-\beta)(1-\gamma)$

$\therefore (1-\alpha)(1-\beta)(1-\gamma)=-3$

유제4-1
정답 ②

방정식의 계수가 모두 실수이고 한 근이 $1-2i$이므로 $1-2i$도 근이다. 따라서 나머지 한 실근을 α라 하면 근과 계수와의 관계에서

$(1-2i)+(1+2i)+\alpha=-2$

$\therefore \alpha=-4$

유제4-2
정답 ①

삼차방정식 $x^3-(a+1)x^2+4x-a=0$의 한 근이 $1+i$일 때, $x=1+i$, α라 하면 근과 계수의 관계에 의해서

$(1+i)(1-i)+(1+i)\alpha+(1-i)\alpha=2+2\alpha=4$, $\alpha=1$

$(1+i)+(1-i)+1=a+1$

$\therefore a=2$

유제5-1
정답 ②

ω가 $x^3-1=(x-1)(x^2+x+1)=0$의 한 허근이므로 ω는 $x^2+x+1=0$의 근이다.

따라서 $\omega^2+\omega+1=0$

$\therefore \dfrac{\omega+1}{\omega^2}=\dfrac{-\omega^2}{\omega^2}=-1$

유제5-2
정답 ①

ω는 $x^3=1$의 한 허근이므로

$w^3=1$, $w^2+w+1=0$

$\omega^5+\omega^4-\dfrac{\omega^4}{1+w^5}=\omega^3\omega^2+\omega^3\omega-\dfrac{\omega^3\omega}{1+\omega^3\omega^2}$

$\qquad\qquad\qquad = \omega^2+\omega-\dfrac{\omega}{1+\omega^2}$

$\qquad\qquad\qquad = -1-\dfrac{\omega}{-\omega}=-1+1=0$

유제6-1
정답 ②

$\begin{cases} x+y+z=6 & \cdots ㉠ \\ x-y+z=2 & \cdots ㉡ \\ x+y-z=0 & \cdots ㉢ \end{cases}$

㉠+㉡에서 $2x+2z=8$

$\therefore x+z=4 \quad \cdots ㉣$

㉡+㉢에서 $2x=2$ $\therefore x=1$

$x=1$을 ㉣에 대입하면 $z=3$

$x=1$, $z=3$을 ㉠에 대입하면 $y=2$

따라서 구하는 해는 $x=1$, $y=2$, $z=3$

$\therefore \alpha\beta\gamma=6 \ (\because \alpha\beta\gamma=xyz)$

유제6-2
정답 ④

$A\cap B=\varnothing$이므로

연립방정식 $\begin{cases} kx+y=-3 & \cdots\cdots ㉠ \\ 2x+(k-1)y=6 & \cdots\cdots ㉡ \end{cases}$의 해는 없다.

즉, 위의 방정식을 x에 대하여 정리하면

$0\cdot x=(0$이 아닌 상수$)$꼴이 된다.

㉠$\times(k-1)-㉡$에서 $(k^2-k-2)x=-3(k+1)$

$\therefore (k-2)(k+1)x=-3(k+1)$

여기서 $k=2$이면 $0\cdot x=-9$이므로 연립방정식의 해가 없다.

따라서 구하는 k의 값은 $k=2$

유제7-1
정답 ④

$\begin{cases} 6x^2+xy-2y^2=0 & \cdots ㉠ \\ x^2-xy+y^2=7 & \cdots ㉡ \end{cases}$에서

㉠의 좌변을 인수분해하면 $(2x+y)(3x-2y)=0$

(i) $2x+y=0$일 때, $y=-2x$를 ㉡에 대입하면

$\qquad x^2+2x^2+4x^2=7$, $x^2=1$, $x=\pm1$

$\qquad \therefore y=\mp2$

(ii) $3x-2y=0$일 때, $x=\dfrac{2}{3}y$를 ㉡에 대입하면

$\qquad \dfrac{4}{9}y^2-\dfrac{2}{3}y^2+y^2=7$, $y^2=9$, $y=\pm3$

$\qquad \therefore x=\pm2$

(i), (ii)에서 해집합은

$\{(1,\ -2),\ (-1,\ 2),\ (2,\ 3),\ (-2,\ -3)\}$의 4개

유제7-2
정답 ③

$\begin{cases} 3x^2+4y^2=91 & \cdots ㉠ \\ x^2-3y^2=-39 & \cdots ㉡ \end{cases}$으로 놓고, ㉠$-㉡\times3$을 하면

$13y^2=208$, $y^2=16$, $y=\pm4$

$y^2=16$을 ㉡에 대입하면

$x^2=9$, $x=\pm3$

따라서 순서쌍 $(x,\ y)$ 중에서

$(3,\ 4)$일 때 그 합이 최대이므로 $3+4=7$

유제8-1
정답 ④

$x+y=u$, $xy=v$로 놓으면 $u+v=-5$, $u^2-v=7$

두 식을 변끼리 더하면 $u^2+u=2$, $(u-1)(u+2)=0$

$\therefore u=1$ 또는 $u=-2$

$u=1$일 때 $v=-6$, $u=-2$일 때 $v=-3$

그런데 $\alpha\beta=v$이므로 $\alpha\beta=-6$ 또는 -3

따라서 $\alpha\beta$의 최댓값은 -3이다.

유제8-2
정답 ②

두 수를 x, y $(x>y)$라 하면

$$\begin{cases} x+y=10 & \cdots \text{㉠} \\ x^2-y^2=40 & \cdots \text{㉡} \end{cases}$$

㉡의 좌변을 인수분해하면 $(x-y)(x+y)=40$

㉠을 대입하면 $x-y=4$

따라서 구하는 두 수의 차는 4이다.

유제9-1
정답 ②

$xy-x-y-1=0$

$(x-1)(y-1)=2$

자연수를 만족하는 해는

$$\begin{cases} x-1=1 \\ y-1=2 \end{cases} \Rightarrow \begin{cases} x=2 \\ y=3 \end{cases} \text{ 또는 } \begin{cases} x-1=2 \\ y-1=1 \end{cases} \Rightarrow \begin{cases} x=3 \\ y=2 \end{cases}$$

그러므로 $x+y=5$

유제9-2
정답 ④

두 이차방정식의 공통근을 $x=\alpha$라 하면

$\alpha^2+(2a+1)\alpha-a-3=0$ ······ ㉠

$\alpha^2+(a+1)\alpha+a-3=0$ ······ ㉡

㉠－㉡을 하면 $a(\alpha-2)=0$

그런데 $a=0$이면 주어진 두 이차방정식이 일치하므로

오직 하나의 공통근을 가질 수 없다.

따라서 $\alpha=2$이고 이것을 ㉠에 대입하면

$4+2(2\alpha+1)-a-3=0$, $3a=-3$

$\therefore a=-1$, $\alpha=2$

1
정답 ③

한 근이 $1+i$이므로 켤레복소수를 이용하면

다른 한 근은 $1-i$가 된다.

세 근을 $(1+i)$, $(1-i)$, r로 하면 근과 계수의 관계에서

$\alpha+\beta+\gamma=0$, $\alpha\beta+\beta\gamma+\gamma\alpha=a$, $\alpha\beta\gamma=-b$

$(1+i)+(1-i)+\gamma=0$ $\therefore \gamma=-2$

$(1+i)(1-i)+(1+i)(-2)+(1-i)(-2)=a$

$2-2-2i-2+2i=a$, $a=-2$

$(1+i)(1-i)(-2)=-b$, $b=4$

$\therefore ab=-8$

2
정답 ③

삼차방정식 $x^3+3x-1=0$의 세 근이 α, β, γ이므로

근과 계수의 관계에 의해서

$\alpha+\beta+\gamma=0$, $\alpha\beta+\beta\gamma+\gamma\alpha=3$, $\alpha\beta\gamma=1$

$$\therefore \alpha^2\beta^2+\beta^2\gamma^2+\gamma^2\alpha^2=(\alpha\beta+\beta\gamma+\gamma\alpha)^2-2\alpha\beta\gamma(\alpha+\beta+\gamma)$$
$$=3^2-2\cdot1\cdot0=9$$

3
정답 ③

$x^2+x+1=0$의 양변에 $x-1$을 곱하면

$(x-1)(x^2+x+1)=0$, $x^3=1$

따라서 ω는 $x^2+x+1=0$과 $x^3=1$의 근이므로

$\omega^2+\omega+1=0$, $\omega^3=1$

$\omega^{100}+\omega^{99}+\omega^{98}+\omega^{97}+\cdots+\omega+1$

$=(\omega^3)^{33}\cdot\omega+\omega^{97}(\omega^2+\omega+1)+\omega^{94}(\omega^2+\omega+1)+\cdots$
$$+\omega(\omega^2+\omega+1)+1$$

$=\omega+1$

따라서 $a=1$, $b=1$이므로 $a+b=2$

4
정답 ①

(i) 그림에서

$$f(x)=a(x-1)^2+5=ax^2-2ax+a+5 \, (a<0)$$

(ii) $\{f(x)\}^2=5f(x)+1$에서 $\{f(x)\}^2-5f(x)-1=0$

$$\therefore f(x)=\frac{5\pm\sqrt{29}}{2}$$

그런데 $\dfrac{5+\sqrt{29}}{2}>5$이므로 $f(x)=\dfrac{5+\sqrt{29}}{2}$는 허근을 갖고,

$\dfrac{5-\sqrt{29}}{2}<5$이므로 $f(x)=\dfrac{5-\sqrt{29}}{2}$ 실근을 갖는다.

즉, $ax^2 - 2ax + a + 5 - \dfrac{5 - \sqrt{29}}{2} = 0$만 실근을 갖는다.

따라서 서로 다른 실근의 합은 근과 계수의 관계에서

$\alpha + \beta = -\dfrac{-2a}{a} = 2$

5 정답 ①

다항식 $f(x) = x^3 + x^2 - 3x - 1$을 $x - a$로 나눈 나머지는
$[f, a] = a^3 + a^2 - 3a - 1$, $x + a$로 나눈 나머지는
$[f, -a] = -a^3 + a^2 + 3a - 1$이다.

$[f, a] = [f, -a] + 4$에서
$a^3 + a^2 - 3a - 1 = (-a^3 + a^2 + 3a - 1) + 4$
정리하면 $a^3 - 3a - 2 = 0$, 즉 $(a + 1)^2(a - 2) = 0$
그런데 $a > 0$이므로 $a = 2$

따라서 $\left[f, \dfrac{a}{2}\right] = [f, 1] = 1 + 1 - 3 - 1 = -2$

6 정답 ①

그림에서 입체의 부피는 구멍 뚫리기 전의 직육면체의 부피
$x^2(x + 2)$에서 뚫린 구멍의 부피 $x + 2$를 빼면 되므로
$x^2(x + 2) - (x + 2) = 40$, 즉 $x^3 + 2x^2 - x - 42 = 0$
인수정리에서 $x = 3$일 때 성립하므로 인수분해하여 정리하면
$(x - 3)(x^2 + 5x + 14) = 0$
그런데 $x^2 + 5x + 14 > 0$이므로 $x = 3$

7 정답 ③

처음 정육면체의 부피는 x^3이고, 새로 만든 직육면체의 가로, 세로의 길이가 $x - 1$, 높이가 $2x$이므로
부피는 $(x - 1)^2 \times 2x = 2x(x - 1)^2$
$\therefore 2x(x - 1)^2 = x^3 + 35$
즉 $(x - 5)(x^2 + x + 7) = 0$
그런데 $x > 1$인 실수이므로 $x = 5$
따라서 새로 만든 직육면체의 부피는
$2 \times 5 \times (5 - 1)^2 = 160(cm^3)$

8 정답 ④

$x - y = -1$ …… ㉠
$y - z = 2$ …… ㉡
$x - z = 1$ …… ㉢
㉢ - ㉡을 하면 $x - y = -1$
따라서 ㉠과 같으므로 주어진 방정식의 해는 무수히 많다.

9 정답 ③

연립방정식 $\begin{cases} ax + by + c = 0 \\ a'x + b'y + c' = 0 \end{cases}$ 이

1개의 근을 가질 조건은 $\dfrac{a}{a'} \neq \dfrac{b}{b'}$ 이므로

$\begin{matrix} ax + 2y - 1 = 0 \\ 2x + ay + 1 = 0 \end{matrix}$ 에서 $\dfrac{a}{2} \neq \dfrac{2}{a}$, $a^2 \neq 4$

$\therefore a \neq \pm 2$

10 정답 ④

연립방정식 $\begin{cases} x^2 - xy - 2y^2 = 0 \text{----㉠} \\ x^2 + y^2 = 50 \text{-------㉡} \end{cases}$ 라 하면

㉠에서 $(x - 2y)(x + y) = 0$ $\therefore x = 2y$ 또는 $y = -x$

(i) $\begin{cases} x = 2y \text{------㉢} \\ x^2 + y^2 = 50 \text{---㉡} \end{cases}$ 에서 ㉢을 ㉡에 대입하여 정리하면 $y^2 = 10$ 즉 $y = \pm\sqrt{10}$

$\therefore \begin{cases} x = 2\sqrt{10} \\ y = \sqrt{10} \end{cases}$ 또는 $\begin{cases} x = -2\sqrt{10} \\ y = -\sqrt{10} \end{cases}$

(ii) $\begin{cases} y = -x \text{------㉣} \\ x^2 + y^2 = 50 \text{---㉡} \end{cases}$ 에서 ㉣을 ㉡에 대입하여 정리하면 $y^2 = 25$ 즉 $y = \pm5$

$\therefore \begin{cases} x = 5 \\ y = -5 \end{cases}$ 또는 $\begin{cases} x = -5 \\ y = 5 \end{cases}$

따라서 $\alpha_i + \beta_i$ 의 최댓값은 $\begin{cases} x = 2\sqrt{10} = \alpha_i \\ y = \sqrt{10} = \beta_i \end{cases}$ 일 때 $3\sqrt{10}$

11 정답 ②

연립방정식 $\begin{cases} x^2 + xy = 3 \text{----㉠} \\ y^2 - xy = 2 \text{----㉡} \end{cases}$ 에서

㉠ × 2 - ㉡ × 3하면 $2x^2 + 5xy - 3y^2 = 0$
$(2x - y)(x + 3y) = 0$에서 $y = 2x$, $x = -3y$
그런데 $xy < 0$이므로 $x = -3y \text{---}(*)$

$(*)$을 ㉡에 대입하면 $y^2 = \dfrac{1}{2}$ $\therefore \begin{cases} x = -\dfrac{3\sqrt{2}}{2} \\ y = \dfrac{\sqrt{2}}{2} \end{cases}$

또는 $\begin{cases} x = \dfrac{3\sqrt{2}}{2} \\ y = -\dfrac{\sqrt{2}}{2} \end{cases}$

따라서 $\dfrac{x}{y} = -\dfrac{\dfrac{3\sqrt{2}}{2}}{\dfrac{\sqrt{2}}{2}} = -3$

12 정답 ④

주어진 방정식을 x에 대하여 내림차순으로 정리하면

$2x^2+4(y-1)x+5y^2+2y+5=0$ ······ ㉠

x가 실수이므로 ㉠이 실근을 가져야 한다.

$\dfrac{D}{4}=4(y-1)^2-2(5y^2+2y+5)\geq 0$

$6y^2+12y+6\leq 0$

$6(y+1)^2\leq 0$

$\therefore y=-1$

$y=-1$을 ㉠에 대입하면

$2x^2-8x+8=0$

$2(x-2)^2=0$

$\therefore x=2$

따라서 구하는 값은 $x-y=2-(-1)=3$

07. 여러 가지 부등식

유제1-1
정답 ③

$(a+b)x+2a-3b<0$, $(a+b)x<3b-2a$

부등식의 해가 $x>-\dfrac{3}{4}$이므로 $a+b<0$ ⋯ ㉠

$x>\dfrac{3b-2a}{a+b}$ (단, $a+b<0$ ⋯ ㉠) $\Rightarrow \dfrac{3b-2a}{a+b}=-\dfrac{3}{4}$

$4(3b-2a)=-3(a+b)$

$a=3b$ ⋯ ㉡

$(a-2b)x+3a-b>0$에 ㉡을 대입하면

$(3b-2b)x+9b-b>0$

$bx>-8b$ (㉡을 ㉠에 대입하면 $4b<0$, $b<0$)

$\therefore x<-8$

유제1-2
정답 ①

$|x-3|<2$에서 $-2<x-3<2$

$\therefore 1<x<5$

유제2-1
정답 ①

$ax^2+bx+c>0$의 해가 $2<x<4$이므로 $a<0$

해가 $2<x<4$이고 이차항의 계수가 1인 이차부등식은

$(x-2)(x-4)<0$, 즉 $x^2-6x+8>0$

양변에 a를 곱하면 $ax^2-6ax+8a>0$

이 부등식이 $ax^2+bx+c>0$과 같으므로 $b=-6a$, $c=8a$

$\therefore \dfrac{c}{b}=\dfrac{8a}{-6a}=-\dfrac{4}{3}$

유제2-2
정답 ④

$x^2+ax+b<0$의 해가 $2<x<3$이므로

$x^2+ax+b=(x-2)(x-3)=x^2-5x+6$

$\therefore a=-5$, $b=6$

$x^2-bx-a=x^2-6x+5=(x-1)(x-5)>0$

$\therefore x<1$ 또는 $x>5$

유제3-1
정답 ③

이차부등식 $x^2+6x+a\leq 0$의 해집합의 원소가 1개이려면

이차방정식 $x^2+6x+a=0$의 판별식 $D=0$이어야 하므로

$\dfrac{D}{4}=3^2-a=0$ $\therefore a=9$

유제3-2
정답 ②

(i) $a^2-1\neq 0$일 때,

$a^2-1>0$인 경우: $a<-1$ 또는 $a>1$에서

$D=(a+1)^2-4(a^2-1)\leq 0$, $(3a-5)(a+1)\geq 0$

$\Rightarrow a<-1$ 또는 $a\geq\dfrac{5}{3}$

$a^2-1<0$인 경우: $D>0$이므로 성립하지 않음

(ii) $a^2-1=0$일 때, $(a+1)(a-1)=0$에서

$a=1$인 경우: $2x+1\geq 0 \Rightarrow x\geq-\dfrac{1}{2}$일 때만 성립

$a=-1$인 경우: $1\geq 0$이므로 항상 성립

(i), (ii)에서 $a\leq-1$ 또는 $a\geq\dfrac{5}{3}$

유제4-1
정답 ④

(i) $5x+1\leq 2x^2+3$, $2x^2-5x+2\geq 0$, $(x-2)(2x-1)\geq 0$

$\therefore x\leq\dfrac{1}{2}$, $x\geq 2$ ⋯ ㉠

(ii) $2x^2+3<2x+27$

$2x^2-2x-24<0$

$x^2-x-12<0$

$(x-4)(x+3)<0$

$\therefore -3<x<4$ ⋯ ㉡

따라서 ㉠, ㉡의 공통 범위를 구하면

$-3<x\leq\dfrac{1}{2}$ 또는 $2\leq x<4$

유제4-2
정답 ③
$x^2 - 2(k+1)x + k + 7 = 0$의 판별식을 D_1이라 하면

방정식이 실근을 가지므로 $\dfrac{D_1}{4} = (k+1)^2 - (k+7) \geq 0$

$k^2 + k - 6 \geq 0$, $(k+3)(k-2) \geq 0$
$\Rightarrow k \leq -3$ 또는 $k \geq 2$ …… ㉠
$x^2 + kx - k^2 + 5k = 0$의 판별식을 D_2라 하면
방정식이 실근을 갖지 않으므로 $D_2 = k^2 - 4(-k^2 + 5k) < 0$
$5k^2 - 20k < 0$, $5k(k-4) < 0$
$\Rightarrow 0 < k < 4$ …… ㉡
㉠, ㉡의 공통부분을 구하면 $2 \leq k < 4$
따라서 정수 k의 값은 2, 3이므로
구하는 합은 $2 + 3 = 5$

유제5-1
정답 ③
주어진 부등식이 모든 실수 x에 대하여 성립하려면
$a < 0$ …㉠
또, 방정식 $ax^2 - 2x + a - 2 = 0$에서

$\dfrac{D}{4} = 1 - a(a-2) \leq 0$

$-a^2 + 2a + 1 \leq 0$, $a^2 - 2a - 1 \geq 0$
$\therefore 1 - \sqrt{2} \leq a \leq 1 + \sqrt{2}$ …㉡
㉠, ㉡에서 공통범위를 구하면 $1 - \sqrt{2} \leq a < 0$

유제5-2
정답 ④
$f(x) = x^2 - (a-1)x - 3a$라 하면
$0 \leq x \leq 1$에서 $f(x) \leq 0$이어야 하므로
(i) $f(0) = -3a \leq 0$에서 $a \geq 0$

(ii) $f(1) = 1 - a + 1 - 3a \leq 0$에서 $a \geq \dfrac{1}{2}$

(i), (ii)에서 $a \geq \dfrac{1}{2}$이므로 a의 최솟값은 $\dfrac{1}{2}$이다.

유제6-1
정답 ③
$f(x) = x^2 - mx + 3 - m$으로 놓으면
이차방정식 $f(x) = 0$의 두 근이 0보다 크므로
(i) $D = m^2 - 4(3-m) \geq 0$
$\qquad m^2 + 4m - 12 \geq 0$, $(m+6)(m-2) \geq 0$
$\qquad m \geq 2$, $m \leq -6$
(ii) $f(0) = 3 - m > 0$, $m < 3$

(iii) 이차함수 $y = f(x)$의 그래프의 축의 방정식이

$\qquad x = \dfrac{m}{2}$이므로 $\dfrac{m}{2} > 0$

이상에서 구하는 m값의 범위는 $2 \leq m < 3$
$\therefore a + b = 2 + 3 = 5$

유제6-2
정답 ④
$f(x) = x^2 - 2mx + m = (x-m)^2 - m^2 + m$이라 하면

(i) $\dfrac{D}{4} = m^2 - m = m(m-1) \geq 0$에서

$\qquad m \leq 0$ 또는 $m \geq 1$…㉠

(ii) $f(-1) = 3m + 1 > 0$에서 $m > -\dfrac{1}{3}$ …㉡

(iii) $f(1) = -m + 1 > 0$에서 $m < 1$ …㉢
(iv) 대칭축 $x = m$에서 $-1 < m < 1$ …㉣

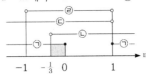

따라서 (i)~(iv)에 의해 구하는 m의 값의 범위는

$-\dfrac{1}{3} < m \leq 0$, $\alpha = -\dfrac{1}{3}$, $\beta = 0$

$\therefore \beta - \alpha = 0 - \left(-\dfrac{1}{3}\right) = \dfrac{1}{3}$

연/습/문/제

1 정답 ①
$-3 < x - 2 < 3$
$\therefore -1 < x < 5$

2 정답 ①
$\dfrac{1}{2} < x < 4$의 해를 갖는 부등식은

$\left(x - \dfrac{1}{2}\right)(x-4) < 0$이므로 $x^2 - \dfrac{9}{2} + 2 < 0$

$2x^2 - 9x + 4 < 0$ …㉠
㉠의 부등식과 $2x^2 + px + q < 0$은 일치해야 하므로
$p = -9$, $q = 4$
$\therefore p + q = -9 + 4 = -5$

3 정답 ②

$[x]^2 + [x] - 2 < 0$, $([x]+2)([x]-1) < 0$

$\therefore -2 < [x] < 1$

$[x]$는 정수이므로 $[x] = -1.0$, $[x] = -1$에서 $-1 \leq x < 0$

$[x] = 0$에서 $0 \leq x < 1$

따라서 $-1 \leq x < 1$

4 정답 ②

$\begin{cases} x^2 - 16 < 0 & \cdots\cdots \text{㉠} \\ x^2 - 4x - 12 < 0 & \cdots\cdots \text{㉡} \end{cases}$ 에서

㉠을 풀면 $x^2 < 16 \Rightarrow -4 < x < 4$

㉡을 풀면 $(x-6)(x+2) < 0 \Rightarrow -2 < x < 6$

$\therefore -2 < x < 4$

5 정답 ③

$x > 2$에서 $x - 2 > 0$이므로

산술평균과 기하평균의 관계에 의하여

$$\frac{x^2 - 2x + 4}{x-2} = x + \frac{4}{x-2} = x - 2 + \frac{4}{x-2} + 2$$

$$x - 2 + \frac{4}{x-2} + 2 \geq 2\sqrt{(x-2) \cdot \frac{4}{x-2}} + 2 = 2 \cdot 2 + 2 = 6$$

(단, 등호는 $x = 4$일 때 성립)

따라서 $\dfrac{x^2 - 2x + 4}{x-2}$ 의 최솟값은 6이다.

6 정답 ①

$x^2 - 2x - 15 = (x+3)(x-5) < 0$에서 $-3 < x < 5$

$x^2 + (a+3)x + 3a = (x+3)(x+a) < 0$에서

(i) $a < 3$이면 $-3 < x < -a$이고, 연립부등식을 만족하는 정수인 해가 1개뿐이므로 정수인 해는 -2이고 a의 범위는 $-2 < -a \leq -1$ 즉 $1 \leq a < 2$이다.

(ii) $a > 3$이면 $-a < x < -3$이고, 연립부등식의 해는 없다.

(iii) $a = 3$일 때는 해가 없다.

따라서 $\alpha = -2$, $\beta = 1$, $\gamma = 2 \Rightarrow -\alpha + \beta + \gamma = 5$

08. 평면좌표

유제1-1
정답 ③

점 $A(2, 3)$과 x축에 대하여 대칭인 점은 $A'(2, -3)$이다.

그림에서

$\overline{AP} + \overline{BP} = \overline{A'P} + \overline{BP} \geq \overline{A'Q} + \overline{BQ} = \overline{A'B}$

$\overline{AP} + \overline{BP}$의 최솟값은 선분 $A'B$의 길이와 같다.

그러므로 $\overline{A'B} = \sqrt{(2-3)^2 + (-3-4)^2} = 5\sqrt{2}$

유제1-2
정답 ①

직선 $x + 2y = 3$ 위의 점 $P(a, b)$에 대하여

$a + 2b = 3$, $a = -2b + 3$ $\cdots$㉠

두 점 $(1, 2)$, $(5, 4)$로부터

점 $P(a, b)$가 같은 거리에 있으면

$\sqrt{(a-1)^2 + (b-2)^2} = \sqrt{(a-5)^2 + (b-4)^2}$

$a^2 - 2a + b^2 - 4b + 5 = a^2 - 10a + b^2 - 8b + 41$

$8a + 4b - 36 = 0$, $2a + b - 9 = 0$ $\cdots$㉡

㉠을 ㉡에 대입하면

$2(-2b+3) + b - 9 = 0$, $-3b - 3 = 0$

$\therefore b = -1$ $\cdots$㉢

㉢을 ㉠에 대입하면 $a = -2 \times (-1) + 3 = 5$

따라서 구하는 점의 좌표는 $(5, -1)$이다.

유제2-1
정답 ②

$A(a, b)$, $B(c, d)$라고 하면 $\overline{AB}$를 $1:2$로 내분하는 점은

$P\left(\dfrac{c+2a}{1+2}, \dfrac{d+2b}{1+2}\right) \Leftrightarrow P(2, 3)$

$2a + c = 6$, $2b + d = 9$

$1:2$로 외분하는 점은 $Q\left(\dfrac{c-2a}{1-2}, \dfrac{d-2b}{1-2}\right) \Leftrightarrow P(-2, 7)$

$2a - c = -2$, $2b - d = 7$

따라서 $a = 1$, $b = 4$, $c = 4$, $d = 1$

$A = (1, 4)$, $B = (4, 1)$

$\therefore \overline{AB} = \sqrt{(1-4)^2 + (4-1)^2} = 3\sqrt{2}$

유제2-2

정답 ③

점 P가 $\overline{AB}$를 $t:(1-t)$로 내분하므로

$$P\left(\frac{7t+(1-t)\cdot 2}{t+(1-t)},\ \frac{-t+(1-t)\cdot 5}{t+(1-t)}\right)$$

$P(5t+2,\ -6t+5)$

점 P가 제1사분면에 있으므로 $5t+2>0$이고 $-6t+5>0$

$$\therefore -\frac{2}{5}<t<\frac{5}{6}$$

이때, $0<t<1$이므로 구하는 t의 값의 범위는 $0<t<\frac{5}{6}$

따라서 $\alpha+\beta=\frac{5}{6}$

유제3-1

정답 ③

$\triangle ABC$의 두 꼭짓점 $B,\ C$의 좌표를
각각 $(x_1,\ y_1),\ (x_2,\ y_2)$라 하면

$\overline{AB}$의 중점의 좌표가 $(-1,\ 3)$이므로

$$\frac{5+x_1}{2}=-1,\ \frac{4+y_1}{3}=2$$

$x_1=-7,\ y_1=2$

점 B의 좌표는 $(-7,\ 2)$이다.

$\triangle ABC$의 무게중심의 좌표가 $(1,\ 2)$이므로

$$\frac{5+(-7)+x_2}{3}=1,\ \frac{4+2+y_2}{3}=2$$

$x_2=5,\ y_2=0$

점 C의 좌표는 $(5,\ 0)$이다.

따라서 $(a,\ b)=\left(\frac{-7+5}{2},\ \frac{2+0}{2}\right)=(-1,\ 1)$

유제3-2

정답 ④

$\triangle ABC$의 무게중심이 $G(2,\ 3)$이므로

$$G\left(\frac{0+3+x}{3},\ \frac{0+4+y}{3}\right)=G(2,\ 3)$$

$$\frac{x+3}{3}=2,\ \frac{y+4}{3}=3$$

$x=3,\ y=5$

$\therefore x+y=3+5=8$

1 정답 ①

$\triangle PQR$의 세 변의 길이를 구해보면

$\overline{PQ}=\sqrt{(4-3)^2+(4-1)^2}=\sqrt{10}$,

$\overline{QR}=\sqrt{(7-4)^2+(3-4)^2}=\sqrt{10}$,

$\overline{PR}=\sqrt{(7-3)^2+(3-1)^2}=\sqrt{20}=2\sqrt{5}$

여기서 $\overline{PQ}=\overline{QR}$, $\overline{PR}^2=\overline{PQ}^2+\overline{QR}^2$이므로 $\triangle PQR$은 빗변이 $\overline{PR}=2\sqrt{5}$이고 직각을 낀 두 변의 길이가 모두 $\sqrt{10}$인 직각이등변삼각형이다.

따라서 넓이는 $\frac{1}{2}\times\sqrt{10}\times\sqrt{10}=5$이다.

2 정답 ①

평행사변형 $OABC$에서 두 대각선의 중점은 일치하므로

$$\left(2,\ \frac{3}{2}\right)=\left(\frac{a+3}{2},\ \frac{b+1}{2}\right)$$

$\frac{a+3}{2}=-2$에서 $a=1$, $\frac{b+1}{2}=\frac{3}{2}$에서 $b=2$

$\therefore a+b=3$

3 정답 ①

두 점 $A(-1,3),\ B(5,12)$에 대하여 선분 AB를 $1:2$로 내분하는 점의 좌표 $(a,\ b)$는

$$a=\frac{1\times 5+2\times(-1)}{1+2}=1,\ b=\frac{1\times 12+2\times 3}{1+2}=6$$

따라서 $a+b=1+6=7$

4 정답 ①

$\triangle ABC$의 외심의 좌표를 $P(x,\ y)$라 하면

$\overline{AP}^2=\overline{BP}^2=\overline{CP}^2$이므로

$(x-0)^2+(y+1)^2=(x-0)^2+(y-2)^2=(x-2)^2+(y+2)^2$

$x^2+y^2+2y+1=x^2+y^2-4y+4=x^2-4x+y^2+4y+8$

$\therefore x=2,\ y=\frac{1}{2}$

따라서 $5x^2+10y=25$

5 정답 ③

점 B의 x축에 대한 대칭점을 B'라 하면 $B'(7,-1)$이고
$\overline{BP}=\overline{B'P}$이므로

$\overline{AP}+\overline{BP}=\overline{AP}+\overline{B'P}\geq \overline{AB'}=\sqrt{(7-3)^2+(3+1)^2}=4\sqrt{2}$

이다. 또 최소가 되는 경우는 세 점 A, P, B'이 직선 위에 있는 경우이므로 점 P는 선분 AB'을 $3:1$로 내분하는 점이다. $\therefore x=\dfrac{3\times 7+1\times 3}{3+1}=6 \Rightarrow a=4\sqrt{2}$, $b=6$

따라서 $b^2-a^2=6^2-(4\sqrt{2})^2=4$

09. 직선의 방정식

유제1-1
정답 ③

직선 $-2x+y+5=0$

즉, $y=2x-5$와 평행한 직선의 기울기는 2이다.

이때, 점 $(3,\ 2)$를 지나므로 구하는 직선의 방정식은

$y-2=2(x-3)$, $y=2x-4$

$\therefore 2x-y-4=0$

유제1-2
정답 ④

x축의 양의 방향과 $60°$인 각을 이루는 직선의 기울기는

$\tan 60°=\sqrt{3}$이므로 구하는 직선의 방정식은

$y-3=\sqrt{3}\{x-(-2)\}$

$\therefore y=\sqrt{3}x+3+2\sqrt{3}$

유제2-1
정답 ③

직선 $\dfrac{x}{a}+\dfrac{y}{b}=2$에서 $\dfrac{x}{2a}+\dfrac{y}{2b}=1$이므로

x절편은 $2a$, y절편은 $2b$이다.

이때, a, b가 양수이므로

직선 $\dfrac{x}{a}+\dfrac{y}{b}=2$와 x축 및 y축으로 둘러싸인 부분의 넓이는

$\dfrac{1}{2}\times 2a\times 2b=2ab=12$

$\therefore ab=6$

유제2-2
정답 ④

선분 AB의 중점의 좌표는 $\left(\dfrac{-1+5}{2},\ \dfrac{4+2}{2}\right)=(2,\ 3)$이고

선분 AB의 기울기는 $\dfrac{2-4}{5-(-1)}=-\dfrac{1}{3}$이므로

선분 AB의 수직이등분선은

점 $(2,\ 3)$을 지나고 기울기가 3인 직선이다.

따라서 구하는 직선의 방정식은 $y-3=3(x-2)$

$\therefore 3x-y-3=0$

유제3-1
정답 ③

두 직선 $(k-2)x+3y-1=0$, $y=kx+3$의 기울기는

각각 $-\dfrac{k-2}{3}$, k이므로

(i) 두 직선이 평행이 되도록 하는 k의 값은

$-\dfrac{k-2}{3}=k$, $-k+2=3k$, $k=\dfrac{1}{2}$

(ii) 두 직선이 수직이 되도록 하는 k의 값은

$-\dfrac{k-2}{3}\times k=-1$, $k(k-2)=3$

$k^2-2k-3=0$, $(k+1)(k-3)=0$

$k=-1$ 또는 $k=3$

따라서 구하는 k의 값들의 합은 $\dfrac{1}{2}+(-1)+3=\dfrac{5}{2}$

유제3-2
정답 ②

세 점 $A(1,\ 1)$, $B(-1,\ 5)$, $C(-k+2,\ k+1)$가 같은 직선 위에 있으려면 $\overline{AB}$, $\overline{BC}$의 기울기가 같아야 하므로

$\dfrac{5-1}{-1-1}=\dfrac{(k+1)-5}{(-k+2)-(-1)}$

$-2=\dfrac{k-4}{-k+3}$

$2k-6=k-4$

$\therefore k=2$

유제4-1
정답 ④

평행한 두 직선 $3x-y+5=0$, $3x-y-5=0$ 사이의 거리는

직선 $3x-y+5=0$ 위의 점 $(0,\ 5)$에서

직선 $3x-y-5=0$에 이르는 거리와 같다.

따라서 구하는 거리는 $d=\dfrac{|3\times 0-5-5|}{\sqrt{3^2+(-1)^2}}=\dfrac{10}{\sqrt{10}}=\sqrt{10}$

유제4-2
정답 ②

점 $(a, 0)$에서 두 직선 $x-y+1=0$, $x+y-2=0$에 이르는 거리가 같으므로

$$\frac{|a+1|}{\sqrt{1^2+(-1)^2}}=\frac{|a-2|}{\sqrt{1^2+1^2}}$$

$|a+1|=|a-2|$, $a+1=\pm(a-2)$

(i) $a+1=a-2$일 때, $1 \ne -2$이므로 성립하지 않는다.

(ii) $a+1=-(a-2)$일 때, $a=\dfrac{1}{2}$

$\therefore a=\dfrac{1}{2}$

연/습/문/제

---

1 정답 ④

그림에서 $P(a, \sqrt{a})$, $Q(c, \sqrt{c})$이므로 $b=\sqrt{a}$, $d=\sqrt{c}$
$\Rightarrow a=b^2$, $c=d^2$

따라서 두 점 P, Q를 지나는 직선의 기울기는

$$\frac{d-b}{c-a}=\frac{d-b}{d^2-b^2}=\frac{d-b}{(d+b)(d-b)}=\frac{1}{d+b}=\frac{1}{b+d}=\frac{1}{2}$$

2 정답 ②

직선 AB와 직선 $x+wy-3=0$이 직교하므로

$$\frac{b-3}{a-2}\times\left(-\frac{1}{2}\right)=-1, \quad b-3=2a-4, \quad 2a-b=1 \quad \cdots\cdots \unicode{x25CB}$$

선분 AB를 $1:2$로 내분하므로 내분점은

$$\left(\frac{2\times2+a}{3}, \frac{2\times3+b}{3}\right)=\left(\frac{a+4}{3}, \frac{b+6}{3}\right)$$

그런데 $\overline{AB}$의 내분점은 직선 $x+2y-3=0$ 위에 있으므로

$$\frac{a+4}{3}+\frac{2b+12}{3}-3=0$$

$a+4+2b+12-9=0$, $a+2b=-7$ $\cdots\cdots \unicode{x25CB}\unicode{x25CB}$

$\unicode{x25CB}\times2+\unicode{x25CB}\unicode{x25CB}$을 하면 $5a=-5$, $a=-1$

$a=-1$을 $\unicode{x25CB}$에 대입하면 $-2-b=1$, $b=-3$

$\therefore a-b=-1+3=2$

3 정답 ②

두 점 $B(1, -1)$, $C(3, 2)$를 지나는 직선의 방정식은

$$y+1=\frac{2+1}{3-1}(x-1)$$

즉, $3x-2y-5=0$ 그런데 문제에서 $A(a, -2)$는 직선 BC 위의 점이므로 $3a+4-5=0$ 따라서 $a=\dfrac{1}{3}$

4 정답 ③

세 점 $A(0, 3)$, $B(a-4, 0)$, $C(3a, 6)$이 동일 직선 위의 점이면 직선 AB의 기울기와 직선 AC의 기울기가 같다. 그런데 직선 AB의 기울기는 $\dfrac{0-3}{(a-4)-0}=\dfrac{-3}{a-4}$, 직선 AC의 기울기는 $\dfrac{6-3}{3a-0}=\dfrac{1}{a}$이므로 $\dfrac{-3}{a-4}=\dfrac{1}{a}$

따라서 $a=1$, 즉 이 직선의 기울기는 1이다.

5 정답 ②

두 점 $A(3, 0)$, $B(1, 2)$을 지나는 직선의 방정식은

$$y-0=\frac{2-0}{1-3}(x-3) \Rightarrow y=-x+3$$ 또 $\triangle OAP$에서 넓이가 1이고 밑변 $\overline{OA}=3$이므로 높이 즉 점 P의 y좌표는 $\dfrac{2}{3}$이다.

그런데 점 P가 $y=-x+3$ 위의 점이므로 $P\left(\dfrac{7}{3}, \dfrac{2}{3}\right)$이다.

따라서 직선 l의 기울기는 $\dfrac{\dfrac{2}{3}}{\dfrac{7}{3}}=\dfrac{2}{7}$

6 정답 ③

$3x-2y-1=0$에서 $2y=3x-1$, $y=\dfrac{3}{2}x-\dfrac{1}{2}$ $\cdots\unicode{x25CB}$

따라서 $\unicode{x25CB}$에 수직인 직선의 기울기를 m이라고 하면

$$\frac{3}{2}\times m=-1, \quad m=-\frac{2}{3}$$

기울기가 $-\dfrac{2}{3}$이고 점 $(1, -2)$를 지나는 직선의 방정식은

$$y+2=-\frac{2}{3}(x-1), \quad 3y+6=-2x+2$$

$\therefore 2x+3y+4=0$

7 정답 ②

두 점 $(3, -4)$, $(-1, 2)$를 지나는 선분의 기울기는
$\dfrac{2-(-4)}{-1-3}=-\dfrac{3}{2}$이다. 따라서 두 점을 지나는 선분의

수직이등분선 l의 기울기 m'은
$-\dfrac{3}{2}m'=-1$에서 $m'=\dfrac{2}{3}$

두 점을 지나는 선분의 중점을 (x, y)라 하면
$x=\dfrac{3-1}{2}=1$, $y=\dfrac{-4+2}{2}=-1$

중점의 좌표 : $(1, -1)$

직선 l은 기울기가 $\dfrac{2}{3}$이고 점 $(1, -1)$을 지나므로
$y+1=\dfrac{2}{3}(x-1)$

따라서 $2x-3y-5=0$에서 원점 $(0, 0)$까지의 거리 d는
$d=\dfrac{|2\times 0-3\times 0-5|}{\sqrt{2^2+(-3)^2}}=\dfrac{5\sqrt{13}}{13}$

8 정답 ①

두 점 $A(3, 1)$, $B(-1, -2)$를 지나는 직선의 방정식은
$y-1=\dfrac{(-2)-1}{(-1)-3}(x-3)$ 즉 $3x-4y-5=0$

따라서 원점에서 직선 $3x-4y-5=0$까지의 거리 l은
$l=\dfrac{|-5|}{\sqrt{3^2+(-4)^2}}=1$

9 정답 ①

이등분선의 임의의 점을 $\mathrm{P}(x, y)$라 하면
점 P에서 주어진 두 직선에 이르는 거리가 같으므로
$\dfrac{|a+2y+3|}{\sqrt{1+2^2}}=\dfrac{|2x-y+5|}{\sqrt{2^2+1}}$

$|x+2y+3|=|2x-y-5|$

(i) $x+2y+3=2x-y-5$
    $x-3y-8=0$

(ii) $x+2y+3=-2+y-5$
    $3x+y+8=0$

(i), (ii)에서 기울기가 양인 직선은
$\therefore x-3y-8=0$

10 정답 ①

주어진 식을 k에 대하여 정리하면
$(x-3y-5)k+(2x-y+5)=0$

즉, 두 직선 $x-3y-5=0$, $2x-y+5=0$의 교점은
k의 값에 관계없이 주어진 직선을 지난다.

따라서 $x-3y-5=0$, $2x-y+5=0$을 연립하면
$x=-4$, $y=-3$

$\therefore \mathrm{P}(-4, -3)$

10. 원의 방정식

유제1-1
정답 ①

$x^2+y^2+4x-6y+k+10=0$을 완전제곱식으로 나타내면
$(x+2)^2+(y-3)^2=3-k$에서

이 식이 원의 방정식이 되려면 반지름이 0보다 커야 하므로
$\sqrt{3-k}>0$
$3-k>0$
$\therefore k<3$

유제1-2
정답 ②

원 $x^2+y^2+ax+by+c=0$이

세 점 $(1, 4)$, $(3, 2)$, $(-1, 2)$를 지나면
$1+16+a+4b+c=0$, $a+4b+c=-17$
$9+4+3a+2b+c=0$, $3a+2b+c=-13$
$1+4-a+2b+c=0$, $-a+2b+c=-5$

이 연립방정식을 풀면 $a=-2$, $b=-4$, $c=1$

따라서 원의 방정식은
$x^2+y^2-2x-4y+1=0$
$(x-1)^2+(y-2)^2=4$

그러므로 반지름의 길이는 2이다.

유제2-1
정답 ③

구하는 원의 반지름의 길이를 r이라고 할 때,
중심이 제1사분면 위에 있고
x축과 y축에 동시에 접하는 원의 방정식은
$(x-r)^2+(y-r)^2=r^2$

이 원의 중심 (r, r)이 직선 $y=2x-3$ 위에 있으므로
$r=2r-3$
$\therefore r=3$

유제2-2
정답 ②

원의 중심을 $(a, a+3)$으로 놓으면 원의 방정식은

$(x-a)^2 + (y-a-3)^2 = (a+3)^2$

원이 $(6, 2)$를 지나므로 $(6-a)^2 + (a+1)^2 = (a+3)^2$에서

$(a-2)(a-14)=0$

$\therefore a = 2,\ 14$

원의 반지름 중 작은 것은 $a+3 = 2+3 = 5$

유제3-1
정답 ③

원 $x^2 + y^2 - 4x = 0$을 표준형으로 고치면

$(x-2)^2 + y^2 = 4$

원 $x^2 + y^2 + 6x + 9 - k = 0$을 표준형으로 고치면

$(x+3)^2 + y^2 = k$

따라서 두 원의 중심의 좌표가

각각 $(2, 0)$, $(-3, 0)$이므로 중심거리는 5이다.

두 원의 반지름의 길이가 각각 2, $\sqrt{k}$이므로

두 원이 외접하려면 $5 = 2 + \sqrt{k}$, $\sqrt{k} = 3$

$\therefore k = 9$

유제3-2
정답 ④

$(x-1)^2 + (y-1)^2 = 4$에서

$x^2 + y^2 - 2x - 2y - 2 = 0$ ··· ㉠

$x^2 + y^2 - 4 = 0$ ··· ㉡

㉠-㉡에서 두 원의 공통현의 방정식은

$-2x - 2y + 2 = 0$, $x + y - 1 = 0$ ··· ㉢

공통현을 수직이등분하는 직선은 두 원의 중심을 지나므로

두 원의 중심 $(0, 0)$, $(1, 1)$을 지나는 직선의 방정식은

$y = x$ ··· ㉣

㉢, ㉣에 의하여 $a = \dfrac{1}{2}$, $b = \dfrac{1}{2}$

$\therefore a + b = 1$

유제4-1
정답 ③

두 원 $x^2 + y^2 - 3x - y - 4 = 0$, $x^2 + y^2 = 5$의

교점을 지나는 직선의 방정식은

$(x^2 + y^2 - 3x - y - 4) - (x^2 + y^2 - 5) = 0$

$-3x - y + 1 = 0$, $y = -3x + 1$

$\therefore a + b = -2$

유제4-2
정답 ③

원의 중심에서 현에 내린 수선은
그 현을 이등분하므로

$\overline{HA} = \dfrac{1}{2}\overline{AB} = \sqrt{6}$

이때, $\triangle AHO$가 직각삼각형이므로

$\overline{OH} = \sqrt{4^2 - (\sqrt{6})^2} = \sqrt{10}$

따라서 원의 중심 $O(0, 0)$에서 직선 $y = x + k$,

즉 $x - y + k = 0$에 이르는 거리가 $\sqrt{10}$이므로

$\dfrac{|k|}{\sqrt{1^2 + (-1)^2}} = \sqrt{10}$, $|k| = 2\sqrt{5}$

$\therefore k = 2\sqrt{5}\ (\because k > 0)$

유제5-1
정답 ②

$y = mx - 2$를 $x^2 + y^2 = 1$에 대입하면 $x^2 + (mx-2)^2 = 1$

$(1 + m^2)x^2 - 4mx + 3 = 0$ ··· ㉠

원과 직선이 한 점에서 만나려면

방정식 ㉠이 중근을 가져야 한다.

$D/4 = (2m)^2 - 3(1 + m^2) = 0$

$m^2 - 3 = 0$

$\therefore m = \pm\sqrt{3}$

유제5-2
정답 ④

$x^2 + y^2 = 8$에 $y = -2x + b$를 대입하면

$x^2 + (-2x + b)^2 = 8$

$5x^2 - 4bx + b^2 - 8 = 0$

두 점에서 만나기 위해서는 판별식이 0보다 커야 한다.

$4b^2 - 5(b^2 - 8) > 0$

$b^2 < 40$

$\therefore -2\sqrt{10} < b < 2\sqrt{10}$

유제6-1
정답 ④

기울기가 2이고 원 $x^2 + y^2 = 9$에 접하는 직선의 방정식은

$y = 2x \pm 3\sqrt{2^2 + 1}$

즉, $y = 2x \pm 3\sqrt{5}$이므로

$a = 3\sqrt{5}$, $b = -3\sqrt{5}\ (\because a > b)$

$\therefore a - b = 6\sqrt{5}$

유제6-2
정답 ③

아래 그림에서 $\overline{OP}=3$, $\overline{OA}=5$이고 $\overline{OP}\perp\overline{AP}$이므로
$$\overline{AP}=\sqrt{\overline{OA}^2-\overline{OP}^2}=\sqrt{16}=4$$

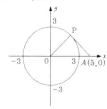

유제7-1
정답 ①

원 $x^2+y^2-2x+4y-3=0$은 $(x-1)^2+(y+2)^2=8$이므로
중심이 $(1,-2)$이고 반지름의 길이가 $2\sqrt{2}$인 원이다.

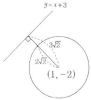

또 원의 중심 $(1,-2)$에서 직선 $y=x+3$,

즉 $x-y+3=0$ 사이의 거리는 $\dfrac{|1+2+3|}{\sqrt{1^2+1^2}}=3\sqrt{2}$이므로

원 위의 점에서 직선 $y=x+3$에 이르는
최단거리는 $3\sqrt{2}-2\sqrt{2}=\sqrt{2}$이다.

유제7-2
정답 ②

$x^2+y^2+4x+2y+4=0 \Leftrightarrow (x+2)^2+(y+2)^2=1$
$d(p)$의 최솟값은 원의 중심 $(-2,-1)$에서
직선 $3x+4y=10$까지 거리에서 반지름을 뺀 값이므로
$$\frac{|3\times(-2)+4\times(-1)-10|}{\sqrt{3^2+4^2}}-1=\frac{20}{5}-1=3$$

---

1 정답 ②

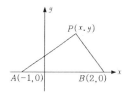

조건을 만족시키는 점 P의 좌표를 $P(x,y)$라 하면
$$\overline{AP}:\overline{BP}=2:1,\ 2\overline{BP}=\overline{AP},\ 4\overline{BP}^2=\overline{AP}^2$$
$$\overline{AP}=\sqrt{(x+1)^2+y^2},\ \overline{BP}=\sqrt{(x-2)^2+y^2}$$
$$4\{(x-2)^2+y^2\}=\{(x+1)^2+y^2\}$$
$$(x-3)^2+y^2=2^2$$
따라서 원의 반지름은 2이다.

2 정답 ①

$O(0,0)$, $A(5,0)$에 대하여 $P(x,y)$라 하면
$$\overline{PO}=\sqrt{x^2+y^2},\ \overline{PA}=\sqrt{(x-5)^2+y^2}$$
$$\therefore \overline{PO}:\overline{PA}=\sqrt{x^2+y^2}:\sqrt{(x-5)^2+y^2}=3:2$$
즉 $2\sqrt{x^2+y^2}=3\sqrt{(x-5)^2+y^2}$
각 변을 제곱하여 정리하면 $(x-9)^2+y^2=6^2$
즉, 점 $P(x,y)$의 자취는 중심이 $(9,0)$, 반지름의 길이가 6
인 원이다.
따라서 점 P가 그리는 도형의 길이는 $2\pi\times6=12\pi$

3 정답 ①

두 원 $x^2+y^2-4x=0$, $x^2+y^2+2x-8=0$의
교점을 지나는 원의 방정식은
$$x^2+y^2-4x+k(x^2+y^2+2x-8)=0 \cdots \bigcirc$$
이 원이 점 $(1,0)$을 지나면
$$1+0-4+k(1+0+2-8)=0,\ -3-5k=0$$
$$k=-\frac{3}{5} \cdots \bigcirc$$
$\bigcirc$을 $\bigcirc$에 대입하면
$$x^2+y^2-4x-\frac{3}{5}(x^2+y^2+2x-8)=0$$
$$5(x^2+y^2-4x)-3(x^2+y^2+2x-8)=0$$
$$2x^2+2y^2-26x+24=0$$
$$x^2+y^2-13x+12=0$$

$$\left(x - \frac{13}{2}\right)^2 + y^2 = \frac{121}{4}$$

따라서 이 원의 반지름의 길이는 $\sqrt{\frac{121}{4}} = \frac{11}{2}$ 이다.

4 정답 ③

원 $x^2 + 4x + y^2 = 0$은 $(x+2)^2 + y^2 = 2^2$

즉 원 $x^2 + 4x + y^2 = 0$은 중심이 $(-2, 0)$, 반지름의 길이가 2인 원이다. 그런데 직선 $3x - 4y + k = 0$이 원의 중심 $(-2, 0)$을 지나므로 $3 \times (-2) - 4 \times 0 + k = 0$ 따라서 $k = 6$

5 정답 ②

직선 $y = -x + 1$과 원 $(x-a)^2 + y^2 = 1$이 적어도 한 점에서 만나기 위한 조건은 원의 중심 $(a, 0)$에서 직선 $x + y - 1 = 0$까지 거리가 원의 반지름의 길이가 1 이하이어야 한다.

$\therefore \dfrac{|a-1|}{\sqrt{2}} \leq 1 \Rightarrow 1 - \sqrt{2} \leq a \leq 1 + \sqrt{2}$

따라서 $m = 1 - \sqrt{2}$, $M = 1 + \sqrt{2}$

즉, $mM = (1 - \sqrt{2})(1 + \sqrt{2}) = -1$

6 정답 ④

원 $x^2 + y^2 = 25$와 직선 $y = x + 4$의 두 교점 A, B의 x좌표를 α, β라 하면 α, β는 방정식 $x^2 + (x+4)^2 = 25$

즉, $2x^2 + 8x - 9 = 0$의 근이다. $\therefore \alpha + \beta = -4$, $\alpha\beta = -\dfrac{9}{2}$

또 $A(\alpha, \alpha+4)$, $B(\beta, \beta+4)$이므로

$\overline{AB} = \sqrt{(\beta-\alpha)^2 + \{(\beta+4) - (\alpha+4)\}^2}$

$\quad = \sqrt{2\{(\alpha+\beta)^2 - 4\alpha\beta\}} = \sqrt{2\{(-4)^2 - 4 \times (-\frac{9}{2})\}}$

$\quad = 2\sqrt{17}$

7 정답 ①

점 $A(-4, 3)$에서 직선 $y = -2x \Rightarrow 2x + y = 0$에 내린 수선의 발을 H라 하면 $\overline{AH} = \dfrac{|2 \times (-4) + 3|}{\sqrt{2^2 + 1^2}} = \sqrt{5}$ 이고, 직선

AH의 방정식은 $y - 3 = \dfrac{1}{2}(x+4)$ 즉 $x - 2y + 10 = 0$이다.

이때 원 $(x-3)^2 + (y-2)^2 = 5$ 위의 점 P에 대하여 $\triangle AHP$의 넓이가 최대가 되는 경우는 밑변을 $\overline{AH}$라 할 때 높이가 최대인 경우이고, 높이가 최대인 경우는 원의 중심 $(3, 2)$에서 직선 AH까지의 거리에 원의 반지름 $\sqrt{5}$ 를 더한 값이다.

$\therefore$ 높이의 최댓값은

$\dfrac{|3 - 2 \times 2 + 10|}{\sqrt{1^2 + 2^2}} + \sqrt{5} = \dfrac{9}{\sqrt{5}} + \sqrt{5} = \dfrac{14\sqrt{5}}{5}$이다.

따라서 넓이의 최댓값은 $\dfrac{1}{2} \times \sqrt{5} \times \dfrac{14\sqrt{5}}{5} = 7$

8 정답 ②

구하는 접선의 방정식을 $y = ax + b$라고 할 때,

$(3, 1)$을 대입하면 $1 = 3a + b$, $b = 1 - 3a$

$y = ax - 3a + 1$과 원의 중심 사이의 거리가 반지름과 같으므로

$\dfrac{|-3a+1|}{\sqrt{a^2 + 1^2}} = \sqrt{5}$

$5a^2 + 5 = 9a^2 - 6a + 1$

$2a^2 - 3a - 2 = (a-2)(2a+1) = 0$

따라서 구하는 방정식은 $y = 2x - 5$, $y = -\dfrac{1}{2}x + \dfrac{5}{2}$

9 정답 ②

중심을 (r, r), 반지름을 r이라고 하면

$(x-r)^2 + (y-r)^2 = r^2$이 $(3, 3)$을 지나므로

$(3-r)^2 + (3-r)^2 = r^2$, $r^2 + 2r + 18 = 0$

방정식의 두 근을 α, β라 하면

$\alpha + \beta = 12$, $\alpha\beta = 18$

두 원의 중심이 (a, α), (β, β)이므로

$\sqrt{(\alpha-\beta)^2 + (\alpha-\beta)^2} = \sqrt{2\{(\alpha-\beta)^2 - 4\alpha\beta\}}$

$\qquad = \sqrt{2(12^2 - 4 \times 18)} = 12$

10 정답 ③

원 $x^2 + y^2 = 20$ 위의 점 $A(4, 2)$에서의 접선의 방정식은 $4x + 2y = 20 \Rightarrow 2x + y = 10$ 이 접선이 x, y축과 만나는 점은 각각 $P(5, 0)$, $Q(0, 10)$이다.

따라서 $\triangle OPQ$의 넓이는 $\dfrac{1}{2} \times 5 \times 10 = 25$

11 정답 ③

원 $x^2 + y^2 + 2x + 4y + 1 = 0$을 정리하면

$(x+1)^2 + (y+2)^2 = 2^2$이므로 중심이 $C(-1, -2)$, 반지름의 길이가 $r = 2$이다. 점 $A(1, 3)$에서 이 원에 그은 접점을 T라 하면 $\overline{AC}^2 = \overline{AT}^2 + \overline{CT}^2$

그런데 $\overline{AC}^2 = (1+1)^2 + (3+2)^2 = 29$, $\overline{CT}^2 = r^2 = 4$이므로 $29 = \overline{AT}^2 + 4$ 따라서 $\overline{AT}^2 = 25 \Rightarrow \overline{AT} = 5$

12 정답 ②

두 원의 중심 $O(0, 0)$, $A(3, 0)$에서 직선 $mx - y + n = 0$까

지의 거리가 1이므로 $\dfrac{|n|}{\sqrt{m^2+1}} = \dfrac{|3m+n|}{\sqrt{m^2+1}} = 1$

$\therefore \begin{cases} |n| = |3m+n| \Leftrightarrow m = 0, \ n = -\dfrac{3}{2}m \\ n^2 = m^2 + 1 \end{cases}$

그런데 $m > 0$이므로 $n = -\dfrac{3}{2}m$

따라서 $m = \dfrac{2}{\sqrt{5}}$, $n = -\dfrac{3}{\sqrt{5}}$ $\Rightarrow mn = -\dfrac{6}{5}$

13 정답 ②

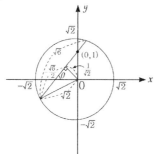

현과 원주가 만나는 점을 A,

원의 중심에서 현에 내린 수선과 만나는 점을 H,

원점을 O라 하면

선분 $\overline{OH}$의 길이는 피타고라스 정리에 의해서

$(\overline{OH})^2 = (\sqrt{2})^2 - \left(\dfrac{\sqrt{6}}{2}\right)^2$, $\overline{OH} = \dfrac{1}{\sqrt{2}}$

또, 현의 방정식의 기울기를 a라 하면

점 $(0, 1)$을 지나므로 $y = ax + 1$이다.

따라서 $y = ax + 1$과 원점 $(0, 0)$과의 거리는 $\dfrac{1}{\sqrt{2}}$이므로

$\dfrac{|a \times 0 + (-1) \times 0 + 1|}{\sqrt{a^2+1}} = \dfrac{1}{\sqrt{2}}$

$\dfrac{1}{\sqrt{a^2+1}} = \dfrac{1}{\sqrt{2}}$, $a = \pm 1$

x축의 양의 방향을 이루는 각을 말하므로 $\tan\theta = 1$

$\therefore \theta = 45°$

11. 도형의 이동

유제1-1
정답 ②

$P(x, y) \to (x+2, y-2) = (3, 4)$

즉, $x + 2 = 3$, $y - 2 = 4$에서 $x = 1$, $y = 6$

$\therefore P(1, 6)$

유제1-2
정답 ④

$P(a, b) \to (a+2, b-1) = (0, 0)$

즉, $a + 2 = 0$, $b - 1 = 0$에서 $a = -2$, $b = 1$

$\therefore 3a - b = -6 - 1 = -7$

유제2-1
정답 ④

$y = 2x + 3$을

x축의 방향으로 p만큼, y축의 방향으로 $-2p$만큼

평행이동하면 $y + 2p = 2(x - p) + 3$

즉, $y = 2x + 3 - 4p$에서 $2x + 3 - 4p = 2x - 5$이므로

$3 - 4p = -5$

$\therefore p = 2$

유제2-2
정답 ②

$(x-2)^2 + (y+3)^2 = 4 \Rightarrow x^2 + (y-2)^2 = 4$에서

원의 중심만 가지고 생각해도 된다.

$(2, -3) \to (0, 2)$이므로 $a = -2$, $b = 5$

$\therefore a + b = 3$

유제3-1
정답 ②

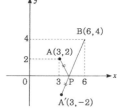

점 A의 x축에 대한 대칭점은 $A'(3, -2)$이고

$\overline{AP} = \overline{A'P}$이므로 $\overline{AP} + \overline{BP} = \overline{A'P} + \overline{BP} \geq \overline{A'B}$

즉, $\overline{AP} + \overline{BP}$의 최솟값은 $\overline{A'B} = \sqrt{(6-3)^2 + (4+2)^2} = 3\sqrt{5}$

유제3-2
정답 ①

A$(-1, 2)$, B(a, b)에서 직선 AB와 직선 $x-2y=0$은 서로 수직이고 두 점 A, B의 중점은 직선 $x-2y=0$ 위에 있다.

$$\frac{b-2}{a+1} \times \frac{1}{2} = -1 \ \cdots\cdots \ \text{㉠}$$

㉠을 정리하면 $2a+b=0 \ \cdots\cdots \ \text{㉡}$

두 점 A, B의 중점은 $\left(\dfrac{a-1}{2}, \dfrac{b+2}{2}\right)$이므로

$$\frac{a-1}{2} - 2 \times \frac{b+2}{2} = 0$$

$a-2b=5 \ \cdots\cdots \ \text{㉢}$

㉡, ㉢을 연립하여 풀면 $a=1$, $b=-2$

$\therefore a^2+b^2=5$

유제4-1
정답 ③

$$y=mx+3 \xrightarrow{\text{원점 대칭}} -y=-mx+3$$

즉, $y=mx-3$이 점 $(1, 0)$을 지나므로 $0=m-3$

$\therefore m=3$

유제4-2
정답 ④

직선 $y=x+k$를 평행이동 $f:(x, y) \rightarrow (x-2, y-3)$에 의하여 이동하면 $y+3=x+2+k$, $y=x+k-1$

이 직선을 다시 점 $(2, 3)$에 대하여 대칭이동하면

$(6-y)=(4-x)+k-1$

$y=x-k+3 \ \cdots \text{㉠}$

㉠이 $y=x+k$와 일치하므로 $-k+3=k$

$\therefore k=\dfrac{3}{2}$

유제5-1
정답 ②

원 $x^2+y^2-4x+ay-3=0$이 직선 $y=-x$에 대하여 대칭이므로 이 원의 중심은 직선 $y=-x$ 위에 있다.

$x^2+y^2-4x+ay-3=0$을 변형하면

$$(x-2)^2+\left(y+\frac{a}{2}\right)^2=7+\frac{a^2}{4} \ \cdots\cdots \ \text{㉠}$$

곧, 중심 $\left(2, -\dfrac{a}{2}\right)$가 직선 $y=-x$ 위에 있으므로

$-\dfrac{a}{2}=-2$

$\therefore a=4$

[다른 풀이]

직선 $y=-x$에 대칭이면 x대신 $-y$, y대신 $-x$를 대입하여도 식이 변하지 않아야 한다.

$$x^2+y^2-4x+ay-3=(-y)^2+(-x)^2-4(-y)+a(-x)-3$$
$$=x^2+y^2-ax+4y-3$$

$\therefore a=4$

유제5-2
정답 ④

원 $(x+1)^2+y^2=9$를 직선 $y=x$에 대하여 대칭이동하면

$(y+1)^2+x^2=9$

$\therefore x^2+(y+1)^2=9$

연/습/문/제

1 정답 ④

직선 $2x-y+1=0$을 x축의 방향으로 a만큼, y축의 방향으로 b만큼 평행이동한 직선의 방정식은 $2(x-a)-(y-b)+1=0$

즉 $2x-y-(2a-b-1)=0$이고, 이 직선은 $2x-y-4=0$과 일치하므로 $2a-b-1=4$ 따라서 $2a-b=5$

2 정답 ④

점 $(3, -1)$과 대칭인 점의 좌표를 (a, b)로 놓으면

$$\frac{a+3}{2}=2, \quad \frac{b-1}{2}=3$$

$a=1$, $b=7$

$\therefore (1, 7)$

3 정답 ④

$$P(a, b) \xrightarrow{y축 \ 대칭} (-a, b) \xrightarrow{평행이동} (-a-2, b+4)$$

$$\xrightarrow{y=x \ 대칭} (b+4, -a-2)$$

즉, $(b+4, -a-2)=(a, b)$이므로

$$\begin{cases} b+4=a \\ -a-2=b \end{cases} \text{에서 } a=1, \ b=-3$$

$\therefore ab=-3$

4 정답 ③

$$x+2y-3=0 \xrightarrow{x축 \; 대칭} x-2y-3=0$$

$$\xrightarrow{y=x \; 대칭} y-2x-3=0$$

또, 원의 넓이를 이등분하는 직선은 원의 중심을 지난다.
따라서 $y-2x-3=0$이 원의 중심 $(1, \; a)$를 지나므로
$a-2-3=0$
$\therefore a=5$

5 정답 ②

주어진 도형을 y축에 대하여 대칭이동하면 처음과 같다.

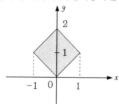

이 도형을 다시 y축 방향으로 -2만큼 평행이동하면

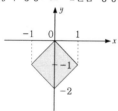

6 정답 ④

그림에서 점 $A(5, 3)$을 $y=x$, x에 대칭이동시킨 점을 각각 P, Q라 하면 $P(3, 5)$, $Q(5, -3)$이다.
이때 $\overline{AB}=\overline{PB}$, $\overline{CA}=\overline{CQ}$이므로
$\overline{AB}+\overline{BC}+\overline{CA}=\overline{PB}+\overline{BC}+\overline{CQ}$
따라서 $\overline{AB}+\overline{BC}+\overline{CA}$의 최솟값은
$\overline{PQ}=\sqrt{(5-3)^2+(-3-5)^2}=\sqrt{68}=2\sqrt{17}$

7 정답 ①

$f(\frac{3}{2}+x)=f(\frac{1}{2}-x)$에서 $\frac{1}{2}+x=X$라 하면

$\frac{3}{2}+x=1+X$, $\frac{1}{2}-x=1-X$이므로 $f(1+X)=f(1-X)$

즉 $f(1+x)=f(1-x)$이므로 $y=f(x)$의 그래프는 $x=1$에 대칭이다. 그러므로 $y=f(x)$의 그래프와 x축과의 네 교점도 $x=1$에 대칭이다. 즉, $x=1$에 대칭인 두 근씩의 합은 2이다. 따라서 $f(x)=0$의 네 실근의 합은 4이다.

12. 부등식의 영역

유제1-1
정답 ④

각각의 점의 좌표를 대입해 본다.
④ $x=1$, $y=3$을 대입하면
  $1+6-3+5=9>0$으로 성립한다.

유제1-2
정답 ④

점 $(k, \; 2)$의 좌표는 부등식을 만족하므로 $2 \geq k^2-k$
$k^2-k-2 \leq 0$
$(k-2)(k+1) \leq 0$
$-1 \leq k \leq 2$
따라서 정수 k는 $-1, \; 0, \; 1, \; 2$의 4개이다.

유제2-1
정답 ③

주어진 연립부등식의 영역은 다음 그림과 같다.

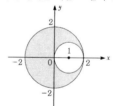

따라서 구하는 영역의 넓이는 $\pi \cdot 2^2 - \pi \cdot 1^2 = 3\pi$

유제2-2
정답 ②

식의 영역을 좌표평면 위에 표시하면 다음 그림과 같다.

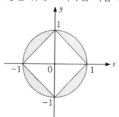

따라서 구하는 넓이는 $\pi - 2 \times \left(\frac{1}{2} \times 2 \times 1\right) = \pi - 2$

유제3-1
정답 ①
$y = 3x - k$에서 $f(x, y) = 3x - y - k$로 놓으면
직선 $y = 3x - k$가 두 점 A$(1, 3)$, B$(2, -1)$을 이은
선분 AB와 만나야 하므로
$f(1, 3) \cdot f(2, -1) \leq 0$
$(3 - 3 - k)(6 + 1 - k) \leq 0$, $-k(7 - k) \leq 0$
$k(k - 7) \leq 0$, $0 \leq k \leq 7$
따라서 $a = 0$, $b = 7$이므로 $a + b = 7$

유제3-2
정답 ④
$x^2 + y^2 - 2x - 2y - 6 = 0$에서 $(x - 1)^2 + (y - 1)^2 = 8$이므로
$\begin{cases} x^2 + y^2 - 2 \geq 0 \\ (x - 1)^2 + (y - 1)^2 - 8 \leq 0 \end{cases}$ ...... ㉠
$\begin{cases} x^2 + y^2 - 2 \leq 0 \\ (x - 1)^2 + (y - 1)^2 - 8 \geq 0 \end{cases}$ ...... ㉡
㉠∪㉡은 공집합이므로
(어두운 부분의 넓이) = (큰 원) - (작은 원) = $8\pi - 2\pi = 6\pi$

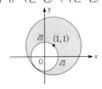

유제4-1
정답 ④
$(3, k) \in A \cap B \Leftrightarrow (3, k) \in A$이고 $(3, k) \in B$
(ⅰ) $(3, k) \in A$에서 $k \geq 3$
(ⅱ) $(3, k) \in B$에서 $3^2 + k^2 < 25$, $-4 < k < 4$
(ⅰ), (ⅱ)에서 $3 \leq k < 4$

유제4-2
정답 ④
집합 A가 나타내는 영역은 $x^2 + y^2 \leq 4$에서
중심 $(0, 0)$, 반지름 2인 원의 내부(경계포함)이고
집합 B가 나타내는 영역은 $3x + 4y > k$에서
기울기 $-\dfrac{3}{4}$인 직선의 윗부분(경계선 제외)이므로
$A \cap B = \varnothing$이려면 직선이 원 위쪽에 존재해야 한다.

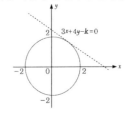

따라서 $d \geq r$에서 $\dfrac{|-k|}{\sqrt{3^2 + 4^2}} \geq 2$
$k \geq 10$ ($\because k > 0$)
그러므로 k의 최솟값은 10이다.

유제5-1
정답 ②
$A = \{(x, y) | y \leq x^2 + k\}$, $B = \{(x, y) | x^2 + y^2 \leq 1\}$이라
할 때, 부등식 $y \leq x^2 + k$가 부등식 $x^2 + y^2 \leq 1$이기 위한
필요조건이 되려면 $B \subset A$를 만족해야 한다.

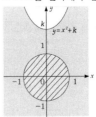

즉, 위의 그림과 같이
포물선의 아랫부분에 원이 포함되어야 한다.
따라서 $k \geq 1$일 때, $B \subset A$가 성립하므로
실수 k의 최솟값은 1이다.

유제5-2
정답 ③
주어진 부등식의 영역은 다음 그림과 같다.

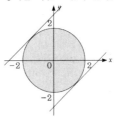

$y - x = k$로 놓고, 직선 $y = x + k$가 이 영역을 지나도록 평행
이동하면서 움직여 보면, 접하는 두 점에서 최댓값과 최솟값
을 갖는다. 직선이 원에 접하면 원점에서 직선 $y = x + k$에 이
르는 거리가 2이므로
$\dfrac{|k|}{\sqrt{1^2 + (-1)^2}} = 2$
$k = \pm 2\sqrt{2}$
따라서 $y - x$의 최댓값은 $2\sqrt{2}$ 이다.

1 정답 ④

$x^2 - y = 0$에서 $y = x^2$ ··· ㉠

$x^2 + y^2 - 4y = 0$에서 $x^2 + (y-2)^2 = 4$ ··· ㉡

㉠, ㉡의 그래프를 그린 다음 경계선 ㉠, ㉡의 그래프 위에 있지 않은 점 $(0, 1)$을 주어진 부등식에 대입하면

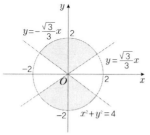

$(-1) \cdot (-3) = 3 > 0$

이므로 점 $(0, 1)$은 주어진 부등식을 만족한다.

따라서 주어진 부등식의 영역은 점 $(0, 1)$을 포함하는 영역과 그것에 이웃하지 않는 영역이다. (단, 경계선 포함)

2 정답 ④

연립부등식 $\begin{cases} x^2 + y^2 \le 4 \\ x^2 - 3y^2 \le 0 \end{cases}$ 에서 $x^2 + y^2 \le 4$는

원 $x^2 + y^2 = 4$의 내부이다.

또 $x^2 - 3y^2 = (x + \sqrt{3}y)(x - \sqrt{3}y) \le 0$은 $\begin{cases} x + \sqrt{3}y \ge 0 \\ x - \sqrt{3}y \le 0 \end{cases}$

또는 $\begin{cases} x + \sqrt{3}y \le 0 \\ x - \sqrt{3}y \ge 0 \end{cases}$ 즉 $\begin{cases} y \ge -\dfrac{\sqrt{3}}{3}x \\ y \ge \dfrac{\sqrt{3}}{3}x \end{cases}$ 또는 $\begin{cases} y \le -\dfrac{\sqrt{3}}{3}x \\ y \le \dfrac{\sqrt{3}}{3}x \end{cases}$

이다. 이것을 이용하여 연립부등식의 영역을 나타내면 아래 그림의 점선을 그은 부분과 같다.

그리고 두 직선 $y = -\dfrac{\sqrt{3}}{3}x$, $y = \dfrac{\sqrt{3}}{3}x$이 이루는 큰 각의 크기가 $120°$이다.

따라서 구하는 영역의 넓이는 $\pi \times 2^2 \times \dfrac{120}{360} \times 2 = \dfrac{8}{3}\pi$

3 정답 ④

경계선이 되는 세 직선의 방정식을 구하면

$x = 0$, $y = 0$, $x + y - 1 = 0$이므로 구하는 부등식을

$xy(x+y-1) \square 0$ ······ ㉠으로 놓는다.

이때, 어두운 부분에 속해 있는 한 점 $(-1, -1)$을 ㉠에 대입하면 $(-1) \cdot (-1) \cdot (-3) = -3 < 0$이고 경계선을 포함하므로 □ 안에 들어갈 부등호는 ≤ 이다.

따라서 구하는 부등식은 $xy(x+y-1) \le 0$

4 정답 ①

$x^2 + y^2 = k$ (k는 상수)······ ㉠으로 놓으면

㉠은 원점을 중심으로 하고 반지름의 길이가 $\sqrt{k}$ 인 원이다.

주어진 그림의 부등식의 영역에서 반지름의 길이 $\sqrt{k}$를 변화시켜 보면 원 $x^2 + y^2 = k$가 점 $(2, 5)$를 지날 때 k의 값이 최대이고, 두 점 $(2, 0)$, $(0, 4)$를 지나는 직선에 접할 때 k의 값이 최소이다.

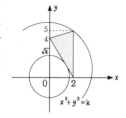

따라서 $x^2 + y^2$의 최댓값은 $M = 2^2 + 5^2 = 29$

5 정답 ②

아래 그림에서 부등식 $y \ge 0$, $x + y \le 1$, $x - y \ge 0$의 영역은 점선을 그은 부분이고, $2x + y = k$라 하면 점 $(1, 0)$을 지날 때 k는 최대가 된다.

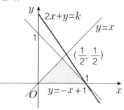

따라서 $x = 1$, $y = 0$일 때 $2x + y$는 최댓값 $2 \times 1 + 0 = 2$를 가진다.

6 정답 ③

$(k+2)x-y+k=0$은 k의 값에 관계없이 점 $(-1, -2)$를 지나는 기울기 $k+2$인 직선이다. 그리고 부등식 $0 \le x \le 2$, $0 \le y \le 2$의 영역은 그림의 어둡게 보이는 부분이다. 이때 점 $(-1, -2)$를 지나는 직선 중 기울기가 최대인 것은 점 $(0, 2)$를 지날 때이고, 최소인 것은 $(2, 0)$을 지날 때이다.

즉, $\dfrac{2}{3} \le k+2 \le 4$ $\therefore -\dfrac{4}{3} \le k \le 2$

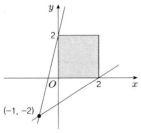

따라서 $M=2$, $m=-\dfrac{4}{3}$ $\Rightarrow$ $M-m = 2-\left(-\dfrac{4}{3}\right) = \dfrac{10}{3}$

7 정답 ④

하루에 제품 A를 $x$kg, 제품 B를 $y$kg을 생산한다고 하면
$x \ge 0$, $y \ge 0$ $\cdots\cdots$ ㉠

또, 하루 동안 사용할 수 있는 전체 전력과 가스의 한도는 각각 180kWh, 180m³이므로
$4x+5y \le 180$ $\cdots\cdots$ ㉡
$3x+6y \le 180$ $\cdots\cdots$ ㉢
이때, ㉠, ㉡, ㉢을 동시에 만족하는 영역은 오른쪽 그림의 어두운 부분(경계선 포함)과 같다.

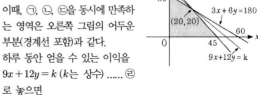

하루 동안 얻을 수 있는 이익을
$9x+12y=k$ (k는 상수) $\cdots\cdots$ ㉣
로 놓으면

직선 ㉣이 교점 $(20, 20)$을 지날 때, k의 값이 최대가 된다. 따라서 하루 동안에 제품 A를 20kg, 제품 B를 20kg씩 만들면 최대 이익은 $9 \times 20 + 12 \times 20 = 420$(만 원)

정답 및 해설

13. 집합

유제1-1
정답 ④
공집합 $\varnothing$는 모든 집합의 부분집합이면서 자기 자신은 아무 것도 원소로 가지고 있지 않다.

유제1-2
정답 ④
집합 A의 원소는 $\varnothing$, $\{1\}$, $\{2\}$, $\{1,\ 2\}$이므로
$\{\{1\}\} \subset A$이다.

유제2-1
정답 ④
$A \cap B = \{3,\ 4\}$이므로
$a^2 - 5 = 4$, $a^2 = 9$
(i) $a = 3$일 때 $B = \{2,\ 3,\ 4\}$이다.
　　$A \cap B = \{3,\ 4\}$이므로
　　집합 B의 곱은 $2 \times 3 \times 4 = 24$
(ii) $a = -3$일 때 $B = \{-9,\ -4,\ 4\}$이므로
　　$A \cap B = \{4\}$이므로 모순이다.

유제2-2
정답 ②
$A \subset B$이므로

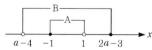

$a - 4 < -1$, $2a - 3 \geq 1$
$a < 3$, $a \geq 2$
$\therefore 2 \leq a < 3$

유제3-1
정답 ④
집합 A의 부분집합의 개수는 $2^6 = 64$이고, 자음인 b, c, d, f 로만 이루어진 부분집합의 개수는 $2^4 = 16$이므로 A의 부분 집합 중에서 적어도 한 개의 모음을 포함하는 것의 개수는
$64 - 16 = 48$

[다른 풀이]
모음 a를 포함하는 부분집합의 개수는 $2^5 = 32$
모음 e를 포함하는 부분집합의 개수는 $2^5 = 32$
모음 a, e를 모두 포함하는 부분집합의 개수는 $2^4 = 16$이므로 적어도 한 개의 모음을 포함하는 부분집합의 개수는
$32 + 32 - 16 = 48$

유제3-2
정답 ②
$A \cup X = A$이므로 $X \subset A$ ……㉠
$(A \cap B) \cup X = X$이므로 $(A \cap B) \subset X$ ……㉡
㉠, ㉡에서 $(A \cap B) \subset X \subset A$이고, $A \cap B = \{3,\ 5,\ 7\}$이므로 집합 X는 3, 5, 7을 반드시 원소로 갖는 집합 A의 부분집합 이다. 따라서 그 개수는 $2^{5-3} = 2^2 = 4$

유제4-1
정답 ④
$\{(A - B) \cup (A \cap B)\} \cap B$
$= \{(A \cap B^c) \cup (A \cap B)\} \cap B$
$= \{A \cap (B^c \cup B)\} \cap B$
$= (A \cap U) \cap B$
$= A \cap B = A$
$\therefore A \subset B$

유제4-2
정답 ③
$(A \cap B^c) \cup (B \cap A^c) = (A - B) \cup (B - A)$
$\qquad\qquad = \{a,\ b\} \cup \{e\}$
$\qquad\qquad = \{a,\ b,\ e\}$

유제5-1
정답 ①
$n(A \cup B \cup C) = n(A) + n(B) + n(C)$
$\qquad\qquad - n(A \cap B) - n(B \cap C) - n(C \cap A)$
$\qquad\qquad + n(A \cap B \cap C)$
$\qquad\qquad = 5 + 10 + 7 - 2 - 4 - 1 + 1$
$\qquad\qquad = 16$

유제5-2
정답 ④
집합 A와 B, 집합 A와 C가 각각 서로소이므로
$n(A \cap B) = 0$, $n(A \cap C) = 0$, $n(A \cap B \cap C) = 0$
$$n(A \cup B \cup C) = n(A) + n(B) + n(C)$$
$$- n(A \cap B) - n(B \cap C) - n(C \cap A)$$
$$+ n(A \cap B \cap C)$$
$53 = 20 + 32 + 18 - 0 - n(B \cap C) - 0 + 0$
$\therefore n(B \cap C) = 17$

연/습/문/제

1 정답 ②
$P(A)$는 집합 A의 부분집합을 원소로 갖는 집합을 나타내므로 $P(A) = \{\varnothing, \{1\}, \{2\}, \{1, 2\}\}$
① $\varnothing \in P(A)$ ② $\{1\} \in P(A)$
③ $\{\{2\}\} \subset P(A)$ ④ $A \in P(A)$

2 정답 ①
$U = \{1, 2, 3, 4, 5\}$
$A = \{1, 2, 3\}$
$A \cap B = \{2\}$이므로
집합 B의 원소는 전체집합 U에서 원소 1, 3을 제외한 나머지 원소들이 될 수 있지만, B의 부분집합은 원소 2를 반드시 포함해야 조건에 맞으므로
$\therefore$ 부분집합 B의 개수$= 2^2 = 4$

3 정답 ①
$a^2 + 2a = 3$이어야 하므로 $a = 1$ 또는 -3
$a = 1$일 때 $B = \{3, 1, -1\}$ …… ㉠
$a = -3$일 때 $B = \{-1, 9, 3\}$ …… ㉡
㉡은 조건을 만족하지 않으므로 $B = \{3, 1, -1\}$이고
$B - A = \{3, 1, -1\} - \{1, 4, 3\} = \{-1\}$

4 정답 ②
$A^c \cup B^c = B^c$이기 위한 조건은 $A^c \subset B^c$ 즉 $A \supset B$이므로 집합 B는 집합 $A = \{1, 2, 3\}$의 부분집합이다. 따라서 집합 B의 부분집합의 개수는 $2^3 = 8$(개)

5 정답 ③
$\{1, 2\} \cap A \neq \varnothing$이므로 $\{1, 2\} \cap A = \{1\}$, $\{1, 2\} \cap A = \{2\}$ 또는 $\{1, 2\} \cap A = \{1, 2\}$이다. 이 각각의 경우는 1 또는 2

를 원소로 갖거나 갖지 않는 U의 부분집합이므로 $\{2, 3, 4\}$의 부분집합 즉 $2^3 = 8$개만큼 만들 수 있다.
따라서 $\{1, 2\} \cap A \neq \varnothing$을 만족하는 U의 부분집합의 개수는 $3 \times 8 = 24$(개)
[다른 풀이]
$\{1, 2\} \cap A \neq \varnothing$인 경우는 $\{1, 2\} \cap A = \varnothing$이 아닌 경우이다. 즉, 전체집합 U의 부분집합 중 1, 2를 원소로 갖지 않는 부분집합의 개수를 빼주면 되므로 $2^5 - 2^3 = 24$(개)

6 정답 ④
①(틀림) $A \cap B = \{1, 4\} \neq \varnothing$이므로 A, B는 서로소가 아니다.
②(틀림) $A \cup B = \{1, 2, 3, 4, 7\} \neq \{1, 2, 3, 7\}$
③(틀림) $A - B = \{2, 3\} \neq \{2\}$
④(맞음) $B - A = \{7\}$
따라서 맞는 것은 ④이다.

7 정답 ②
$A = \{1, 2, 4, 6\}$, $B = \{2, 4, 7\}$에서
$A - B^c = A \cap (B^c)^c = A \cap B = \{2, 4\}$
따라서 $A - B^c$의 모든 원소의 합은 $2 + 4 = 6$

8 정답 ①
두 집합 A, B가 서로소이므로 $A \cap B = \varnothing$
따라서 $A \cap (A^c \cup B) = (A \cap A^c) \cup (A \cap B) = \varnothing \cup \varnothing = \varnothing$

9 정답 ②
$A - B = \varnothing$이면 $A \subset B$ 즉 $A \cap B = A$이므로
$B - (B - A) = B \cap (B \cap A^c)^c = B \cap (B^c \cup A)$
$= (B \cap B^c) \cup (B \cap A) = \varnothing \cup A = A$

10 정답 ①
세 영화 A, B, C를 관람한 학생들의 집합을 각각 A, B, C라 하면 $n(A) = 10$, $n(B) = 9$, $n(C) = 11$,
$n(A \cap B) - n(A \cap B \cap C) = 2$, $n(A \cap B \cap C) = 5$
$\therefore n(A \cap B) = 7$ 이때 C영화만 존 학생 수가 최소가 되는 경우는 A와 C영화, B와 C영화를 본 학생 수가 최대가 되는 경우이다. 즉, A영화를 보고 B영화를 보지 않은 학생 3명, B영화를 보고 A영화를 보지 않은 학생 2명 모두가 C영화를 본 경우가 된다.
따라서 C영화만 본 학생수의 최솟값은
$11 - 5 - (3 + 2) = 1$(명)

11 정답 ④

$(A \triangle B) - (B \triangle C)$의 벤 다이어그램을 직접 그려 보면 다음 그림과 같다.

$A \triangle B$ $B \triangle C$ $(A \triangle B) - (A \triangle B)$

따라서 옳은 것은 ④이다.

12 정답 ②

학생 전체의 집합을 U,
1번, 2번 문제를 푼 학생들의 집합을 각각 A, B라 하면
$n(U) = 60$, $n(A) = 30$, $n(B) = 35$
$35 \leq n(A \cup B) \leq 60$에서
$n(A \cup B) = n(A) + n(B) - n(A \cap B)$이므로
$35 \leq 30 + 35 - n(A \cap B) \leq 60$
$\therefore 5 \leq n(A \cap B) \leq 30$
따라서 1번과 2번을 모두 푼 학생 수의 최댓값과 최솟값의 합은 $30 + 5 = 35$이다.

13 정답 ③

$A = \{2, 4, 6, 8, 10\}$, $B = \{3, 6, 9\}$, $C = \{2, 3, 5, 7\}$
$A \triangle B = \{2, 3, 4, 6, 8, 9, 10\} - \{6 = \{2, 3, 4, 8, 9, 10\}$
$B \triangle C = \{2, 3, 5, 6, 7, 9\} - \{3\} = \{2, 5, 6, 7, 9\}$
$(A \triangle B) \triangle (B \triangle C) = \{2, 3, 4, 5, 6, 7, 8, 9, 10\} - \{2, 9\}$
$\qquad\qquad\qquad\qquad\qquad = \{3, 4, 5, 6, 7, 8, 10\}$
따라서 원소의 개수는 7개이다.

14. 명제

유제1-1
정답 ④

명제 '$x^2 - ax + 6 \neq 0$이면 $x - 1 \neq 0$이다.'가 참이므로
그 대우 '$x - 1 = 0$이면 $x^2 - ax + 6 = 0$이다.'도 참이다.
$x = 1$을 $x^2 - ax + 6 = 0$에 대입하면
$1^2 - a + 6 = 0$ $\therefore a = 7$

유제1-2
정답 ③

명제 $p \rightarrow q$가 참이므로 $P \subset Q$이다.
따라서 보기 중 항상 옳은 것은 ③ $P \cup Q = Q$이다.

유제2-1
정답 ①

$x \geq a$는 $-5 \leq x \leq 7$이기 위한 필요조건이므로 $a \leq -5$
$b \leq x \leq 4$는 $-5 \leq x \leq 7$이기 위한 충분조건이므로
$-5 \leq b \leq 4$
따라서 a의 최댓값은 -5, b의 최솟값은 -5이므로
구하는 값은 $-5 + (-5) = -10$

유제2-2
정답 ④

p가 q이기 위한 충분조건이므로 $P \subset Q$
p가 q이기 위한 필요조건이 아니므로 $Q \not\subset P$
④ $Q - P \neq \varnothing$

유제3-1
정답 ④

모든 실수 x에 대하여
$ax^2 + (a-1)x + (a-1) > 0$이 성립하려면
$a > 0$ ...... ㉠
$D = (a-1)^2 - 4a(a-1) < 0$
$-3a^2 + 2a + 1 < 0$
$3a^2 - 2a - 1 > 0$
$(3a+1)(a-1) > 0$
$a < -\dfrac{1}{3}$ 또는 $a > 1$ ...... ㉡
㉠, ㉡에서 $a > 1$

유제3-2
정답 ④

① $a^2 + ab + b^2 = \left(a + \dfrac{b}{2}\right)^2 + \dfrac{3}{4}b^2 \geq 0$

② $\dfrac{a+b}{2} - \sqrt{ab} = \dfrac{a - 2\sqrt{ab} + b}{2} = \dfrac{(\sqrt{a} - \sqrt{b})^2}{2} \geq 0$

   $\therefore \dfrac{a+b}{2} \geq \sqrt{ab}$

③ $|a+b|^2 - (|a|+|b|)^2$
   $= (a+b)^2 - (|a|^2 + 2|a||b| + |b|^2)$
   $= (a^2 + 2ab + b^2) - (a^2 + 2|ab| + b^2)$
   $= 2(ab - |ab|) \leq 0$
   따라서 $|a+b|^2 \leq (|a|+|b|)^2$이고
   $|a+b| \geq 0$, $|a|+|b| \geq 0$이므로
   $|a+b| \leq |a| + |b|$

④ (반례) $a = 1$, $b = -1$이면
   $||a| - |b|| = 0$, $|a - b| = 2$
   $\therefore ||a| - |b|| < |a - b|$

유제4-1
정답 ①

$a + \dfrac{1}{a} \geq 2\sqrt{a \cdot \dfrac{1}{a}} = 2$에서 $a + \dfrac{1}{a}$의 최솟값은 2이고,

$a = \dfrac{1}{a}$, $a^2 = 1$, $a = \pm 1$에서 $a > 0$이므로

등호는 $a = 1$일 때 성립한다.

$\therefore p + q = 2 + 1 = 3$

유제4-2
정답 ③

$\dfrac{1}{a} + \dfrac{1}{b} = \dfrac{a+b}{ab} = \dfrac{4}{ab}$

한편 $a > 0$, $b > 0$이므로

산술평균과 기하평균의 관계에 의하여 $a + b \geq 2\sqrt{ab}$

그런데 $a + b = 4$이므로

$4 \geq 2\sqrt{ab}$ (단, 등호는 $a = b$일 때 성립)

양변을 제곱하면 $16 \geq 4ab$

$\dfrac{1}{ab} \geq \dfrac{1}{4} \Rightarrow \dfrac{4}{ab} \geq 1$

㉠에서 $\dfrac{1}{a} + \dfrac{1}{b}$의 최솟값은 1이다.

연/습/문/제

1 정답 ④

'$\sim p$이면 $\sim q$이다.'가 거짓임을 보이려면

P^c의 원소 중에서 Q^c의 원소가 아닌 것을 찾으면 된다.

따라서 반례가 속하는 집합은 $P^c \cap (Q^c)^c = P^c \cap Q$

2 정답 ②

$x \geq a : P$, $x^2 - 1 \leq 0 : Q$

P가 Q이기 위한 필요조건이므로 $Q \subset P$이다.

$P : a \leq x$

$Q : x^2 - 1 \leq 0$, $-1 \leq x \leq 1$

$\therefore a$의 최댓값 $= -1$

3 정답 ①

집합 $P = \{x \mid x \geq 6\}$,

$Q = \{x \mid 2x + a \leq 3x - 2a\} = \{x \mid x \geq 3a\}$라 하면

'$x \geq 6$이면 $2x + a \leq 3x - 2a$이다.'가 참이므로 $P \subset Q$

따라서 $3a \leq 6 \Rightarrow a \leq 2$

4 정답 ③

조건 $p : |x - 2| < 1$의 진리집합 P은

$P = \{x \mid 1 < x < 3\}$, 조건 $q : x^2 - 2ax - 3a^2 < 0$의 진리집합 Q는 $a > 0$일 때 $Q = \{x \mid -a < x < 3a\}$, $a < 0$일 때 $Q = \{x \mid 3a < x < -a\}$이다. 그런데 p가 q이기 위한 충분조건일 때는 $P \subset Q$이고 $a < 0$이므로 $\begin{cases} 3a \leq 1 \\ -a \geq 3 \end{cases} \quad \therefore a \leq -3$

따라서 a의 최댓값은 -3

5 정답 ④

P는 Q이기 위한 충분조건이므로 $P \subset Q$

$\sim r$는 q이기 위한 필요충분조건이므로 $R^c = Q$

따라서 세 집합의 포함관계를 벤 다이어그램으로 나타내면 다음과 같다.

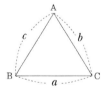

$\therefore P \cap R = \varnothing$

6 정답 ③

$a^3 > b^3$, $b^3 - b^3 > 0$

$(a - b)(a^2 + ab + b^2) > 0$

$a^2 + ab + b^2 > 0$, $a - b > 0$

$\therefore a > b$

7 정답 ②

$p : x = 0$, $q : xy = 0$이라 놓으면

$p \to q$이고, $q \nrightarrow p$이므로 충분조건이다.

8 정답 ④

주어진 명제가 참이므로 이 명제의 대우도 참이다.

따라서 $x + y \neq a + b$이면 $x \neq a$ 또는 $y \neq b$이다.

9 정답 ②

코시-슈바르츠의 부등식에서

$(3x-4y)^2 \leq (3^2+4^2)(x^2+y^2)=100$이므로

$-10 \leq 3x-4y \leq 10$이다.

따라서 $a=-10, b=10$

즉, $a+b=0$

10 정답 ③

직사각형의 가로, 세로의 길이를 각각 $x, y(x>0, y>0)$라 하면 $x^2+y^2=10^2=100$이다. 산술, 기하평균의 관계에서

$$xy=\sqrt{x^2y^2} \leq \frac{x^2+y^2}{2}=\frac{100}{2}=50$$

따라서 직사각형의 넓이 xy의 최댓값은 $x=y=5\sqrt{2}$일 때 50이다.

11 정답 ④

㉠ $k+1=0$, 즉 $k=-1$일 때에는 $1>0$이므로 성립한다.

㉡ $k \neq -1$일 때에는 $k>-1$이고 $D<0$이어야 하므로

$$\frac{D}{4}=(k+1)^2-(k+1)<0, \ k^2+k<0$$

$\therefore -1<k<0$

㉠, ㉡에서 $-1 \leq k<0$

15. 함수

유제1-1
정답 ④

④ $i(-1)=i(1)=0 \notin Y$

따라서 함수가 될 수 없다.

유제1-2
정답 ③

$f(x)=g(x)$이므로 $3x^2-4x+5=2x^2+2$에서

$x^2-4x+3=0, \ (x-1)(x-3)=0$

$\therefore x=1, 3$

이때, 집합 $X=\{1, 3\}$이므로 원소의 합은 4

유제2-1
정답 ①

항등함수는 $f(x)=x$가 되는 함수를 의미한다.

따라서 $2x^2+x-8=x$에서 $x^2=4$

$\therefore x=\pm 2$

따라서 구하는 집합은 $\{-2, 2\}$이므로 원소의 합은 0이다.

유제2-2
정답 ③

$f(x)=ax+b$는 $a<0$이므로 감소함수이다.

$x=-1$일 때, $f(x)$는 최대이고 $-a+b=3$

$x=2$일 때, $f(x)$는 최소이며 $2a+b=0$

두 식을 연립하면 $a=-1, \ b=2$

$\therefore a+b=1$

연/습/문/제

1 정답 ③

함수는 정의역 X의 각 원소에 공역 Y의 원소가 오직 하나씩 대응시키는 것을 함수라고 한다.

㉠ 2에 2개의 원소가 대응되므로 함수가 아니다.

㉡ X의 각 원소에 Y의 원소가 오직 하나씩 대응되므로 함수이다.

㉢ $f(3)=6 \notin Y$이므로 함수가 아니다.

㉣ X의 각 원소에 Y의 원소가 오직 하나씩 대응되므로 함수이다.

따라서 함수인 것은 ㉡, ㉣이다.

2 정답 ④

〈보기〉의 그래프에서 (가) 일대일대응 함수의 그래프 (나) 상수함수의 그래프

(다) 상수함수가 아닌 함수의 그래프 (라) 함수의 그래프가 아니므로

①(틀림) 함수의 그래프는 3개,

②(틀림) (나)는 항등함수가 아닌 상수함수의 그래프

③(틀림) (다)는 상수함수가 아닌 함수의 그래프

④(맞음) 일대일함수의 그래프는 (가) 1개

따라서 맞는 것은 ④

3 정답 ②

$X=\{1, 2, 3, 4, 5\}$에서 X로의 일대일함수 $f(x)$가

$f(1)=3, f(2)=4$이고 모든 $x \in X$에 대하여

$(f \circ f)(x)=x$이므로 $f(3)=1, f(4)=2$ $\therefore f(5)=5$

따라서 $f(4)+f(5)=2+5=7$

4 정답 ④

함수의 개수 $a = 3 \times 3 \times 3 = 27$
일대일 대응의 개수 $b = 3 \times 2 \times 1 = 6$
항등함수의 개수 $c = 1$
상수함수의 개수 $d = 3$
그러므로 $a + b + c + d = 37$

5 정답 ④

$g(x+1)$에서 $x = -1$일 때, $g(0) = f(2)$
$g(x+1)$에서 $x = 1$일 때, $g(2) = f(4)$
$\therefore g(0) + g(2) = f(2) + f(4)$
$$= 2^3 - 2 \times 2 + 1 + 4^3 - 2 \times 4 + 1 = 62$$

6 정답 ③

① $g_1(-1) = 2$, $g_1(0) = 1$, $g_1(1) = 0$
② $g_2(-1) = 0$, $g_2(0) = 1$, $g_2(1) = 2$
③ $g_3(-1) = 2$, $g_3(0) = 1$, $g_3(1) = 2$
④ $g_4(-1) = -2$, $g_4(0) = -1$, $g_4(1) = 0$이므로
$f(-1) = 2$, $f(0) = 1$, $f(1) = 2$와 대응관계가 같은 함수는 $g_3(x)$이다.

7 정답 ③

$f = g$이면 정의역의 x에 대하여 대응하는 함숫값이 같아야 하므로 $f(x) = g(x) \Rightarrow x^3 + 1 = 3x - 1$
$\therefore (x-1)^2(x+2) = 0 \Rightarrow x = 1$, $x = -2$
$\therefore$ 공집합이 아닌 $\{1, -2\}$의 부분집합이 정의역, 즉 $X = \{1\}$, $X = \{-2\}$, $X = \{1, -2\}$가 정의역이면 $f = g$이다.
따라서 집합 X의 개수는 $2^2 - 1 = 3$(개)

8 정답 ③

A에서 B로의 함수는 $2^3 = 8$개 만들 수 있고, 이 중 공역과 치역이 다른 함수는 치역이 $\{1\}$ 또는 $\{2\}$인 2가지다.
따라서 공역과 치역이 같은 함수는 $8 - 2 = 6$개다.

9 정답 ④

$f(2x-1) = x^2 - 2x + 3$에서 $2x - 1 = X$라 하면
$x = \dfrac{1}{2}(X+1)$
$\therefore f(X) = \{\dfrac{1}{2}(X+1)\}^2 - 2 \times \dfrac{1}{2}(X+1) + 3$
$$= \dfrac{1}{4}X^2 - \dfrac{1}{2}X + \dfrac{9}{4}$$

즉, $f(x) = \dfrac{1}{4}x^2 - \dfrac{1}{2}x + \dfrac{9}{4}$이다.

따라서 $f(x)$의 모든 계수의 합은 $\dfrac{1}{4} - \dfrac{1}{2} + \dfrac{9}{4} = 2$

10 정답 ①

실수 전체의 집합 R에서 R로의 함수 $f(x)$가 일대일대응이면 $f(x)$는 $x = 0$에서 연속이어야 하므로 $b = -3$이다.
또 $x \geq 0$일 때 기울기가 양수이므로 $a > 0$이어야 한다.
따라서 $p = 0$, $q = -3 \Rightarrow p^2 + q = 0^2 + (-3) = -3$이다.

16. 합성함수와 역함수

유제1-1
정답 ③

$f(1) = 2$이므로 $(f \circ f)(1) = f(f(1)) = f(2) = 2^2 + 2 = 6$

유제1-2
정답 ②

$(h \circ f)(x) = h(f(x)) = h(x+1) = b(x+1) + 2 = bx + b + 2$
$g(x) = -x + a$이므로
$b = -1$, $b + 2 = a$, $a = 1$
$\therefore a + b = 0$

유제2-1
정답 ③

$g(x) = -x + 2$의 역함수는
$g^{-1}(x) = -x + 2$
$(f \circ (g \circ f)^{-1} \circ f)(1) = (f \circ f^{-1} \circ g^{-1} \circ f)(1)$
$$= (g^{-1} \circ f)(1) = g^{-1}(f(1))$$
$$= g^{-1}(2) = 0$$

유제2-2
정답 ①

$f(2) = 2a + b = -3$ …… ㉠
$g(1) = 5$에서 $g^{-1}(5) = f(5) = 1$
$f(5) = 5a + b = 1$ …… ㉡
㉠, ㉡을 연립하여 풀면 $a = \dfrac{4}{3}$, $b = -\dfrac{17}{3}$
$\therefore a + b = -\dfrac{13}{3}$

유제3-1
정답 ②
$f^{-1}(d)=k$라 하면 $f(k)=d$에서 $k=c$
$\therefore (f^{-1} \circ f^{-1})(d)=f^{-1}(c)=b$

연/습/문/제

1 정답 ②
$(f \circ h)(x)=f\{h(x)\}=-2h(x)+3$이므로
$-2h(x)+3=4x+7$
$\therefore h(x)=-2x-2$
따라서 $h(-1)=-2\times(-1)-2=0$

2 정답 ①
$f(x)=x^2+1$, $(h \circ g)(x)=3x-1$에서
$h \circ (g \circ f)=(h \circ g) \circ f$이고,
$f(-1)=(-1)^2+1=2$, $(h \circ g)(2)=3\times2-1=5$이다.
따라서 $\{h \circ (g \circ f)\}(-1)=\{(h \circ g) \circ f\}$
$=(h \circ g)\{f(-1)\}=(h \circ g)(2)=5$

3 정답 ①
$f(\frac{9}{4})=f(\frac{5}{4}+1)=f(\frac{5}{4})=f(\frac{1}{4}+1)=f(\frac{1}{4})$
$\qquad =\frac{1}{2}$, $f(\frac{1}{2})=1$, $f(1)=0$이므로
$(f \circ f \circ f)(\frac{9}{4})=f[f\{f(\frac{9}{4})\}]=f\{f(\frac{1}{2})\}=f(1)=0$

4 정답 ④
역함수가 존재하려면 전단사함수이어야 한다. (즉, 일대일 대응)
① $x_1=-1$, $x_2=1$이면 $x_1 \neq x_2$이지만 $y_1=y_2=1$이다.
　그러므로 일대일대응이 아니다.
② 모든 x의 값이 2이므로 일대일대응이 아니다.
③ $x_1=1.3$, $x_2=1.5$라 하면 $x_1 \neq x_2$이지만
　$y_1=y_2=-1$이므로 일대일대응이 아니다.
④ 정의역 $x \leq 1$에서 치역 $y \geq 1$이므로 일대일대응이다.

5 정답 ④
$y=2x-1$에서 $x=\frac{1}{2}(y+1)$이므로 $f^{-1}(x)=\frac{1}{2}(x+1)$
따라서 $f^{-1}(3)=\frac{1}{2}(3+1)=2$

6 정답 ④
f, g거 모두 일대일대응인 함수이고, $f^{-1}(5)=3$에서
$f(3)=5$ ----- ㉠
또 $f(2x+1)=g(x-3)$에 $x=1$을 대입하면
$f(3)=g(1)$ ----- ㉡
$\therefore$ ㉠과 ㉡에서 $g(4)=5$
따라서 $g^{-1}(5)=4$

7 정답 ②
함수 $f(x)=|x-1|+2x=\begin{cases} 3x-1 & (x \geq 1) \\ x+1 & (x < 1) \end{cases}$이다.
이때 $f^{-1}(1)=x$라 하면 $f(x)=1$
$x \geq 1$일 때 $f(x)=3x-1=1$에서 $x=\frac{2}{3}$($\frac{2}{3}<1$이므로
근이 될 수 없다.
$x < 1$일 때 $f(x)=x+1=1$에서 $x=0$ 따라서 $f^{-1}(1)=0$

8 정답 ③
$f(x)=ax+b$, $g(x)=x-3$에서 $g^{-1}(x)=x+3$이므로
$\begin{cases} (g \circ f)(1)=g\{f(1)\}=g(a+b)=a+b-3=-1 \\ (g^{-1} \circ f)(-1)=g^{-1}\{f(-1)\}=g^{-1}(-a+b)=-a+b+3=3 \end{cases}$
$\Rightarrow \begin{cases} a+b=2 \\ a-b=0 \end{cases}$ $\therefore a=b=1$ 따라서 $ab=1$

9 정답 ②
$y=f(x)=\frac{x-1}{x-2}$에서 $x=\frac{2y-1}{y-1}$이므로 $f^{-1}(x)=\frac{2x-1}{x-1}$
$\therefore a=-1$, $b=1$, $c=-1$
따라서 $a+b+c=(-1)+1+(-1)=-1$

10 정답 ③

$(g \circ f)^{-1}(x) = 2x$에서 $(g \circ f)(x) = \dfrac{1}{2}x$이다.

그런데 $(g \circ f)(x) = g\{f(x)\} = g(2x+1)$이므로

$g(2x+1) = \dfrac{1}{2}x$

이때 $2x+1 = X$라 하면 $x = \dfrac{1}{2}(X-1)$이므로

$g(X) = \dfrac{1}{2} \cdot \dfrac{1}{2}(X-1) = \dfrac{1}{4}(X-1)$

따라서 $g(2) = \dfrac{1}{4}(2-1) = \dfrac{1}{4}$

11 정답 ③

$f(x) = \begin{cases} x^2 - 2x + 2 & (x \le 1) \\ -x + 2 & (x > 1) \end{cases}$에 대하여

(i) $f^{-1}(5) = x$라 하면 $f(x) = 5$

　　$x \le 1$일 때, $x^2 - 2x + 2 = 5 \Rightarrow x^2 - 2x - 3 = 0$에서
　　$x = -1, \ x = 3$
　　그런데 $x \le 1$이므로 $x = -1$
　　$x > 1$일 때, $-x + 2 = 5$에서 $x = -3$
　　그런데 $x > 1$이므로 해는 없다.
　　$\therefore f^{-1}(5) = -1$

(ii) $f^{-1}(-1) = x$라 하면 $f(x) = -1$

　　$x \le 1$일 때, $x^2 - 2x + 2 = -1 \Rightarrow x^2 - 2x + 3 = 0$에서
　　실근은 없다.
　　$x > 1$일 때, $-x + 2 = -1$에서 $x = 3$
　　$\therefore f^{-1}(-1) = 3$

따라서 (i), (ii)에 의하여,
$(f^{-1} \circ f^{-1})(5) = f^{-1}\{f^{-1}(5)\} = f^{-1}(-1) = 3$

12 정답 ④

$f^1(3) = 1, \ f^2(3) = -1, \ f^3(3) = 1, \ f^4(11) = 3$
$\therefore f^{2009}(11) = f^{2013}(3) = 1$

13 정답 ②

$f \circ f \circ f(x) = f(x)$
f^{-1}를 합성하면 $f \circ f(x) = x$
다시 f^{-1}를 합성하면 $f(x) = f^{-1}(x) \cdots\cdots$①
①이 성립하려면 그래프가 $y = x$에 대한 대칭이다.
보기 중 $y = x$에 대한 대칭인 것은 ②이다.

17. 유리식과 유리함수

유제1-1
정답 ③

$\dfrac{1}{x} - \dfrac{1}{x+1} + \dfrac{1}{x+1} - \dfrac{1}{x-2} + \dfrac{1}{x+2} - \dfrac{1}{x+3} = \dfrac{1}{x} - \dfrac{1}{x+3}$
$\qquad\qquad\qquad\qquad\qquad\qquad\qquad = \dfrac{3}{x(x+3)}$

유제1-2
정답 ④

$\dfrac{1}{1^2+1} + \dfrac{1}{2^2+2} + \dfrac{1}{3^2+3} + \cdots + \dfrac{1}{10^2+10}$

$= \dfrac{1}{1(1+1)} + \dfrac{1}{2(2+1)} + \dfrac{1}{3(3+1)} + \cdots + \dfrac{1}{10(10+1)}$

$= \dfrac{1}{1 \cdot 2} + \dfrac{1}{2 \cdot 3} + \dfrac{1}{3 \cdot 4} + \cdots + \dfrac{1}{10 \cdot 11}$

$= \left(1 - \dfrac{1}{2}\right) + \left(\dfrac{1}{2} - \dfrac{1}{3}\right) + \left(\dfrac{1}{3} - \dfrac{1}{4}\right) + \cdots + \left(\dfrac{1}{10} - \dfrac{1}{11}\right)$

$= 1 - \dfrac{1}{11} = \dfrac{10}{11}$

유제2-1
정답 ②

분모, 분자에 $(a-b)(a+b)$을 곱하면

$\dfrac{(a+b) + (a-b)}{(a+b) - (a-b)} = \dfrac{2a}{2b} = \dfrac{a}{b}$

유제2-2
정답 ④

$\dfrac{158}{37} = 4 + \dfrac{10}{37}$에서 $a = 4$

$\dfrac{37}{10} = 3 + \dfrac{7}{10}$에서 $b = 3$

$\dfrac{10}{7} = 1 + \dfrac{3}{7}$에서 $c = 1$

$\dfrac{7}{3} = 2 + \dfrac{1}{3}$에서 $d = 2, \ e = 3$

$\therefore a + b + c + d + e = 4 + 3 + 1 + 2 + 3 = 13$

유제3-1
정답 ④

$2x - 4y = 5x - 6y$

$3x = 2y \quad \therefore y = \dfrac{3}{2}x$

$\dfrac{3x^2 + 2xy}{x^2 + xy} = \dfrac{3x^2 + 3x^2}{x^2 + \dfrac{3}{2}x^2} = \dfrac{6x^2}{\dfrac{5}{2}x^2} = \dfrac{12}{5}$

유제3-2
정답 ①

$\dfrac{x}{2} = \dfrac{y}{3} = \dfrac{z}{4} = k$로 놓으면

$x = 2k, \ y = 3k, \ z = 4k$

$\therefore \dfrac{(2k)^2 + (4k)^2}{2k \times 3k - 2 \times 3k \times 4k} = \dfrac{20k^2}{-18k^2} = -\dfrac{10}{9}$

유제4-1
정답 ②

$\dfrac{x+2y}{3} = \dfrac{3y-2z}{4} = \dfrac{z+x}{5}$에서 가비의 리에 의하여

$\dfrac{3(x+2y)}{3 \cdot 3} = \dfrac{-2(3y-2z)}{(-2) \cdot 4} = \dfrac{z+x}{5} = \dfrac{4x+5z}{6}$

$\therefore k = 6$

유제4-2
정답 ①

(i) $a+2b+3c \neq 0$일 때, 가비의 리에 따르면

$\dfrac{2b+3c}{a} = \dfrac{3c+a}{2b} = \dfrac{a+2b}{3c} = \dfrac{2(a+2b+3c)}{a+2b+3c} = 2$

(ii) $a+2b+3c = 0$일 때, $2b+3c = -a$이므로

$\dfrac{2b+3c}{a} = \dfrac{-a}{a} = -1$

그러므로 $k = 2, \ -1$

k값의 합은 $2 \times (-1) = -2$

유제5-1
정답 ②

$y = \dfrac{ax+1}{x+b}$의 점근선이 $x=1$, $y=2$이므로

점근선 $x=1$에서 $y = \dfrac{ax+1}{x-1}$

점근선 $y=2$에서 $y = \dfrac{2x+1}{x-1}$

따라서 $a=2$, $b=-1$이므로 $a+b = 2-1 = 1$

유제5-2
정답 ③

$y = \dfrac{2x-1}{x-1} = \dfrac{2(x-1)+1}{x-1}$

$\quad = \dfrac{1}{x-1} + 2$

함수의 그래프를 그리면
오른쪽과 같다.
따라서 함수의 그래프는
제3사분면을 지나지 않는다.

유제6-1
정답 ②

$y = \dfrac{2x-5}{x-3} = \dfrac{2(x-3)+1}{x-3} = \dfrac{1}{x-3} + 2$

오른쪽 그림에서

$x=0$일 때 $y = \dfrac{5}{3}$,

$x=2$일 때 $y=1$이므로

$M = \dfrac{5}{3}, \ m = 1$

$\therefore M - m = \dfrac{2}{3}$

유제6-2
정답 ①

$y = \dfrac{-2x+1}{x-2} = \dfrac{-2(x-2)-3}{x-2} = \dfrac{-3}{x-2} - 2$이므로

주어진 함수의 그래프는
오른쪽 그림과 같다.
따라서 $x=a$일 때,
최댓값 -3을 가지므로

$\dfrac{-2a+1}{a-2} = -3$

$-2a+1 = -3a+6, \ a=5$

$x=3$일 때 최솟값 b를 가지므로

$\dfrac{-2 \cdot 3 + 1}{3-2} = b, \ b = -5$

$\therefore a+b = 0$

유제7-1
정답 ③

$y = \dfrac{-x+7}{x-3}$을 x에 관해서 정리하면

$xy - 3y = -x+7, \ xy+x = 3y+7$

$x(y+1) = 3y+7, \ x = \dfrac{3y+7}{y+1}$

x와 y를 바꾸면 $f^{-1}(x)$이므로

$f^{-1}(x) = \dfrac{3x+7}{x+1} \Rightarrow a=3, \ b=7, \ d=1$

$\therefore a+b+c = 11$

유제7-2
정답 ②

$y = \dfrac{ax+1}{x-1}$ 에서 $y(x-1) = ax+1$

$yx - y = ax + 1$, $yx - ax = 1 + y$

$x(y-a) = 1+y$, $x = \dfrac{1+y}{y-a}$

$y^{-1} = \dfrac{x+1}{x-a}$

역함수가 본래 함수와 같으므로 $\dfrac{x+1}{x-a} = \dfrac{ax+1}{x-1}$

$\therefore a = 1$

연/습/문/제

---

1 정답 ④

$f(3x) = \dfrac{3}{3+x}$ 에서 $3x = X$라 하면 $x = \dfrac{X}{3}$

$\therefore f(X) = \dfrac{3}{3+x} = \dfrac{3}{3+\dfrac{X}{3}} = \dfrac{9}{9+X} \Rightarrow f(x) = \dfrac{9}{9+x}$

따라서 $\dfrac{1}{3}f(x) = \dfrac{1}{3} \times \dfrac{9}{9+x} = \dfrac{3}{9+x}$

2 정답 ③

$f(x) = \dfrac{1}{2}\left\{ \dfrac{1}{x(x+1)} - \dfrac{1}{(x+1)(x+2)} \right\}$

$f(1) + f(2) + \cdots + f(8)$

$= \dfrac{1}{2}\left(\dfrac{1}{1 \cdot 2} - \dfrac{1}{2 \cdot 3} \right) + \dfrac{1}{2}\left(\dfrac{1}{2 \cdot 3} - \dfrac{1}{3 \cdot 4} \right) + \cdots$

$\hspace{4cm} + \dfrac{1}{2}\left(\dfrac{1}{8 \cdot 9} - \dfrac{1}{9 \cdot 10} \right)$

$= \dfrac{1}{2}\left(\dfrac{1}{2} - \dfrac{1}{90} \right) = \dfrac{11}{45}$

3 정답 ②

$\dfrac{1}{x} = 2$이므로

$1 - \cfrac{1}{1 - \cfrac{1}{1 - \cfrac{1}{1 - \cfrac{1}{x}}}} = 1 - \cfrac{1}{1 - \cfrac{1}{1 - \cfrac{1}{1-2}}} = 1 - \cfrac{1}{1 - \cfrac{1}{2}}$

$= 1 - \cfrac{1}{\cfrac{2-1}{2}} = 1 - 2 = -1$

4 정답 ④

$\dfrac{x+y}{5} = \dfrac{y+z}{4} = \dfrac{z+x}{3} = k$ (k는 상수)라 하면

$x + y = 5k$ ……㉠

$y + z = 4k$ ……㉡

$z + x = 3k$ ……㉢

㉠+㉡+㉢에서 $x + y + z = 6k$ ……㉣

㉡, ㉣에서 $x = 2k$

㉢, ㉣에서 $y = 3k$

㉠, ㉣에서 $z = k$

$\therefore \dfrac{x^2+y^2+z^2}{xy+yz+zx} = \dfrac{4k^2+9k^2+k^2}{6k^2+3k^2+2k^2} = \dfrac{14}{11}$

5 정답 ②

$(x+y):(y+z):(z+x) = 3:4:5$에서 $\begin{cases} x+y = 3k \\ y+z = 4k \\ z+x = 5k \end{cases}$이므로

$x = 2k, \ y = k, \ z = 3k$(단, $k \neq 0$인 상수)

따라서 $\dfrac{xy+yz+zx}{x^2+y^2+z^2} = \dfrac{2k \cdot k + k \cdot 3k + 3k \cdot 2k}{(2k)^2 + k^2 + (3k)^2} = \dfrac{11k^2}{14k^2} = \dfrac{11}{14}$

6 정답 ④

$y = \dfrac{2x+4}{x-1} = \dfrac{2(x-1)+6}{x-1} = \dfrac{6}{x-1} + 2$이므로

주어진 함수의 그래프는 점 $(1, \ 2)$에 대하여 대칭이다.

$\therefore a + b = 1 + 2 = 3$

7 정답 ①

함수 $y = f(x)$그래프의 점근선의 방정식이 $x = 1$, $y = -2$이

므로 $f(x) = \dfrac{k}{x-1} - 2$

그런데 $f(2) = k - 2 = 3$이므로 $k = 5$

$\therefore f(x) = \dfrac{5}{x-1} - 2 = \dfrac{-2x+7}{x-1} = \dfrac{ax+b}{x+c}$

즉, $a = -2, \ b = 7, \ c = -1$

따라서 $abc = (-2) \times 7 \times (-1) = 14$

8 정답 ④

$f(x) = \dfrac{-x+a}{x+1} = \dfrac{a+1}{x+1} - 1$이므로

그래프는 아래 그림과 같아야 한다.

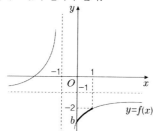

$\therefore \begin{cases} a+1 < 0 \\ f(0) = a = b \\ f(1) = \dfrac{1}{2}(a-1) = -2 \end{cases}$

따라서 $a = b = -3 \Rightarrow ab = (-3) \times (-3) = 9$

9 정답 ②

역함수의 성질을 이용하면 $(f^{-1})^{-1} = f$

$f^{-1}(x) = y$로 놓으면

$y = \dfrac{-4x+2}{x+3}, \quad x = \dfrac{-3y+2}{y+4}$

x, y를 바꾸면 $y = \dfrac{-3x+2}{x+4}$ $\cdots$ ㉠이 되는데

$y = \dfrac{ax+b}{x+c}$ 은 ㉠과 일치하므로

$\dfrac{-3x+2}{x+4} = \dfrac{ax+b}{x+c} \Rightarrow a = -3, \ b = 2, \ c = 4$

$\therefore g(x) = 4x^2 + 2x - 3$ (단, $0 \le x \le 1$)

이 조건을 만족하는 $g(x)$의 최솟값은 -3

10 정답 ②

$f(x) = \dfrac{2x+1}{x+1}, \ f(g(x)) = g(f(x)) = x$

$\dfrac{2g(x)+1}{g(x)+1} = x, \ 2g(x)+1 = xg(x)+x$

$2g(x) - xg(x) = x-1$

$g(x)(2-x) = x-1$

$g(x) = \dfrac{1-x}{x-2}$

$\therefore g(3) = \dfrac{1-3}{3-2} = -2$

18. 무리식과 무리함수

유제1-1
정답 ③

$\sqrt{a^2 - 4a + 4} + \sqrt{a^2 + 2a + 1} = \sqrt{(a-2)^2} + \sqrt{(a+1)^2}$
$\qquad = |a-2| + |a+1|$
$\qquad = -(a-2) + (a+1)$
$\qquad = 3$

유제1-2
정답 ①

$a < 0, \ b > 0$이므로

$\dfrac{|a|+|b|}{\sqrt{(a-b)^2}} = \dfrac{-a+b}{|a-b|} = \dfrac{-a+b}{b-a} = 1$

유제2-1
정답 ④

$x = \dfrac{1}{\sqrt{3}-1} = \dfrac{\sqrt{3}+1}{(\sqrt{3}-1)(\sqrt{3}+1)} = \dfrac{\sqrt{3}+1}{2}$

$y = \dfrac{1}{\sqrt{3}+1} = \dfrac{\sqrt{3}-1}{(\sqrt{3}+1)(\sqrt{3}-1)} = \dfrac{\sqrt{3}-1}{2}$

이때, $x + y = \dfrac{\sqrt{3}+1}{2} + \dfrac{\sqrt{3}-1}{2} = \sqrt{3}$,

$xy = \dfrac{1}{\sqrt{3}-1} \cdot \dfrac{1}{\sqrt{3}+1} = \dfrac{1}{2}$이므로

$x^2 - xy + y^2 = (x^2 + y^2) - xy = (x+y)^2 - 3xy$
$\qquad = (\sqrt{3})^2 - 3 \cdot \dfrac{1}{2} = \dfrac{3}{2}$

유제2-2
정답 ②

$f(x) = \dfrac{1}{\sqrt{x+1}+\sqrt{x}} = \dfrac{\sqrt{x+1}-\sqrt{x}}{(\sqrt{x+1}+\sqrt{x})(\sqrt{x+1}-\sqrt{x})}$
$\qquad = \dfrac{\sqrt{x+1}-\sqrt{x}}{x+1-x} = \sqrt{x+1} - \sqrt{x}$

$\therefore f(1) + f(2) + \cdots + f(7)$
$\quad = (\sqrt{2} - \sqrt{1}) + (\sqrt{3} - \sqrt{2}) + \cdots + (\sqrt{8} - \sqrt{7})$
$\quad = -\sqrt{1} + \sqrt{8} = 2\sqrt{2} - 1$

유제3-1
정답 ③

$\dfrac{2}{\sqrt{3}-1} = \sqrt{3}+1$ 이므로

$a = 2$, $b = \sqrt{3}-1$

$\therefore a - b = 2 - (\sqrt{3}-1) = 3 - \sqrt{3}$

유제3-2
정답 ③

$\dfrac{1}{\sqrt{3}-1} = \dfrac{\sqrt{3}+1}{(\sqrt{3}-1)(\sqrt{3}+1)} = \dfrac{\sqrt{3}+1}{2}$

$\sqrt{3} = 1.7 \times \times$ 이므로

$a = 1$, $b = \dfrac{\sqrt{3}+1}{2} - 1 = \dfrac{\sqrt{3}-1}{2}$

$\therefore \dfrac{1}{b} - a = \dfrac{2}{\sqrt{3}-1} - 1 = \dfrac{2(\sqrt{3}+1)}{(\sqrt{3}-1)(\sqrt{3}+1)} - 1$

$\qquad = \dfrac{2\sqrt{3}+2}{2} - 1 = \sqrt{3}+1-1 = \sqrt{3}$

유제4-1
정답 ④

주어진 함수는 $y = \sqrt{ax}$ 의 그래프를 x축의 방향으로 -2만큼, y축의 방향으로 -1만큼 평행이동한 것이다.

즉, $y = \sqrt{a(x+2)} - 1$

이 그래프가 점 $(0, 1)$을 지나므로

$1 = \sqrt{2a} - 1$, $2 = \sqrt{2a}$, $2a = 4$

$\therefore a = 2$

$\therefore y = \sqrt{2(x+2)} - 1 = \sqrt{2x+4} - 1$

이것이 $y = \sqrt{ax+b} + c$ 와 일치하므로

$a = 2$, $b = 4$, $c = -1$

$\therefore a + b + c = 5$

유제4-2
정답 ④

$y = \sqrt{-3x+6} + a = \sqrt{-3(x-2)} + a$의 그래프는

$y = \sqrt{-3x}$ 의 그래프를 x축의 방향으로 2만큼,

y축의 방향으로 a만큼 평행이동한 것이다.

이때, 정의역은 $\{x \mid x \leq 2\}$, 치역은 $\{y \mid y \geq a\}$이므로

$b = 2$, $a = -1$ $\therefore a + b = 1$

유제5-1
정답 ④

$\sqrt{4x+5} = x + k$의 양변을 제곱하면

$4x + 5 = x^2 + 2kx + k^2$

$x^2 + 2(k-2)x + k^2 - 5 = 0$

이 이차방정식의 판별식을 D라 하면

$\dfrac{D}{4} = (k-2)^2 - (k^2-5) = 0$

$k^2 - 4k + 4 - k^2 + 5 = 0$, $-4k + 9 = 0$

$\therefore k = \dfrac{9}{4}$

유제5-2
정답 ①

$y = \sqrt{2x-1}$ 와 그 역함수의 그래프는 $y = x$에 대하여 대칭이므로, $y = \sqrt{2x-1}$ 와 그 역함수의 교점은 $y = \sqrt{2x-1}$ 와 $y = x$의 교점과 같다.

$\sqrt{2x-1} = x$, $2x - 1 = x^2$

$x^2 - 2x + 1 = 0$

$(x-1)^2 = 0$, $x = 1$

따라서 교점의 좌표는 $(1, 1)$이다.

연/습/문/제

1 정답 ③

$a > 0$, $b < 0$이므로 $a - b > 0$

즉, $|a-b| = a - b$이고 $\sqrt{b^2} = |b| = -b$

따라서 $|a-b| - \sqrt{b^2} = (a-b) - (-b) = a$

2 정답 ③

$\dfrac{\sqrt{a}}{\sqrt{b}} = -\sqrt{\dfrac{a}{b}}$ 에서 $a > 0$, $b < 0$라는 조건을 갖는다.

$\left|\dfrac{b}{a}\right| > 1$에서, $|b| > |a|$

$\therefore \dfrac{\sqrt{a^2} - \sqrt{b^2}}{\sqrt{(a+b)^2}} = \dfrac{a+b}{-(a+b)} = -1$

3 정답 ②

$xy = (\sqrt{3} - \sqrt{2})(\sqrt{3} + \sqrt{2}) = 3 - 2 = 1$

$x^2 = (\sqrt{3} - \sqrt{2})^2 = 5 - 2\sqrt{6}$

$x^2 + 2xy = 5 - 2\sqrt{6} + 2 = 7 - 2\sqrt{6}$

그런데 $(\sqrt{6} - 1)^2 = 7 - 2\sqrt{6}$ 이므로 $x^2 + 2xy$의 양의 제곱근은 $\sqrt{6} - 1$

4 정답 ①

$3 - \sqrt{8} = 3 - 2\sqrt{2}$

정수부분은 0, 소수부분은 $3 - 2\sqrt{2}$ 이다.

$$\therefore \frac{1}{b} - a = \frac{1}{3 - 2\sqrt{2}} - 0 = \frac{3 + 2\sqrt{2}}{(3 - 2\sqrt{2})(3 + 2\sqrt{2})}$$

$$= \frac{3 + 2\sqrt{2}}{9 - 8} = 3 + 2\sqrt{2}$$

5 정답 ③

$y = \sqrt{x+2}$ 를 y축에 대하여 대칭이동하면 $y = \sqrt{-x+2}$

$y = \sqrt{-x+2}$ 를 x축의 양의 방향으로 1만큼 평행이동하면

$y = \sqrt{-(x-1)+2} = \sqrt{-x+3}$

$y = \sqrt{-x+3}$ 가 점 $(a, 3)$을 지나므로 $3 = \sqrt{-a+3}$

즉 $9 = -a + 3$

따라서 $a = -6$

6 정답 ④

그림에서 $y = \sqrt{a(x+b)} + c$의 그래프는 $y = \sqrt{ax}$ 의 그래프를 x축 방향으로 -4만큼, y축 방향으로 -1만큼 평행이동시킨 것이므로 $b = 4$, $c = -1 \Rightarrow y = \sqrt{a(x+4)} - 1$

그런데 이 그래프가 $(0, 3)$을 지나므로 $3 = \sqrt{a(0+4)} - 1$

$\therefore a = 4$

따라서 $a + b + c = 4 + 4 + (-1) = 7$

7 정답 ②

$y = \sqrt{x-1} + 2$에서 $y - 2 = \sqrt{x-1}$

이 식의 양변을 제곱하면

$y^2 - 4y + 4 = x - 1$

$x = y^2 - 4y + 4 + 1$

따라서 $g(x) = x^2 - 4x + 5$이므로

$g(3) = 3^2 - 4 \cdot 3 + 5$

$\quad\quad = 9 - 12 + 5 = 2$

8 정답 ①

$f^{-1}(1) = a$라 하면 $f(a) = \sqrt{7 - 3a} = 1$

$7 - 3a = 1$, $a = 2 \Rightarrow f^{-1}(1) = 2$

이때, $(f^{-1} \circ f^{-1})(1) = f^{-1}(f^{-1}(1)) = f^{-1}(2)$이므로

$f^{-1}(2) = b$라 하면 $f(b) = \sqrt{7 - 3b} = 2$

$7 - 3b = 4$, $b = 1 \Rightarrow f^{-1}(2) = 1$

$\therefore (f^{-1} \circ f^{-1})(1) = f^{-1}(2) = 1$

9 정답 ④

함수 $y = \sqrt{-2x+3}$ 에서 x와 y를 서로 바꾸면

$x = \sqrt{-2y+3}$ 이므로 두 함수는 서로 역함수의 관계에 있다.

따라서 두 함수 $y = \sqrt{-2x+3}$, $x = \sqrt{-2y+3}$ 의 그래프는 직선 $y = x$에 대하여 대칭이고, $(1, 1)$에서 만난다.

$\therefore a + b = 1 + 1 = 2$

19. 등차수열과 등비수열

유제1-1
정답 ②

$a_n = -59 + (n-1) \cdot 2 = 2n - 61$에서

$2n - 61 > 0$, $2n > 61$ $\quad \therefore n > 30.5$

그러므로 처음으로 양수가 되는 항은 제31항이다.

유제1-2
정답 ④

이 수열의 첫째항은 30이고 공차를 d라 하면

10은 제6항이므로 $a_6 = 10 = 30 + 5d$, $5d = -20$

$\therefore d = -4$

유제2-1
정답 ③

공차를 d라 하면 주어진 조건으로부터

$$\frac{4\{2 \cdot 5 + (4-1)d\}}{2} = \frac{7\{2 \cdot 5 + (7-1)d\}}{2}$$

$40 + 12d = 70 + 42d$, $30d = -30$

$\therefore d = -1$

유제2-2
정답 ③

첫째항이 11이고 공차가 $-\dfrac{2}{3}$인 등차수열이므로

일반항 a_n을 구하면

$$a_n = 11 + (n-1) \cdot \left(-\dfrac{2}{3}\right) = -\dfrac{2}{3}n + \dfrac{35}{3}$$

그런데 공차가 음수이므로 첫째항부터의 합이 최대가 되기 위해서는 항의 값이 양수인 부분까지만 더해야 한다.

따라서 일반항 a_n의 값이 양수가 되는 n의 값의 범위를 구하면

$$-\dfrac{2}{3}n + \dfrac{35}{3} > 0, \quad -\dfrac{2}{3}n > -\dfrac{35}{3}$$

$$n < \left(-\dfrac{35}{3}\right) \times \left(-\dfrac{3}{2}\right) = \dfrac{35}{2} = 17.5$$

따라서 첫째항부터 제17항까지의 합이 최대가 된다.

유제3-1
정답 ②

관계식 $a_{n+1} = 2a_n - 1$의 양변에 -1를 더하면

$$a_{n+1} - 1 = 2(a_n - 1)$$

따라서 수열 $\{a_n - 1\}$은

첫째항이 $a_1 - 1 = 1$이고 공비가 2인 등비수열이다.

$$a_n - 1 = 2^{n-1} \Rightarrow a_n = 2^{n-1} + 1$$

$$\therefore a_{10} = 2^9 + 1 = 513$$

유제3-2
정답 ④

$a_n = -3 \cdot 2^{n+1}$에서 $a_1 = -3 \cdot 2^2 = -12$

$$r = a_{n+1} \div a_n = (-3 \cdot 2^{(n+1)+1}) \div (-3 \cdot 2^{n+1}) = 2$$

그러므로 첫째항은 -12, 공비는 2이다.

유제4-1
정답 ④

$$a_2 = ar = 8 \quad \cdots\cdots \ \text{㉠}$$

$$a_5 = ar^4 = 216 \quad \cdots\cdots \ \text{㉡}$$

㉡÷㉠을 하면 $r^3 = 27$ $\quad \therefore r = 3$

$r = 3$을 ㉠에 대입하면 $a = \dfrac{8}{3}$

$$\therefore S = \dfrac{a(r^n - 1)}{r - 1} = \dfrac{\dfrac{8}{3}(3^{10} - 1)}{3 - 1} = \dfrac{4}{3}(3^{10} - 1)$$

유제4-2
정답 ②

$$S_n = \dfrac{3^n - 1}{2}, \quad S_n + p = \dfrac{3^n - 1}{2} + p = \dfrac{3}{2} \cdot 3^{n-1} + \dfrac{2p-1}{2}$$

그런데 $S_n + p$가 등비수열이므로 $\dfrac{2p-1}{2} = 0$

$$\therefore p = \dfrac{1}{2}$$

유제5-1
정답 ④

$a, -\dfrac{1}{3}, 1$이 등비수열을 이루므로 $\left(-\dfrac{1}{3}\right)^2 = a \times 1$

$$\therefore a = \dfrac{1}{9}$$

유제5-2
정답 ①

$$(a-d) + a + (a+d) = 3a = 3 \Rightarrow a = 1$$

$x = 1$을 대입하면 $1 - 3 + k + 15 = 0$

$$\therefore k = -13$$

유제6-1
정답 ④

$$S_n = n^2 + 3n, \quad S_{n-1} = (n-1)^2 + 3(n-1) = n^2 + n - 2$$

$$\therefore a_n = S_n - S_{n-1} = 2n + n \ (n \geq 2)$$

이때, $a_1 = S_1 = 4$

$$\therefore a_n = 2n + 2 \ (n \geq 1)$$

따라서 $2n + 2 = 22$에서 $n = 10$

유제6-2
정답 ③

$$S_n = n^2 + n + 10$$

$$S_{n-1} = (n-1)^2 + (n-1) + 10$$

$$a_n = S_n - S_{n-1} = 2n \ (n \geq 2), \quad a_1 = S_1 = 12$$

그러므로 $a_1 + a_{10} = 12 + 20 = 32$

유제7-1
정답 ④

$20000(1+0.1)+20000(1+0.1)^2+\cdots+20000(1+0.1)^5$
$=20000\{1.1+(1.1)^2+\cdots+(1.1)^5\}$
$=20000\times\dfrac{1.1\times\{(1.1)^5-1\}}{1.1-1}$
$=20000\times\dfrac{1.1\times(1.6-1)}{0.1}$
$=20000\times\dfrac{1.1\times0.6}{0.1}=20000\times6.6=132000$

1 정답 ①
등차수열 $\{a_n\}$의 첫째항을 a, 공차를 d라 하면
$a_5=a+4d$, $a_3=a+2d$이므로
$a_5-a_3=(a+4d)-(a+2d)=2d=12$ 따라서 $d=6$

2 정답 ③
$S_n=\dfrac{n}{2}(a+l)$
$S_{n+2}=\dfrac{n+2}{2}(43-3)=\dfrac{n+2}{2}\cdot40$
$\quad\quad\;=20(n+2)=700$
$\therefore n=33$

3 정답 ②
세 근을 각각 $a-b$, a, $a+d$로 놓으면
근과 계수와의 관계에서
$a-d+a+a+d=39$ $\quad\cdots\cdots$ ㉠
$(a-d)a+a(a+d)+(a-d)(a+d)=491$ $\quad\cdots\cdots$ ㉡
$(a-d)a(a+d)=N$ $\quad\cdots\cdots$ ㉢
㉠에서 $3a=39$ $\quad\therefore a=13$
㉡에서 $a^2-ad+a^2+ad+a^2-d^2=491$
$3a^2-d^2=491$
$d^2=3a^2-491=3\times13^2-491=16$
$\therefore d=\pm4$
㉢에서 $N=a(a^2-d^2)=13(13^2-16)=1989$

4 정답 ①
$a_1=42$, 공차 -2인 등차수열에서
$a_n=42+(n-1)\times(-2)=-2n+44$이므로
$1\le n<22$일 때 $a_n<0$, $23\le n\le25$일 때 $a_n>0$이다.
따라서
$|a_1|+|a_2|+|a_3|+|a_4|+\cdots+|a_{25}|$
$=|a_1|+|a_2|+\cdots+|a_{21}|+|a_{22}|+|a_{23}|+|a_{24}|+|a_{25}|$
$=(42+40+38+\cdots+2)+0+(2+4+6)=\dfrac{1}{2}\times21\times(42+2)+12=474$

5 정답 ④
네 실수 2, x, y, 54가 등비수열을 이루므로 공비를 r라 하면
$54=2r^3$ $\quad\therefore r=3$
따라서 $x=6$, $y=18$ $\Rightarrow x+y=6+18=24$

6 정답 ④
첫째항을 a, 공비를 r라 하면
$\dfrac{a_6a_{10}}{a_5}=\dfrac{ar^5\times ar^9}{ar^4}=ar^{10}=a_{11}=36$
$\therefore \dfrac{a_{11}}{a_7}=\dfrac{ar^{10}}{ar^6}=r^4=\dfrac{36}{12}=3$
$\therefore a_{15}=ar^{14}=ar^{10}\times r^4=36\times3=108$

7 정답 ②
등차수열의 일반항 $a_n=a_1+(n-1)d$
등비수열의 일반항 $a_n=a_1r^{n-1}$
$a_1=b_1=12$, $a_4=b_4=96$
$a_4=12+3d=96$, $3d=96-12$ $\quad\therefore d=28$
$b_4=12\cdot r^3=96$, $r^3=\dfrac{96}{12}$ $\quad\therefore r=2$
$\therefore a_2+b_2=(12+d)+(12\times r)$
$\quad\quad\quad\quad=(12+28)+(12\times2)$
$\quad\quad\quad\quad=40+24$
$\quad\quad\quad\quad=64$

8 정답 ④
등비수열 $\{a_n\}$의 첫째항을 a, 공비를 r라 하면
$a_n=ar^{n-1}$이므로 $\begin{cases}a_1+a_3=a(1+r^2)=2 \text{------㉠}\\ a_6+a_8=ar^5(1+r^2)=486 \text{----㉡}\end{cases}$
㉡$\div$㉠하면 $r^5=243=3^5(r>0)$이므로 $r=3$, $a=\dfrac{1}{5}$
따라서 $a_5=ar^4=\dfrac{1}{5}\times3^4=\dfrac{81}{5}$

9 정답 ③

$\log a$, $\log b$, $\log c$가 등차수열을 이루므로

$2\log b = \log a + \log c \implies \log b^2 = \log ac$

$\therefore b^2 = ac$

따라서 a, b, c는 등비수열을 이룬다.

10 정답 ③

$a_6 = S_6 - S_5$이므로

$6^2 + 6a - (5^2 + 5a) = a \cdot 6^2 - 4 \cdot 6 - (a \cdot 5^2 - 4 \cdot 5)$

$a + 11 = 11a - 4 \implies 10a = 15$

$\therefore a = \dfrac{3}{2}$

11 정답 ②

$a_1 = 1$, $a_{n+1} = a_n + 4$인 수열 $\{a_n\}$은 첫째항이 1, 공차가 4인 등차수열이므로 $a_m = 1 + 4(m-1) = 4m - 3$이다. 또 $b_1 = 1$, $b_2 = 2$, $(b_{n+1})^2 = b_n b_{n+2}$인 수열 $\{b_n\}$은 첫째항이 1, 공비가 2인 등비수열이므로 $b_n = 1 \times 2^{n-1} = 2^{n-1}$이다. 여기서 b_n은 n이 홀수일 때 3으로 나눈 나머지는 1이므로 $a_m + b_n$이 3의 배수가 되는 경우는 a_m이 3으로 나누었을 때 나머지가 2가 되는 m이 2, 5, 8이 될 때이므로 $5 \times 3 = 15$가지이고, n이 짝수일 때 3으로 나눈 나머지는 2이므로 $a_m + b_n$이 3의 배수가 되는 경우는 a_m이 3으로 나누었을 때 나머지가 1이 되는 m이 1, 4, 7, 10이 될 때이므로 $5 \times 4 = 20$가지이다.

따라서 $a_m + b_n$이 3의 배수인 순서쌍 (a_m, b_n)의 개수는 $15 + 20 = 35$(개)

20. 수열의 합(시그마)

유제1-1
정답 ③

$\displaystyle\sum_{k=1}^{3}(a_k+1)^2 - \sum_{k=1}^{3}(a_k-1)^2$

$= \displaystyle\sum_{k=1}^{3}(a_k{}^2 + 2a_k + 1) - \sum_{k=1}^{3}(a_k{}^2 - 2a_k + 1)$

$= 4\displaystyle\sum_{k=1}^{3}a_k = 4(3^2 + 2\times 3) = 60$

유제1-2
정답 ②

$\displaystyle\sum_{k=1}^{n}x_k = 10$, $\displaystyle\sum_{k=1}^{n}x^2_{=30k}$일 때,

$\displaystyle\sum_{k=1}^{n}(2x_k+1)^2 = \sum_{k=1}^{n}(4x_k^2 + 4x_k + 1)$

$\qquad = 4 \times 30 + 4 \times 10 + nk$

$\qquad = 120 + 40 + n = 160 + n$

유제2-1
정답 ②

$\displaystyle\sum_{k=1}^{10}k(k+2) = \sum_{k=1}^{10}(k^2 + 2k) = \sum_{k=1}^{10}k^2 + 2\sum_{k=1}^{10}k$

$\qquad = \dfrac{10 \cdot 11 \cdot 21}{6} + 2 \cdot \dfrac{10 \cdot 11}{2} = 385 + 110 = 495$

유제2-2
정답 ①

$a_k = k(k+1)$이므로

$S_n = \displaystyle\sum_{k=1}^{n}k(k+1) = \sum_{k=1}^{n}(k^2 + k) = \sum_{k=1}^{n}k^2 + \sum_{k=1}^{n}k$

$\qquad = \dfrac{n(n+1)(2n+1)}{6} + \dfrac{n(n+1)}{2} = \dfrac{n(n+1)(n+2)}{3}$

$S_{15} = \dfrac{15 \cdot 16 \cdot 17}{3} = 1360$

유제3-1
정답 ③

수열 1, 1+2, 1+2+3, 1+2+3+4, …의 일반항 a_n은 $a_n = \dfrac{n(n+1)}{2}$

따라서 첫째항부터 제8항까지의 합 S_8은

$S_8 = \displaystyle\sum_{k=1}^{8}\dfrac{k(k+1)}{2} = \dfrac{1}{2}\sum_{k=1}^{8}(k^2 + k) = \dfrac{1}{2}\left(\sum_{k=1}^{8}k^2 + \sum_{k=1}^{8}k\right)$

$\qquad = \dfrac{1}{2}\left(\dfrac{8 \cdot 9 \cdot 17}{6} + \dfrac{8 \cdot 9}{2}\right) = 120$

유제3-2
정답 ③

$f(x) = \sqrt{x} + \sqrt{x+1}$이므로

$\dfrac{1}{f(x)} = \dfrac{1}{\sqrt{x+1} + \sqrt{x}} = \dfrac{\sqrt{x+1} - \sqrt{x}}{x+1-x} = \sqrt{x+1} - \sqrt{x}$

$\therefore \displaystyle\sum_{k=1}^{15}\dfrac{1}{f(x)} = \sum_{k=1}^{15}(\sqrt{k+1} - \sqrt{k})$

$\qquad = (\sqrt{2} - 1) + (\sqrt{3} - \sqrt{2}) + \cdots + (\sqrt{16} - \sqrt{15})$

$\qquad = \sqrt{16} - 1 = 4 - 1 = 3$

유제4-1
정답 ③

주어진 수열에서 제n군까지의 항의 개수는 $\dfrac{n(n+1)}{2}$ 이고,

$\dfrac{19}{25}$ 는 제24군의 6번째 항이므로 $\dfrac{23 \cdot 24}{2}+6=282$ 에서

제282항이다

유제4-2
정답 ④

주어진 수열을 다음과 같이 묶으면

(1), (1, 2), (1, 2, 3), (1, 2, 3, 4), $\cdots$

제1군의 항의 개수는 1개, 제2군의 항의 개수는 2개,

제3군의 항의 개수는 3개, $\cdots$이므로

100은 제100군의 100번째 항이다.

$\therefore \displaystyle\sum_{k=1}^{100} k = \dfrac{100 \times 101}{2} = 5050$

연/습/문/제

1 정답 ④

$\displaystyle\sum_{k=1}^{n}(3a_k - b_k + 2c_k - 8)$

$= \displaystyle\sum_{k=1}^{n} 3a_k + \sum_{k=1}^{n}(-b_k) + \sum_{k=1}^{n} 2c_k + \sum_{k=1}^{n}(-8)$

$= 3\displaystyle\sum_{k=1}^{n} a_k - \sum_{k=1}^{n} b_k + 2\sum_{k=1}^{n} c_k - 8n$

$= 6n - 3n + 14n - 8n$

$= 9n$

2 정답 ③

$\displaystyle\sum_{k=1}^{10}(k^2 + 2k) = \sum_{k=1}^{10} k^2 + 2\sum_{k=1}^{10} k$

$= \dfrac{1}{6} \times 10 \times (10+1) \times (2 \times 10 + 1) + 2 \times \dfrac{1}{2} \times 10 \times (10+1)$

$= 385 + 110 = 495$

3 정답 ③

$\displaystyle\sum_{k=1}^{30} \dfrac{1}{k(k+1)} = \sum_{k=1}^{30}\left(\dfrac{1}{k} - \dfrac{1}{k+1}\right)$

$= \left(1 - \dfrac{1}{2}\right) + \left(\dfrac{1}{2} - \dfrac{1}{3}\right) + \left(\dfrac{1}{3} - \dfrac{1}{4}\right) + \cdots + \left(\dfrac{1}{29} - \dfrac{1}{30}\right) + \left(\dfrac{1}{30} - \dfrac{1}{31}\right)$

$= 1 - \dfrac{1}{31} = \dfrac{30}{31}$

4 정답 ②

$\dfrac{1}{f(k, k+1)} = \dfrac{1}{\sqrt{k} + \sqrt{k+1}} = -(\sqrt{k} - \sqrt{k+1})$ 이므로

$\displaystyle\sum_{k=1}^{99} \dfrac{1}{f(k, k+1)} = -\sum_{k=1}^{99}(\sqrt{k} - \sqrt{k+1})$

$= -\{(\sqrt{1} - \sqrt{2}) + (\sqrt{2} - \sqrt{3}) + (\sqrt{3} - \sqrt{4}) + (\sqrt{4} - \sqrt{5})$
$\qquad\qquad\qquad\qquad + \cdots + (\sqrt{99} - \sqrt{100})\}$

$= -(1 - 10) = 9$

5 정답 ①

그림에서 선분 $A_n B_n$을 대각선으로 하는 직사각형의 가로의 길이 1, 세로의 길이 $\sqrt{n+1} - \sqrt{n}$ 인 직사각형이므로 넓이 S_n은 $S_n = \sqrt{n+1} - \sqrt{n}$

$\displaystyle\sum_{n=1}^{99} S_n = -\sum_{n=1}^{99}(\sqrt{n+1} - \sqrt{n})$

$= -\{(\sqrt{1} - \sqrt{2}) + (\sqrt{2} - \sqrt{3}) + (\sqrt{3} - \sqrt{4}) + \cdots + (\sqrt{99} - \sqrt{100})\}$

$= -(1 - 10) = 9$

6 정답 ①

$S = 1 + 2\left(\dfrac{1}{2}\right) + 3\left(\dfrac{1}{2}\right)^2 + \cdots + 30\left(\dfrac{1}{2}\right)^{29}$ $\qquad$ $\cdots\cdots$ ㉠

㉠의 양변에 $\dfrac{1}{2}$ 을 곱하면

$\dfrac{1}{2}S = \dfrac{1}{2} + 2\left(\dfrac{1}{2}\right)^2 + 3\left(\dfrac{1}{2}\right)^3 + \cdots + 30\left(\dfrac{1}{2}\right)^{30}$ $\qquad$ $\cdots\cdots$ ㉡

㉠ $-$ ㉡을 하면

$\dfrac{1}{2}S = 1 + \left(\dfrac{1}{2}\right) + \left(\dfrac{1}{2}\right)^2 + \cdots + \left(\dfrac{1}{2}\right)^{29} - 30\left(\dfrac{1}{2}\right)^{30}$

$\qquad = \dfrac{1 - \left(\dfrac{1}{2}\right)^{30}}{1 - \dfrac{1}{2}} - 30\left(\dfrac{1}{2}\right)^{30} = 2 - \left(\dfrac{1}{2}\right)^{29} - 30\left(\dfrac{1}{2}\right)^{30}$

$\qquad = 2 - (1 + 15)\left(\dfrac{1}{2}\right)^{29} = 2 - 2^4\left(\dfrac{1}{2}\right)^{29}$

$\qquad = 2 - \left(\dfrac{1}{2}\right)^{25}$

$\therefore S = 4 - \left(\dfrac{1}{2}\right)^{24}$

7 정답 ④

$$(\text{주어진 식}) = \sum_{n=1}^{10} \frac{\alpha_n + \beta_n}{\alpha_n \cdot \beta_n} = \sum_{n=1}^{10} \frac{-4}{-(2n-1)(2n+1)}$$

$$= 4\sum_{n=1}^{10} \frac{1}{2}\left(\frac{1}{2n-1} - \frac{1}{2n+1}\right)$$

$$= 2\sum_{n=1}^{10} \left(\frac{1}{2n-1} - \frac{1}{2n+1}\right)$$

$$= 2\left(1 - \frac{1}{21}\right) = \frac{40}{21}$$

8 정답 ④

주어진 수열을 군수열로 바꾸면

$$(1), \left(1, \frac{1}{2}\right), \left(1, \frac{1}{2}, \frac{1}{3}\right), \cdots$$

따라서 100번째 항이 제 n군에 속한다고 가정하면

$$\frac{(n-1)n}{2} < 100 \Rightarrow (n-1)n < 200$$

$n=14$이면 $182 < 200$

$n=15$이면 $210 < 200$이므로

$$\frac{14 \times 13}{2} = 91 \text{이다.}$$

따라서 제100항은 제15군의 9번째 항이므로 $\dfrac{1}{9}$

21. 수학적 귀납법

유제1-1

$$1 \cdot 2 + 2 \cdot 3 + 3 \cdot 4 + \cdots + n(n+1)$$
$$= \frac{1}{3}n(n+1)(n+2) \quad \cdots\cdots \ \bigcirc$$

(i) $n=1$일 때, (좌변)$=2$, (우변)$=\dfrac{1}{3}\cdot 1 \cdot 2 \cdot 3 = 2$

따라서 $n=1$일 때, $\bigcirc$은 성립한다.

(ii) $n=k$일 때, $\bigcirc$이 성립한다고 가정하면

$$1 \cdot 2 + 2 \cdot 3 + 3 \cdot 4 + \cdots + k(k+1) = \frac{1}{3}k(k+1)(k+2)$$

이 등식의 양변에 $(k+1)(k+2)$를 더하면

$$1 \cdot 2 + 2 \cdot 3 + 3 \cdot 4 + \cdots + k(k+1) + (k+1)(k+2)$$

$$= \frac{1}{3}k(k+1)(k+2) + (k+1)(k+2)$$

$$= \frac{1}{3}(k+1)(k+2)(k+3)$$

이것은 $n=k+1$일 때도 $\bigcirc$이 성립함을 뜻한다.

(i), (ii)에 의해 $\bigcirc$은 모든 자연수 n에 대하여 성립한다.

유제2-1
정답 ②

$a_{n+1} = a_n + 2^n$ 의 양변에 $n=1, 2, 3, \cdots, n-1$을 차례로 대입하여 변끼리 더하면

$$a_2 = a_1 + 2$$
$$a_3 = a_2 + 2^2$$
$$a_4 = a_3 + 2^3$$
$$\vdots$$
$$+ \ \underline{\quad a_n = a_{n-1} + 2^{n-1} \quad}$$
$$a_n = a_1 + 2 + 2^2 + \cdots + 2^{n-1}$$

$$= 1 + 2 + 2^2 + \cdots + 2^{n-1} = \frac{2^n - 1}{2 - 1} = 2^n - 1$$

그러므로 $a_{10} = 2^{10} - 1 = 1023$

(참고) 계차수열로 푼다.

유제2-2
정답 ②

$a_{n+1} = 3^n a_n$에서 $n=1, 2, 3, \cdots$을 대입하면

$$a_2 = 3^1 \cdot a_1$$
$$a_3 = 3^2 \cdot a_2$$
$$a_4 = 3^3 \cdot a_3$$
$$\vdots$$
$$\times \ \underline{\quad a_{20} = 3^{19} \cdot a_{19} \quad}$$

$$a_{20} = 3 \cdot 3^2 \cdot 3^3 \cdot \cdots \cdot 3^{19} \cdot a_1$$
$$= 3^{1+2+3+\cdots+19} \ (\because a_1 = 1)$$
$$= 3^{\frac{19 \cdot 20}{2}} = 3^{190}$$

유제3-1
정답 ③

$a_{n+2} - 3a_{n+1} + 2a_n = 0$에서 $a_{n+2} - a_{n+1} = 2(a_{n+1} - a_n)$

따라서 수열 $\{a_n\}$의 계차수열을 $\{b_n\}$이라 할 때, $\{b_n\}$은 첫째항이 $a_2 - a_1 = 1$, 공비를 2로 하는 등비수열이다.

$$\therefore a_n = a_1 + \sum_{k=1}^{n-1} 1 \cdot 2^{k-1}$$

$$= 0 + \frac{2^{n-1} - 1}{2 - 1} = 2^{n-1} - 1$$

$$\therefore a_6 - a_5 = 2^{6-1} - 1 - (2^{5-1} - 1) = 2^5 - 2^4 = 16$$

[다른 풀이]

$$a_6 - a_5 = 2(a_5 - a_4) = 2^2(a_4 - a_3) = 2^3(a_3 - a_2)$$
$$= 2^4(a_2 - a_1) = 2^4(2 - 1) = 16$$

유제3-2
정답 ④

$a_{n+2} = 4a_{n+1} - 3a_n$ 에서

$a_{n+2} - a_{n+1} = 3(a_{n+1} - a_n)$

따라서 수열 $\{a_n\}$의 계차수열 $\{a_{n+1} - a_n\}$은 첫째항이

$a_2 - a_1 = 3 - 1 = 2$이고, 공비가 3인 등비수열이다.

$\therefore a_n = a_1 + \sum_{k=1}^{n-1} 2 \cdot 3^{k-1}$

$\qquad = 1 + \dfrac{2 \cdot (3^{n-1} - 1)}{3 - 1}$

$\qquad = 3^{n-1} \ (n \geq 2)$

$n = 1$일 때, $a_1 = 3^0 = 1$이므로 성립한다.

$\therefore a_n = 3^{n-1} \ (n \geq 1)$

그러므로 $a_5 = 3^4 = 81$

유제4-1
정답 ④

$a_{n-1} - 3a_n + 2$를 $a_{n+1} - \alpha = 3(a_n - \alpha)$의 꼴로 변형하면

$a_{n-1} = 3a_n - 2\alpha$

$-2\alpha = 2$에서 $\alpha = -1$

$\therefore a_{n+1} + 1 = 3(a_n + 1)$

따라서 수열 $\{a_n + 1\}$은 첫째항이 $a_1 + 1 = 1 + 1 = 2$, 공비가 3인 등비수열이므로

$a_n + 1 = 2 \cdot 3^{n-1}$

$\therefore a_n = 2 \cdot 3^{n-1} - 1$

$\therefore a_5 = 2 \cdot 3^4 - 1 = 161$

유제4-2
정답 ②

$a_{n+2} = 3a_{n+1} - 3 \qquad \cdots \ \bigcirc$

$a_{n+1} = 3a_n - 3 \qquad \cdots \ \bigcirc\!\!\bigcirc$

$\bigcirc - \bigcirc\!\!\bigcirc : a_{n+2} - a_{n+1} = 3(a_{n+1} - a_n)$

$a_2 - a_1 = 1$에서 $a_{n+1} - a_n = 3^{n-1}$

$\therefore a_6 - a_5 = 81$

유제5-1
정답 ②

$na_{n+1} = (n+1)a_n + 1$에서 양변을 $n(n+1)$로 나누면

$\dfrac{a_{n+1}}{n+1} = \dfrac{a_n}{n} + \dfrac{1}{n(n+1)}$

$\dfrac{a_n}{n} = b_n$으로 놓으면

$b_{n+1} = b_n + \dfrac{1}{n(n+1)} \ \Rightarrow \ b_{n+1} - b_n = \dfrac{1}{n} - \dfrac{1}{n+1}$

$\therefore b_n = b_1 + \sum_{k=1}^{n-1}\left(\dfrac{1}{k} - \dfrac{1}{k+1}\right)$

$\qquad = b_1 + \left\{\left(1 - \dfrac{1}{2}\right) + \left(\dfrac{1}{2} - \dfrac{1}{3}\right) + \cdots + \left(\dfrac{1}{n-1} - \dfrac{1}{n}\right)\right\}$

$\qquad = 1 + 1 - \dfrac{1}{n}$

$\qquad = 2 - \dfrac{1}{n}$

따라서 $\dfrac{a_n}{n} = b_n = 2 - \dfrac{1}{n}$이므로

$a_n = 2n - 1$

$\therefore a_{50} = 2 \times 50 - 1 = 99$

유제5-2
정답 ②

$a_n = 3a_{n-1} + 3^n$의 양변을 3^n으로 나누면

$\dfrac{a_n}{3^n} = \dfrac{3a_{n-1}}{3^n} + 1$

$\dfrac{a_n}{3^n} = \dfrac{a_{n-1}}{3^{n-1}} + 1$

$\dfrac{a_n}{3^n} = b_n$이라 하면

$b_n = b_{n-1} + 1, \ b_1 = \dfrac{a_1}{3} = 1$

$b_n = 1 + (n-1) \cdot 1 = n$

$\dfrac{a_n}{3^n} = n$이므로 $a_n = n \cdot 3^n$

$\therefore a_{10} = 10 \cdot 3^{10}$

연 / 습 / 문 / 제

1 정답 ②

$a_1 = 2, \ a_{n+1} = a_n + 3n$이므로 $\ a_2 = a_1 + 3 \times 1$

$\qquad\qquad\qquad\qquad\qquad\qquad a_3 = a_2 + 3 \times 2$

$\qquad\qquad\qquad\qquad\qquad\qquad a_4 = a_3 + 3 \times 3$

$\qquad\qquad\qquad\qquad\qquad\qquad \cdots$

$\qquad\qquad\qquad\qquad\qquad\qquad a_n = a_{n-1} + 3 \times (n-1)$

에서 각 변을 더하여 정리하면

$$a_n = a_1 + 3\{1+2+3+\cdots+(n-1)\} = 2+3\times\frac{1}{2}(n-1)n$$
$$= \frac{3}{2}n^2 - \frac{3}{2}n + 2$$

따라서 $a_k = \frac{3}{2}k^2 - \frac{3}{2}k + 2 = 110$이 되는 k의 값은 $k=9$

2 정답 ④

$a_{n+1} - a_n = \dfrac{1}{n(n+1)} = \dfrac{1}{n} - \dfrac{1}{n+1}$ 이므로

$n = 1, 2, 3, \cdots, k-1$을 차례로 대입하여 변끼리 더하면

$$a_2 - a_1 = 1 - \frac{1}{2}$$
$$a_3 - a_2 = \frac{1}{2} - \frac{1}{3}$$
$$a_4 - a_3 = \frac{1}{3} - \frac{1}{4}$$
$$\vdots$$

$+$ $\dfrac{a_k - a_{k-1} = \dfrac{1}{k-1} - \dfrac{1}{k}}{a_k - a_1 = 1 - \dfrac{1}{k} = \dfrac{k-1}{k}}$

$$\therefore a_k = a_1 + \frac{k-1}{k} = \frac{k-1}{k}$$

따라서 구하는 각의 곱은

$$a_2 \cdot a_3 \cdot a_4 \cdot \cdots \cdot a_{100} = \frac{1}{2} \times \frac{2}{3} \times \frac{3}{4} \times \cdots \times \frac{99}{100} = \frac{1}{100}$$

3 정답 ①

좌변과 우변을 각각 곱하면

$$a_2 \times a_3 \times a_4 \times a_5 = \frac{1}{2} \times \frac{2}{3} \times \frac{3}{4} \times \frac{4}{5} \times a_1 \times a_2 \times a_3 \times a_4$$
$$a_5 = \frac{1}{5}a_1 = \frac{1}{5}$$

4 정답 ④

수열의 일반항이 $a_n = (a_1 - 15)\left(\dfrac{1}{3}\right)^{n-1} + 15$이므로

$$a_{100} = (20-15)\left(\frac{1}{3}\right)^{99} + 15$$

5 정답 ④

$a_{n+1} = -a_n + 3n - 1$에서 $a_n + a_{n+1} = 3n - 1$

$$\sum_{k=1}^{30} a_k = (a_1 + a_2) + (a_3 + a_4) + (a_5 + a_6) + \cdots + (a_{29} + a_{30})$$
$$= (3 \times 1 - 1) + (3 \times 3 - 1) + (3 \times 5 - 1) + \cdots + (3 \times 29 - 1)$$
$$= 3(1+3+5+\cdots+29) - 15 = 3 \times \frac{1}{2} \times 15(2 \times 1 + 14 \times 2) - 15 = 660$$

6 정답 ③

주어진 점화식의 양변을 $a_n a_{n+1} a_{n+2}$로 나누면

$$\frac{1}{a_{n+2}} - \frac{2}{a_{n+1}} + \frac{1}{a_n} = 0$$이므로

$\left\{\dfrac{1}{a_n}\right\}$은 공차가 $\dfrac{1}{2}$인 등차수열이다.

즉, $\dfrac{1}{a_n} = \dfrac{1}{2} + (n-1)\dfrac{1}{2} = \dfrac{n}{2}$

$$\therefore \sum_{k=1}^{20} \frac{1}{a_k} = \frac{1}{2}\sum_{k=1}^{20} k = \frac{1}{2} \cdot \frac{20 \cdot 21}{2} = 105$$

7 정답 ②

$\log a_n - 2\log a_{n+1} + \log a_{n+2} = 0$

$\log a_n + \log a_{n+2} = 2\log a_{n+1}$

$\log a_n a_{n+2} = \log(a_{n+1})^2$ $\therefore a_n a_{n+2} = (a_{n+1})^2$

따라서 수열 $\{a_n\}$은 등비수열이고 $a_2 = 2a_1$, $a_5 = 16$이므로 공비는 2이다.

$a_5 = a_1 \cdot 2^4 = 16$에서 $a_1 = 1$

$$\therefore \sum_{k=1}^{5} a_k = \frac{(2^5 - 1)}{2 - 1} = 31$$

8 정답 ④

$a_2 = \sqrt[3]{2}$ $(\because a_1 = 1)$

$a_3 = \sqrt[3]{2} \cdot a_2 = \sqrt[3]{2^2}$ $(\because a_2 < 2)$

$a_4 = \sqrt[3]{2}\,a_3 = \sqrt[3]{2^3} = 2$ $(\because a_3 < 2)$

$a_5 = \dfrac{1}{2}a_4 = 1$ $(\because a_4 \geq 2)$

$\vdots$

따라서 수열 $\{a_n\}$은 1, $\sqrt[3]{2}$, $\sqrt[3]{2^2}$, 2가 계속 반복된다.

$112 = 4 \times 28$이므로 $a_{112} = 2$

22. 지수

유제1-1

정답 ③

$$\sqrt{\frac{8^7 + 4^8}{8^3 + 4^7}} = \sqrt{\frac{(2^3)^7 + (2^2)^8}{(2^3)^3 + (2^2)^7}}$$

$$= \sqrt{\frac{2^{21} + 2^{16}}{2^9 + 2^{14}}}$$

$$= \sqrt{\frac{2^{16}(2^5 + 1)}{2^9(1 + 2^5)}}$$

$$= \sqrt{2^7} = \sqrt{2^6 \cdot 2}$$

$$= 2^3 \sqrt{2}$$

$$= 8\sqrt{2}$$

유제1-2

정답 ④

$$\left\{ \left(\frac{3}{4} \right)^{-\frac{3}{2}} \right\}^{\frac{4}{3}} = \left(\frac{3}{4} \right)^{-2} = \left(\frac{4}{3} \right)^2 = \frac{16}{9}$$

유제2-1

정답 ①

$2.5 = 100^{\frac{1}{x}}$ ······ ㉠

$2 = 10^{\frac{1}{y}} \Rightarrow 4 = 100^{\frac{1}{y}}$ ······ ㉡

㉠×㉡ $2.5 \times 4 = 100^{\frac{1}{x} + \frac{1}{y}} = 100^{\frac{x+y}{xy}}$

그러므로 $10 = 10^{2 \times \frac{x+y}{xy}}$

$\therefore \dfrac{x+y}{xy} = \dfrac{1}{2}$

유제2-2

정답 ③

$5^x = 2^y = \sqrt{10^z} = k$라 하면

$5 = k^{\frac{1}{x}}$ ······ ㉠

$2 = k^{\frac{1}{y}}$ ······ ㉡

$10 = k^{\frac{2}{z}}$ ······ ㉢

㉠×㉡=㉢이므로

$k^{\frac{1}{x}} \times k^{\frac{1}{y}} = k^{\frac{1}{x} + \frac{1}{y}} = k^{\frac{2}{z}}$

그러므로 $a = 2$이다.

유제3-1

정답 ④

$x \cdot x^{-1} = 1$, $x + x^{-1} = 3$이므로

$x^3 + x^{-3} = (x + x^{-1})^3 - 3x \cdot x^{-1}(x + x^{-1})$

$$= 3^3 - 3 \times 1 \times 3 = 18$$

유제3-2

정답 ②

$x^{\frac{1}{2}} + x^{-\frac{1}{2}} = 3$, $x^{\frac{1}{2}} \cdot x^{-\frac{1}{2}} = 1$이므로

$x^1 + x^{-1} = (x^{\frac{1}{2}} + x^{-\frac{1}{2}})^2 - 2x^{\frac{1}{2}} \cdot x^{-\frac{1}{2}} = 3^2 - 2 = 7$

연/습/문/제

1 정답 ④

$a^{\frac{2}{3}} = (a \times a^{\frac{k}{2}})^{\frac{1}{4}} = (a^{\frac{2+k}{2}})^{\frac{1}{4}} = a^{\frac{2+k}{8}}$

$\Rightarrow \dfrac{2}{3} = \dfrac{2+k}{8}$ ($\because a \neq 1$)

$\therefore k = \dfrac{10}{3}$

2 정답 ②

$\sqrt{6} = \sqrt[6]{6^3} = \sqrt[6]{216}$

$\sqrt[3]{15} = \sqrt[6]{15^2} = \sqrt[6]{225}$,

$\sqrt[4]{25} = \sqrt[4]{5^2} = \sqrt{5} = \sqrt[6]{5^3} = \sqrt[6]{125}$

따라서 $\sqrt[6]{125} < \sqrt[6]{216} < \sqrt[6]{225}$ 이므로 $\sqrt[4]{25} < \sqrt{6} < \sqrt[3]{15}$

3 정답 ④

$\left(\dfrac{1}{64} \right)^{\frac{1}{n}} = \left(\dfrac{1}{2} \right)^{\frac{6}{n}}$ 이 자연수가 되려면

$-\dfrac{6}{n}$ 이 자연수이어야 하므로 $n = -1, -2, -3, -6$

따라서 $\left(\dfrac{1}{64} \right)^{\frac{1}{n}}$ 이 나타낼 수 있는 모든 자연수의 합은

$2^6 + 2^3 + 2^2 + 2^1 = 64 + 8 + 4 + 2 = 78$

4 정답 ③

$x = 9^{\frac{1}{3}} + 3^{\frac{1}{3}}$ 의 양변을 세제곱하면

$x = (9^{\frac{1}{3}})^3 + 3 \cdot 9^{\frac{1}{3}} \cdot 3^{\frac{1}{3}} \cdot (9^{\frac{1}{3}} + 3^{\frac{1}{3}}) + (3^{\frac{1}{3}})^3$

이때 $9^{\frac{1}{3}} \cdot 3^{\frac{1}{3}} = (9 \cdot 3)^{\frac{1}{3}} = (3^3)^{\frac{1}{3}} = 3$이므로

$x^3 = 9 + 9x + 3$

$\therefore x^3 - 9x = 12$

5 정답 ②

$a^6 = 3$에서 $a = 3^{\frac{1}{6}}$

$b^5 = 7$에서 $b = 7^{\frac{1}{5}}$

$c^2 = 11$에서 $c = 11^{\frac{1}{2}}$이므로

$(abc)^n = (3^{\frac{1}{6}} \cdot 7^{\frac{1}{5}} \cdot 11^{\frac{1}{2}})^n$

이때 $(3^{\frac{1}{6}} \cdot 7^{\frac{1}{5}} \cdot 11^{\frac{1}{2}})^n$이 자연수가 되도록 하는 최소의 자연수 n은 6, 5, 2의 최소공배수이므로 30이다.

6 정답 ②

$(2^{x+y} + 2^{x-y})^2 - (2^{x+y} - 2^{x-y})^2$

$= 2^{2(x+y)} + 2 \cdot 2^{x+y} \cdot 2^{x-y} + 2^{2(x-y)}$
$\quad - 2^{2(x+y)} + 2 \cdot 2^{x+y} \cdot 2^{x-y} - 2^{2(x-y)}$

$= 2 \cdot 2^{2x} + 2 \cdot 2^{2x}$

$= 4 \cdot 2^{2x}$

$= 2^{2x+2}$

23. 로그

유제1-1
정답 ④

$\log_5 (\log_3 (\log_2 x)) = 0$에서

$\log_3 (\log_2 x) = 5^0 = 1$

또, 위의 식에서 $\log_2 x = 3$

$\therefore x = 2^3 = 8$

유제1-2
정답 ②

로그의 정의에 의하여

$a = \log_3 2$, $b = \log_3 5$, $c = \log_3 7$이므로

$\log_{30} 350 = \dfrac{\log_3 350}{\log_3 30} = \dfrac{\log_3 (2 \times 5^2 \times 7)}{\log_3 (2 \times 3 \times 5)}$

$\quad = \dfrac{\log_3 2 + 2\log_3 5 + \log_3 7}{\log_3 2 + \log_3 3 + \log_3 5}$

$\quad = \dfrac{a + 2b + c}{1 + a + b}$

유제2-1
정답 ①

$\log_2 16 + \log_2 \dfrac{1}{8} = 4 - 3 = 1$

유제2-2
정답 ②

$a^2 b^3 = 1$에서 $a^2 = \dfrac{1}{b^3} = b^{-3}$

$\therefore b = a^{-\frac{2}{3}}$

$\therefore \log_a a^3 b^2 = \log_a a^3 + \log_a b^2$

$\quad = 3\log_a a + 2\log_a b$

$\quad = 3 + 2\log_a a^{-\frac{2}{3}}$

$\quad = 3 - \dfrac{4}{3} = \dfrac{5}{3}$

유제3-1
정답 ③

이차방정식의 근과 계수와의 관계에 의하여

$\log_{10} a + \log_{10} b = 6$, $\log_{10} a \cdot \log_{10} b = 3$

$\therefore \log_a b + \log_b a = \dfrac{\log_{10} b}{\log_{10} a} + \dfrac{\log_{10} a}{\log_{10} b}$

$\quad = \dfrac{(\log_{10} a)^2 + (\log_{10} b)^2}{\log_{10} a \cdot \log_{10} b}$

$\quad = \dfrac{(\log_{10} a + \log_{10} b)^2 - 2\log_{10} a \cdot \log_{10} b}{\log_{10} a \cdot \log_{10} b}$

$\quad = \dfrac{6^2 - 2 \cdot 3}{3} = 10$

유제3-2
정답 ②

$(\log_2 3)(\log_4 x) = \log_4 3$이므로 $(\log_2 3)(\log_4 x) = \dfrac{\log_2 3}{\log_2 4}$

$\Rightarrow (\log_2 3)(\log_4 x) = \dfrac{1}{2}\log_2 3$

$\Rightarrow \log_4 x = \dfrac{1}{2}$

$\therefore x = 4^{\frac{1}{2}} = (2^2)^{\frac{1}{2}} = 2^{2 \times \frac{1}{2}} = 2$

유제4-1
정답 ②

$\log 2^{70} = 70\log 2 = 70 \times 0.3010 = 21.070$

따라서 2^{70}은 22자리의 자연수이다.

유제4-2
정답 ③

$$\log\left(\frac{1}{2}\right)^{50} = \log(2^{-1})^{50}$$
$$= -50\log 2$$
$$= -50 \times 0.3010$$
$$= -15.050$$
$$= (-16) + 0.950$$

$\log\left(\frac{1}{2}\right)^{50}$의 정수부분이 -16이므로 $\left(\frac{1}{2}\right)^{50}$은 소수 16째 자리에서 처음으로 0이 아닌 숫자가 나타난다.

유제5-1
정답 ③

$\log_{10} 120 = n + m$

$\log_{10} 100 = 2$, $\log_{10} 1000 = 3$이므로 $n = 2$

$\therefore m = \log_{10} 120 - 2 = \log_{10} 120 - \log_{10} 100 = \log_{10}\frac{120}{100}$

따라서 구하는 값은

$10^n + 10^m = 10^2 + 10^{\log_{10} 1.2} = 100 + 1.2^{\log_{10} 10} = 100 + 1.2 = 101.2$

유제5-2
정답 ②

$\log A$의 정수부분과 소수부분을 각각 n, α(n은 정수, $0 \le \alpha < 1$)라 하면 두 근이 n, α이므로 근과 계수와의 관계에 의하여

$n + \alpha = \frac{5}{3} = 1 + \frac{2}{3}$

n은 정수, $0 \le \alpha < 1$이므로 $n = 1$, $\alpha = \frac{2}{3}$

그러므로 $n \times \alpha = \frac{k}{3} = 1 \times \frac{2}{3}$

$\therefore k = 2$

1 정답 ④

(i) $a > 0$이고, $a \ne 1$

(ii) $x^2 + ax + a > 0$에서 $D = a^2 - 4a < 0$ $\therefore 0 < a < 4$

(i), (ii)에서 $0 < a < 1$, $1 < a < 4$

2 정답 ④

$$\log_{15} 80 = \frac{\log_3(2^4 \times 5)}{\log_3(3 \times 5)} = \frac{4\log_3 2 + \log_3 5}{\log_3 3 + \log_3 5} = \frac{\dfrac{4}{\log_2 3} + b}{1 + b}$$
$$= \frac{\dfrac{4}{a} + b}{b + 1} = \frac{4 + ab}{a + ab}$$

3 정답 ②

$\frac{1}{2\log_2 3} = \frac{1}{2}\log_3 2 = \log_3\sqrt{2}$, $\frac{2}{\log_5 3} = 2\log_3 5 = \log_3 25$이므로

$\frac{1}{2\log_2 3} + \frac{2}{\log_5 3} = \log_3\sqrt{2} + \log_3 25 = \log_3 25\sqrt{2}$

따라서 $\log_3 25\sqrt{2} = \log_3 k$에서 $k = 3^{\log_3 25\sqrt{2}} = 25\sqrt{2}$

4 정답 ③

$\log_5\frac{3}{4} + \log_5\frac{4}{5} + \log_5\frac{5}{6} + \cdots + \log_5\frac{n}{n+1}$

$= \log_5\left(\frac{3}{4} \times \frac{4}{5} \times \frac{5}{6} \times \cdots \times \frac{n}{n+1}\right) = \log_5\frac{3}{n+1} = -1$

따라서 $\frac{3}{n+1} = 5^{-1} = \frac{1}{5}$에서 $n = 14$

5 정답 ①

$10^x = 27$에서 $x = \log_{10} 27 = \frac{\log_3 27}{\log_3 10} = \frac{3}{\log_3 2 + \log_3 5}$

$5^y = 9$에서 $y = \log_5 9 = \frac{\log_3 9}{\log_3 5} = \frac{2}{\log_3 5}$이므로

$$\frac{3}{x} - \frac{2}{y} = \frac{3}{\dfrac{3}{\log_3 2 + \log_3 5}} - \frac{2}{\dfrac{2}{\log_3 5}}$$
$$= (\log_3 2 + \log_3 5) - \log_3 5 = \log_3 2$$

6 정답 ④

$\log x$의 소수부분을 α라 하고, 정수부분은 n이라 하면

$\log x = n + \alpha$

$\log \dfrac{1}{x} = \log x^{-1} = -\log x$ 이므로

$\therefore \log \dfrac{1}{x} = -(n-\alpha)$ ($\because$ 소수부분은 $0 \le \alpha < 1$)

$\qquad = (-n-1) + (1-\alpha)$

$\therefore \log \dfrac{1}{x}$ 의 소수부분은 $1-\alpha$이다.

7 정답 ②

$\log 3250$에서 진수 3250은 4자리 정수이므로 $n=3$이고, $\log 0.00325$와 $\log 3.25$는 진수의 0을 제외한 숫자의 배열이 같으므로 소수부분도 같다. $\therefore \alpha = \log 3.25 = 0.5119$

따라서 $n + \alpha = 3 \times 0.5119 = 1.5357$

8 정답 ③

$\log N$의 정수부분을 n, 소수부분을 a라고 놓으면

($\log N = n + a$, n은 정수, $0 \le a < 1$)

$n + a = \dfrac{5}{2}$ ...... ㉠, $na = \dfrac{k}{2}$ ...... ㉡

㉠에서 $n + a = 2.5$ $\therefore n = 2$, $a = 0.5$

n, a의 값을 ㉡에 대입하면

$2 \times \dfrac{1}{2} = \dfrac{k}{2}$ $\therefore K = 2$

그러므로 $\log N = \dfrac{5}{2}$, $N = 10^{\frac{5}{2}}$ 이다.

또 $N^k = \left(10^{\frac{5}{2}}\right)^k = \left(10^{\frac{5}{2}}\right)^2$

$\therefore N^k = 10^5$

9 정답 ③

x의 정수부분이 두 자릿수이므로

$10 \le x < 100 \Rightarrow 1 \le \log x < 2$ ...㉠

또, $\log x$와 $\log x^3$의 소수부분이 같으므로

$\log x^3 - \log x = 3\log x - \log x = 2\log x = (정수)$

㉠$\times 2 \Rightarrow 2 \le 2\log x < 4$

$\therefore 2\log x = 2$ 또는 3

$2\log x = 2$인 경우 $x = 10$

$2\log x = 3$인 경우 $x = 10\sqrt{10}$

따라서 모든 x값들의 곱은 $10 \times 10\sqrt{10} = 100\sqrt{10}$

10 정답 ①

x^{50}의 정수부분이 42자릿수이므로

$41 \le 50\log x < 42$ ...㉠

또, $\left(\dfrac{1}{y}\right)^{50}$은 소수점 이하 36째 자리에서 처음으로 0이 아닌 수가 나타나므로

$-36 \le -50\log y < -35$

$35 < 50\log y \le 36$ ...㉡

㉠+㉡을 하면

$76 < 50\log xy < 78$

$15.2 < 10\log xy < 15.6$

$\log (xy)^{10} = 15.\times\times\times$

따라서 $(xy)^{10}$의 정수부분은 16자리이다.

11 정답 ②

상용로그의 정수부분이 5인 자연수를 A라 하면

$5 \le \log A < 6$ $\therefore 10^5 \le A < 10^6$

따라서 A의 개수 x는

$x = (10^6 - 1) - (10^5 - 1) = 10^6 - 10^5 = 9 \cdot 10^5$

역수의 상용로그의 정수부분이 -4인 자연수를 B라 하면

$-4 \le \log \dfrac{1}{B} < -3$, $3 < \log B \le 4$

$\therefore 10^3 < B \le 10^4$

따라서 B의 개수 y는

$y = 10^4 - 10^3 = 9 \cdot 10^3$

$\therefore \log x - \log y = \log \dfrac{x}{y} = \log \dfrac{9 \cdot 10^5}{9 \cdot 10^3} = \log 10^2 = 2$

12 정답 ④

$S_n = \displaystyle\sum_{k=1}^{n} a_k = \log(n+3)(n+4)$ 라 하면

$a_n = S_n - S_{n-1} = \log(n+3)(n+4) - \log(n+2)(n+3)$

$\qquad = \log \dfrac{n+4}{n+2}$

$\therefore a_{2k} = \log \dfrac{2k+4}{2k+2} = \log \dfrac{k+2}{k+1}$

$\therefore$

$\displaystyle\sum_{k=1}^{29} a_{2k} = \sum_{k=1}^{29} \log \dfrac{k+2}{k+1} = \log \dfrac{3}{2} + \log \dfrac{4}{3} + \log \dfrac{5}{4} + \cdots + \log \dfrac{31}{30}$

$\qquad = \log\left(\dfrac{3}{2} \times \dfrac{4}{3} \times \dfrac{5}{4} \times \cdots \times \dfrac{31}{30}\right) = \log \dfrac{31}{2} = \log \dfrac{q}{p}$

따라서 $p = 2$, $q = 31 \Rightarrow p + q = 2 + 31 = 33$

24. 수열의 극한

유제1-1
정답 ③

$\lim\limits_{n \to \infty} a_n = \lim\limits_{n \to \infty} a_{n+1} = \lim\limits_{n \to \infty} a_{n-1} = x$ 라 하면

$\lim\limits_{n \to \infty} \dfrac{a_{n-1} + 20}{a_{n+1} - 14} = 2$ 에서 $\dfrac{x+20}{x-14} = 2$

$\therefore x = 48$

유제1-2
정답 ②

$\lim\limits_{n \to \infty} (2n+1)a_n = \lim\limits_{n \to \infty} (3n-2)a_n \cdot \dfrac{2n+1}{3n-2}$

$= \lim\limits_{n \to \infty} (3n-2)a_n \cdot \lim\limits_{n \to \infty} \dfrac{2n+1}{3n-2}$

$= 6 \times \dfrac{2}{3} = 4$

유제2-1
정답 ④

$\lim\limits_{n \to \infty} \dfrac{5n^3 + n + 2}{4n^3 - n^2 + n - 1} = \lim\limits_{n \to \infty} \dfrac{5 + \frac{1}{n^2} + \frac{1}{n^3}}{4 - \frac{1}{n} + \frac{1}{n^2} - \frac{1}{n^3}} = \dfrac{5}{4}$

유제2-2
정답 ③

$\lim\limits_{n \to \infty} \dfrac{an^2 + bn + 3}{3n + 2}$ 이 수렴하려면

분자, 분모의 차수가 같아야 하므로 $a = 0$

$\lim\limits_{n \to \infty} \dfrac{bn + 3}{3n + 2} = \dfrac{b}{3}$ 에서 $b = 9$ $\therefore a + b = 9$

유제3-1
정답 ③

$-n = t$ 라 하면 $n \to -\infty$일 때 $t \to \infty$이므로

$\lim\limits_{t \to \infty} \dfrac{1}{\sqrt{t^2 - 3t} - \sqrt{t^2 - 2t}} = \lim\limits_{t \to \infty} \dfrac{\sqrt{t^2 - 3t} + \sqrt{t^2 - 2t}}{-t}$

$= \lim\limits_{t \to \infty} \dfrac{\sqrt{1 - \frac{3}{t}} + \sqrt{1 - \frac{2}{t}}}{-1}$

$= -2$

유제3-2
정답 ②

$n < \sqrt{n^2 + 1} < n + 1$이므로 $\sqrt{n^2 + 1}$ 의 정수부분은 n이다.

따라서 $a_n = \sqrt{n^2 + 1} - n$

$\therefore \lim\limits_{n \to \infty} na_n = \lim\limits_{n \to \infty} n(\sqrt{n^2 + 1} - n) = \lim\limits_{n \to \infty} \dfrac{n}{\sqrt{n^2 + 1} + n}$

$= \lim\limits_{n \to \infty} \dfrac{1}{\sqrt{1 + \frac{1}{n^2}} + 1} = \dfrac{1}{2}$

유제4-1
정답 ②

$-1 \le \sin \dfrac{n\pi}{2} \le 1$이므로

$-\dfrac{1}{n} \le \dfrac{1}{n} \sin \dfrac{n\pi}{2} \le \dfrac{1}{n}$

$\therefore \lim\limits_{n \to \infty} \left(-\dfrac{1}{n}\right) \le \lim\limits_{n \to \infty} \dfrac{1}{n} \sin \dfrac{n\pi}{2} \le \lim\limits_{n \to \infty} \dfrac{1}{n}$

그런데 $\lim\limits_{n \to \infty} \left(-\dfrac{1}{n}\right) = 0$, $\lim\limits_{n \to \infty} \dfrac{1}{n} = 0$이므로

$\lim\limits_{n \to \infty} \dfrac{1}{n} \sin \dfrac{n\pi}{2} = 0$

유제4-2
정답 ③

$\dfrac{(2n+4)(9n^2 + 1)}{n(n^2 + 3)} \le a_n \le \dfrac{(2n+4)(9n^2 + 10)}{n(n^2 + 3)}$

$\lim\limits_{n \to \infty} \dfrac{(2n+4)(9n^2 + 1)}{n(n^2 + 3)} = \lim\limits_{n \to \infty} \dfrac{(2n+4)(9n^2 + 10)}{n(n^2 + 3)} = 18$

$\therefore \lim\limits_{n \to \infty} a_n = 18$

유제5-1
정답 ①

$$\lim_{n \to \infty} \frac{3^{n+2} + 2^{2n-1}}{4^n - 3^{n+1}} = \lim_{n \to \infty} \frac{9\left(\frac{3}{4}\right)^n + \frac{1}{2}}{1 - 3\left(\frac{3}{4}\right)^n} = \frac{1}{2}$$

유제5-2
정답 ②

$$f\left(-\frac{1}{2}\right) = \lim_{n \to \infty} \frac{\left(-\frac{1}{2}\right)^{n+2} - 6\left(-\frac{1}{2}\right) + 2}{\left(-\frac{1}{2}\right)^n + 1} = 5$$

$$f(4) = \lim_{n \to \infty} \frac{4^{n+2} - 6 \cdot 4 + 2}{4^n + 1} = 16$$

$$\therefore f\left(-\frac{1}{2}\right) + f(4) = 5 + 16 = 21$$

유제6-1
정답 ①

두 무한등비수열이 수렴하기 위한 조건은

각각 $-1 < x - 2 \leq 1, \ -1 < \dfrac{x}{2} \leq 1$

$\therefore 1 < x \leq 3, \ -2 < x \leq 2$

따라서 x값의 범위는 $1 < x \leq 2$

유제6-2
정답 ②

(i) $|r| > 1$일 때, $\lim_{n \to \infty} \dfrac{r^{2n-1} + 2}{r^{2n} + 1} = \lim_{n \to \infty} \dfrac{\frac{1}{r} + \frac{2}{r^{2n}}}{1 + \frac{1}{r^{2n}}} = \dfrac{1}{r}$

(ii) $|r| < 1$일 때, $\lim_{n \to \infty} r^{2n-1} = 0, \ \lim_{n \to \infty} r^{2n} = 0$이므로

$$\lim_{n \to \infty} \frac{r^{2n-1} + 2}{r^{2n} + 1} = 2$$

(iii) $r = 1$일 때, $\lim_{n \to \infty} \dfrac{r^{2n-1} + 2}{r^{2n} + 1} = \lim_{n \to \infty} \dfrac{1^{2n-1} + 2}{1^{2n} + 1} = \dfrac{3}{2}$

(iv) $r = -1$일 때, $\lim_{n \to \infty} \dfrac{r^{2n-1} + 2}{r^{2n} + 1} = \lim_{n \to \infty} \dfrac{(-1)^{2n-1} + 2}{(-1)^{2n} + 1}$
$$= \frac{-1 + 2}{1 + 1} = \frac{1}{2}$$

유제7-1
정답 ①

$$S_{n+1} - 2 = \frac{1}{2}(S_n - 2)$$

$\{S_n - 2\}$는 첫째항이 8, 공비가 2인 등비수열이므로

$$S_n - 2 = 8\left(\frac{1}{2}\right)^{n-1} = \left(\frac{1}{2}\right)^{n-4}$$

$$S_n = 2 + \left(\frac{1}{2}\right)^{n-4}$$

$$\therefore a_n = S_n - S_{n-1}$$
$$= \left(\frac{1}{2}\right)^{n-4} - \left(\frac{1}{2}\right)^{n-5} \ (n \geq 2)$$

따라서 $\lim_{n \to \infty} a_n = 0$

유제7-2
정답 ②

$$a_{n+2} - \frac{2}{3}a_{n+1} - \frac{1}{3}a_n = 0$$

$$a_{n+2} - a_{n+1} = -\frac{1}{3}(a_{n+1} - a_n)$$

$$\therefore a_n = a_1 + \frac{(a_2 - a_1)\left\{1 - \left(-\frac{1}{3}\right)^{n-1}\right\}}{1 - \left(-\frac{1}{3}\right)}$$

$$\lim_{n \to \infty} a_n = \lim_{n \to \infty}\left[1 + \frac{3}{4} \cdot 8\left\{1 - \left(-\frac{1}{3}\right)^{n-1}\right\}\right] = 7$$

연/습/문/제

1 정답 ④

$\lim_{n \to \infty} a_n = -2, \ \lim_{n \to \infty} b_n = 1$이므로

$\lim_{n \to \infty} (a_n - 2b_n) = \lim_{n \to \infty} a_n - 2\lim_{n \to \infty} b_n = (-2) - 2 \times 1 = -4,$

$\lim_{n \to \infty} (1 + a_n b_n) = 1 + \lim_{n \to \infty} a_n \times \lim_{n \to \infty} b_n = 1 + (-2) \times 1 = -1$

따라서 $\lim_{n \to \infty} \dfrac{a_n - 2b_n}{1 + a_n b_n} = \dfrac{-4}{-1} = 4$

2 정답 ②

$\lim\limits_{n\to\infty} a_n$의 값이 존재해야 하므로 $\lim\limits_{n\to\infty} a_n = \alpha$라 하면

$$\lim_{n\to\infty} \frac{2a_n - 3}{7 - 3a_n} = \frac{2\alpha - 3}{7 - 3\alpha} = 1 \quad \therefore \alpha = 2$$

따라서 $\lim\limits_{n\to\infty} a_n = \alpha = 2$

3 정답 ④

㉠ $\lim\limits_{n\to\infty}(2n-1) = \infty$ (발산)

㉡ $\lim\limits_{n\to\infty} \dfrac{n+1}{n} = \lim\limits_{n\to\infty}\left(1 + \dfrac{1}{n}\right) = 1$ (수렴)

㉢ $\lim\limits_{n\to\infty} \dfrac{3^n - 2^n}{3^n + 2^n} = \lim\limits_{n\to\infty} \dfrac{1 - \left(\frac{2}{3}\right)^n}{1 + \left(\frac{2}{3}\right)^n} = \dfrac{1-0}{1+0} = 1$ (수렴)

㉣ $\lim\limits_{n\to\infty} \dfrac{5n}{2n^2 + 1} = \lim\limits_{n\to\infty} \dfrac{\frac{5}{n}}{2 + \frac{1}{n^2}} = \dfrac{0}{2+0} = 0$ (수렴)

따라서 수렴하는 것은 ㉡, ㉢, ㉣

4 정답 ③

$(2n-1)a_n = c_n$이라 하면 $a_n = \dfrac{c_n}{2n-1}$

$(n^2 + 3n + 2)b_n = d_n$라 하면 $b_n = \dfrac{d_n}{n^2 + 3n + 2}$

$\lim\limits_{n\to\infty} c_n = 3$, $\lim\limits_{n\to\infty} d_n = 2$이므로

$\lim\limits_{n\to\infty}(2n+1)^3 a_n b_n$

$= \lim\limits_{n\to\infty} \dfrac{(2n+1)^3}{(2n-1)(n^2+3n+2)} \lim\limits_{n\to\infty} c_n \lim\limits_{n\to\infty} d_n$

$= 4 \times 3 \times 2$

$= 24$

5 정답 ②

$\lim\limits_{n\to\infty} \{\log(2n^2 + 1) - 2\log(n+3)\}$

$= \lim\limits_{n\to\infty} \{\log(2n^2 + 1) - \log(n+3)^2\}$

$= \lim\limits_{n\to\infty} \log \dfrac{2n^2 + 1}{(n+3)^2}$

$= \lim\limits_{n\to\infty} \log \dfrac{2n^2 + 1}{n^2 + 6n + 9}$

$= \log 2$

6 정답 ④

$\lim\limits_{n\to\infty}(\sqrt{n^2 + n} - \sqrt{n^2 - 1})$

$= \lim\limits_{n\to\infty} \dfrac{(\sqrt{n^2+n} - \sqrt{n^2-n})(\sqrt{n^2+n} + \sqrt{n^2-1})}{\sqrt{n^2+n} + \sqrt{n^2-1}}$

$= \lim\limits_{n\to\infty} \dfrac{n^2 + n - (n^2 - 1)}{\sqrt{n^2+n} + \sqrt{n^2-1}} = \lim\limits_{n\to\infty} \dfrac{n+1}{\sqrt{n^2+n} + \sqrt{n^2-1}}$

분모의 최고차항으로 나누면

$$\lim_{n\to\infty} \dfrac{1 + \dfrac{1}{n}}{\sqrt{1 + \dfrac{1}{n}} + \sqrt{1 - \dfrac{1}{n}}} = \dfrac{1}{\sqrt{1} + \sqrt{1}} = \dfrac{1}{2}$$

7 정답 ②

$\lim\limits_{n\to\infty} 2n(\sqrt{n^2 + 1} - n) = \lim\limits_{n\to\infty} \dfrac{2n(\sqrt{n^2+1} - n)(\sqrt{n^2+1} + n)}{\sqrt{n^2+1} + n}$

$= \lim\limits_{n\to\infty} \dfrac{2n}{\sqrt{n^2+1} + n} = \lim\limits_{n\to\infty} \dfrac{2}{\sqrt{1 + \frac{1}{n^2}} + 1} = \dfrac{2}{1+1} = 1$

8 정답 ②

$n^2 < n^2 + n + 1 < (n+1)^2$이므로 $n < \sqrt{n^2+n+1} < n+1$

$\therefore \sqrt{n^2 + n + 1}$의 정수부분은 n 즉, $\sqrt{n^2+n+1}$의 소수부분 a_n은 $a_n = \sqrt{n^2+n+1} - n$이다.

$\lim\limits_{n\to\infty} a_n = \lim\limits_{n\to\infty}(\sqrt{n^2+n+1} - n) = \lim\limits_{n\to\infty} \dfrac{n+1}{\sqrt{n^2+n+1} + n}$

$= \lim\limits_{n\to\infty} \dfrac{1 + \dfrac{1}{n}}{\sqrt{1 + \dfrac{1}{n} + \dfrac{1}{n^2}} + 1} = \dfrac{1}{2}$

9 정답 ②

$a_1 = S_1 = 1$

$a_n = S_n - S_{n-1} \ (n \geq 2)$

$\quad = (2n^2 - n) - \{2(n-1)^2 - (n-1)\}$

$\quad = (2n^2 - n) - (2n^2 - 5n + 3)$

$\quad = 4n - 3$

$\therefore a_n = 4n - 3 \ (n \geq 1)$

$\therefore \lim\limits_{n\to\infty} \dfrac{na_n}{S_n} = \lim\limits_{n\to\infty} \dfrac{4n^2 - 3n}{2n^2 - n} = \lim\limits_{n\to\infty} \dfrac{4 - \dfrac{3}{n}}{2 - \dfrac{1}{n}} = \dfrac{4}{2} = 2$

10 정답 ③

$$\lim_{n \to \infty} \frac{a \times 6^{n+1} - 5^n}{6^n + 5^n} = \lim_{n \to \infty} \frac{a \times 6 - \left(\frac{5}{6}\right)^n}{1 + \left(\frac{5}{6}\right)^n} = 6a = 4$$

$$\therefore a = \frac{2}{3}$$

11 정답 ③

$\lim\limits_{n \to \infty} \dfrac{an^2 + bn + 3}{2n+5} = 3$에서 $a \neq 0$이면 발산하므로 $a = 0$

이때 $\lim\limits_{n \to \infty} \dfrac{an^2 + bn + 3}{2n+5} = \lim\limits_{n \to \infty} \dfrac{bn+3}{2n+5} = \lim\limits_{n \to \infty} \dfrac{b + \frac{3}{n}}{2 + \frac{5}{n}} = \dfrac{b}{2} = 3$

$\therefore b = 6$

따라서 $a + b = 0 + 6 = 6$

12 정답 ③

무한수열 $\left\{(x+2)(x^2 - 4x + 3)^{n-1}\right\}$이 수렴하기 위해서는

(i) 첫째항이 $x + 2 = 0$일 때, $x = -2$

(ii) 공비가 $r = x^2 - 4x + 3$이므로

$\quad -1 < x^2 - 4x + 3 \leq 1$에서 정수 x는 1, 3이다.

따라서 (i), (ii)에 의하여 정수 x는 -2, 1, 3이므로

모든 정수 x의 합은 2이다.

13 정답 ①

$f(x) = \lim\limits_{n \to \infty} \dfrac{x^{n+1} - 1}{x^n + 1} = \begin{cases} -1 & (0 < x < 1) \\ 0 & (x = 1) \\ x & (x > 1) \end{cases}$ 이므로

$f(9) + f(\frac{1}{9}) = 9 + (-1) = 8$

25. 급수

유제1-1
정답 ③

$\displaystyle\sum_{n=1}^{\infty} \frac{4}{1 \cdot 2 + 2 \cdot 3 + \cdots + n \cdot (n+1)}$

$= \displaystyle\sum_{n=1}^{\infty} \frac{4}{\frac{n(n+1)(n+2)}{3}} = \sum_{n=1}^{\infty} \frac{12}{n(n+1)(n+2)}$

$= 6 \displaystyle\sum_{n=1}^{\infty} \left\{ \frac{1}{n(n+1)} - \frac{1}{(n+1)(n+2)} \right\}$

$= 6 \left\{ \left(\dfrac{1}{1 \cdot 2} - \dfrac{1}{2 \cdot 3} \right) + \left(\dfrac{1}{2 \cdot 3} - \dfrac{1}{3 \cdot 4} \right) + \cdots \right\} = 6 \cdot \dfrac{1}{2} = 3$

유제1-2
정답 ②

부분합 $S_n = \displaystyle\sum_{k=1}^{n} \left(\frac{k+2}{k+1} - \frac{k+3}{k+2} \right) = \frac{3}{2} - \frac{n+3}{n+2}$

$\lim\limits_{n \to \infty} S_n = \dfrac{1}{2}$이다.

유제2-1
정답 ③

$\displaystyle\sum_{n=1}^{\infty} \left(a_n - \frac{n-1}{n} \right)$이 수렴하므로 $\lim\limits_{n \to \infty} \left(a_n - \dfrac{n-1}{n} \right) = 0$

$\therefore \lim\limits_{n \to \infty} a_n = 1$

유제2-2
정답 ①

$n \geq 2$일 때 $S_n - a_n = S_{n-1}$이므로

$S_n - a_n = S_{n-1} = \dfrac{n+3}{n+2} \ (n \geq 2)$

$\therefore \displaystyle\sum_{n=1}^{\infty} a_n = \lim_{n \to \infty} S_n = \lim_{n \to \infty} S_{n-1} = 1$

유제3-1
정답 ④

$\displaystyle\sum_{n=1}^{\infty} a_n - 2 \sum_{n=1}^{\infty} b_n = 8$

유제3-2
정답 ③

$\displaystyle\sum_{n=1}^{\infty} (a_n + 3)$, $\displaystyle\sum_{n=1}^{\infty} b_n$이 존재하므로

$\lim\limits_{n \to \infty} a_n = -3$, $\lim\limits_{n \to \infty} b_n = 0$이다.

따라서 $\lim\limits_{n \to \infty} \dfrac{24a_n + 2b_n^2}{2a_n - b_n^2} = \dfrac{24}{2} = 12$이다.

유제4-1
정답 ②

$$\sum_{n=1}^{\infty} \frac{1}{2^n} \sin \frac{n\pi}{2} = \frac{1}{2} - \frac{1}{2^3} + \frac{1}{2^5} - \frac{1}{2^7} + \cdots$$

$$= \frac{\dfrac{1}{2}}{1 + \dfrac{1}{4}} = \frac{2}{5} \left(\because a = \frac{1}{2},\ r = -\frac{1}{4} \right)$$

유제4-2
정답 ②

$$\sum_{n=1}^{\infty} \left(\frac{3}{2^n} - \frac{2}{3^n} \right) = 3\sum_{n=1}^{\infty} \left(\frac{1}{2} \right)^n - 2\sum_{n=1}^{\infty} \left(\frac{1}{3} \right)^n$$

$$= 3 \cdot \frac{\dfrac{1}{2}}{1 - \dfrac{1}{2}} - 2 \cdot \frac{\dfrac{1}{3}}{1 - \dfrac{1}{3}}$$

$$= 3 - 1 = 2$$

유제5-1
정답 ②

(i) $-1 < 1 - \dfrac{x}{4} < 1$일 때, $0 < x < 8$

(ii) 첫째항이 0일 때, $x = -1$

$\therefore x = -1,\ 1,\ 2,\ 3,\ 4,\ 5,\ 6,\ 7$이므로 합은 27

유제5-2
정답 ④

$r = \dfrac{x}{2}$이므로 무한등비급수가 수렴할 조건은

$-1 < r < 1$이다.

$-1 < \dfrac{x}{2} < 1 \quad \therefore -2 < x < 2$

유제6-1
정답 ②

$l_1 = \sqrt{2}$

$l_2 = \dfrac{1}{2}\sqrt{2}$

$\vdots$

$l_1 + l_2 + l_3 + \cdots = \dfrac{\sqrt{2}}{1 - \dfrac{1}{2}} = 2\sqrt{2}$

유제6-2
정답 ④

첫째항 $a = 0.3$, 공비 $r = 0.1$이므로

$$0.3 + 0.03 + 0.003 + \cdots = \frac{0.3}{1 - 0.1} = \frac{0.3}{0.9} = \frac{3}{9} = \frac{1}{3}$$

연/습/문/제

1 정답 ①

$\sum_{n=1}^{\infty} \left(a_n - \dfrac{1^3 + 2^3 + 3^3 + \cdots + n^3}{n^4} \right)$이 수렴하므로

$\displaystyle\lim_{n \to \infty} \left(a_n - \dfrac{1^3 + 2^3 + 3^3 + \cdots + n^3}{n^4} \right) = 0$이다.

따라서 $\displaystyle\lim_{n \to \infty} a_n = \lim_{n \to \infty} \dfrac{1^3 + 2^3 + 3^3 + \cdots + n^3}{n^4}$

$$= \lim_{n \to \infty} \frac{\left\{ \dfrac{n(n+1)}{2} \right\}^2}{n^4} = \lim_{n \to \infty} \frac{n^2(n+1)^2}{4n^4}$$

$$= \frac{1}{4}$$

2 정답 ②

$\displaystyle\lim_{n \to \infty} \left(a_n - \dfrac{3n}{n+1} \right) = 0,\ \lim_{n \to \infty} (a_n + b_n) = 0,$

$\displaystyle\lim_{n \to \infty} a_n = 3,\ \lim_{n \to \infty} b_n = -3$

(주어진 식) $= \dfrac{3 - (-3)}{3} = 2$

3 정답 ④

$\dfrac{1}{A \cdot B} = \dfrac{1}{B - A} \left(\dfrac{1}{A} - \dfrac{1}{B} \right)$

$S_n = \displaystyle\sum_{k=1}^{n} \dfrac{1}{k(k+2)} = \sum_{k=1}^{n} \dfrac{1}{2} \left(\dfrac{1}{k} - \dfrac{1}{k+2} \right)$

$= \dfrac{1}{2} \left\{ \left(\dfrac{1}{1} - \dfrac{1}{3} \right) + \left(\dfrac{1}{2} - \dfrac{1}{4} \right) + \left(\dfrac{1}{3} - \dfrac{1}{5} \right) + \cdots \right.$

$\left. + \left(\dfrac{1}{n-1} - \dfrac{1}{n+1} \right) + \left(\dfrac{1}{n} - \dfrac{1}{n+2} \right) \right\}$

$= \dfrac{1}{2} \left(1 + \dfrac{1}{2} - \dfrac{1}{n+1} - \dfrac{1}{n+2} \right)$

$\therefore \displaystyle\sum_{n=1}^{\infty} \dfrac{1}{n(n+2)} = \lim_{n \to \infty} S_n = \dfrac{1}{2} \left(1 + \dfrac{1}{2} \right) = \dfrac{3}{4}$

4 정답 ①

$$\frac{a_n}{6^n}=\frac{3^n-1}{2\cdot 6^n}=\frac{\left(\frac{1}{2}\right)^n-\frac{1}{6^n}}{2}$$

$$\therefore \sum_{n=1}^{\infty}\frac{a_n}{6^n}=\sum_{n=1}^{\infty}\frac{\left(\frac{1}{2}\right)^n-\frac{1}{6^n}}{2}=\frac{\dfrac{\frac{1}{2}}{1-\frac{1}{2}}-\dfrac{\frac{1}{6}}{1-\frac{1}{6}}}{2}=\frac{2}{5}$$

5 정답 ①

$a_n=\dfrac{1+(-1)^n}{2}$ 이므로

$$\frac{a_n}{5^n}=\frac{1}{2}\times\{(\frac{1}{5})^n+(-\frac{1}{5})^n\}$$

$$=\frac{1}{2}\times\{\frac{1}{5}(\frac{1}{5})^{n-1}-\frac{1}{5}(-\frac{1}{5})^{n-1}\}$$

따라서 $\displaystyle\sum_{n=1}^{\infty}\frac{a_n}{5^n}=\frac{1}{2}\sum_{n=1}^{\infty}\{\frac{1}{5}(\frac{1}{5})^{n-1}-\frac{1}{5}(-\frac{1}{5})^{n-1}\}$

$$=\frac{1}{2}\{\frac{1}{5}\sum_{n=1}^{\infty}(\frac{1}{5})^{n-1}-\frac{1}{5}\sum_{n=1}^{\infty}(-\frac{1}{5})^{n-1}\}$$

$$=\frac{1}{2}\{\frac{1}{5}\times\frac{1}{1-\frac{1}{5}}-\frac{1}{5}\times\frac{1}{1-(-\frac{1}{5})}\}$$

$$=\frac{1}{10}(\frac{5}{4}-\frac{5}{6})=\frac{1}{24}$$

6 정답 ①

(i) $\displaystyle\sum_{n=1}^{\infty}\frac{1}{2^n}=\sum_{n=1}^{\infty}\frac{1}{2}(\frac{1}{2})^{n-1}=\frac{\frac{1}{2}}{1-\frac{1}{2}}=1$

(ii)

$$\sum_{n=1}^{l}\frac{1}{n(n+2)}=\frac{1}{2}\sum_{n=1}^{l}(\frac{1}{n}-\frac{1}{n+2})$$
$$=\frac{1}{2}\{(1-\frac{1}{3})+(\frac{1}{2}-\frac{1}{4})+(\frac{1}{3}-\frac{1}{5})+\cdots+(\frac{1}{l}-\frac{1}{l+2})\}$$
$$=\frac{1}{2}\{(1+\frac{1}{2})-(\frac{1}{l+1}+\frac{1}{l+2})\}$$
$$\therefore$$
$$\lim_{l\to\infty}\sum_{n=1}^{l}\frac{1}{n(n+2)}=\lim_{l\to\infty}\frac{1}{2}\{(1+\frac{1}{2})-(\frac{1}{l+1}+\frac{1}{l+2})\}=\frac{3}{4}$$
$$\sum_{n=1}^{\infty}\{\frac{1}{2^n}-\frac{1}{n(n+2)}\}=\sum_{n=1}^{\infty}\frac{1}{2^n}-\sum_{n=1}^{\infty}\frac{1}{n(n+2)}$$
$$=1-\frac{3}{4}=\frac{1}{4}$$

7 정답 ①

$\displaystyle\sum_{n=1}^{\infty}\frac{a_n}{n}=2$ 이므로 $\displaystyle\lim_{n\to\infty}\frac{a_n}{n}=0$ 이다.

따라서

$$\lim_{n\to\infty}\frac{a_n{}^2-3n^2}{na_n+n^2+2n}=\lim_{n\to\infty}\frac{(\frac{a_n}{n})^2-3}{\frac{a_n}{n}+1+\frac{2}{n}}=\frac{0^2-3}{0+1-0}=-3$$

8 정답 ①

$S_n-S_{n-1}=a_n\ (n\geq 1)$ 에서

$a_n=2n+1\ (n\geq 1)$ 이므로

$$\lim_{n\to\infty}\sum_{k=1}^{n}\frac{2}{(2k+1)(2k+3)}=\lim_{n\to\infty}\sum_{k=1}^{n}\left(\frac{1}{2k+1}-\frac{1}{2k+3}\right)$$
$$=\lim_{n\to\infty}\left(\frac{1}{3}-\frac{1}{2k+3}\right)$$
$$=\frac{1}{3}$$

9 정답 ③

$S_1=20\pi,\ S_n=\dfrac{1}{4}S_{n-1}+12\pi\ (n\geq 2)$

$S_n-16\pi=\dfrac{1}{4}(S_{n-1}-16\pi)$ 이므로

$$S_n-16\pi=(20\pi-16\pi)\left(\frac{1}{4}\right)^{n-1}=\left(\frac{1}{4}\right)^{n-2}\pi$$

$$S_n=16\pi+\left(\frac{1}{4}\right)^{n-2}\pi$$

$$\therefore\lim_{n\to\infty}S_n=16\pi$$

26. 함수의 극한

유제1-1
정답 ③

$[-0.00\cdots]=-1,\ [0.00\cdots]=0,\ [0.99\cdots]=0,\ [1.00\cdots]=1,$
$[3.00\cdots]=3$ 이므로

① $\displaystyle\lim_{x\to 1+0}\frac{x}{[x]}=1$ ② $\displaystyle\lim_{x\to 1-0}\frac{[x]}{x}=0$

③ $\displaystyle\lim_{x\to -0}\frac{[x-2]}{x-2}=\frac{3}{2}$ ④ $\displaystyle\lim_{x\to +0}\frac{x+1}{[x+1]}=1$

따라서 ③이 가장 크다.

유제1-2
정답 ①

$\lim\limits_{x\to\infty} f(x)=\infty,\ \lim\limits_{x\to\infty}\{f(x)-2g(x)\}=3$이므로

$$\lim_{x\to\infty}\left\{1-2\frac{g(x)}{f(x)}\right\}=0$$

그러므로 $\lim\limits_{x\to\infty}\dfrac{g(x)}{f(x)}=\dfrac{1}{2}$

$$\lim_{x\to\infty}\frac{-f(x)+6g(x)}{f(x)+2g(x)}=\lim_{x\to\infty}\frac{-1+6\dfrac{g(x)}{f(x)}}{1+2\dfrac{g(x)}{f(x)}}$$

$$=\frac{-1+6\cdot\dfrac{1}{2}}{1+2\cdot\dfrac{1}{2}}=1$$

유제2-1
정답 ①

$$\lim_{x\to2}\frac{-(x-2)}{3(x-2)(x+1)}=\lim_{x\to2}\frac{-1}{3(x+1)}=-\frac{1}{9}$$

유제2-2
정답 ①

(주어진 식) $=\lim\limits_{x\to4}(\sqrt{x}+2)(x+4)=32$

유제3-1
정답 ④

$\lim\limits_{x\to1}(x^2+ax-b)=0$에서 $1+a-b=0$

대입해서 정리하면

$$\lim_{x\to1}\frac{x^2+ax-b}{x^3-1}=\lim_{x\to1}\frac{x+a+1}{x^2+x+1}=\frac{a+2}{3}=3$$

따라서 $a=7,\ b=8$이므로 $a+b=15$

유제3-2
정답 ①

$\lim\limits_{x\to\infty}\dfrac{f(x)}{x^2-x}=1$이려면 $f(x)$는 최고차항의 계수가 1인 이차

식이어야 한다.

$f(x)=x^2+ax+b$라 하자.

$\lim\limits_{x\to2}\dfrac{f(x)}{x-2}=3$으로 수렴하려면

$x\to2$일 때 (분모)$\to0$이므로 (분자)$\to0$이어야 한다.

$\lim\limits_{x\to2}f(x)=4+2a+b=0\ \Rightarrow\ b=-2a-4$

$$\lim_{x\to2}\frac{x^2+ax-2a-4}{x-2}=\lim_{x\to2}\frac{(x-2)(x+2+a)}{x-2}=4+a=3$$

$a=-1,\ b=-2$

$\therefore\ f(x)=x^2-x-2$이므로 $f(1)=-2$

1 정답 ②

$$\lim_{x\to1+0}(a[x]^3+b[x]^2)=a+b$$

$$\lim_{x\to1-0}(a[x]^3+b[x]^2)=0$$이므로

$$\therefore\ a+b=0$$

2 정답 ④

$\dfrac{\infty}{\infty}$ 꼴의 무리식이므로 근호 밖의 x의 최고차항으로 분모,

분자를 나누면

$$\lim_{x\to\infty}\frac{\dfrac{2x+1}{x}}{\sqrt{\dfrac{x^2+1}{x^2}}-\dfrac{1}{x}}=\lim_{x\to\infty}\frac{2+\dfrac{1}{x}}{\sqrt{1+\dfrac{1}{x^2}}-\dfrac{1}{x}}=2$$

3 정답 ③

$$\lim_{x\to1}\frac{6(x^2-1)}{(x-1)f(x)}=\lim_{x\to1}\frac{6(x-1)(x+1)}{(x-1)f(x)}=\lim_{x\to1}\frac{6(x+1)}{f(x)}=\frac{12}{f(1)}=1$$

따라서 $f(1)=12$

4 정답 ③

$$\lim_{x\to9}\frac{f(x)}{\sqrt{x}-3}=\lim_{x\to9}\frac{f(x)(\sqrt{x}+3)}{(\sqrt{x}-3)(\sqrt{x}+3)}$$

$$=\lim_{x\to9}\frac{f(x)(\sqrt{x}+3)}{x-9}$$

$$=\lim_{x\to9}\left\{\frac{f(x)}{x-9}\cdot(\sqrt{x}+3)\right\}$$

그런데 $\lim\limits_{x\to9}\dfrac{f(x)}{x-9}=2,\ \lim\limits_{x\to9}(\sqrt{x}+3)=6$이다.

따라서 $\lim\limits_{x\to9}\dfrac{f(x)}{\sqrt{x}-3}=\lim\limits_{x\to9}\dfrac{f(x)}{x-9}\cdot\lim\limits_{x\to9}(\sqrt{x}+3)=2\times6=12$

5 정답 ③

①(맞음) $\lim_{x \to 1+0} f(x)=0$, $\lim_{x \to 1-0} f(x)=0$이므로 $\lim_{x \to 1} f(x)=0$

②(맞음) $\lim_{x \to 1+0} g(x)=1$, $\lim_{x \to 1-0} g(x)=1$이므로

$$\lim_{x \to 1} g(x)=1$$

③(틀림) $\lim_{x \to 1} g(x)=1$이므로

$$\lim_{x \to 1} f\{g(x)\}=\lim_{x \to 1} f(x)=0 \neq 1$$

④(맞음) $\lim_{x \to 1} f(x)=0$, $\lim_{x \to 0} g(x)=0$이므로

$$\lim_{x \to 1} g\{f(x)\}=\lim_{x \to 0} g(x)=0$$

6 정답 ①

$x=3$일 때 분모가 0이므로 분자는 0이어야 한다.

$\therefore a+b=0$

$$(\text{주어진 식})=\lim_{x \to 3}\frac{(a\sqrt{x-2}+b)(a\sqrt{x-2}-b)}{(x-3)(x+3)(a\sqrt{x-2}-b)}$$

$$=\lim_{x \to 3}\frac{a^2x-2z^2-b^2}{(x-3)(x+3)(a\sqrt{x-2}-b)}$$

$$=\lim_{x \to 3}\frac{a^2(x-3)}{(x-3)(x+3)(a\sqrt{x-2}-b)}$$

$$=\frac{a^2}{6 \cdot 2a}=\frac{1}{6}$$

$\therefore a=2$, $b=-2$

7 정답 ④

$f(x)-x^3=2x^2+ax+b$로 놓으면

$f(x)=x^3+2x^2+ax+b$

$\lim_{x \to 1}\dfrac{f(x)}{x-1}=-3$에서 $x \to 1$일 때 (분모)$=0$이므로 (분자)$=0$

이어야 한다.

즉, $1+2+a+b=0 \Rightarrow b=-3a-a$ …… ㉠

$\lim_{x \to 1}\dfrac{x^2+2x^3+ax+b}{x-1}=\lim_{x \to 1}\dfrac{(x-1)(x^2+3x+a+3)}{x-1}=-3$

$\Rightarrow 1+3+a+3=-3$ …… ㉡

㉠, ㉡에서 $a=-10$, $b=7$

$\Rightarrow f(x)=x^3+2x^2-10x+7$

$\therefore f(2)=2^3+2 \cdot 2^2-10 \cdot 2+7=3$

8 정답 ④

$x \to 0$일 때 $f(x) \to +0$이므로 $f(x)=t$로 놓으면

$$\lim_{x \to 0} g(f(x))=\lim_{t \to +0} g(t)=2$$

9 정답 ④

$$\lim_{t \to 1}\frac{\overline{AH}}{\overline{BH}}=\lim_{t \to 1}\frac{2-\dfrac{2}{t}}{t-1}=2$$

10 정답 ④

아래 그림에서 $A(1, a)$, $B(t, \dfrac{a}{t})$, $H(1, \dfrac{a}{t})$이므로

$$\overline{AH}=a-\frac{a}{t}=\frac{a(t-1)}{t}, \quad \overline{BH}=t-1$$

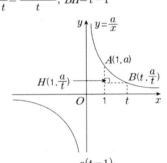

따라서 $\displaystyle\lim_{t \to 1+0}\frac{\overline{AH}}{\overline{BH}}=\lim_{t \to 1+0}\frac{\dfrac{a(t-1)}{t}}{t-1}=\lim_{t \to 1+0}\frac{a}{t}=a$

11 정답 ②

그림에서 P, Q점을 $P(2, y)$, $Q(x, 0)(x>2, 0<y<2)$라

하면 $\overline{AB}=2$, $\overline{BP}=2-y$, $\overline{PQ}=y$, $\overline{QR}=x-y$

그런데 $\triangle ABP$와 $\triangle RQP$는 닮은 삼각형이므로

$\overline{AB} : \overline{QR}=\overline{BP} : \overline{QP}$ 즉 $2 : x-y=2-y : y$

$\therefore x=\dfrac{y^2-4y}{y-2}$이고 $\overline{QR}=x-y=\dfrac{y^2-4y}{y-2}-y=\dfrac{-2y}{y-2}$

그리고 점 P가 선분 BQ를 따라 점 $Q(2,0)$에 한없이 가까

워지면 $y \to 0$이다.

따라서 $\displaystyle\lim_{P \to Q}\frac{\overline{QR}}{\overline{PQ}}=\lim_{y \to 0}\frac{\dfrac{-2y}{y-2}}{y}=\lim_{y \to 0}\frac{-2}{y-2}=1$

27. 함수의 연속

유제1-1
정답 ④

$x=0$에서 연속이므로

$$f(0) = \lim_{x\to 0}f(x) = \lim_{x\to 0}\frac{\sqrt{5+x}-\sqrt{5-x}}{x} = \frac{\sqrt{5}}{5}$$

유제1-2
정답 ①

$f(x)=\begin{cases} x(x-1) & (x>1 \text{ 또는 } x<1) \\ -x^2+ax+b & (-1\le x\le 1) \end{cases}$ 이므로

$x=\pm 1$에서 연속이면 모든 실수 x에서 연속이다.

$f(1)=0=-1+a+b$, $f(-1)=2=-1-a+b$

연립하여 풀면 $a=-1$, $b=2$

$\therefore a-b=-1-2=-3$

유제2-1
정답 ④

$|x|<1$일 때 $f(x)=\dfrac{4x+1}{b}$

$|x|>1$일 때 $f(x)=ax$

$x=1$일 때 $f(1)=\dfrac{a+5}{1+b}$

그러므로 $x=1$에서 연속이 되기 위해서는

$\dfrac{4+1}{b}=a=\dfrac{a+5}{1+b}$ 이고 $ab=5$이므로

$a=1$, $b=5$ 또는 $a=5$, $b=1$ ($\because a$, b는 자연수)

그러므로 $a^2+b^2=26$

유제2-2
정답 ②

$$f(-3) = \lim_{n\to\infty}\frac{(-3)^n+3}{(-3)^n+1} = \lim_{n\to\infty}\frac{1+3\left(-\dfrac{1}{3}\right)^n}{1+\left(-\dfrac{1}{3}\right)^n} = 1$$

마찬가지 방법으로 구하면 $f\left(\dfrac{1}{4}\right)=3Z$, $f(1)=2$

$\therefore f(-3)+f\left(\dfrac{1}{4}\right)+f(1)=6$

유제3-1
정답 ③

$x\to 1+0$일 때 $g(x)=1$이므로

$$\lim_{x\to 1+}f(g(x)) = f(1) = 1$$

유제4-1
정답 ④

$f(x)=2x^2+2x+k+1$

$f(x)$는 실수 전체에서 연속이므로 $[1,\ 2]$에서 연속

$f(1)=5+k$

$f(2)=13+k$

$f(1)f(2)=(k+5)(k+13)<0$

$\Rightarrow -13<k<-5$

$\therefore$ 정수 k의 개수는 7개

유제4-2
정답 ④

ㄱ. $f(x)=\cos\pi x-x$라 하면 $f(0)f(1)=-2<0$

ㄴ. $g(x)=2^x+x-2$라 하면 $g(0)g(1)=-1<0$

ㄷ. $h(x)=\log_2(x+1)+x-1$라 하면

　　$h(0)h(1)=-1<0$이므로

중간값의 정리에 의하여 $f(x)=0$, $g(x)=0$, $h(x)=0$은 개구간 $(0,\ 1)$에서 적어도 한 개의 실근을 갖는다.

연/습/문/제

1　정답 ③

㉠ $f(x)=\dfrac{x}{x-1}$은 $x=1$에서 함숫값이 존재하지 않으므로 연속이 아니다.

㉡ $f(x)=\begin{cases} x, & x>1 \\ -1, & x\le 1 \end{cases}$ 는 $\displaystyle\lim_{x\to 1}f(x)$가 존재하지 않으므로 $x=1$에서 연속이 아니다.

㉢ $f(x)=\begin{cases} \dfrac{x^2-1}{x-1}=x+1, & x\ne 1 \\ 2, & x=1 \end{cases}$ 에서 $\displaystyle\lim_{x\to 1}f(x)=2=f(1)$ 이므로 $x=1$에서 연속이다.

㉣ $f(x)=|x-1|$는 $\displaystyle\lim_{x\to 1}f(x)=0=f(1)$이므로 $x=1$에서 연속이다.

따라서 $x=1$에서 연속인 함수는 ㉢, ㉣이다.

2 정답 ④

$\lim\limits_{x \to 2}\dfrac{x^2-4}{f(x-2)}$ 에서 $x-2=t$라 하면 $x=t+2$, $t\to0$이다.

$\therefore \lim\limits_{x \to 2}\dfrac{x^2-4}{f(x-2)}=\lim\limits_{x \to 2}\dfrac{(x-2)(x+2)}{f(x-2)}=\lim\limits_{t \to 0}\dfrac{t(t+4)}{f(t)}$

$\qquad\qquad = \lim\limits_{t \to 0}\left\{\dfrac{t}{f(t)}\cdot(t+4)\right\}$

$\qquad\qquad = \lim\limits_{x \to 0}\left\{\dfrac{1}{\dfrac{f(x)}{x}}\times(x+4)\right\}$

$\qquad\qquad = \dfrac{1}{\dfrac{1}{2}}\times4=2\times4=8$

3 정답 ②

(ⅰ) $f(0)=f(4)$
$\qquad 0=16+4a+b$

(ⅱ) $\lim\limits_{x \to 1-0}f(x)=\lim\limits_{x \to 1+0}f(x)=f(1)$
$\qquad 3=1+a+b$

(ⅰ), (ⅱ)에 의하여 $a=-6$, $b=8$

$\therefore f(10)=f(2)=0$

4 정답 ①

함수 $f(x)$가 구간 $(-\infty,\ \infty)$에서 연속이려면
$x=0$에서 연속이어야 하므로
$\lim\limits_{x \to 0}f(x)=f(0)$
$f(0)=b$로 놓으면
$\lim\limits_{x \to 0}\dfrac{\sqrt{x^2+9}+a}{x^2}=b$ ······ ㉠
$x\to0$일 때 (분모)$\to0$이고 극한값이 존재하므로 (분자)$\to0$
즉, $\lim\limits_{x \to 0}(\sqrt{x^2+9}+a)=0$이므로
$3+a=0 \Rightarrow a=-3$
$a=-3$을 ㉠에 대입하면
$b=\lim\limits_{x \to 0}\dfrac{\sqrt{x^2+9}-3}{x^2}=\lim\limits_{x \to 0}\dfrac{x^2+9-9}{x^2(\sqrt{x^2+9}+3)}$
$\quad = \lim\limits_{x \to 0}\dfrac{1}{\sqrt{x^2+9}+3}=\dfrac{1}{6}$

5 정답 ④

$f(x)=\begin{cases} x & (x>0) \\ a & (x=0) \\ \dfrac{1}{3}x & (x<0) \end{cases}$

㉠ $f(-3)=-1$ (거짓)
㉡ $x>0$, $f(x)=x$ (참)
㉢ $\lim\limits_{x \to 0}f(x)=0$, $f(0)=a$이므로 $a=0$일 때 $\lim\limits_{x \to 0}f(x)=0$
　(참)
따라서 옳은 것은 ㉡, ㉢이다.

6 정답 ③

$\lim\limits_{x \to \infty}g(x)=\lim\limits_{x \to \infty}\dfrac{f(x)-x^2}{x-1}=2$이므로
다항함수 $f(x)=x^2+2x+a$ 꼴이다.
함수 $g(x)$는 모든 실수에서 연속이므로
$\lim\limits_{x \to 1}g(x)=\lim\limits_{x \to 1}\dfrac{2x+a}{x-1}=k$이어야 한다.
$x\to1$일 때 (분모)$\to0$이고 극한값은 일정한 값이므로
(분자)$\to0$이어야 한다.
$2\times1+a=0 \Rightarrow a=-2$
$f(x)=x^2+2x-2$이고 $\lim\limits_{x \to 1}g(x)=\lim\limits_{x \to 1}\dfrac{2x-2}{x-1}=2$이므로
$\Rightarrow k=2$
$\therefore k+f(3)=2+13=15$

28. 미분계수와 도함수

유제1-1
정답 ②

$\dfrac{f(a)-f(-1)}{a+1}=\dfrac{a(a^2-1)}{a+1}=a(a-1)$

$f'(a)=3a^2-1$

$2a^2+a-1=0$의 한 근은 무연근이므로 원소는 1개

유제1-2
정답 ②

$\dfrac{f(n+1)-f(n)}{n+1-n}=n+1$에서 $f(n+1)-f(n)=n+1$

따라서 함수 $y=f(x)$의 구간 $[1,\ 100]$에서의 평균변화율은

$\dfrac{f(100)-f(1)}{100-1}$

$=\dfrac{\{f(100)-f(99)\}+\{f(99)-f(98)\}+\cdots+\{f(2)-f(1)\}}{99}$

$=\dfrac{100+99+\cdots+2}{99}=\dfrac{5049}{99}=51$

유제2-1
정답 ②

함수 $f(x) = \begin{cases} x^3 + ax^2 + bx & (x \geq 1) \\ 2x^2 + 1 & (x < 1) \end{cases}$ 가 모든 실수 x에서

미분가능하려면 $x = 1$에서 연속이어야 하므로

$$\lim_{x \to 1+0} f(x) = f(1)$$

즉, $2 + 1 = 1 + a + b \Rightarrow a + b = 2$ ...... ㉠

$x = 1$에서 미분계수가 존재해야 하므로

$f'(x) = \begin{cases} 3x^2 + 2ax + b & (x > 1) \\ 4x & (x < 1) \end{cases}$ 에서

$$\lim_{x \to 1-0} f'(x) = \lim_{x \to 1+0} f'(x)$$ 이어야 한다.

즉, $3 + 2a + b = 4 \Rightarrow 2a + b = 1$ ...... ㉡

㉠, ㉡을 연립하여 풀면

$a = -1, \ b = 3$

$\therefore ab = -3$

유제2-2
정답 ①

각 구간에서 $f(x)$를 구하면

(i) $0 < x < 1 : f(x) = 2x - 1$

(ii) $x = 1 : f(1) = \dfrac{a+1}{2}$

(iii) $x > 1 : f(x) = ax^b$

　　$x = 1$에서 미분 가능하므로

　　(a) 연속조건 : $\lim_{x \to 1-0} f(x) = \lim_{x \to 1+0} f(x) = f(1)$

　　　　$\therefore a = 1$

　　(b) 미분가능조건 : $f'(x) = \begin{cases} 2 & (x < 1) \\ abx^{b-1} & (x > 1) \end{cases}$

　　　　$\therefore 2 = ab$

(a)와 (b)에서 $a = 1, \ b = 2$

$\therefore a + 10b = 1 + 20 = 21$

유제3-1
정답 ④

$f'(1) = 9, \ g'(1) = 12$

$$\lim_{h \to 0} \frac{f(1+2h) - g(1-h)}{3h} = \frac{2}{3}f'(1) + \frac{1}{3}g'(1) = 10$$

유제3-2
정답 ②

$$\lim_{x \to 2} \frac{f(x+1) - 8}{x^2 - 4} = 5$$ 에서

$x \to 2$일 때 (분모)→0이므로 (분자)→0이어야 한다.

즉, $\lim_{x \to 2}\{f(x+1) - 8\} = 0$이어야 하므로 $f(3) = 8$

$x + 1 = t$로 놓으면

$$\lim_{t \to 3} \frac{f(t) - f(3)}{t^2 - 2t - 3} = \lim_{t \to 3} \frac{f(t) - f(3)}{t - 3} \times \lim_{t \to 3} \frac{1}{t+1}$$
$$= \frac{1}{4} f'(3) = 5$$

$\therefore f'(3) = 20$

$\therefore f(3) + f'(3) = 28$

유제4-1
정답 ③

$f(x) = x^2 + 3x$

$f(2) = 2^2 + 3 \cdot 2 = 10$

$f'(x) = 2x + 3$

$f'(2) = 2 \cdot 2 + 3 = 7$

$\therefore f(2) + f'(2) = 10 + 7 = 17$

유제4-2
정답 ④

$f(x) = x + \dfrac{x^2}{2} + \dfrac{x^3}{3} + \cdots + \dfrac{x^{10}}{10}$ 이므로

$f'(x) = 1 + x + x^2 + \cdots + x^9$ 이다.

$f'\left(\dfrac{1}{2}\right) = 1 + \dfrac{1}{2} + \dfrac{1}{2^2} + \dfrac{1}{2^3} + \cdots + \dfrac{1}{2^9}$

$\qquad = \dfrac{1 - \dfrac{1}{2^{10}}}{1 - \dfrac{1}{2}}$

$\qquad = \dfrac{2^{10} - 1}{2^9}$

$\qquad = \dfrac{1023}{512}$

$\therefore q - p = 1023 - 512 = 511$

유제5-1
정답 ①

$x^3 + ax^2 - x + b = (x-1)^2 Q(x)$ 에서

$x = 1$을 대입하면

$1 + a - 1 + b = 0 \Rightarrow a + b = 0$

위의 식을 미분하면

$3x^2 + 2ax - 1 = 2(x-1)Q(x) + (x-1)^2 Q'(x)$ 에서

$x = 1$을 대입하면

$3 + 2a - 1 = 0$

그러므로 $a = -1, \ b = 1$

$\therefore a - b = -2$

유제5-2
정답 ④

$x^4 + ax + b = (x+1)^2 Q(x) + 2x - 1$에서 $x = -1$을 대입하면

$1 - a + b = -3 \Rightarrow a - b = 4$

위의 식을 미분하면

$4x^3 + a = 2(x+1)Q(x) + (x+1)^2 Q'(x) + 2$에서

$x = -1$을 대입하면

$-4 + a = 2 \Rightarrow a = 6$

$a = 6,\ b = 2$이므로

$\therefore a + b = 8$

연/습/문/제

---

1 정답 ③

㉠ $[-1,\ 1]$에서의 평균변화율

$\dfrac{\triangle y}{\triangle x} = \dfrac{f(1) - f(-1)}{1 - (-1)} = \dfrac{(1-1) - (1+1)}{2} = \dfrac{-2}{2} = -1$

㉡ $x = a$에서 $f(x)$의 미분계수

$\begin{aligned}
f'(a) &= \lim_{\triangle x \to 0} \frac{f(a + \triangle x) - f(a)}{\triangle x} \\
&= \lim_{\triangle x \to 0} \frac{\{(a + \triangle x)^2 - (a + \triangle x)\} - (a^2 - a)}{\triangle x} \\
&= \lim_{\triangle x \to 0} \frac{\triangle x(\triangle x + 2z - 1)}{\triangle x} \\
&= \lim_{\triangle x \to 0} (\triangle x + 2a - 1) \\
&= 2a - 1
\end{aligned}$

㉠=㉡이므로 $2a - 1 = -1 \Rightarrow 2a = 0$

$\therefore a = 0$

2 정답 ②

$f(x) = x^2 + ax + b$가 $f(1) = f(2)$이므로

$1 + a + b = 4 + 2a + b \quad \therefore a = -3$

$\therefore f(x) = x^2 - 3x + b$ 즉 $f'(x) = 2x - 3$

따라서 $f'(3) = 2 \times 3 - 3 = 3$

3 정답 ③

함수 $f(x)$가 $x = \pm 1$에서 미분 가능해야 하므로

$f(-1) = 3 + a = -1 + b - c,\ f'(-1) = -3$이고,

$f(1) = -3 + d = 1 + b + c,\ f'(1) = -3$이다.

$\therefore a + b + c + d = 2 + 0 - 6 - 2 = -6$

4 정답 ④

$f'(x) = 3x^2 - 2x + 1$이고

$\begin{aligned}
\lim_{h \to 0} \frac{f(1 + 3h) - f(1)}{h} &= \lim_{h \to 0} \frac{f(1 + 3h) - f(1)}{3h} \cdot \frac{3}{1} \\
&= 3f'(1) \\
&= 3(3 - 2 + 1) \\
&= 6
\end{aligned}$

5 정답 ③

$f(x) = x^3 + x + 1$에서 $f'(x) = 3x^2 + 1$이므로

$\begin{aligned}
\lim_{h \to 0} \frac{f(1 + 3h) - f(1)}{2h} &= \frac{3}{2} \lim_{h \to 0} \frac{f(1 + 3h) - f(1)}{3h} = \frac{3}{2} f'(1) \\
&= \frac{3}{2}(3 \times 1^2 + 1) = 6
\end{aligned}$

6 정답 ④

$\dfrac{1}{n} = h$라 하면

$\begin{aligned}
\text{(주어진 식)} &= \lim_{h \to 0} \frac{f(1 + 3h) - f(1 - h)}{h} \\
&= 3f'(1) + f'(1) = 4f'(1) = 36
\end{aligned}$

7 정답 ①

$x = y = 0$이면 $f(0) = f(0) + f(0) \Rightarrow f(0) = 0$

$f'(0) = \lim_{h \to 0} \dfrac{f(0 + h) - f(0)}{h} = \lim_{h \to 0} \dfrac{f(h)}{h} = 4$

$\begin{aligned}
f'(3) &= \lim_{h \to 0} \frac{f(3 + h) - f(3)}{h} \\
&= \lim_{h \to 0} \frac{f(3) + f(h) - 3h - f(3)}{h} \\
&= \lim_{h \to 0} \frac{f(h)}{h} - 3 = 4 - 3 = 1
\end{aligned}$

8 정답 ④

$g'(x) = f(x) + xf'(x)$이므로

㉠ $f(1) + g'(1) = f'(1) < 0$ (거짓)

㉡ $g(2)g'(2) = 2f(2)\{f(2) + xf'(2)\}$
$\qquad\qquad = 2(-2)(-2 + 2 \cdot 0) = 8$ (참)

㉢ $f(3) + g'(3) = 3f(3) + f(3) + 3f'(3)$
$\qquad\qquad = 4 \cdot 0 + 3f'(3) > 0$ (참)

9 정답 ④

함수 $g(x) = \begin{cases} \dfrac{f(x) - f(1)}{x^2 - 1}, & x \neq 1 \\ 2, & x = 1 \end{cases}$ 가 모든 실수 x에 대하

여 연속이므로 $x = 1$에서 연속이다.

$$\therefore \lim_{x \to 1} g(x) = \lim_{x \to 1} \frac{f(x) - f(1)}{x^2 - 1} = g(1) = 2$$

그런데 $f(x)$는 미분가능한 함수이므로

$$\lim_{x \to 1} \frac{f(x) - f(1)}{x^2 - 1} = \lim_{x \to 1} \frac{f(x) - f(1)}{(x-1)(x+1)}$$
$$= \lim_{x \to 1} \frac{f(x) - f(1)}{x - 1} \times \lim_{x \to 1} \frac{1}{x + 1}$$
$$= f'(1) \times \frac{1}{2} = 2$$

따라서 $f'(1) = 4$

29. 도함수의 활용(1)

유제1-1
정답 ①
$f(x) = (x^2 - 1)(2x + 1)$에서 $f'(x) = 2x(2x + 1) + 2(x^2 - 1)$
이므로 $f'(1) = 2 \times 3 = 6 \Rightarrow y = 6x - 6$
$\therefore a + b = 0$

유제1-2
정답 ②
$y' = 3x^2 - 4$이므로 기울기는 -1, 법선의 기울기는 1
$y + 2 = x - 1$
$y = x - 3$
$\therefore a + b = -2$

유제2-1
정답 ②
$y' = 2x$이므로 점 $(1, 2)$에서의 법선의 기울기는 2

법선의 방정식은 $y - 2 = -\dfrac{1}{2}(x - 1)$

즉, $y = -\dfrac{1}{2}x + \dfrac{5}{2}$

$O(0, 0)$, $P(5, 0)$, $Q\left(0, \dfrac{5}{2}\right)$이므로

삼각형의 넓이는 $S = \dfrac{1}{2} \times 5 \times \dfrac{5}{2} = \dfrac{25}{4}$

$\therefore 16S = 16 \times \dfrac{25}{4} = 100$

유제2-2
정답 ②
곡선 $y = x^3 + 3x^2 - 6x + 3$에서
$y' = 3x^2 + 6x - 6$이므로
$3x^2 + 6x - 6 = 3$
$x^2 + 2x - 3 = 0$
$(x-1)(x+3) = 0$
$x > 0$이므로 접점은 $(1, 1)$
따라서 접선의 방정식은
$y = 3x - 2$

유제3-1
정답 ①

함수 $f(x) = 2x^2 - x$는 닫힌구간 $\left[0, \dfrac{1}{2}\right]$에서 연속이고 열린

구간 $(0, 3)$에서 미분가능하고 $f(0) = f\left(\dfrac{1}{2}\right) = 0$이므로

롤의 정리에서 $f'(c) = 0$인 c가 열린구간 $(0, 3)$에 적어도
하나 존재한다. 그런데 $f'(c) = 4c - 1$이므로 $4c - 1 = 0$

따라서 $c = \dfrac{1}{4}$

유제3-2
정답 ④
함수 $f(x) = x^2 + x$는 닫힌구간 $[0, a]$에서 연속이고 열린구
간 $(0, a)$에서 미분가능하므로 평균값 정리에서
$\dfrac{f(a) - f(0)}{a - 0} = f'(c)$인 c가 열린구간 $(0, a)$에 적어도 하나
존재한다.
그런데 $f(0) = 0$, $f(a) = a^2 + a$, $f'(c) = 2c + 1$이고 $c = 2$이

므로 $\dfrac{(a^2 + a) - 0}{a - 0} = 2c + 1 = 5$ 따라서 $a = 4$

유제4-1
정답 ①
삼차함수 $f(x)$의 역함수가 존재할 필요충분조건은
이차방정식 $f'(x) = x^2 - 2ax + 3a = 0$이
서로 다른 두 실근을 갖지 않는 것이다.
따라서 판별식을 D라 하면
$\dfrac{D}{4} = a^2 - 3a \leq 0$이므로 $0 \leq a \leq 3$이다.
따라서 상수 a의 최댓값은 3이다.

유제4-2
정답 ②

$f'(x) = x^2 + 2ax + a + 2$가 모든 실수 x에 대하여
$f'(x) \geq 0$이므로

$$\frac{D}{4} = a^2 - (a+2) \leq 0$$

$\Rightarrow -1 \leq a \leq 2$

$\therefore m + n = 1$

유제5-1
정답 ③

$f'(x) = 3x^2 - 6x = 3x(x-2)$이므로
$x = 2$에서 극솟값 $f(2) = 16$을 가진다.

유제5-2
정답 ②

$f(x) = -x^3 + 3x + 1$

$f'(x) = -3x^2 + 3 = 0$

$\Rightarrow x = \pm 1$

따라서 $f(x)$는

$x = -1$에서 극솟값 -1,

$x = 1$에서 극댓값 3을 갖는다.

그러므로 구하는 직선의 기울기는 2이다.

유제6-1
정답 ②

$f'(x) = 3x^2 - 3 = 0 \Rightarrow x = \pm 1$

$f(-1) = 0$

$f(1) = -4$

$f(3) = 16$

그러므로 최댓값과 최솟값의 합은 12

유제6-2
정답 ①

$x^2 + 3y^2 = 9$에서 $y^2 = \frac{1}{3}(9 - x^2)$

$y^2 \geq 0 \cdots \text{㉠}$이므로

$-3 \leq x \leq 3 \cdots \text{㉡}$

주어진 식에 ㉠을 대입한 식을 $f(x)$라 하면

$f(x) = x(x + y^2) = -\frac{1}{3}x^3 + x^2 + 3x$

$f'(x) = -x^2 + 2x + 3 = -(x+1)(x-3)$

㉡의 범위에서 $f(x)$의 증감표를 만들면

x	-3	$\cdots$	-1	$\cdots$	3
$f'(x)$		$-$	0	$+$	0
$f(x)$	9	↘	$-\frac{5}{3}$	↗	9

따라서 주어진 식의 최솟값은 $-\frac{5}{3}$이다.

연/습/문/제

1 정답 ①

$f(x) = x^3 - 5x + 1$ 위의 점 $(1, -3)$에서 그은 접선의 기울기는 $f'(1)$

그런데 $f'(x) = 3x^2 - 5$이므로 $f'(1) = 3 - 5 = -2$

2 정답 ②

다항식 $x^7 - 3x^2 + 2$를 $(x-1)^2$으로 나눈 몫을 $Q(x)$,

나머지를 $R(x) = ax + b$라 하면

$x^7 - 3x^2 + 2 = (x-1)^2 Q(x) + ax + b ---- (*_1)$

$(*_1)$에 $x = 1$을 대입하면 $a + b = 0 ---- ㉠$

$(*_1)$의 양변을 미분하면

$7x^6 - 6x = 2(x-1)^2 Q(x) + (x-1)^2 Q'(x) + a ---- (*_2)$

$(*_2)$에 $x = 1$을 대입하면 $a = 1 ---- ㉡$

㉠, ㉡에서 $a = 1, b = -1 \Rightarrow R(x) = x - 1$

따라서 $R(3) = 3 - 1 = 2$

3 정답 ④

접점의 좌표를 각각 $(\alpha, \alpha^3 + 4)$, (β, β^3)이라 하면

$$\frac{\alpha^3 + 4 - \beta^3}{\alpha - \beta} = 3\alpha^2 = 3\beta^2$$

$\alpha \neq \beta$이므로 $\alpha = -\beta \Rightarrow \frac{2\alpha^3 + 4}{2\alpha} = 3\alpha^2$

$\therefore \alpha = 1, \beta = -1$

따라서 한 접점의 좌표는 $(1, 5)$이고 이 점에서의 접선의

기울기는 3이므로 공통 접선의 방정식은

$y = 3(x-1) + 5 = 3x + 2$

$f(x) = 3x + 2$에서 $f(2) = 8$

4 정답 ④

$y = x^3$ 위의 점 $(1, 1)$에서의 접선은 $y - 1 = 3(x - 1)$

즉, $y = 3x - 2$

이 접선이 $y = x^2 + ax + 2$에 접하므로 $x^2 + ax + 2 = 3x - 2$

즉, $x^2 + (a - 3)x + 4 = 0$이 중근을 가져야 한다.

$\therefore D = (a - 3)^2 - 4 \times 4 = a^2 - 6a - 7 = (a - 7)(a + 1) = 0$

즉, $a = 7$, $a = -1$ 따라서 모든 상수 a의 값의 합은

$7 + (-1) = 6$

5 정답 ①

(i) $x \geq 2a$일 때, $f'(x) = 3x^2 + 12x + 15 > 0$이므로

함수 $f(x)$는 증가한다.

(ii) $x \leq 2a$일 때, $f'(x) = 3(x + 5)(x - 1)$이므로

함수 $f(x)$가 증가하려면 $2a \leq -5 \Rightarrow a \leq -\dfrac{5}{2}$

따라서 실수 a의 최댓값은 $-\dfrac{5}{2}$이다.

6 정답 ④

$f(x) = x^3 - 3x + 1$로 놓으면

x	$\cdots$	-1	$\cdots$	1	$\cdots$
$f'(x)$	$+$	0	$-$	0	$+$
$f(x)$	↗	극대	↘	극소	↗

$f'(x) = 3x^2 - 3 = 3(x + 1)(x - 1)$

$f'(x) = 0$에서 $x = -1$, 1

따라서 $f(x)$는

$x = -1$에서 극댓값을 갖고 극댓값은 $f(-1) = 3$이고,

$x = 1$에서 극솟값을 갖고 극솟값은 $f(-1) = -1$이다.

그러므로 극댓값과 극솟값의 차는 4이다.

7 정답 ③

x	$\cdots$	α	$\cdots$	β	$\cdots$
$f'(x)$	$+$	0	$-$	0	$+$
$f(x)$	↗		↘		↗

$x = \alpha$에서 극댓값, $x = \beta$에서 극솟값을 갖는다.

8 정답 ①

아래 그림에서와 같이 $y = f'(x)$와 x축과의 교점의 x좌표를 차례대로 p, q, r, s라 하면 함수의 증감표는 아래와 같다.

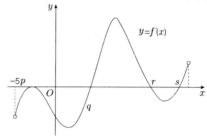

x	$x = -5$	$\cdots$	$x = p$	$\cdots$	$x = q$	$\cdots$
$f'(x)$		$-$	0	$-$	0	$+$
$f(x)$	↘	감소	↘		극소	↗

$x = r$	$\cdots$	$x = s$	$\cdots$	$x = 15$
0	$-$	0	$+$	
극대	↘	극소	↗	

$\therefore$ 함수 $y = f(x)$는 $x = r$ 극댓값, $x = q$, $x = s$에서 극솟값을 갖는다.

즉, 극댓값을 갖는 x의 개수 $a = 1$, 극솟값을 갖는 x의 개수 $b = 2$이다.

따라서 $a - b = 1 - 2 = -1$

9 정답 ①

(i) $a = 0$이면

$$f(x) = -(b - 1)x^2 + 2x - 1$$이고

이때 $b = 1$이면 극값을 갖지 않는다.

$$\therefore (0, 1)$$

(ii) $a \neq 0$이면

$$f'(x) = ax^2 - 2(b - 1)x - (a - 2)$$이고

$$\dfrac{D}{4} = (b - 1)^2 + a(a - 2) \leq 0$$이다.

$$\therefore (a - 1)^2 + (b - 1)^2 \leq 1 \ (단, \ (0, 1)은 \ 제외)$$

따라서 원의 넓이는 π이다.

30. 도함수의 활용(2)

유제1-1
정답 ②

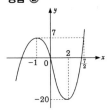

$2x^3 - 3x^2 - 12x = k$에서

$y = 2x^3 - 3x^2 - 12x \Rightarrow y = k$

$y' = 6x^2 - 6x - 12$
$\quad = 6(x+1)(x-2)$

$f(-1) = 7$

$f(2) = -20$

그러므로 $-20 < k < 7$

유제1-2
정답 ③

$f(x) = x^3 - 3px + p$로 놓으면 $f'(x) = 3x^2 - 3p = 3(x^2 - p)$

그런데 $f(x) = 0$이 서로 다른 세 실근을 가지려면

극값이 존재해야 하므로 $p > 0$

$f'(x) = 3(x + \sqrt{p})(x - \sqrt{p})$에서 $x = \pm \sqrt{p}$

$f(-\sqrt{p})f(\sqrt{p}) = (p + 2p\sqrt{p})(p - 2p\sqrt{p}) < 0$

$p^2 - 4p^3 < 0$

$p^2(1 - 4p) < 0$

$\therefore p > \dfrac{1}{4}$

유제2-1
정답 ③

$f(x) = x^4 + 2ax^2 - 4(a+1)x + a^2$라 하면

$f'(x) = 4x^3 + 4ax - 4(a+1) = 0$에서 $f'(1) = 0$

$f(x)$는 $x = 1$에서 최솟값을 가지므로

$f(1) = a^2 - 2a - 3 > 0$

$\therefore a > 3$

유제2-2
정답 ②

$h(x) = f(x) - g(x)$
$\qquad = 5x^3 - 10x^2 + k - (5x^2 + 2)$
$\qquad = 5x^3 - 15x^2 + k - 2$

라 하면 $\{x | 0 < x < 3\}$에서 부등식 $h(x) \geq 0$이 성립하는

k의 최솟값을 구하면 된다.

$h'(x) = 15x^2 - 30x = 15x(x-2) = 0$에서

$x = 0$ 또는 $x = 2$이므로

$h(x)$는 $x = 0$일 때 극댓값을, $x = 2$일 때 극솟값을 갖는다.

따라서 $\{x | 0 < x < 3\}$에서 $h(x)$는 $x = 2$일 때 최소가 되고,

$h(2) = k - 22$이므로

$\{x | 0 < x < 3\}$에서 $h(x) \geq 0$이려면

$k - 22 \geq 0$이면 된다. $\Rightarrow k \geq 22$

그러므로 k의 최솟값은 22이다.

유제3-1
정답 ③

속도를 v, 가속도를 a라 하면

$v = \dfrac{dx}{dt} = 3t^2 - 8t + 3$

$a = \dfrac{dv}{dt} = 6t - 8$

$t = 2$일 때, $v = -1$, $a = 4$

$\therefore v + a = 3$

유제3-2
정답 ②

P, Q의 속도를 구하면 $P'(t) = t^2 + 4$, $Q'(t) = 4t$

두 점의 속도가 같아지는 시각은

$t^2 + 4 = 4t$, $(t-2)^2 = 0$

$\therefore t = 2$

시각 t일 때 두 점 사이의 거리는

$\overline{PQ} = \left| \dfrac{1}{3}t^3 - 2t^2 + 4t + \dfrac{28}{3} \right|$에서

$t = 2$일 때 $\overline{PQ} = \left| \dfrac{8}{3} - 8 + 8 + \dfrac{28}{3} \right| = \dfrac{36}{3} = 12$

1 정답 ①

$f(x) = x^4 + 4x + 3$라 하면

$f'(x) = 4x^3 + 4 = 4(x+1)(x^2 - x + 1)$

그런데 $x^2 - x + 1 = (x - \frac{1}{2})^2 + \frac{3}{4} > 0$이므로 $x < -1$이면

$f'(x) < 0$, $x > -1$이면 $f'(x) > 0$이므로 $f(x)$는 $x = -1$에서 극솟값 $f(-1) = (-1)^4 + 4 \times (-1) + 3 = 0$을 가진다.

따라서 $y = f(x)$의 그래프는 아래와 같고 x축과는 한 점에서 만난다. 즉 방정식 $x^4 + 4x + 3 = 0$의 서로 다른 실근의 개수는 1개이다.

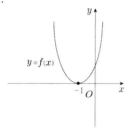

2 정답 ④

$a = -x^3 + 3x^2 + 9x$

$f(x) = -x^3 + 3x^2 + 9x$

$f'(x) = -3(x+1)(x-3)$

$f(-1) = -5$, $f(3) = 27$

$y = f(x)$ 의 그래프는 아래와 같고

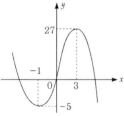

$y = a$와의 교점의 x좌표가 근이므로

$-5 < a < 0$

3 정답 ③

$f(x) = 3x^4 - 8x^3 - 6x^2 + 24x$

$g(x) = k - 2\sin\frac{\pi}{2}x$

$f'(x) = 12(x-2)(x-1)(x+1)$이므로

$f(x)$의 최솟값은 $x = -1$일 때 -19

$g(x)$의 범위는 $k - 2 \le k - 2\sin\frac{\pi}{2}x \le k + 2$이므로

$g(-1) = k + 2$는 $g(x)$의 최댓값이다.

따라서 $k + 2 \le -19$이므로 k의 최댓값은 -21이다.

4 정답 ②

모서리 길이의 합이 36이므로

직육면체의 가로와 세로의 길이를 x, 높이를 y라 하면

$8x + 4y = 36$이고

부피 $V = x^2y = x^2(9 - 2x)$가 최대가 될 때는

$V' = -6x(x-3)$이므로 $x = 3$

따라서 부피는 27

5 정답 ④

t초 후의 동심원의 반지름을 r, 넓이를 S라 하면

$r = 10t$, $S = \pi r^2$

$\frac{dr}{dt} = 10$, $\frac{dS}{dt} = 2\pi r \frac{dr}{dt}$

따라서 $t = 2$일 때, $r = 20$이므로

$\frac{dS}{dt} = 2\pi \cdot 20 \cdot 10 = 400\pi \, (cm/초)$

6 정답 (1) ② (2) ③

아래 그림에서 학생 A가 t분 동안 걸어간 거리를 $x(m)$라 하면 $x = 85t$, 그림자의 길이를 $y(m)$라 하면 닮은 삼각형의 성질에서 $3 : x + y = 1.65 : y$이므로

$y = \frac{1.65x}{1.35} = \frac{11}{9}x = \frac{935}{9}t$

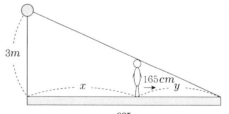

(1) 그림자의 길이는 $y = \frac{935}{9}t$이므로 그림자 길이가 늘어나는 속도는 $\frac{dy}{dt} = \frac{935}{9} \, (m/분)$

(2) 가로등 아래에서 학생 A의 그림자 끝까지의 거리를 $l(m)$라 하면 $l = x + y = 85t + \frac{935}{9}t = \frac{1700}{9}t$

따라서 그림자 끝의 속도는 $\frac{dl}{dt} = \frac{1700}{9} \, (m/분)$

7 정답 ④

$x = v_0 t - \dfrac{1}{2}gt^2$에서 시각 t에서의 속도 v는

$v = \dfrac{dx}{dt} = v_0 - gt$

그런데 물체가 최고 높이에 도달할 때의 속도는 0이므로

$v_0 - gt = 0$에서 $t = \dfrac{v_0}{g}$ (초)

이때 높이 x는 $x = v_0 \times \dfrac{v_0}{g} - \dfrac{1}{2}g\left(\dfrac{v_0}{g}\right)^2 = \dfrac{v_0^2}{2g}$ (m)

따라서 시각 $t = \dfrac{v_0}{g}$ (초)에서 최고 높이 $\dfrac{v_0^2}{2g}$ (m)에 도달한다.

31. 부정적분

유제1-1
정답 ③

$f'(x) = 3x^2 + 2x$

$f(x) = x^3 + x^2 + C$

$f(-1) = C = 1$이므로

$f(1) = 3$

유제1-2
정답 ②

$f'(x) = 3x^2 - 6x + 4$에서

$f(x) = \displaystyle\int f'(x)dx = x^3 - 3x^2 + 4x + C$이므로

$f(0) = C = -2$

$\therefore f(x) = x^3 - 3x^2 + 4x - 2$

이때, 방정식 $x^3 - 3x^2 + 4x - 2 = 0$의 세 근을 α, β, r라 하면 세 근의 합은 $\alpha + \beta + r = 3$

─────── 연/습/문/제 ───────

1 정답 ③

$\dfrac{d}{dx}\{f(x) + g(x)\} = 3$으로부터 $f(x) + g(x) = 3x + a$

$\dfrac{d}{dx}\{f(x)g(x)\} = 4x + 1$으로부터 $f(x)g(x) = 2x^2 + x + b$

$x = 0$을 대입하면 $-1 = a$, $-6 = b$

$f(x)g(x) = 2x^2 + x - 6 = (2x - 3)(x + 2)$이므로

$f(x) = 2x - 3$, $g(x) = x + 2$

$\therefore f(10) + g(20) = 17 + 22 = 39$

2 정답 ②

등식 $\displaystyle\int (3x+1)f(x)dx = x^3 + 2x^2 + x + C$의 양변을 미분하면

즉, $\dfrac{d}{dx}\left\{\displaystyle\int (3x+1)f(x)dx\right\} = \dfrac{d}{dx}(x^3 + 2x^2 + x + C)$하면

$(3x+1)f(x) = 3x^2 + 4x + 1 = (3x+1)(x+1)$ $\therefore$

$f(x) = x + 1$

따라서 $f(1) = 1 + 1 = 2$

3 정답 ③

$f'(x) = 3x^2 - 2x + a$에서

$f(x) = \displaystyle\int f'(x)dx = \int (3x^2 - 2x + a)dx = x^3 - x^2 + ax + C$

그런데 $f(x)$를 $x^2 - x - 2$로 나누었을 때 나머지가 $x - 2$이므로 몫을 $Q(x)$라 하면

$f(x) = x^3 - x^2 + ax + C = (x^2 - x - 2)Q(x) + x - 2$
$\qquad = (x-2)(x+1)Q(x) + x - 2$

$\therefore \begin{cases} f(2) = 4 + 2a + C = 0 \\ f(-1) = -2 - a + C = -3 \end{cases} \Rightarrow a = -1, \; C = -2$

따라서 $f(x) = x^3 - x^2 - x - 2$

따라서 $f(3) = 27 - 9 - 3 - 2 = 13$

4 정답 ④

(가)에 $x = 0$을 대입하여 정리하면 $f(0) = 0$

$\therefore f'(0) = \displaystyle\lim_{h \to 0}\dfrac{f(h) - f(0)}{h} = \lim_{h \to 0}\dfrac{f(h)}{h} = 2$

또 $f'(x) = \displaystyle\lim_{h \to 0}\dfrac{f(x+h) - f(x)}{h}$

$\qquad = \displaystyle\lim_{h \to 0}\dfrac{\{f(x) + f(h)\} - f(x)}{h}$

$\qquad = \displaystyle\lim_{h \to 0}\dfrac{f(h)}{h} = 2$이므로

$f(x) = \displaystyle\int f'(x)dx = \int 2dx = 2x + C$ 그런데 $f(0) = C = 0$

$\therefore f(x) = 2x, \; f'(x) = 2$

따라서 $\dfrac{f'(1)}{f(1)} = \dfrac{2}{2 \times 1} = 1$

5 정답 ③

$f(x) = \int \{(x-1)^3 + 5x - 1\}dx$ 에서

$f'(x) = (x-1)^3 + 5x - 1$ 이므로

$\displaystyle\lim_{h \to 0} \frac{f(1+2h) - f(1-h)}{h}$

$= \displaystyle\lim_{h \to 0} \frac{\{f(1+2h) - f(1)\} - \{f(1-h) - f(1)\}}{h}$

$= 2\displaystyle\lim_{h \to 0} \frac{f(1+2h) - f(1)}{2h} + \lim_{h \to 0} \frac{f(1-h) - f(1)}{-h}$

$= 2f'(1) + f'(1) = 3f'(1)$

$= 3\{(1-1)^3 + 5 \times 1 - 1\} = 12$

32. 정적분의 정의와 성질

유제1-1
정답 ①

$\displaystyle\int_0^1 f(x)dx = \int_0^1 (6x^2 + 2ax)dx$

$= \left[2x^3 + ax^2\right]_0^1$

$= 2 + a$

$f(1) = 6 + 2a$ 이므로 $2 + a = 6 + 2a$

$\therefore a = -4$

유제1-2
정답 ④

$\displaystyle\int_1^2 (3x^2 + 1)dx = [x^3 + x]_1^2$

$= (8-1) + (2-1)$

$= 8$

유제2-1
정답 ④

(주어진 식) $= \displaystyle\int_{-1}^1 (x^3 + x^2 + 2x + 4)dx$

$= 2\displaystyle\int_0^1 (x^2 + 4)dx$ ($\because x^3$, $2x$ 는 기함수)

$= 2\left[\dfrac{1}{3}x^3 + 4x\right]_0^1 = 2\left(\dfrac{1}{3} + 4\right) = \dfrac{26}{3}$

유제2-2
정답 ①

$-\displaystyle\int_1^0 f(x)dx = \int_0^1 f(x)dx$ 이므로

(주어진 식) $= \displaystyle\int_{-2}^0 f(x)dx + \int_0^1 f(x)dx + \int_1^a f(x)dx$

$= \displaystyle\int_{-2}^a f(x)dx$

임의의 다항함수 $f(x)$ 에 대하여 항상 성립하는 경우는
아래 끝과 위 끝이 일치하는 경우로
이때의 정적분 값은 0이다.

즉, $\displaystyle\int_a^a f(x)dx = 0$ 이므로 $\displaystyle\int_{-2}^a f(x)dx = 0$ 에서 $a = -2$

유제3-1
정답 ④

$f(x)$ 의 한 부정적분을 $F(x)$ 라 하면

$\displaystyle\lim_{x \to 2} \frac{1}{x-2}\int_2^x f(t)dt = \lim_{x \to 2} \frac{F(x) - F(2)}{x-2}$

$= F'(2) = f(2)$

$\therefore \displaystyle\lim_{x \to 2} \frac{1}{x-2}\int_2^x f(t)dt = 15$

유제3-2
정답 ④

$f(x) = x^3 - 3x^2 + \displaystyle\int_0^2 f(t)dt$ 이므로

$\displaystyle\int_0^2 f(t)dt = k$ 라 하면 $f(x) = x^3 - 3x^2 + k$

$\Rightarrow \displaystyle\int_0^2 f(t)dt = \int_0^2 (t^3 - 3t^2 + k)dt$

$= \left[\dfrac{1}{4}t^4 - t^3 + kt\right]_0^2$

$= 4 - 8 + 2k$

$\Rightarrow 4 - 8 + 2k = k$

따라서 $k = 4$ 이므로 $f(x) = x^3 - 3x^2 + 4$

$\therefore f(0) = 4$

유제4-1
정답 ①
주어진 무한급수를 정적분으로 바꾸면

$$\lim_{n \to \infty} \sum_{k=1}^{n} f\left(1 + \frac{2k}{n}\right)\frac{3}{n} = \lim_{n \to \infty} \sum_{k=1}^{n} f\left(1 + \frac{(3-1)k}{n}\right)\frac{3-1}{n} \cdot \frac{3}{2}$$

$$= \frac{3}{2}\int_{1}^{3} f(x)dx$$

$$= \frac{3}{2}\int_{1}^{3} (3x^2 - 6x)dx$$

$$= \frac{3}{2}\left[x^3 - 3x^2\right]_{1}^{3} = 3$$

유제4-2
정답 ③

$$\lim_{n \to \infty} \sum_{k=1}^{n} \left(3 + \frac{2k}{n}\right)^2 \frac{1}{n} = \int_{0}^{1} (3+2x)^2 dx \ - \ ①$$

$$= \int_{3}^{5} \frac{1}{2}t^2 dt$$

$$= \frac{1}{2}\int_{3}^{5} x^2 dx \ - \ ④$$

$$= \frac{1}{2}\int_{3-3}^{5-3} (x+3)^2 dx$$

$$= \frac{1}{2}\int_{0}^{2} (3+x)^2 dx \ - \ ②$$

연/습/문/제

---

1 정답 ①

$$\int_{-2}^{2} (3x^2 + x)dx = \left[x^3 + \frac{1}{2}x^2\right]_{-2}^{2} = (8+2)-(-8+2) = 16$$

2 정답 ②

함수 $f(x) = \begin{cases} x^2 & (0 \le x \le 1) \\ 2x - x^2 & (1 \le x \le 2) \end{cases}$ 의 조건에 의해서

$$\int_{0}^{2} f(x)dx = \int_{0}^{1} x^2 dx + \int_{1}^{2} (-x^2 + 2x)dx$$

$$= \left[\frac{1}{3}x^3\right]_{0}^{1} + \left[-\frac{1}{3}x^3 + x^2\right]_{1}^{2}$$

$$= \frac{1}{3} + \left\{\left(-\frac{8}{3} + 4\right) - \left(-\frac{1}{3} + 1\right)\right\}$$

$$= \frac{1}{3} + \frac{4}{3} - \frac{2}{3} = 1$$

3 정답 ③

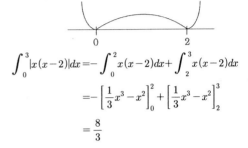

$$\int_{0}^{3} |x(x-2)|dx = -\int_{0}^{2} x(x-2)dx + \int_{2}^{3} x(x-2)dx$$

$$= -\left[\frac{1}{3}x^3 - x^2\right]_{0}^{2} + \left[\frac{1}{3}x^3 - x^2\right]_{2}^{3}$$

$$= \frac{8}{3}$$

4 정답 ③

$|x^2 - 1| = \begin{cases} 1 - x^2 & (-1 \le x \le 1) \\ x^2 - 1 & (1 \le x \le 2) \end{cases}$ 이므로

$$\int_{-1}^{2} |x^2 - 1|dx = \int_{-1}^{1} |x^2 - 1|dx + \int_{1}^{2} |x^2 - 1|dx$$

$$= \int_{-1}^{1} (1-x^2)dx + \int_{1}^{2} (x^2-1)dx = \left[x - \frac{1}{3}x^3\right]_{-1}^{1} + \left[\frac{1}{3}x^3 - x\right]_{1}^{2}$$

$$= \left\{\left(1 - \frac{1}{3}\right) - \left(-1 + \frac{1}{3}\right)\right\} + \left\{\left(\frac{8}{3} - 2\right) - \left(\frac{1}{3} - 1\right)\right\} = \frac{4}{3} + \frac{4}{3} = \frac{8}{3}$$

5 정답 ②

그림에서 정적분의 정의에 따라 함수 $g(x)$의 증감은 다음 표와 같다.

x	$x=0$	$\cdots$	$x=1$	$\cdots$	$x=b$	$\cdots$	$x=d$
$g'(x) = f(x)$		$-$	0	$+$	0	$-$	0
$g(x)$		$\searrow$	극소	$\nearrow$	극대	$\searrow$	

따라서 $x=b$에서 극대이면서 동시에 최댓값 $g(b)$을 갖는다.

6 정답 ④

$\int_{0}^{3} f(x)dx$ 는 상수이므로 $\int_{0}^{3} f(x)dx = a$로 놓으면

$$f(x) = 4x + a$$

$$\int_{0}^{3} (4x + a)dx = \left[2x^2 + ax\right]_{0}^{3} = 18 + 3a = a$$ 에서 $a = -9$

$$\therefore f(x) = 4x - 9$$

7 정답 ③

$f(x) = x^2 + x + 1$, $F'(x) = f(x)$ 라 하면

$$\lim_{h \to 0} \frac{1}{h} \int_1^{1+h} (x^2 + x + 1)dx = \lim_{h \to 0} \frac{1}{h}[F(x)]_1^{1+h}$$

$$= \lim_{h \to 0} \frac{1}{h}[F(1+h) - F(1)]$$

$$= \lim_{h \to 0} \frac{F(1+h) - F(1)}{h}$$

$$= F'(1) = f(1)$$

$$\therefore f(1) = 1 + 1 + 1 = 3$$

8 정답 ③

$\lim_{h \to 0} \dfrac{1}{h} \displaystyle\int_1^{1+h} (x^3 - 2x^2 + 3)dx$ 에서

$\displaystyle\int (x^3 - 2x^2 + 3)dx = F(x)$ 라 하면 $F'(x) = x^3 - 2x^2 + 3$

$\displaystyle\int_1^{1+h} (x^3 - 2x^2 + 3)dx = [F(x)]_1^{1+h} = F(1+h) - F(1)$

따라서 $\lim_{h \to 0} \dfrac{1}{h} \displaystyle\int_1^{1+h} (x^3 - 2x^2 + 3)dx$

$$= \lim_{h \to 0} \frac{F(1+h) - f(1)}{h} = F'(1)$$

$$= 1^3 - 2 \times 1^2 + 3 = 2$$

9 정답 ④

$f(x) = x^3 - x^2 = x^2(x-1)$

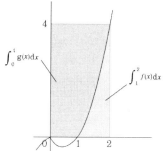

$$\therefore \int_1^2 f(x)dx + \int_0^4 g(x)dx = 2 \times 4 = 8$$

10 정답 ③

$$a_n = \int_0^1 (1 + 4x + 9x^2 + \cdots + n^2 x^{n-1})dx$$

$$= [x + 2x^2 + 3x^3 + \cdots + nx^n]_0^1$$

$$= 1 + 2 + 3 + \cdots + n = \sum_{k=1}^{n} k$$

따라서 $\lim_{n \to \infty} \dfrac{a_n}{n^2} = \lim_{n \to \infty} \dfrac{1}{n^2} \sum_{k=1}^{n} k$

$$= \lim_{n \to \infty} \frac{1}{n} \sum_{k=1}^{n} \frac{k}{n}$$

$$= \int_0^1 x dx$$

$$= \left[\frac{1}{2}x^2\right]_0^1 = \frac{1}{2}$$

11 정답 ①

$f(x) = ax^4 + bx^3 + cx^2 + dx + e \ (a \neq 0)$ 라 하면

$f'(x) = 4ax^3 + 3bx^2 + 2cx + d$

(나) 임의의 실수 α에 대하여 $\displaystyle\int_{-1-\alpha}^{1+\alpha} f'(x)dx = 0$이므로

$f'(x)$는 3차의 기함수 즉 홀수차의 항만 갖는다.

즉, $b = d = 0$ $\therefore f(x) = ax^4 + cx^2 + e$, $f'(x) = 4ax^3 + 2cx$

(가)에서 $\begin{cases} f(1) = a + c + e = 0 \\ f'(1) = 4a + 2c = 0 \end{cases}$ 이므로 $c = -2a$, $e = a$

즉, $f(x) = a(x^4 - 2x^2 + 1)$

따라서 $\dfrac{f(3)}{f(2)} = \dfrac{a(3^4 - 2 \times 3^2 + 1)}{a(2^4 - 2 \times 2^2 + 1)} = \dfrac{64}{9}$

12 정답 ③

(ⅰ) 이차함수 $y = f(x)$의 그래프가 아래로 볼록이고 두 점 $(1, 0)$, $(3, 0)$을 지나므로 $f(x) = a(x-1)(x-3) \ (a > 0)$ 이다.

(ⅱ) $g(x) = \displaystyle\int_0^x f(t)dt$에서 $g'(x) = f(x)$이므로 $x = 1$에서 극대가 된다.

$\therefore$ 극댓값은

$$g(1) = \int_0^1 f(t)dt = \int_0^1 a(t-1)(t-3)dt = a\int_0^1 (t^2 - 4t + 3)dt$$

$$= a\left[\frac{1}{3}x^3 - 2x^2 + 3x\right]_0^1 = \frac{4}{3}a = 4 \quad \therefore a = 3$$

즉, $f(x) = 3(x-1)(x-3) = 3x^2 - 12x + 9$

따라서 $f(x) = 3x^2 - 12x + 9 = 3(x-2)^2 - 3$는 $x = 2$일 때 최솟값 -3을 갖는다.

33. 정적분의 활용

유제1-1
정답 ④
$y = x(x-2)$이므로 x축과 $x=3$과 둘러싸인 도형은

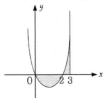

$$\int_0^2 (-x^2+2x)dx + \int_2^3 (x^2-2x)dx$$
$$= \left[-\frac{1}{3}x^3 + x^2 \right]_0^2 + \left[\frac{1}{3}x^3 - x^2 \right]_2^3 = \frac{8}{3}$$

유제1-2
정답 ②
곡선 $y = x(x-1)(x-a)$와 x축으로 둘러싸인 도형은 다음과 같다.

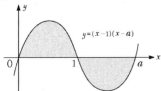

$$\int_0^a (x^3-(a+1)x^2+ax)dx = \left[\frac{1}{4}x^4 - \frac{a+1}{3}x^3 + \frac{a}{2}x^2 \right]_0^a$$
$$= \frac{a^4}{4} - \frac{a^4+a^3}{3} + \frac{a^3}{2} = 0$$

$a^4 - 2a^3 = 0 \Rightarrow a^3(a-2) = 0$, $a > 1$이므로 $a = 2$

유제2-1
정답 ④
$x = y^2$와 $x = y+2$의 교점의 y좌표는
$$y^2 = y+2 \Rightarrow y^2 - y - 2 = 0$$
$$y = -1,\ 2$$
$$\int_{-1}^2 \{(y+2) - y^2\}dy = -\int_{-1}^2 (y-2)(y+1)dx$$
$$= \frac{1}{6}(2-(-1))^3 = \frac{9}{2}$$

유제2-2
정답 ②
두 곡선의 교점의 x좌표는
$$x^3 - (2a+1)x^2 + a(a+1)x = x^2 - ax$$
$$x^3 - 2(a+1)x^2 + a(a+2)x = x(x-a)(x-a-2)$$
그러므로 $x = 0,\ a,\ a+2$
둘러싸인 두 부분의 넓이가 같으므로
$$\int_a^{a+2} \{x^3 - 2(a+1)x^2 + a(a+2)x\}dx$$
$$= \left[\frac{1}{4}x^4 - \frac{2}{3}(a+1)x^3 + \frac{1}{2}a(a+2)x^2 \right]_0^{a+2}$$
$$= \frac{1}{12}(a+2)^3(a-2) = 0$$

$a > 0$이므로 $a = 2$

[다른 풀이]
두 부분의 넓이가 같으므로 $x = a$가 변곡점의 x좌표이다.
그러므로 $\dfrac{0+a+2}{2} = a$
$$\therefore a = 2$$

유제3-1
정답 ③
점 P가 움직인 거리를 l이라 하면
$$l = \int_0^3 |v|dx = \int_0^3 |2-t|dx$$
$$= \int_0^2 (2-t)dx + \int_2^3 (t-2)dx = \frac{5}{2}$$

유제3-2
정답 ①
자동차 A의 처음 위치를 0이라 하면
t초 후의 자동차 A의 위치는 vt,
자동차 B의 위치는 $18 + \int_0^t t^2 dt = 18 + \frac{1}{3}t^3$
3초 후의 두 자동차의 위치가 같으므로
$$3v = 18 + \frac{1}{3} \cdot 3^3$$
$$\therefore v = 9(m/초)$$

1 정답 ④

$y = x + 1$ … ㉠

$y = x^2 - 1$ … ㉡

㉠, ㉡의 교점은 다음과 같다.

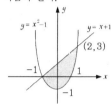

$x + 1 = x^2 - 1$

$x^2 - x - 2 = 0$

$(x - 2)(x + 1) = 0$

$\therefore x = -1,\ 2$가 ㉠, ㉡의 교점이다.

그러므로 직선 $y = x + 1$과 곡선 $y = x^2 - 1$로 둘러싸인 도형의 면적은

$\displaystyle \int_{-1}^{2} \{(x+1) - (x^2 - 1)\} dx$

$\displaystyle = \int_{-1}^{2} (-x^2 + x + 2) dx$

$\displaystyle = \left[-\frac{1}{3}x^3 + \frac{1}{2}x^2 + 2x \right]_{-1}^{2}$

$\displaystyle = -\frac{1}{3}\{8 - (-1)^3\} + \frac{1}{2}\{4 - (-1)^2\} + 2\{2 - (-1)\} = \frac{9}{2}$

2 정답 ③

$y = x^3 - 5x^2 + x - 4 = (x-1)(x-2)^2$

$\displaystyle \therefore \int_{1}^{2} (x^3 - 5x^2 + 8x - 4) dx$

$\displaystyle = \left[\frac{1}{4}x^4 - \frac{5}{3}x^3 + 4x^2 - 4x \right]_{1}^{2}$

$\displaystyle = 4 - \frac{40}{3} + 16 - 8 - \left(\frac{1}{4} - \frac{5}{3} + 4 - 4 \right)$

$\displaystyle = 12 - \frac{40}{3} - \frac{1}{4} + \frac{5}{3} = \frac{1}{4} - \frac{35}{3} = \frac{1}{12}$

3 정답 ②

$x^3 - x = x^2 - 1$에서 $x^3 - x^2 - x + 1 = 0$

즉, $(x-1)^2(x+1) = 0$ $\therefore x = -1,\ x = 1$

즉, $y = x^3 - x,\ y = x^2 - 1$의 교점은 $(1, 0),\ (-1, 0)$이고, 구간 $-1 \leq x \leq 1$에서 $x^3 - x \geq x^2 - 1$이다.

따라서 $y = x^3 - x,\ y = x^2 - 1$로 둘러싸인 부분의 넓이는

$\displaystyle \int_{-1}^{1} \{(x^3 - x) - (x^2 - 1)\} dx = \int_{-1}^{1} (x^3 - x^2 - x + 1) dx$

$\displaystyle = \left[\frac{1}{4}x^4 - \frac{1}{3}x^3 - \frac{1}{2}x^2 + x \right]_{-1}^{1} = 2\left(1 - \frac{1}{3}\right) = \frac{4}{3}$

4 정답 ④

$y = x^2 - 2x$와 x축과 $(0,0),\ (2,0)$에서 만나고, $0 \leq x \leq 2$에서 $y \leq 0$이므로 $y = x^2 - 2x$와 x축으로 둘러싸인 부분의 넓이는 $\displaystyle -\int_{0}^{2} (x^2 - 2x) dx = \left[x^2 - \frac{1}{3}x^3 \right]_{0}^{2} = 4 - \frac{8}{3} = \frac{4}{3}$

5 정답 ②

$f(x) = 6x^2 + 1$, $f(x)$의 부정적분 중 하나를 $F(x)$라 하면

$\displaystyle \lim_{h \to 0} \frac{S(h)}{h} = \lim_{h \to 0} \frac{\displaystyle \int_{1-h}^{1+h} f(x) dx}{h}$

$\displaystyle = \lim_{h \to 0} \frac{F(1+h) - F(1-h)}{h}$

$= 2F'(1) = 2f(1) = 14$

6 정답 ③

그림에서 곡선 $y = x^{n+2}$와 $y = x^2$으로 둘러싸인 도형의 넓이 S_n은 $\displaystyle S_n = \int_{0}^{1} (x^2 - x^{n+2}) dx = \left[\frac{1}{3}x^3 - \frac{1}{n+3}x^{n+3} \right]_{0}^{1}$

$\displaystyle = \frac{1}{3} - \frac{1}{n+3}$

따라서 $\displaystyle \lim_{n \to \infty} S_n = \lim_{n \to \infty} \left(\frac{1}{3} - \frac{1}{n+3} \right) = \frac{1}{3}$

7 정답 ①

점 $(1, 2)$를 지나고 기울기가 m인 직선의 방정식은

$y - 2 = m(x - 1)$

즉, $y = mx - m + 2$이다.

이 직선 $y = mx - m + 2$과 $y = x^2$과의 교점의 x좌표를 α, $\beta(\alpha < \beta)$라 하면

$x^2 = mx - m + 2 = 0 \Rightarrow x^2 - mx + (m-2) = 0$의 두 근이 α, β이므로 $\alpha + \beta = m$, $\alpha\beta = m - 2$이다. 이때 구하는 넓이 $S(m)$은

$$S(m) = \int_{\alpha}^{\beta} \{(mx - m + 2) - x^2\} dx = \frac{1}{6}(\beta - \alpha)^3$$

$$= \frac{1}{6}\{(\sqrt{(\beta - \alpha)^2}\}^3$$

$(\beta - \alpha)^2 = (\alpha + \beta)^2 - 4\alpha\beta = m^2 - 4(m - 2) = (m-2)^2 + 4$

이므로 $(\beta - \alpha)^2$은 $m = 2$일 때 4를 갖는다.

$\therefore$ $S(m)$은 $m = 2$일 때 최솟값 $\frac{1}{6}(\sqrt{4})^3 = \frac{4}{3}$

즉, $p = 3$, $q = 4$

따라서 $p + q = 7$

8 정답 ②

$$\int_0^3 |20 - 10t| dt = \int_0^2 (20 - 10t) dt - \int_2^3 (20 - 10t) dt$$

$$= 5\left[4t - t^2\right]_0^2 - 5\left[4t - t^2\right]_2^3$$

$$= 5(8 - 4 - 12 + 9 + 8 - 4)$$

$$= 5 \times 5 = 25$$

9 정답 ④

㉠ $t = a$일 때,

물체 A의 높이는 $\int_0^a f(t) dt$이고,

물체 B의 높이는 $\int_0^a g(t) dt$이다.

이때, 주어진 그림에서 $\int_0^a f(t) dt > \int_0^a g(t) dt$이므로

A가 B보다 높은 위치에 있다. (참)

㉡ $0 \leq t \leq b$일 때 $f(t) - g(t) \geq 0$이므로

시각 t에서의 두 물체 A, B의 높이의 차는 점점 커진다.

또, $b < t \leq c$일 때 $f(t) - g(t) < 0$이므로

시각 t에서의 두 물체 A, B의 높이의 차는 점점 줄어든다.

따라서 $t = b$일 때, 물체 A와 물체 B의 높이의 차가 최대이다. (참)

㉢ $\int_0^c f(t) dt = \int_0^c g(t) dt$이므로 $t = c$일 때,

물체 A와 물체 B는 같은 높이에 있다. (참)

이상에서 옳은 것은 ㉠, ㉡, ㉢이다.

34. 순열

유제1-1
정답 ②

부정방정식 문제다. 여러 개의 항 중에 계수가 가장 큰 미지수에 수를 차례대로 대입함으로써 문제를 해결할 수 있다.

$x+2y+3z=7$

이 부정방정식에서 계수가 가장 큰 미지수는 $3z$이다.

$3z$에 수를 차례대로 대입해보면

(i) $z=1$

$x+2y+3=7$

$x+2y=7-3=4$

다음 식을 만족하는 $(x,\ y)$는 다음과 같다.

$(x,\ y)=(2,\ 1)$

(ii) $z=2$

$x+2y+6=7$

$x+2y=7-6=1$

이 식의 해는 $(x,\ y)=(-1,\ 1)$일 수도 있다. 그러나 x와 y는 양의 정수이므로 이 방정식에서는 해가 없다.

(i), (ii)에 의해 이 부정방정식을 만족하는 해 $(x,\ y,\ z)$는 오로지 $(2,\ 1,\ 1)$뿐으로 총 1개다.

유제1-2
정답 ④

$x+y=3$일 때 $(1,\ 2),\ (2,\ 1)$

$x+y=4$일 때 $(1,\ 3),\ (2,\ 2),\ (3,\ 1)$

$x+y=5$일 때 $(1,\ 4),\ (2,\ 3),\ (3,\ 2),\ (4,\ 1)$

이므로 모두 9개

유제2-1
정답 ①

(i) $A{\rightarrow}B{\rightarrow}D$ 경로인 경우 $3\times1=3$(가지)

(ii) $A{\rightarrow}C{\rightarrow}D$ 경로인 경우 $2\times3=6$(가지)

(iii) $A{\rightarrow}B{\rightarrow}C{\rightarrow}D$ 경로인 경우 $3\times2\times3=18$(가지)

(iv) $A{\rightarrow}C{\rightarrow}B{\rightarrow}D$ 경로인 경우 $2\times2\times1=4$(가지)

$\therefore 3+6+18+4=31$(가지)

유제2-2
정답 ③

(i) $A \rightarrow C \rightarrow G$로 가는 최단경로의 수는 $2\times1=2$(가지)

(ii) $A \rightarrow H \rightarrow G$로 가는 최단경로의 수는 $2\times1=2$(가지)

(iii) $A \rightarrow F \rightarrow G$로 가는 최단경로의 수는 $2\times1=2$(가지)

합의 법칙에 의해 $2+2+2=6$(가지)

유제3-1
정답 ①

우선 108을 소인수분해하면 다음과 같다.

$108=2^2\times3^3$

양의 약수를 구하는 공식에 대입해 보면

$(2+1)\times(3+1)=3\times4=12$이므로

108의 약수의 개수는 총 12개다.

유제3-2
정답 ③

동전의 개수를 살펴보면 100원 짜리는 3개, 50원 짜리는 2개, 10원짜리는 3개다. 우선 100원 짜리의 경우를 보면 1개 내는 경우, 2개 내는 경우, 3개 내는 경우, 안 내는 경우 총 4가지가 있다. 50원 짜리와 10원 짜리도 이와 같이 생각해야 하며 그 전체를 곱한 경우의 수는

$(3+1)\times(2+1)\times(3+1)=4\times3\times4=48$가지다.

그러나 이 48가지에서 아무것도 안 내는 경우를 제외해야 하므로 전체 경우의 수는 $48-1=47$가지다.

유제4-1
정답 ④

3의 배수이려면 각 자릿수의 합이 3의 배수이어야 하므로

0, 1, 2로 만드는 경우 $2\times2\times1=4$

1, 2, 3으로 만드는 경우 $3\times2\times1=6$

따라서 모두 10개

유제4-2
정답 ②

32□□□인 경우 3! = 6(가지)

34□□□인 경우 3! = 6(가지)

35□□□인 경우 3! = 6(가지)

4□□□□인 경우 4! = 24(가지)

5□□□□인 경우 4! = 24(가지)

따라서 $3 \times 6! + 2 \times 4! = 66$

유제5-1
정답 ①

C, D를 하나로 보고 5개를 배열하는 방법

5! = 120(가지)에 C, D를 바꾸는 경우가 있으므로

$120 \times 2 = 240$(가지)

유제5-2
정답 ④

남여가 교대로 서는 방법은 남자를 먼저 세우고 여자를 세우는 방법과 여자를 먼저 세우고 남자를 세우는 방법 2가지가 있으므로

$2 \times 3! \times 3! = 72$(가지)

유제6-1
정답 ②

6개의 문자를 모두 나열하는 경우의 수는

6! = 720(가지)

양쪽 끝에 모음이 오는 경우의 수는

$_3\mathrm{P}_2 \times 4! = 144$(가지)

따라서 구하는 경우의 수는

$720 - 144 = 576$(가지)

유제6-2
정답 ③

a와 e를 고정시키고 나머지 b, c, d로 순서를 정하는 경우이므로 3! = 6(가지)

유제7-1
정답 ②

부모는 이웃하므로 묶어 1명으로 생각하면 4명이 원탁에 둘러앉는 경우가 되므로 경우의 수는 (4-1)! = 3! = 6(가지)이다. 그런데 부모가 자리를 바꾸는 경우가 2! = 2가지 있으므로 $6 \times 2 = 12$(가지)

유제7-2
정답 ②

서로 다른 6개의 구슬 모두를 실에 꿰어 목걸이를 만들기 위해서 원형으로 배열하여 차례대로 실에 꿰어주면 되므로 방법의 수는 (6-1)! = 120(가지)이다. 그런데 실에 꿰어 있으므로 뒤집어 같게 되는 경우가 항상 있으므로 $\frac{120}{2} = 60$(가지)

유제8-1
정답 ②

0, 1, 2, 3, 4의 다섯 숫자를 중복하여 사용할 수 있으므로, 서로 다른 5개에서 중복하여 3개 택하여 나열하는 중복순열이다. 따라서 나열하는 방법의 수는 $_5\Pi_3 = 5^3 = 125$(가지)이다. 그런데 맨 앞에 0이 오는 경우는 세 자리 정수가 아니므로 맨 앞에 0이 오는 방법의 수 $_5\Pi_2 = 5^2 = 25$(가지)는 빼줘야 한다. 따라서 3자리 정수의 개수는 $125 - 25 = 100$(가지)

유제8-2
정답 ③

함수를 만들 때는 공역 $A = \{1, 2, 3\}$의 원소를 일렬로 세운 다음 정의역의 1에 맨 앞의 원소를, 2에 두 번째 원소를, 3에 세 번째 원소를 대응시키면 된다. 즉, A에서 A로의 함수는 공역의 서로 다른 1, 2, 3 세 개에서 세 개 택하는 중복순열이므로 $a = {}_3\Pi_3 = 3^3 = 27$(개)이다. 또 A에서 A로의 일대일대응은 공역의 서로 다른 1, 2, 3 세 개에서 중복을 허용하지 않고 세 개 택하는 순열로 생각하면 되므로 $b = 3! = 6$(개)이다. 따라서 $b - a = 27 - 6 = 21$

유제9-1
정답 ②

1, 1, 1, 2, 2, 3, 3의 7개의 숫자를 모두 사용하여 만들 수 있는 7자리 정수는 1, 1, 1, 2, 2, 3, 3을 나열하는 방법의 수와 같다. 따라서 정수의 개수는 $\frac{7!}{3! \, 2! \, 2!} = 30$(가지)

유제9-2
정답 ②

최단거리로 가려면 오른쪽으로 4칸, 위로 3칸 가야 한다. 오른쪽으로 1칸 가는 것을 a, 위로 1칸 가는 것을 b라 하면, 최단거리로 가는 방법의 수는 a를 4개, b를 3개 나열하는 방법의 수 즉 a, a, a, a, b, b, b를 나열하는 방법의 수이다. 따라서 A지점에서 B지점까지 최단 거리로 가는 방법의 수는 $\frac{7!}{4! \, 3!} = 35$(가지)

1 정답 ③

$2,000 = 2^4 \times 5^3$이므로 $5 \times 4 = 20$(개)

2 정답 ④

4명이 한 줄로 설 수 있는 경우의 수 : $4!$
여학생 3명이 한 줄로 설 수 있는 경우의 수 : $3!$
$\therefore 4! \times 3! = 4 \times 3 \times 2 \times 3 \times 2 \times 1 = 144$

3 정답 ①

$a_1 + a_2 + a_3 = 11$이 되는 경우는 $1+4+6$, $2+3+6$, $2+4 +5$의 세 가지 경우이고, 이들 각각을 나열하는 방법의 수는 $3!$이다. 이때 나머지 세 수를 나열하는 방법의 수도 $3!$이다. 따라서 모든 경우의 수는 $3 \times 3! \times 3! = 108$

4 정답 ③

다섯자리 수 중 맨 앞자리에 1, 2, 3이 오는 경우의 수는 $4! \times 3 = 72$이므로, 작은 수부터 차례로 나열할 때 73번째 나타나는 수는 맨 앞자리의 수가 4인 가장 작은 수이다. 따라서 41235이다.

5 정답 ①

($A \to B$ 방법의 수)$-$($A \to P \to B$ 방법의 수)
$\left(\dfrac{6!}{3!3!} - 2 \right) - \left(\dfrac{3!}{2!} \times \dfrac{3!}{2!} \right) = 9$

6 정답 ③

6명이 원탁에 둘러앉는 방법의 수는 $(6-1)! = 5! = 120$(가지)
그런데 원순열의 각각의 방법에 따라 그림과 같은 직사각형 모양의 식탁에 앉을 때는 서로 다른 3가지의 방법이 나온다. 따라서 식탁에 둘러앉는 방법의 수는 $120 \times 3 = 360$(가지)

7 정답 ③

기호는 중복하여 사용할 수 있으므로 중복순열의 수를 구하면 된다. 기호 1개를 사용하여 만들 수 있는 부호는 $_2\Pi_1 = 2^1 = 2$(가지), 기호 2개를 사용하여 만들 수 있는 부호는 $_2\Pi_2 = 2^2 = 4$(가지), 기호 3개를 사용하여 만들 수 있는 부호는 $_2\Pi_3 = 2^3 = 8$(가지), 기호 4개를 사용하

여 만들 수 있는 부호는 $_2\Pi_4 = 2^4 = 16$(가지)이다.
따라서 네 개 이하로 사용하여 만들 수 있는 부호는
$2+4+8+16 = 30$(가지)

8 정답 ②

A가 2개 포함되는 경우, 즉 A, A, □의 경우 □을 뽑는 방법의 수가 4가지이므로 일렬로 나열하는 방법의 수는
$$4 \times \frac{3!}{2!1!} = 12$$(가지)이다.

서로 다른 3개를 나열하는 □, ◡, ◇의 경우 나열할 3개의 문자를 선택하는 방법이 ABC, ABD, ABE, ACD, ACE, ADE, BCD, BCE, BDE, CDE의 10가지이므로 나열하는 방법은 $10 \times 3! = 60$(가지)이다. 따라서 3개의 문자를 뽑아 일렬로 나열할 수 있는 방법의 수는 $12 + 60 = 72$(가지)이다.

35. 조합

유제1-1
정답 ④

남자 6명 중 3명을 뽑는 경우 $_6C_3 = 20$
여자 4명 중 2명을 뽑는 경우 $_4C_2 = 6$
$\therefore 20 \times 6 = 120$

유제1-2
정답 ③

$_nC_3 = {}_nC_7$이려면 $n = 3+7$이므로 $n = 10$
[다른 풀이]
$$\frac{n(n-1)(n-2)}{3 \times 2 \times 1}$$
$$= \frac{n(n-1)(n-2)(n-3)(n-4)(n-5)(n-6)}{7 \times 6 \times 5 \times 4 \times 3 \times 2 \times 1}$$
$(n-3)(n-4)(n-5)(n-6) = 7 \times 6 \times 5 \times 4$이므로
$n-3 = 7$, $n = 10$

유제2-1
정답 ③

평행사변형이 되려면 가로선 2개와 세로선 2개를 선택하는 경우의 수와 같으므로
$_4C_2 \times {}_3C_2 = 6 \times 3 = 18$

유제2-2
정답 ③

직각삼각형이 되는 것은 원의 중심을 기준으로 마주보는 두 점과 나머지 한 점을 선택하면 되므로 $4 \times 3 \times 2 = 24$

유제3-1
정답 ④

2송이, 2송이, 3송이씩 포장하여 3명의 친구에게 나누어 주는 방법이다. 즉, 분배하는 경우의 수는

$$_7C_2 \times {}_5C_2 \times {}_3C_3 \times \frac{1}{2!} \times 3! = 630$$

유제3-2
정답 ④

$$_5C_1 \times {}_4C_2 \times {}_2C_2 \times \frac{1}{2} \times 3! = 90$$

유제4-1
정답 ③

주머니에서 꺼내는 검정색, 빨간색, 파란색 공의 개수를 각각 x, y, z라 하면,
각 색깔의 공을 적어도 한 개 이상 꺼내야 하므로 각각 한 개씩 빼면 $x + y + z = 5$이다.
따라서 구하는 방법의 수는

$$_3\mathrm{H}_5 = {}_{3+5-1}C_5 = {}_7C_2 = \frac{7 \cdot 6}{2 \cdot 1} = 21 \text{(가지)}\text{이다.}$$

유제4-2
정답 ③

서로 다른 3개에서 중복을 허락하여 10개를 택하는 중복조합의 수이므로

$$_{3+10-1}C_{10} = {}_{12}C_{10} = {}_{12}C_2 = 66$$

유제5-1
정답 ②

방정식 $x + y + z = 10$의 해 중에서 x, y, z가 모두 양의 정수해를 가지려면 x, y, z를 적어도 하나씩 선택해야 한다.
그러므로 구하는 해의 개수는 $x + y + z = 7$의 해 중에서 x, y, z가 모두 음이 아닌 정수해의 개수와 같다.

$$_{3+7-1}C_7 = {}_9C_7 = {}_9C_2 = 36$$

유제5-2
정답 ①

구하는 항의 개수는 서로 다른 3개에서 중복을 허락하여 10개를 택하는 중복조합의 개수와 같으므로

$$_{3+10-1}C_{10} = {}_{12}C_{10} = {}_{12}C_2 = 66$$

유제6-1
정답 ②

$\left(\dfrac{x}{2} + \dfrac{2}{x} \right)^6$ 의 전개식의 일반항은

$$_6C_r \left(\frac{x}{2} \right)^{6-r} \left(\frac{2}{x} \right)^r = {}_6C_r 2^{2r-6} \cdot x^{6-2r} \text{이므로}$$

$r = 3$일 때 상수항이다.
따라서 $r = 3$을 대입하면 $_6C_3 = 20$

유제6-2
정답 ③

$(3x + y)^6$에서 $x^2 y^4$의 계수는

$_6C_2 (3x)^2 (y)^4$에서

$_6C_2 \times 3^2 = 15 \times 9 = 135$이다.

유제7-1
정답 ②

$_n\mathrm{C}_0 + {}_n\mathrm{C}_1 + {}_n\mathrm{C}_2 + \cdots + {}_n\mathrm{C}_n = 2^n$ 이므로

$_{100}\mathrm{C}_0 + {}_{100}\mathrm{C}_1 + {}_{100}\mathrm{C}_2 + \cdots + {}_{100}\mathrm{C}_{100} = 2^{100}$이다.

$\therefore \log_2 \left({}_{100}C_0 + {}_{100}C_1 + {}_{100}C_2 + \cdots + {}_{100}C_{100} \right) = 100$

유제7-2
정답 ③

$$500 < {}_nC_1 + {}_nC_2 + \cdots + {}_nC_n < 1000$$

$$_nC_1 + {}_nC_2 + \cdots + {}_nC_n = 2^n - 1$$

따라서 $n = 9$일 때 $2^9 - 1 = 511$이므로 $n = 9$이다.

유제8-1
정답 ②

$4 = 3 + 1 = 2 + 2$이므로
$P(4, 2) = 2$, $6 = 4 + 1 + 1 = 3 + 2 + 1 = 2 + 2 + 2$이므로
$P(6, 3) = 3$이다. 따라서 $P(4, 2) + P(6, 3) = 2 + 3 = 5$

유제8-2
정답 ④

$S(6, 2)$은 원소의 개수가 6개인 집합을 두 개의 집합으로 분할하는 방법의 수이므로, 두 집합의 원소가 각각 5개와 1개, 4개와 2개, 3개와 3개인 경우로 나누어 구한다.
그런데 그 각각의 분할하는 방법의 수는

$$_6C_5, \ {}_6C_4, \ {}_6C_3 \times \frac{1}{2} \quad \text{즉 } 6, 15, 10\text{이므로}$$

$$S(6, 2) = 6 + 15 + 10 = 31$$

1 정답 ②

공집합이 아닌 두 집합 A, B가 $A \cup B = \{1, 2, 3, 4, 5\}$이고, A, B가 서로소이므로 A가 정해지면 그에 따라 B는 정해진다.
A, B가 공집합이 아니므로
$n(A) = 1$인 집합 A의 개수는 $_5C_1 = 5$,
$n(A) = 2$인 집합 A의 개수는 $_5C_2 = 10$,
$n(A) = 3$인 집합 A의 개수는 $_5C_3 = 10$,
$n(A) = 4$인 집합 A의 개수는 $_5C_4 = 5$이다.
따라서 A, B의 순서쌍 (A, B)의 개수는
$5 + 10 + 10 + 5 = 30$(가지)

2 정답 ④

모든 경우의 수가 $_{12}C_3 = 220$(가지)이므로
모두 남학생이 선발되는 경우는 $220 - 216 = 4$(가지)
남학생의 수를 x라 하면 $_xC_3 = 4$에서
$\dfrac{x(x-1)(x-2)}{3 \times 2 \times 1} = 4$이므로
$x(x-1)(x-2) = 4 \times 3 \times 2$
$\therefore x = 4$(명)이고 여학생은 $12 - 4 = 8$(명)이다.

3 정답 ④

$_4P_2 = 4 \times 3 = 12$, $_4\Pi_2 = 4^2 = 16$, $_4C_2 = \dfrac{_4P_2}{2!} = 6$, $_4H_2$

$= {}_5C_2 = \dfrac{_5P_2}{2!} = 10$이므로

$_4P_2 + {}_4\Pi_2 + {}_4C_2 + {}_4H_2 = 12 + 16 + 6 + 10 = 44$

4 정답 ②

$_{n-1}C_{r-1} + {}_{n-1}C_r = {}_nC_r$을 사용하면
$_3C_0 + {}_4C_1 = {}_4C_0 + {}_4C_1 = {}_5C_1$, $_5C_1 + {}_5C_2 = {}_6C_2$,
$_6C_2 + {}_6C_3 = {}_7C_3, \cdots,$
$_{20}C_{16} + {}_{20}C_{17} = {}_{21}C_{17} = {}_{21}C_4 = {}_{18+4-1}C_4 = {}_{18}H_4$
$\therefore {}_4C_1 + {}_5C_2 + {}_6C_3 + \cdots + {}_{20}C_{17} = {}_{18}H_4$ 즉 $n = 18$, $r = 4$
이다. 따라서 $2n - r = 2 \times 18 - 4 = 32$

5 정답 ①

$x = 2a + 1$, $y = 2b + 1$, $z = 2c + 1$
(단, a, b, c는 음이 아닌 정수)라고 하면
$x + y + z = 21$에서 $(2a+1) + (2b+1) + (2c+1) = 21$
$2(a+b+c) = 18 \Rightarrow a + b + c = 9$
따라서 구하는 해의 개수는
$a + b + c = 9$를 만족하는 음이 아닌 정수해의 개수와 같으므로
$_{3+9-1}C_9 = {}_{11}C_9 = {}_{11}C_2 = \dfrac{11 \times 10}{2 \times 1} = 55$(개)

6 정답 ②

부등식 $x + y + z \leq 2$를 만족하는 음이 아닌 정수는 $x + y + z = 0$, $x + y + z = 1$, $x + y + z = 2$를 만족한다. 그런데 $x + y + z = 0$을 만족하는 음이 아닌 정수의 순서쌍 (x, y, z)의 개수는
$_3H_0 = {}_{3+0-1}C_0 = {}_2C_0 = 1$, $x + y + z = 1$을 만족하는 음이 아닌 정수의 순서쌍 (x, y, z)의 개수는
$_3H_1 = {}_{3+1-1}C_1 = {}_3C_1 = 3$, $x + y + z = 2$을 만족하는 음이 아닌 정수의 순서쌍 (x, y, z)의 개수는
$_3H_2 = {}_{3+2-1}C_2 = {}_4C_2 = 6$
따라서 모든 순서쌍 (x, y, z)의 개수는 $1 + 3 + 6 = 10$(개)

7 정답 ②

주어진 조건에 의하여 B의 원소 1, 2, 3에서 각 원소를 적어도 한 개씩 포함하여 8개를 순서 없이 뽑으면 된다. 즉, 1, 2, 3을 미리 한 개씩 뽑아 놓고 나머지 5개를 중복조합으로 뽑는다.
$\therefore {}_{3+5-1}C_5 = {}_7C_5 = {}_7C_2 = 21$(가지)

8 정답 ②

전개식의 일반항은
$_7C_r (2x^2)^{7-r} \left(\dfrac{1}{x}\right)^r = {}_7C_r \cdot 2^{7-r} \cdot x^{14-3r}$
이때, $14 - 3r = 5$에서 $r = 3$이므로
x^5의 계수는 $16 \times {}_7C_3$이다.

9 정답 ④

$(3x - 2)^4$의 전개식에서 일반항은
$_4C_r (3x)^{4-r} (-2)^r = {}_4C_r 3^{4-r} (-2)^r x^{4-r}$이다.
여기서 x^2의 항이 나오는 경우는 $r = 2$이다.
따라서 x^2의 계수는 $_4C_2 3^{4-2}(-2)^2 = 6 \times 9 \times 4 = 216$

10 정답 ③

x의 계수는 $_7C_1 \times a = 14$이므로 $a = 2$

따라서 x^2의 계수는

$$_7C_2 \cdot a^2 = \frac{7 \times 6}{2} \times 2^2 = 84$$

11 정답 ②

뒤에서부터 계산하면

$$_{1991}C_{16} + _{1991}C_{15} = _{1992}C_{16}$$
$$_{1992}C_{17} + _{1992}C_{16} = _{1993}C_{17}$$
$$_{1993}C_{18} + _{1993}C_{17} = _{1994}C_{18}$$
$$_{1994}C_{19} + _{1994}C_{18} = _{1995}C_{19}$$
$$_{1995}C_{20} + _{1995}C_{19} = _{1996}C_{20}$$

36. 확률의 정의와 성질

유제1-1
정답 ②

두 눈의 수의 곱이 짝수인 경우의 수는 $36 - 9 = 27$이고,
짝수를 포함한 두 수의 합이 6 또는 8인 경우는
$(2, 4)$, $(2, 6)$, $(4, 2)$, $(4, 4)$, $(6, 2)$이므로

구하는 확률은 $\frac{5}{27}$이다.

유제1-2
정답 ①

흰 공 2개, 노란 공 2개, 파란 공 2개 중에서 임의로 3개의 공을 동시에 꺼낼 때, 공의 색깔이 모두 다를 확률은 각각의 색깔 중에서 1개씩 꺼내는 경우이다.

$$\therefore \frac{_2C_1 \times _2C_1 \times _2C_1}{_6C_3} = \frac{8}{20} = \frac{2}{5}$$

유제2-1
정답 ②

$P(A \cup B) = P(A) + P(B) - P(A \cap B)$에서

$\frac{7}{12} = \frac{1}{2} + P(B) - \frac{1}{4}$이므로

$$\therefore P(B) = \frac{1}{3}$$

유제2-2
정답 ③

한국사와 세계사를 모두 선택한 학생 수는
$22 + 17 - 31 = 8$(명)

$$\therefore \text{(구하는 확률)} = \frac{8}{35}$$

유제3-1
정답 ③

적어도 한쪽 끝에 남학생을 세우는 사건을 A라고 하면
양쪽 끝에 모두 여학생을 세우는 사건은 A^c이므로

$$P(A^c) = \frac{_3P_2 \times 3!}{5!} = \frac{3}{10}$$

$$\therefore P(A) = 1 - P(A^c) = 1 - \frac{3}{10} = \frac{7}{10}$$

유제3-2
정답 ④

꺼낸 3개 동전 금액의 합이 250원 미만일 경우의 수는
50원짜리 동전 3개일 경우 1가지,
50원짜리 동전 2개와 100원짜리 동전 1개일 경우
$_3C_2 \times _3C_1 = 9$가지이다.

따라서 구하는 확률은 $1 - \frac{10}{_9C_3} = \frac{37}{42}$이므로 $p + q = 79$이다.

연/습/문/제

1 정답 ④

㉠ 두 개의 주사위를 던졌을 때 일어날 수 있는 경우의 수
$6 \times 6 = 36$가지
㉡ 나온 눈의 수의 곱이 완전제곱수가 되는 경우의 수
$(1, 1)$, $(2, 2)$, $(3, 3)$, $(4, 4)$, $(5, 5)$, $(6, 6)$,
$(4, 1)$, $(1, 4)$의 8가지

$$\therefore \text{(확률)} = \frac{8}{36} = \frac{2}{9}$$

2 정답 ③

$$\frac{_5C_2 \times _5C_1}{_{10}C_3} = \frac{5}{12}$$

10개 중에서 3개를 꺼내는 모든 경우의 수 $\rightarrow _{10}C_3$
적구 2개를 꺼내는 경우의 수 $\rightarrow _5C_2$
적구를 제외한 나머지 5개의 구에서 1개를 꺼내는 경우의 수
$\rightarrow _5C_1$

3 정답 ④

붉은 공 1개, 푸른 공 2개, 노란 공 3개가 들어있는 주머니에서 임의로 3개의 공을 동시에 꺼낼 때, 모든 경우의 수는 $_6C_3 = 20$이고, 두 가지 색의 공이 나오는 경우는 붉은 공 1개와 푸른 공 2개가 나오는 1가지, 붉은 공 1개와 노란 공 2개가 나오는 $1 \times _3C_1 = 3$가지, 푸른 공 2개와 노란 공 1개가 나오는 $1 \times _3C_1 = 3$, 푸른 공 1개와 노란 공 2개가 나오는 $_2C_1 \times _3C_2 = 6$가지이다. 즉, 두 가지 색의 공이 나오는 경우의 수는 $1 + 3 + 3 + 6 = 13$가지이다. 따라서 두 가지 색의 공만 나오는 확률은 $\dfrac{13}{20}$

4 정답 ②

두 사건 A, B가 배반이므로 $P(A \cup B) = P(A) + P(B) = \dfrac{2}{3}$

그런데 $P(B) = \dfrac{2}{3} P(A)$이므로

$$P(A) + P(B) = P(A) + \dfrac{2}{3} P(A) = \dfrac{5}{3} P(A) = \dfrac{2}{3}$$

따라서 $P(A) = \dfrac{2}{5}$

5 정답 ④

다섯 명의 가족이 원탁에 둘러앉는 방법은 $(5-1)! = 4! = 24$(가지)이다.

부모가 이웃하게 원탁에 둘러앉는 방법은 부모를 한 묶음으로, 부모가 자리바꿈하는 경우를 생각하면 $(4-1)! \times 2 = 12$(가지)이다. 따라서 부모가 이웃하여 원탁에 둘러앉을 확률은 $\dfrac{12}{24} = \dfrac{1}{2}$이다. 그런데 부모가 이웃하지 않는 경우는 이웃하는 경우의 여사건이므로, 여사건의 확률에 의하여 $1 - \dfrac{1}{2} = \dfrac{1}{2}$

6 정답 ②

전체 직원 9명이 일렬로 서는 경우의 수는 $9!$, 인사팀 직원 4명이 이웃하지 않는 경우의 수는 인사팀 직원이 아닌 5명을 일렬로 세운 다음 그들의 앞, 뒤 또는 그 사이 6곳 중 4곳에 인사팀 직원 4명을 세우면 되므로 $5! \times _6P_4$이다.

따라서 인사팀 직원끼리 이웃하지 않을 확률은

$$\dfrac{5! \times _6P_4}{9!} = \dfrac{5}{42}$$

37. 조건부확률

유제1-1
정답 ④

$P(B|A) = \dfrac{P(A \cap B)}{P(A)} = \dfrac{2}{3}$이므로

$P(A \cap B) = P(A) \cdot \dfrac{2}{3} = \dfrac{4}{9}$ $\left(\because P(A) = \dfrac{2}{3} \right)$

유제1-2
정답 ①

$P(B^c) = 1 - P(B) = \dfrac{3}{4}$이고,

$P(A) - P(A \cap B) = \dfrac{3}{8}$이므로

$P(A|B^c) = \dfrac{\dfrac{3}{8}}{\dfrac{3}{4}} = \dfrac{1}{2}$이다.

유제2-1
정답 ④

$\mathrm{P}(A \cap B^c) = \mathrm{P}(A)\mathrm{P}(B^c) = \mathrm{P}(A)(1 - \mathrm{P}(B)) = \dfrac{2}{3}\mathrm{P}(A)$

$\therefore \mathrm{P}(A) = \dfrac{3}{4}$

$\mathrm{P}(A \cap B) = \mathrm{P}(A) \times \mathrm{P}(B) = \dfrac{1}{4}$

유제2-2
정답 ①

두 사건 A, B는 서로 독립이므로

$\mathrm{P}(A|B) = \mathrm{P}(A)$, $\mathrm{P}(B|A) = \mathrm{P}(B)$

$\therefore \mathrm{P}(A) = \mathrm{P}(B) = \dfrac{3}{4}$

또, $\mathrm{P}(A \cap B) = \mathrm{P}(A)\mathrm{P}(B) = \dfrac{9}{16}$

$\therefore \mathrm{P}(A \cup B) = \mathrm{P}(A) + \mathrm{P}(B) - \mathrm{P}(A \cap B)$

$$= \dfrac{3}{4} + \dfrac{3}{4} - \dfrac{9}{16} = \dfrac{15}{16}$$

유제3-1
정답 ④

5번 독립시행 중 소수가 나온 횟수가 3회이므로

$$\therefore {}_5C_3 \left(\dfrac{1}{2} \right)^3 \left(\dfrac{1}{2} \right)^2 = \dfrac{5}{16}$$

유제3-2
정답 ①

$$\frac{P(2)}{P(9)} = \frac{{}_{10}C_2\left(\frac{1}{3}\right)^2\left(\frac{2}{3}\right)^8}{{}_{10}C_9\left(\frac{1}{3}\right)^9\left(\frac{2}{3}\right)} = 576$$

연/습/문/제

---

1 정답 ①

$$\begin{cases} P(A \cap B) = P(A)P(B \mid A) = P(B)P(A \mid B) \\ P(A \mid B) = P(B \mid A) = \frac{1}{2} \\ P(A \cap B) = 3P(A)P(B) \end{cases}$$

$P(A) = P(B) = \frac{1}{6}$, $P(A \cap B) = \frac{1}{12}$

$P(A \cup B) = P(A) + P(B) - P(A \cap B) = \frac{1}{6} + \frac{1}{6} - \frac{1}{12} = \frac{1}{4}$

2 정답 ④

선택한 학생이 수학을 좋아하지 않는 사건을 A,
여학생인 사건을 B라 하면

$P(A) = \frac{60 - 23}{60} = \frac{37}{60}$

$P(A \cap B) = \frac{25 - 5}{60} = \frac{20}{60}$

따라서 구하는 확률은

$P(B \mid A) = \frac{P(A \cap B)}{P(A)} = \frac{\frac{20}{60}}{\frac{37}{60}} = \frac{20}{37}$

3 정답 ③

임의로 한 명 뽑았을 때 여학생일 사건을 A, 안경 낀 학생일 사건을 B라 하면, 여학생 중에서 한 명을 뽑았을 때, 그 학생이 안경을 끼고 있을 확률은 조건부 확률

$P(B \mid A) = \frac{P(A \cap B)}{P(A)}$ 이다. 그런데 남학생이 전체 학생의 50%이므로 $P(A) = 0.5$이고, 안경 낀 학생은 전체 학생의 40%이고 안경 낀 남학생이 전체 학생의 25%이므로 안경 낀 여학생은 전체 학생의 15% 즉 $P(A \cap B) = 0.15$이다.

따라서 $P(B \mid A) = \frac{P(A \cap B)}{P(A)} = \frac{0.15}{0.5} = \frac{3}{10}$

4 정답 ④

$P(A \mid D) = \frac{n(A \cap D)}{n(D)} = \frac{30}{56} = \frac{15}{28}$

5 정답 ①

짝수의 눈이 나오는 사건을 A라 하고,
3 또는 6이 나오는 사건을 B라고 하면,
사건 A와 B는 서로 독립이다.
➡ 사건 A와 B가 독립이면
$P(A \cap B) = P(A) \cdot P(B)$
$P(A \cup B) = P(A) + P(B) - P(A \cap B)$

6 정답 ③

ⅰ. A가 뽑은 제비를 다시 넣고 B가 뽑을 때는 제비의 변화가 없으므로 $p = \frac{2}{5}$

ⅱ. A가 뽑은 제비를 넣지 않고 B가 뽑을 때, A, B가 당첨제비를 뽑는 사건을 각각 A, B라 하면 $B = (A \cap B) \cup (A^c \cap B)$ 이고, $A \cap B$와 $A^c \cap B$는 배반이므로

$\begin{aligned} q = P(B) &= P(A \cap B) + P(A^c \cap B) \\ &= P(A)P(B \mid A) + P(A^c)P(B \mid A^c) \\ &= \frac{2}{5} \times \frac{1}{4} + \frac{3}{5} \times \frac{2}{4} = \frac{2}{5} \end{aligned}$

$\therefore p = q = \frac{2}{5}$ 따라서 $2p + q = 2 \times \frac{2}{5} + \frac{2}{5} = \frac{6}{5}$

7 정답 ①

두 사람 A, B가 공무원시험에 응시하여 합격할 사건을 각각 A, B라 하면, A, B는 서로 독립이므로 A와 B^c, A^c와 B도 독립이다. 그리고 두 사람 A, B 중 한 사람만 합격할 사건은 $(A \cap B^c) \cup (A^c \cap B)$이다.

$\begin{aligned} P(A \cap B^c) &= P(A)P(B^c) \\ &= P(A)\{1 - P(B)\} \\ &= \frac{1}{5} \times \left(1 - \frac{1}{4}\right) = \frac{3}{20} \end{aligned}$

$\begin{aligned} P(A^c \cap B) &= P(A^c)P(B) = \{1 - P(A)\}P(B) \\ &= \left(1 - \frac{1}{5}\right) \times \frac{1}{4} \\ &= \frac{1}{5} \end{aligned}$

따라서 두 사람 A, B 중 한 사람만 합격할 확률은

$\frac{3}{20} + \frac{1}{5} = \frac{7}{20}$

8 정답 ②

이 수험생이 입사시험에 합격하는 경우는 출제된 5문제 중 4문제 또는 5문제를 맞게 풀어야 한다. 수험생 B가 각 문제를 맞게 풀 확률은 $\frac{2}{3}$ 이고, 틀리게 풀 확률은 $\frac{1}{3}$ 이다.

∴ 독립시행의 확률에서, 이 수험생이 4문제를 맞게 풀 확률은 ${}_5C_4(\frac{2}{3})^4(\frac{1}{3})=\frac{80}{243}$ 이고, 5문제 모두를 맞게 풀 확률은 ${}_5C_5(\frac{2}{3})^5=\frac{32}{243}$ 이다. 따라서 수험생 B가 이번 입사시험에서 4문제 이상 맞게 풀 확률, 즉 합격할 확률은 $\frac{80}{243}+\frac{32}{243}=\frac{112}{243}$ 이다.

9 정답 ④

주사위를 한 번 던졌을 때 3의 배수의 눈이 나올 확률은 $\frac{1}{3}$, 3의 배수가 아닌 눈이 나올 확률은 $\frac{2}{3}$ 이다. 이때 4회 주사위를 던져 처음 위치로부터 거리가 $3m$ 이하인 경우는 동쪽으로 2번, 북쪽으로 2번 가는 경우이다. 즉, 3의 배수가 2번, 3의 배수가 아닌 눈이 2번 나오면 된다.

따라서 독립시행의 확률에서 ${}_4C_2(\frac{1}{3})^2(\frac{2}{3})^2=\frac{8}{27}$

38. 확률분포(1)

유제1-1
정답 ①

$b=\frac{1}{2}$, $E(X)=1+1+\frac{a}{4}=4$, $a=8$

∴ $V(X)=4\cdot\frac{1}{2}+16\cdot\frac{1}{4}+64\cdot\frac{1}{4}-16=6$

유제1-2
정답 ④

$a+\frac{1}{3}+b=1$에서 $a+b=\frac{2}{3}$

$E(X)=-a+b$, $E(X^2)=a+b=\frac{2}{3}$ 이므로

$V(X)=E(X^2)-\{E(X)\}^2=\frac{2}{3}-(-a+b)^2=\frac{5}{12}$

∴ $(a-b)^2=\frac{1}{4}$

유제2-1
정답 ③

$E(X)=1\times\frac{4}{15}+2\times\frac{4}{15}+3\times\frac{7}{30}=\frac{45}{30}=\frac{3}{2}$ 이므로

$E(2X+5)=2E(X)+5=8$

유제2-2
정답 ②

확률변수 X의 확률분포표는 다음과 같다.

X	1	2	4	계
$P(X=x)$	$\frac{1}{3}$	$\frac{1}{2}$	$\frac{1}{6}$	1

∴ $E(X)=1\times\frac{1}{3}+2\times\frac{1}{2}+4\times\frac{1}{6}=2$

∴ $E(5X+3)=5E(X)+3=13$

유제3-1
정답 ②

동전 2개 모두 앞면이 나올 확률이 $\frac{1}{4}$ 이므로

확률변수 X는 이항분포 $B\left(100,\ \frac{1}{4}\right)$을 따른다.

$E(X)=100\times\frac{1}{4}=25$

$E(Y)=E(2X+3)=2E(X)+3=53$

유제3-2
정답 ③

$V(X)=n\times\frac{1}{3}\times\frac{2}{3}=20$

∴ $n=90$

연/습/문/제

1 정답 ①

X의 평균을 $E(X)$라 하면

분산 $V(X)=E(X^2)-\{E(X)\}^2$

$E(X)=1\times\frac{1}{10}+2\times\frac{1}{5}+3\times\frac{3}{10}+4\times\frac{3}{5}=3$

$E(X^2)=1^2\times\frac{1}{10}+2^2\times\frac{1}{5}+3^2\times\frac{3}{10}+4^2\times\frac{2}{5}-(3)^2=10$

∴ $V(X)=10-9=1$

2 정답 ④

$V(X) = E(X^2) - \{E(X)\}^2$ 이므로

$E(X^2) = V(X) + \{E(X)\}^2 = 9 + 4 = 13$

$\therefore E(X-1)^2 = E(X^2 - 2X + 1)$

$\qquad\qquad = E(X^2) - 2E(X) + E(1)$

$\qquad\qquad = 13 - 2 \times 2 + 1 = 10$

3 정답 ③

확률분포 X의 확률분포표는 다음과 같다.

X	1	2	3	$\cdots$	10
P(X)	$\dfrac{1}{55}$	$\dfrac{2}{55}$	$\dfrac{3}{55}$	$\cdots$	$\dfrac{10}{55}$

$E(X) = \dfrac{1}{55}(1^2 + 2^2 + 3^3 + \cdots + 10^2) = 7$

$E(5X + 2) = 5E(X) + 2 = 37$

4 정답 ②

확률분포표에서

$\begin{cases} a+b+c=1 \\ E(X) = a+2b+3c = 2 \\ V(X) = E(X^2) - \{E(X)\}^2 = a+4b+9c-4 = \dfrac{1}{2} \end{cases}$

즉, $\begin{cases} a+b+c=1 \\ a+2b+3c=2 \\ a+4b+9c = \dfrac{9}{2} \end{cases}$ 이므로 $a = \dfrac{1}{4}$, $b = \dfrac{1}{2}$, $c = \dfrac{1}{4}$

따라서 $P(X=3) = c = \dfrac{1}{4}$

5 정답 ②

$_n C_2 \left(\dfrac{1}{2}\right)^{10} = 10 \, _n C_1 \left(\dfrac{1}{2}\right)^{10}$, $\dfrac{n(n-1)}{2} = 10n$ 이므로

$n = 21$

6 정답 ①

자전거를 타고 다니는 학생의 수 X는 이항분포 $B\left(100, \dfrac{1}{5}\right)$

을 따르므로 X의 분산 $V(X)$는 $V(X) = 100 \times \dfrac{1}{5} \times \dfrac{4}{5} = 16$

따라서 표준편차 $\sigma(X)$는 $\sigma(X) = \sqrt{V(X)} = \sqrt{16} = 4$

7 정답 ③

두 개의 동전이 모두 앞면이 나올 확률은 $\dfrac{1}{2} \times \dfrac{1}{2} = \dfrac{1}{4}$ 이므로

확률변수 X는 이항분포 $B\left(10, \dfrac{1}{4}\right)$을 따른다.

이때, $V(X) = 10 \times \dfrac{1}{4} \times \dfrac{3}{4} = \dfrac{15}{8}$ 이므로

$V(4X+1) = 16 V(X) = 30$

8 정답 ④

$n = 5$, $p = \dfrac{1}{2}$, $q = \dfrac{1}{2}$ (p는 앞면, q는 뒷면)

$E(X) = np = 5 \times \dfrac{1}{2} = \dfrac{5}{2}$

$V(X) = npq = \dfrac{5}{2} \times \dfrac{1}{2} = \dfrac{5}{4}$

$E(X^2) = V(X) + \{E(x)\}^2 = \dfrac{5}{4} + \dfrac{25}{4} = \dfrac{30}{4}$

$f(a) = E(X-a)^2$

$\qquad = E(X^2 - 2aX + a^2) = E(X^2) - 2aE(X) + a^2$

$\qquad = \dfrac{30}{4} - 2a \times \dfrac{5}{2} + a^2 = a^2 - 5a + \dfrac{30}{4} = \left(a - \dfrac{5}{2}\right)^2 + \dfrac{5}{4}$

따라서 $f(a)$의 최솟값은 $a = \dfrac{5}{2}$ 일 때 $\dfrac{5}{4}$ 가 된다.

9 정답 ③

주사위를 한 번 던져서 2 이하의 눈이 나올 확률은 $\dfrac{1}{3}$ 이고

3 이상의 눈이 나올 확률은 $\dfrac{2}{3}$ 이므로, 이 주사위를 100회

던졌을 때 2 이하의 눈이 r회 즉 얻은 점수가

$3r + (100-r) = 2r + 100$ 일 확률은 $_{100} C_r \left(\dfrac{1}{3}\right)^r \left(\dfrac{2}{3}\right)^{100-r}$ 이다.

$\therefore E(X) = \displaystyle\sum_{r=0}^{100} (2r+100) \, _{100} C_r \left(\dfrac{1}{3}\right)^r \left(\dfrac{2}{3}\right)^{100-r}$

$\qquad = 2 \displaystyle\sum_{r=0}^{100} r \, _{100} C_r \left(\dfrac{1}{3}\right)^r \left(\dfrac{2}{3}\right)^{100-r} + 100 \displaystyle\sum_{r=0}^{100} \, _{100} C_r \left(\dfrac{1}{3}\right)^r \left(\dfrac{2}{3}\right)^{100-r}$

$\qquad = 2 \times 100 \times \dfrac{1}{3} + 100 = \dfrac{500}{3}$

$V(X) = \displaystyle\sum_{r=0}^{100} \left(2r + 100 - \dfrac{500}{3}\right)^2 C_r \left(\dfrac{1}{3}\right)^r \left(\dfrac{2}{3}\right)^{100-r}$

$\qquad = 4 \displaystyle\sum_{r=0}^{100} \left(r - \dfrac{100}{3}\right)^2 \, _{100} C_r \left(\dfrac{1}{3}\right)^r \left(\dfrac{2}{3}\right)^{100-r}$

$\qquad = 4 \times 100 \times \dfrac{1}{3} \times \dfrac{2}{3} = \dfrac{800}{9}$

따라서 $E(X) = \dfrac{500}{3}$, $V(X) = \dfrac{800}{9}$

39. 확률분포(2)

유제1-1
정답 ④

$\int_0^2 f(x)dx = \int_0^2 ax\,dx = \left[\frac{1}{2}ax^2\right]_0^2 = 1$ 이므로

$2a = 1, \ a = \frac{1}{2}$

$\therefore f(x) = \frac{1}{2}x$

$F(X) = \int_0^2 xf(x)dx = \int_0^2 \frac{1}{2}x^2 dx = \left[\frac{1}{6}x^3\right]_0^2 = \frac{4}{3}$

유제1-2
정답 ③

$\int_{-1}^1 f(x)dx = 1$ 을 만족하므로

$\int_{-1}^1 \left(ax^2 + \frac{1}{4}\right)dx = 2\int_0^1 \left(ax^2 + \frac{1}{4}\right)dx$

$\qquad = 2\left[\frac{a}{3}x^3 + \frac{x}{4}\right]_0^1 = \frac{2a}{3} + \frac{1}{2} = 1$

$\therefore a = \frac{3}{4}$

$P\left(0 \le X \le \frac{1}{2}\right) = \int_0^{\frac{1}{2}} \left(\frac{3}{4}x^2 + \frac{1}{4}\right)dx$

$\qquad = \left[\frac{1}{4}x^3 + \frac{x}{4}\right]_0^{\frac{1}{2}} = \frac{1}{32} + \frac{1}{8} = \frac{5}{32}$

유제2-1
정답 ④

X는 정규분포 $N(6, 2^2)$을 따르므로

$P(X \ge 4) = P(Z \ge -1) = 0.5 + 0.3413 = 0.8413$

유제2-2
정답 ④

$P(-1 \le Z \le 2) = a$에서

$P(-1 \le Z \le 0) + P(0 \le Z \le 2) = a \quad \cdots \ \bigcirc$

$P(-1 \le Z \le 1) = b$에서 $P(-1 \le Z \le 0) = \frac{b}{2} \quad \cdots \ \bigcirc$

$\bigcirc$, $\bigcirc$에서 $P(0 \le Z \le 2) = a - \frac{b}{2}$

$\therefore P(Z \ge 2) = 0.5 - P(0 \le Z \le 2)$

$\qquad = 0.5 - \left(a - \frac{b}{2}\right)$

$\qquad = \frac{1 - 2a + b}{2}$

유제3-1
정답 ④

이항분포 $B\left(192, \frac{3}{4}\right)$는 근사적으로 정규분포 $N(144, 6^2)$을 따르므로

$P(X \ge 132) = P\left(Z \ge \frac{132 - 144}{6}\right) = P(Z \ge -2)$

$\qquad = 0.5 + P(0 \le z \le 2) = 0.9772$

유제3-2
정답 ④

1의 눈이 나오는 횟수를 X라 하면

X는 이항분포 $B\left(180, \frac{1}{6}\right)$을 따르므로

$E(X) = 180 \cdot \frac{1}{6} = 30$

$V(X) = 180 \cdot \frac{1}{6} \cdot \frac{5}{6} = 25$

따라서 X는 근사적으로 정규분포 $N(30, 5^2)$을 따른다.

이때, $Z = \frac{X - 30}{5}$으로 놓으면

Z는 표준정규분포 $N(0, 1)$을 따르므로

$P(24 \le X \le 43) = P\left(\frac{25 - 30}{5} \le Z \le \frac{43 - 30}{5}\right)$

$\qquad = P(-1 \le Z \le 2.6)$

$\qquad = P(-1 \le Z \le 0) + P(0 \le Z \le 2.6)$

$\qquad = P(0 \le Z \le 1) + P(0 \le Z \le 2.6)$

$\qquad = 0.3413 + 0.4953 = 0.8366$

연/습/문/제

1 정답 ①
폐구간 $[-1, 1]$에서 정의된 함수 $y = f(x)$가 확률밀도함수가 되려면

(i) $f(x) \ge 0 \ (-1 \le x \le 1)$

(ii) $\int_{-1}^1 f(x)dx = 1$을 만족시켜야 한다.

① $f(x) \ge 0 \ (-1 \le x \le 1)$, $\int_{-1}^1 f(x)dx = 1$

② $f(x) \le 0 \ (-1 \le x \le 1)$

③ $\int_{-1}^1 f(x)dx = \frac{\pi}{2}$

④ $\int_{-1}^1 f(x)dx = 2$

따라서 구하는 확률밀도함수 $y = f(x)$의 그래프는 ①이다.

2 정답 ②

확률밀도함수 $f(x)$가 $f(x)=ax+1$(단, $0 \le x \le 2$)이므로

$$\int_0^2 f(x)dx = \int_0^2 (ax+1)dx = \left[\frac{1}{2}ax^2+x\right]_0^2 = 2a+2=1$$

따라서 $a=-\frac{1}{2}$

3 정답 ③

확률밀도함수 $f(x)$가 $f(x)=ax(x-2)$(단, $0 \le x \le 2$)이므로

$$\int_0^2 f(x)dx = \int_0^2 ax(x-2)dx = a\left[\frac{1}{3}x^3-x^2\right]_0^2$$

$$= \left(\frac{8}{3}-4\right)a = -\frac{4}{3}a = 1$$

따라서 $a=-\frac{3}{4}$

4 정답 ④

연속확률변수 X의 확률밀도함수가

$$f(x)=\begin{cases} ax(1-x), & 0 \le x \le 1 \\ 0, & x<9 \text{ 또는 } x>1 \end{cases}$$ 이므로

$$\int_0^1 f(x)dx = \int_0^1 ax(1-x)dx = a\int_0^1 (x-x^2)dx$$

$$= \left[\frac{1}{2}x^2-\frac{1}{3}x^3\right]_0^1 = \frac{1}{6}a=1 \quad \therefore a=6$$

즉, $f(x)=\begin{cases} 6x(1-x), & 0 \le x \le 1 \\ 0, & x<9 \text{ 또는 } x>1 \end{cases}$

$$P\left(0 \le x \le \frac{3}{4}\right) = \int_0^{\frac{3}{4}} (6x-6x^2)dx = \left[3x^2-2x^3-\right]_0^{\frac{3}{4}}$$

$$= \frac{27}{16}-\frac{27}{32} = \frac{27}{32}$$

5 정답 ④

$\frac{1}{5}X$의 분산 $V\left(\frac{1}{5}X\right) = \frac{1}{25}V(X)=1$

따라서 $V(X)=\sigma^2=25$이다.

한편, 정규분포곡선은 직선 $x=m$에 대하여 대칭이므로

$m = \frac{80+120}{2} = 100$이다.

$\therefore m+\sigma^2 = 125$

6 정답 ③

반응시간을 확률변수 X라고 하면

X는 정규분포 $N(m, 1)$을 따르므로

$P(X<2.93)=0.1003=P(Z<-1.28)$

$-1.28 = \frac{2.93-m}{1} = 2.93-m$

$\therefore m=4.21$

7 정답 ①

불량품의 개수를 X라고 하면 X는 $B(100, 0.1)$에 따른다.

$E(X) = 100 \times 0.1 = 10$

$\sigma(X) = \sqrt{100 \times 0.1 \times (1-0.1)} = \sqrt{9} = 3$

따라서 X의 분포는 $N(10, 3^2)$을 따른다고 할 수 있다.

$X=16$일 때 $t = \frac{X-E(X)}{\sigma(X)} = \frac{16-10}{10} = 2$

$\therefore P(t \ge 16) = P(t \ge 2) = 0.5 - \frac{0.9544}{2} = 0.0228$

8 정답 ①

확률변수 X가 정규분포 $N(50, 15^2)$을 따를 때

$Z = \frac{X-230}{\sigma}$ 라 하면 Z는 표준정규분포 $N(0,1)$을 따른다.

따라서

$P(X \ge 80) = P(Z \ge 2) = 0.5 - P(0 \le Z \le 2) = 0.5 - 0.4772 = 0.022$

9 정답 ④

확률변수 X가 정규분포 $N(20, 4^2)$을 따를 때, $Z = \frac{X-20}{4}$

라 두면

$P(16 \le X \le 28) = P(-1 \le Z \le 2)$

$\qquad\qquad = P(0 \le Z \le 1) + P(0 \le Z \le 2)$

확률변수 Y가 정규분포 $N(15, 3^2)$을 따를 때, $Z = \frac{X-15}{3}$

라 두면 $P(a \le X \le 18) = P\left(\frac{a-15}{3} \le Z \le 1\right)$이

$P(0 \le Z \le 1) + P(0 \le Z \le 2)$와 같아지기 위해서는

$\frac{a-15}{3} = -2$가 되어야 한다.

따라서 $a=9$

10 정답 ①

수학 점수를 확률변수 X라 하면 X는 정규분포 $N(50, 4^2)$을 따른다. 여기서 $Z=\dfrac{X-50}{4}$라 하면 Z는 표준정규분포 $N(0, 1)$을 따른다.

따라서

$$\begin{aligned}P(46 \le X \le 58) &= P(-1 \le Z \le 2) \\ &= P(0 \le Z \le 1) + P(0 \le Z \le 2) \\ &= 0.3413 + 0.4772 = 0.8185\end{aligned}$$

11 정답 ④

과자의 무게를 확률변수 X라 하면

X는 정규분포 $N(230, \sigma^2)$을 따르고,

$Z=\dfrac{X-230}{\sigma}$라 하면 Z는 표준정규분포 $N(0,1)$을 따른다.

$$\therefore P(X \ge 232) = P\left(Z \ge \frac{2}{\sigma}\right) = 0.5 - P\left(0 \le Z \le \frac{2}{\sigma}\right) = 0.0668$$

즉, $P\left(0 \le Z \le \dfrac{2}{\sigma}\right) = 0.4332$

따라서 $\dfrac{2}{\sigma} = 1.5$ 즉 $\sigma = \dfrac{4}{3}$

12 정답 ③

사건 A가 일어나는 횟수를 확률변수 X라 하면

X는 이항분포 $B\left(1200, \dfrac{1}{4}\right)$을 따르므로

$E(X) = 300$, $V(X) = 225$

이때, 시행횟수가 충분히 크므로 X는 근사적으로 정규분포 $N(300, 15^2)$을 따른다.

$p = P(X \le 270) = P(Z \le -2) = 0.023$

$\therefore 1000p = 23$

13 정답 ②

한 개의 동전을 64번 던질 때, 앞면이 나오는 횟수를 확률변수 X라 하면 X는 이항분포 $B\left(64, \dfrac{1}{2}\right)$을 따르고 평균

$E(X) = 64 \times \dfrac{1}{2} = 32$, 분산 $V(X) = 64 \times \dfrac{1}{2} \times \dfrac{1}{2} = 16 = 4^2$이다. 이때 시행횟수 64는 충분히 크므로 $B\left(64, \dfrac{1}{2}\right)$은 정규분포 $N(64, 4^2)$에 근사하고, $Z=\dfrac{X-32}{4}$라 하면 Z는 표준정규분포 $N(0,1)$을 따른다.

따라서

$$\begin{aligned}P(28 \le X \le 36) &= P(-1 \le Z \le 1) \\ &= 2P(0 \le Z \le 1) \\ &= 2 \times 0.3413 \\ &= 0.6826\end{aligned}$$

40. 통계적 추측

유제1-1
정답 ④

모집단은 $m = 50$, $\sigma = 10$이고 표본의 크기 $n = 25$이므로

표본평균 $\overline{X}$의 평균 $E(\overline{X}) = m = 50$

표준편차 $\sigma(\overline{X}) = \dfrac{\sigma}{\sqrt{n}} = \dfrac{10}{5} = 2$

분산 $V(\overline{X}) = 4$

$\therefore E(\overline{X}) + V(\overline{X}) = 54$

유제1-2
정답 ②

확률의 총합은 1이므로 $\dfrac{1}{4} + \dfrac{1}{2} + k = 1$ $\therefore k = \dfrac{1}{4}$

$\therefore E(X) = 1 \cdot \dfrac{1}{4} + 2 \cdot \dfrac{1}{2} + 3 \cdot \dfrac{1}{4} = 2$

따라서 표본평균 $\overline{X}$의 평균은

$E(\overline{X}) = E(X) = 2$

유제2-1
정답 ②

모집단이 $X : N(250, 40^2)$에 따르므로

표본평균 $\overline{X}$들은 $\overline{X} : N(250, 4^2)$에 따른다.

$$\begin{aligned}\therefore P(246 \le \overline{X} \le 258) &= P\left(\frac{246-250}{4} \le Z \le \frac{258-250}{4}\right) \\ &= P(-1 \le Z \le 2) \\ &= 0.3413 + 0.4772 = 0.8185\end{aligned}$$

유제2-2
정답 ②

확률변수 X는 정규분포 $N(200, 5^2)$을 따르고,

확률변수 $\overline{X}$는 정규분포 $N\left(200, \left(\dfrac{1}{2}\right)^2\right)$을 따른다.

$P(\overline{X} \ge 201) = P(Z \ge 2) = 0.5 - 0.4772 = 0.0228$

유제3-1
정답 ④

표본평균이 124, 모표준편차가 6, 표본의 크기가 36이므로 모평균 m을 신뢰도 95%로 추정하면

$$124 - 2 \times \frac{6}{\sqrt{36}} \le m \le 124 + 2 \times \frac{6}{\sqrt{36}}$$

$\therefore 122 \le m \le 126$

유제3-2
정답 ③

모표준편차가 10이고 표본의 크기가 100일 때,
모평균 m을 신뢰도 95%로 추정한 신뢰구간의 길이는

$$2 \times 1.96 \times \frac{10}{\sqrt{100}} = 3.92$$

유제4-1
정답 ②

모비율 p가 $p = \frac{4}{5}$ 이고, 표본비율 $\hat{p}$는 표본의 크기 100이 충

분히 큰 수이므로 정규분포 $N(\frac{4}{5}, \frac{\frac{4}{5} \times \frac{1}{5}}{100})$

즉 $N(\frac{4}{5}, \frac{1}{25^2})$에 근사한다.

여기서 $Z = \dfrac{\hat{p} - \dfrac{4}{5}}{\dfrac{1}{25}} = 25\hat{p} - 20$라 하면 Z는 표준정규분포를

따른다.

$$\begin{aligned} \therefore P(\hat{p} \geq 0.9) &= P(Z \geq 25 \times 0.9 - 20) \\ &= P(Z \geq 2.5) \\ &= 0.5 - P(0 \leq Z \leq 2.5) \\ &= 0.5 - 0.49 = 0.01 \end{aligned}$$

따라서 표본비율이 0.9이상일 확률은 1%이다.

유제4-2
정답 ②

딸기를 좋아하는 표본비율 $\hat{p}$는 $\hat{p} = \frac{32}{64} = \frac{1}{2}$ 이고, 표본의 크

기 64가 충분히 큰 수이므로 $\hat{p}$의 분포는 정규분포에 근사

한다.

따라서 신뢰도 95%의 신뢰구간의 길이는 $2 \times 1.96 \sqrt{\dfrac{\hat{p}\hat{q}}{n}}$ 이고,

여기서 $n = 64$, $\hat{p} = \frac{1}{2}$, $\hat{q} = 1 - \hat{p} = \frac{1}{2}$ 이다.

따라서 신뢰도 95%일 때 모비율 p의 신뢰구간의 길이는

$$2 \times 1.96 \sqrt{\frac{\frac{1}{2} \times \frac{1}{2}}{64}} = 0.245$$

1 정답 ②

공용 자전거의 1회 이용시간을 확률변수 X라고 하면
X는 정규분포 $N(60,\ 10^2)$을 따른다.
따라서 25회 이용시간의 평균 $\overline{X}$는

정규분포 $N(60,\ \dfrac{10^2}{25})$, 즉 $N(60,\ 2^2)$을 따른다.

$$\begin{aligned} \therefore P(25\overline{X} \geq 1450) &= P(\overline{X} \geq 58) \\ &= P\left(Z \geq \frac{58 - 60}{2}\right) \\ &= P(Z \geq -1) \\ &= 0.5 + P(0 \leq Z \leq 1) \\ &= 0.5 + 0.3413 = 0.8413 \end{aligned}$$

2 정답 ①

$$11 - 1.96 \times \frac{1.5}{\sqrt{9}} \leq m \leq 11 + 1.96 \times \frac{1.5}{\sqrt{9}}$$

$$\therefore 10.02 \leq m \leq 11.98$$

3 정답 ③

$$2 \times 1.96 \times \frac{5}{\sqrt{n}} \leq 1$$

$$\sqrt{n} \geq 2 \times 1.96 \times 5$$

$$n \geq 384.16$$

따라서 최소 표본의 크기는 385이다.

4 정답 ④

$P(|Z| \leq k) = \dfrac{\alpha}{100}$ 라 하면

$$2k \times \frac{2}{\sqrt{16}} = 4,\ k = 4$$

따라서 신뢰구간의 길이가 1이 되려면

$$2 \times 4 \times \frac{2}{\sqrt{n}} = 1,\ \sqrt{n} = 16$$

$$\therefore n = 256$$

5 정답 ③

표본비율 $\hat{p}$는 $\hat{p}=\dfrac{225}{300}=\dfrac{3}{4}$이고, 표본의 크기 300은 충분히 크므로, 95%의 신뢰도로서 모비율 p의 신뢰구간은

$$\hat{p}-1.96\sqrt{\dfrac{\hat{p}\hat{q}}{n}}\leq p\leq\hat{p}+1.96\sqrt{\dfrac{\hat{p}\hat{q}}{n}}$$ 이다.

그런데 $n=300$, $\hat{p}=\dfrac{3}{4}$, $\hat{q}=1-\hat{p}=\dfrac{1}{4}$이므로 신뢰구간은

$$\dfrac{3}{4}-1.96\sqrt{\dfrac{\dfrac{3}{4}\times\dfrac{1}{4}}{300}}\leq p\leq\dfrac{3}{4}+1.96\sqrt{\dfrac{\dfrac{3}{4}\times\dfrac{1}{4}}{300}}$$

즉, $0.75-0.049\leq p\leq0.75+0.049$

따라서 신뢰도 95%로서 p의 신뢰구간은 $0.701\leq p\leq0.799$

파워특강 수학(부록)

합격에 한 걸음 더 가까이!

가장 최근에 시행된 9급 공무원 국가직, 지방직 및 서울시 기출문제를 상세한 해설과 함께
수록하였습니다. 실전 대비 최종점검과 더불어 출제경향을 파악하도록 합니다.

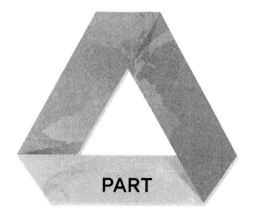

PART

부록

최근기출문제분석

1 $\left(\dfrac{-1+\sqrt{3}\,i}{2}\right)^{10}+\left(\dfrac{-1+\sqrt{3}\,i}{2}\right)^{20}$ 의 값은? (단, $i=\sqrt{-1}$)

① -2　　　　　　　　　　　② -1

③ 1　　　　　　　　　　　④ 2

TIP $x=\dfrac{-1+\sqrt{3}\,i}{2}$ 라면 $2x+1=\sqrt{3}\,i$ 으로부터 양변 제곱해서 정리하면

$x^2+x+1=0$, $x^3=1$ 이다. 따라서 $x^{10}+x^{20}=\left(x^3\right)^3 x+\left(x^3\right)^6 x^2=x^2+x=-1$ 이다.

2 다항식 $P(x)$ 를 $x-1$ 로 나누었을 때의 나머지는 3 이고, $x-2$ 로 나누었을 때의 나머지는 6 이다. 다항식 $P(x)$ 를 $(x-1)(x-2)$ 로 나누었을 때의 나머지를 $R(x)$ 라고 할 때, $R(3)$ 의 값은?

① 3　　　　　　　　　　　② 6

③ 9　　　　　　　　　　　④ 12

TIP 나머지 정리에 의해 $P(1)=3$, $P(2)=6$ 이다.

$P(x)=(x-1)(x-2)\,Q(x)+R(x)$ 라고 할 때 $R(x)=ax+b$ 라고 하면

$P(1)=a+b=3$, $P(2)=2a+b=6$ 이고, 연립해서 풀면 $a=3$, $b=0$, 즉 $R(x)=3x$ 이다. 그러므로 $R(3)=9$ 이다.

3 전체집합 $U=\{1,2,3,4,5,6,7\}$ 의 두 부분집합 A,B 에 대하여 $A^c\cup B^c=\{1,2,3,4\}$, $A^c\cap B^c=\{3,4\}$ 일 때, 집합 $(A-B)\cup(B-A)$ 의 모든 원소의 합은?

① 3　　　　　　　　　　　② 5

③ 7　　　　　　　　　　　④ 9

TIP $A^c\cup B^c=(A\cap B)^c=\{1,2,3,4\}$ 에서 $A\cap B=\{5,6,7\}$ 이고

$A^c\cap B^c=(A\cup B)^c=\{3,4\}$ 에서 $A\cup B=\{1,2,5,6,7\}$ 이다.

따라서 $(A-B)\cup(B-A)=(A\cup B)^c-(A\cap B)=\{1,2\}$ 이다.

그러므로 $(A-B)\cup(B-A)$ 의 모든 원소의 합은 $1+2=3$ 이다.

4 함수 $f(x)=ax^2+3x+b$가 $f(-1)=3$, $f'(-1)=-1$을 만족시킬 때, $f(2)$의 값은? (단, a와 b는 상수이다)

① 15   ② 16

③ 17   ④ 18

TIP 함수 $f(x)=ax^2+3x+b$ 에서 $f'(x)=2ax+3$ 이다.
$f(-1)=a+b-3=3$ $\therefore a+b=6$, $f'(-1)=-2a+3=-1$ $\therefore a=2$ 이고 $b=4$ 이다.
이때 $f(x)=2x^2+3x+4$ 이고 $f(2)=18$ 이다.

5 원 $x^2+y^2-4x+2y=0$을 x축의 방향으로 3만큼, y축의 방향으로 2만큼 평행이동한 원의 방정식을 $(x-a)^2+(y-b)^2=c$라 할 때, $a+b+c$의 값은? (단, a,b,c는 상수이다)

① 5   ② 7

③ 9   ④ 11

TIP 원 $x^2+y^2-4x+2y=0$ 의 중심과 반지름은 $(x-2)^2+(y+1)^2=5$ 에서 중심은 $(2,-1)$ 이고 반지름은 $\sqrt{5}$ 이다. 이 원을 x축의 방향으로 3만큼, y축의 방향으로 2만큼 평행이동한 원의 중심은 $(2+3,\,-1+2)$, 즉 $(5,1)$ 이고 반지름은 $\sqrt{5}$ 이다.
따라서 $a=5$, $b=1$, $c=5$ 이고 $a+b+c=11$ 이다.

6 $\log 20$을 $\log 20=n+\alpha$ (n은 정수, $0\le\alpha<1$)로 표현할 때, $2^{\frac{1}{n}}+2^{\frac{1}{\alpha}}$의 값은?

① 10   ② 12

③ 14   ④ 16

TIP $\log 20=\log 2\times 10=1+\log 2$ 이므로 $n=1$, $\alpha=\log 2$ 이다.
이때 $\dfrac{1}{\alpha}=\dfrac{1}{\log 2}=\log_2 10$이고, 따라서 $2^{\frac{1}{n}}+2^{\frac{1}{\alpha}}=2+2^{\log_2 20}=2+10=12$ 이다.

Answer   1.②   2.③   3.①   4.④   5.④   6.②

7 두 수열 $\{a_n\}$ 과 $\{b_n\}$ 이 각각 $\lim_{n \to \infty}(2n+1)a_n = 3$, $\lim_{n \to \infty}\dfrac{b_n}{n^2+1} = 2$ 를 만족시킬 때, $\lim_{n \to \infty}\dfrac{a_n b_n}{n}$ 의 값은?

① 1 ② 2
③ 3 ④ 4

TIP $\lim_{n \to \infty}\dfrac{a_n b_n}{n} = \lim_{n \to \infty}\left\{(2n+1)a_n\right\} \times \left\{\dfrac{b_n}{n^2+1}\right\} \times \dfrac{n^2+1}{n(2n+1)} = 3 \times 2 \times \dfrac{1}{2} = 3$ 이다.

8 확률변수 X의 확률분포가 다음과 같다.

X	2	4	6	계
$P(X=x)$	a	$\dfrac{3}{8}$	b	1

$E(X) = 5$일 때, $b-a$의 값은? (단, a와 b는 상수이다)

① $\dfrac{1}{2}$ ② $\dfrac{1}{3}$

③ $\dfrac{1}{4}$ ④ $\dfrac{1}{5}$

TIP $a + \dfrac{3}{8} + b = 1$ $\therefore a+b = \dfrac{5}{8}$ 이고,

$E(X) = 2 \times a + 4 \times \dfrac{3}{8} + 6 \times b = 5$ $\therefore 2a+6b = \dfrac{7}{2}$ 이므로 두 식을 연립해서 풀면

$a = \dfrac{1}{16}$, $b = \dfrac{9}{16}$, 따라서 $b-a = \dfrac{1}{2}$ 이다.

9 실수 전체의 집합에서 정의된 함수 $f(x) = |x-1| - mx + 4$ 가 일대일 대응이 되도록 하는 상수 m의 범위는?

① $m < -1$ 또는 $m > 1$ ② $m < 0$ 또는 $m > 1$
③ $-1 < m < 1$ ④ $0 < m < 1$

TIP 함수 $f(x) = \begin{cases} (1-m)x+3 & (x \geq 1) \\ -(1+m)x+5 & (x < 1) \end{cases}$ 가 일대일 대응이 되기 위해서는 두 기울기의 부호가 같아야 한다.

따라서 $(1-m) \times (-1-m) > 0$, $m^2 - 1 > 0$ $\therefore m < -1$ 또는 $m > 1$ 이다.

10 자연수 n에 대하여 곡선 $y = \dfrac{1}{2^n}x - x^2$과 x축으로 둘러싸인 부분의 넓이를 A_n이라 할 때, $\displaystyle\sum_{n=1}^{\infty} A_n$의 값은?

① $\dfrac{1}{42}$ ② $\dfrac{1}{43}$

③ $\dfrac{1}{44}$ ④ $\dfrac{1}{45}$

TIP 곡선 $y = \dfrac{1}{2^n}x - x^2$이 x축과 만나는 점을 구해보면 $x\left(\dfrac{1}{2^n} - x\right) = 0$ ∴ $x = 0,\ \dfrac{1}{2^n}$ 이다.

이때 곡선과 x축으로 둘러싸인 부분의 넓이는

$$A_n = \int_0^{\frac{1}{2^n}} \left|\frac{1}{2^n}x - x^2\right| dx = \int_0^{\frac{1}{2^n}} \left\{\frac{1}{2^n}x - x^2\right\} dx = \left[\frac{1}{2^{n+1}}x^2 - \frac{1}{3}x^3\right]_0^{\frac{1}{2^n}} = \frac{1}{6}\left(\frac{1}{8}\right)^n$$ 이다.

따라서 A_n은 공비가 $\dfrac{1}{8}$인 등비수열이므로 $\displaystyle\sum_{n=1}^{\infty} A_n = \sum_{n=1}^{\infty} \frac{1}{6}\left(\frac{1}{8}\right)^n = \dfrac{\frac{1}{6}\times\frac{1}{8}}{1 - \frac{1}{8}} = \dfrac{1}{42}$ 이다.

11 두 다항식 A, B에 대하여 $2A + B = 8x^2 + 3xy - 5y^2$, $A - B = x^2 - 7y^2$일 때, $A + B$를 계산하면?

① $5x^2 - xy - y^2$ ② $5x^2 + xy - y^2$

③ $5x^2 - 2xy - y^2$ ④ $5x^2 + 2xy - y^2$

TIP $2A + B = 8x^2 + 3xy - 5y^2$에서 $A - B = x^2 - 7y^2$을 더하면 $3A = 9x^2 + 3xy - 12y^2$,

즉 $A = 3x^2 + xy - 4y^2$이 되고 이 때 $B = 2x^2 + xy + 3y^2$이다.

따라서 $A + B = (3x^2 + xy - 4y^2) + (2x^2 + xy + 3y^2) = 5x^2 + 2xy - y^2$ 이다.

Answer   7.③   8.①   9.①   10.①   11.④

12 두 함수 $f(x)=-x+2$, $g(x)=2x+4$에 대하여 $(f \circ (g \circ f)^{-1})(10)$의 값은?

① 1   ② 2

③ 3   ④ 4

TIP $(f \circ (g \circ f)^{-1})(10) = (f \circ f^{-1} \circ g^{-1})(10) = g^{-1}(10)$ 이고,

함수 $g(x)=2x+4$ 에 대하여 $g^{-1}(10)=a$ 라고 하면 $g(a)=10$, $2a+4=10$ ∴ $a=3$ 이다.

따라서 $(f \circ (g \circ f)^{-1})(10) = 3$ 이다.

13 함수 $y=f(x)$의 그래프가 그림과 같을 때, $\displaystyle\lim_{x \to -1+} f(x) + \lim_{x \to 1-} f(x)$의 값은?

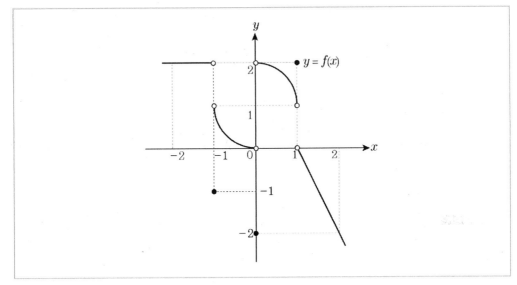

① 1   ② 2

③ 3   ④ 4

TIP $\displaystyle\lim_{x \to -1+} f(x)=1$, $\displaystyle\lim_{x \to 1-} f(x)=1$ 이므로 $\displaystyle\lim_{x \to -1+} f(x) + \lim_{x \to 1-} f(x)=1+1=2$ 이다.

14 이차방정식 $x^2 - 2kx + 4 = 0$ 의 두 실근이 모두 1 보다 크도록 하는 실수 k 의 범위는?

① $-2 \leq k \leq 2$

② $1 < k \leq 2$

③ $1 < k < \dfrac{5}{2}$

④ $2 \leq k < \dfrac{5}{2}$

TIP 이차방정식 $x^2 - 2kx + 4 = 0$ 의 두 근이 모두 1 보다 크기 위한 조건은
그림에서처럼 이차함수 $y = x^2 - 2kx + 4$ 의 그래프의 x 축과의 교점이 모두 1 보다 큰 것과 같다.

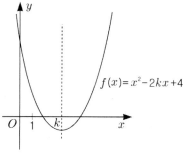

$f(x) = x^2 - 2kx + 4 = (x-k)^2 + 4 - k^2$ 에서

ⅰ) 축 $x = k$ 가 1 보다 커야 하므로 $k > 1$ …… ①

ⅱ) 꼭짓점의 y 좌표가 0 보다 작거나 같아야 하므로

$4 - k^2 \leq 0$ ∴ $k \leq -2$ 또는 $k \geq 2$ …… ②

ⅲ) $x = 1$ 에서의 함숫값 $f(1) > 0$ 이어야 하므로

$f(1) = 5 - 2k > 0$ ∴ $k < \dfrac{5}{2}$ …… ③

따라서 식 ①, ②, ③으로부터 $2 \leq k < \dfrac{5}{2}$ 이다.

Answer   **12.**③   **13.**②   **14.**④

15 연립부등식 $\begin{cases} y \geq x^2 \\ x+y-2 \leq 0 \end{cases}$ 을 만족시키는 실수 x, y 에 대하여 $x-y$의 최댓값을 α, 최솟값을 β 라고 할 때, $\alpha - \beta$의 값은?

① $\dfrac{21}{4}$ ② $\dfrac{23}{4}$

③ $\dfrac{25}{4}$ ④ $\dfrac{27}{4}$

TIP 연립부등식 $\begin{cases} y \geq x^2 \\ x+y-2 \leq 0 \end{cases}$ 의 영역을 나타내면 그림에서 빗금친 부분과 같다.

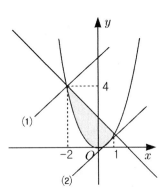

부등식을 만족하는 실수 x, y 에 대하여 $x-y = k$ 라 하면 직선 $l : y = x - k$ 는 점 (x, y) 를 지나고 기울기가 1 인 직선이다. 이때 $-k$ 는 직선 l 의 y절편이므로 부등식의 영역에서 직선 l 을 움직여 보면, 직선 (1) 이 될 때 $-k$ 는 최대, 직선 (2) 가 될 때 $-k$ 는 최소가 된다. 즉, 직선 (2) 가 될 때 k 는 최대, 직선 (1) 이 될 때 k 는 최소이다.

$y = x^2$ 과 $y = -x + 2$ 의 교점 $(-2, 4)$ 를 지날 때이며, 최솟값은 $y = x^2$ 과 접할 때이다.

직선 (1): 교점 $(-2, 4)$ 를 지날 때이므로 $(-2) - 4 = k$ $\therefore k = -6$ 이고,

직선 (2): 직선 l 이 경계 $y = x^2$ 와 접할 때이므로 $x^2 = x - k$, $x^2 - x + k = 0$, $\therefore D = 1 - 4k = 0$ $\therefore k = \dfrac{1}{4}$ 이다.

따라서 최댓값 $\alpha = \dfrac{1}{4}$, 최솟값 $\beta = -6$ 이고 $\alpha - \beta = \dfrac{1}{4} - (-6) = \dfrac{25}{4}$ 이다.

16 세 수 $a, 3, b$ 가 이 순서대로 등차수열을 이루고, 세 수 $\dfrac{1}{a}, \dfrac{3}{4}, \dfrac{1}{b}$ 도 이 순서대로 등차수열을 이룰 때, $|a-b|$의 값은?

① $2\sqrt{5}$ ② $2\sqrt{6}$

③ $2\sqrt{7}$ ④ $4\sqrt{2}$

TIP 세 수 $a, 3, b$ 가 이 순서대로 등차수열을 이루므로 $2 \times 3 = a + b$ $\therefore a + b = 6$ …… ①

세 수 $\dfrac{1}{a}, \dfrac{3}{4}, \dfrac{1}{b}$ 도 이 순서대로 등차수열을 이루므로 $2 \times \dfrac{3}{4} = \dfrac{1}{a} + \dfrac{1}{b}$ $\therefore \dfrac{a+b}{ab} = \dfrac{3}{2}$ … ②

두 식 ①, ②를 연립해서 풀면 $a + b = 6$, $ab = 4$ 이다.

$|a-b|^2 = (a-b)^2 = (a+b)^2 - 4ab = 36 - 16 = 20$ 이므로 $|a-b| = \sqrt{20} = 2\sqrt{5}$ 이다.

17 함수 $f(x)$가 다음 두 조건을 만족할 때, 정적분 $\int_{-3}^{3}(x-1)f(x)dx$의 값은?

(가) 모든 실수 x에 대하여 $f(-x)=f(x)$이다.

(나) $\int_{0}^{3}f(x)dx=-2$

---

① 0   ② 4

③ 8   ④ 12

TIP 모든 실수 x에 대하여 $f(-x)=f(x)$이므로 함수 $f(x)$는 y축 대칭인 함수(우함수)이고, 따라서 $xf(x)$는 원점 대칭인 함수(기함수)이다.

이때 $\int_{-3}^{3}xf(x)dx=0$, $\int_{-3}^{3}f(x)dx=2\int_{0}^{3}f(x)dx$ 이므로

$\int_{-3}^{3}(x-1)f(x)dx=\int_{-3}^{3}xf(x)dx-\int_{-3}^{3}f(x)dx=0-2\int_{0}^{3}f(x)dx=4$ 이다.

18 무리함수 $y=3\sqrt{x-2}+1$의 그래프와 그 역함수의 그래프가 만나는 두 점 사이의 거리는?

① $2\sqrt{5}$ ② $2\sqrt{10}$

③ $3\sqrt{5}$ ④ $3\sqrt{10}$

TIP 무리함수 $y=3\sqrt{x-2}+1$의 그래프와 그 역함수의 그래프가 만나는 점은 무리함수의 그래프와 $y=x$의 그래프가 만나는 점과 일치한다.

$3\sqrt{x-2}+1=x$

$3\sqrt{x-2}=x-1$

$9(x-2)=x^2-2x+1$

$x^2-11x+19=0$

이차방정식 $x^2-11x+19=0$의 두 근을 α, β라 하면 두 교점의 좌표는 (α, α), (β, β)이므로 두 점 사이의 거리는 $\sqrt{(\alpha-\beta)^2+(\alpha-\beta)^2}=\sqrt{2}\sqrt{(\alpha-\beta)^2}$이다.

한편, 근과 계수의 관계로부터 $\alpha+\beta=11$, $\alpha\beta=19$이고,

$(\alpha-\beta)^2=(\alpha+\beta)^2-4\alpha\beta=121-76=45$이므로 두 점 사이의 거리는 $\sqrt{2}\sqrt{45}=3\sqrt{10}$이다.

Answer   15.③   16.①   17.②   18.④

19 세 개의 주사위를 던져서 나온 눈의 수의 합이 12일 때, 세 눈의 수가 모두 같을 확률은?

① $\dfrac{1}{21}$　　　　　　　　　② $\dfrac{1}{23}$

③ $\dfrac{1}{25}$　　　　　　　　　④ $\dfrac{1}{27}$

> **TIP** 세 개의 주사위를 던져서 나오는 눈의 수를 각각 a, b, c라고 할 때, 세 눈의 합이 12인 사건을 A, 세 눈의 수가 모두 같은 사건을 B라고 하자.
> 세 눈의 합이 12인 경우는 세 눈의 수가 각각
> 1, 5, 6
> 2, 4, 6
> 2, 5, 5
> 3, 3, 6
> 3, 4, 5
> 4, 4, 4
> 일 때이고, 이때 (a, b, c)의 순서쌍의 개수는 각각 $3! = 6$, $3! = 6$, $\dfrac{3!}{2!} = 3$, $\dfrac{3!}{2!} = 3$, $3! = 6$, 1 이어서 사건 A
> 의 경우의 수는 $6 + 6 + 3 + 3 + 6 + 1 = 25$ 이다.
> 그리고 사건 $A \cap B$의 경우의 수는 4, 4, 4 한 가지 이므로 확률 $P(B|A) = \dfrac{n(A \cap B)}{n(A)} = \dfrac{1}{25}$ 이다.

20 이차방정식 $x^2 + 3nx + 2 = 0$의 두 근을 α_n, β_n이라 할 때, $\displaystyle\sum_{n=1}^{5} \left({\alpha_n}^2 + {\beta_n}^2 \right)$의 값은?

(단, n은 자연수이다)

① 465　　　　　　　　　② 470

③ 475　　　　　　　　　④ 480

> **TIP** 이차방정식 $x^2 + 3nx + 2 = 0$의 두 근을 α_n, β_n이라고 할 때, $\alpha_n + \beta_n = -3n$, $\alpha_n \beta_n = 2$ 이므로
> $\left(\alpha_n^2 + \beta_n^2 \right) = (\alpha_n + \beta_n)^2 - 2\alpha_n \beta_n = 9n^2 - 4$ 이다.
> 따라서 $\displaystyle\sum_{n=1}^{5} \left(\alpha_n^2 + \beta_n^2 \right) = \sum_{n=1}^{5} \left(9n^2 - 4 \right) = 9 \times \dfrac{5 \times 6 \times 11}{6} - 4 \times 5 = 475$ 이다.

1 다항식 $f(x) = x^3 + ax^2 - 5x + a$를 $x - 2$로 나눈 나머지가 8일 때, 상수 a의 값은?

① 1   ② 2

③ 3   ④ 4

TIP 다항식 $f(x) = x^3 + ax^2 - 5x + a$ 을 일차식 $x - 2$ 로 나눈 나머지는 $f(2)$ 이다.
$f(2) = 5a - 2$ 이고 $5a - 2 = 8$ $\therefore a = 2$ 이다.

2 두 양수 a, b에 대하여 $\log_2 ab = 6$, $\log_2 \dfrac{a}{b} = 2$일 때, $a - b$의 값은?

① 16   ② 12

③ 8   ④ 4

TIP $\log_2 ab = \log_2 a + \log_2 b = 6$ $\cdots$ ㉠

$\log_2 \dfrac{a}{b} = \log_2 a - \log_2 b = 2$ $\cdots$ ㉡

에서 두 식 ㉠, ㉡을 더하면 $2\log_2 a = 8$ $\therefore \log_2 a = 4$ $\therefore a = 2^4 = 16$ 이고,
두 식을 빼면 $2\log_2 b = 4$ $\therefore \log_2 b = 2$ $\therefore b = 2^2 = 4$ 이다.
따라서 $a - b = 16 - 4 = 12$ 이다.

3 두 집합 $A = \{1, 2, 3, 4\}$, $B = \{5, 6, 7, 8\}$에 대하여, A에서 B로의 함수 중 역함수가 존재하는 것만을 모두 고르면?

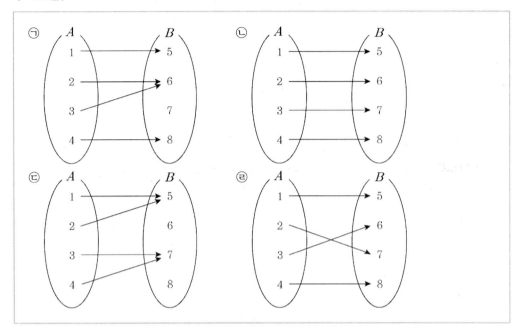

① ㉠, ㉡　　　　　　　　　　　　　② ㉠, ㉢

③ ㉡, ㉢　　　　　　　　　　　　　④ ㉡, ㉣

TIP 집합 A에서 집합 B로의 함수 중 역함수가 존재하려면 그 함수는 일대일대응 함수이어야 한다.
㉠ 일대일함수가 아니며 공역과 치역이 다르다.
㉡ 일대일대응함수이다.
㉢ 일대일함수가 아니며 공역과 치역이 다르다.
㉣ 일대일대응함수이다.
따라서 ④ ㉡, ㉣이 정답이다.

4 $x^2 - 4x + 1 = 0$일 때, $5x^2 + \dfrac{5}{x^2}$의 값은?

① 70　　　　　　　　　　　　　② 75

③ 80　　　　　　　　　　　　　④ 85

TIP $x^2 - 4x + 1 = 0$에서 양변을 x로 나누면 $x - 4 + \dfrac{1}{x} = 0$　$\therefore x + \dfrac{1}{x} = 4$ 이다.

$$5x^2 + \frac{5}{x^2} = 5\left(x^2 + \frac{1}{x^2}\right) = 5\left\{\left(x + \frac{1}{x}\right)^2 - 2\right\} = 5(4^2 - 2) = 70$$

5

실수 전체의 집합에서 정의된 함수 $f(x) = \begin{cases} -3x & (x\text{는 유리수}) \\ x^2 & (x\text{는 무리수}) \end{cases}$ 에 대하여 $(f \circ f)(\sqrt{5})$의 값은?

① -15 ② -5

③ 5 ④ 15

🌸 **TIP** 함수 $f(x) = \begin{cases} -3x & (x\text{는 유리수}) \\ x^2 & (x\text{는 무리수}) \end{cases}$ 에 대하여 $\sqrt{5}$ 는 무리수이므로 $f(\sqrt{5}) = (\sqrt{5})^2 = 5$ 이다.

따라서 $(f \circ f)(\sqrt{5}) = f(f(\sqrt{5})) = f(5) = -3 \times 5 = -15$ 이다.

6

20 이하의 자연수 n에 대하여, $\left\{ \dfrac{2(1+i)}{1-i} \right\}^n = -2^n i$ 를 만족시키는 모든 n의 값의 합은? (단, $i = \sqrt{-1}$)

① 45 ② 50

③ 55 ④ 60

🌸 **TIP** $\dfrac{2(1+i)}{1-i} = \dfrac{2(1+i)}{1-i} \dfrac{1+i}{1+i} = (1+i)^2 = 2i$ 이고, $(2i)^n = -2^n i$ 으로부터 $i^n = -i$ 이다.

20 보다 작은 자연수 n에 대하여 이를 만족하는 n은 $n = 3, 7, 11, 15, 19$ 이므로 이들의 합은 55 이다.

7

파란 공 4개와 노란 공 6개 중에서 임의로 공 3개를 동시에 뽑을 때, 뽑힌 3개의 공 중에 노란 공이 한 개 이상일 확률은?

① $\dfrac{17}{30}$ ② $\dfrac{19}{30}$

③ $\dfrac{23}{30}$ ④ $\dfrac{29}{30}$

🌸 **TIP** 파란 공 4개와 노란 공 6개 중에서 임의로 공 3개를 뽑을 때 나오는 모든 경우의 수는 $_{10}C_3 = 120$ 이다.

뽑힌 3개의 공 중에 노란 공이 하나도 없는 경우의 수는 파란 공 4개에서 임의로 3개를 뽑는 경우의 수 $_4C_3 = 4$ 이다.

따라서 구하고자 하는 확률은 $1 - \dfrac{4}{120} = \dfrac{29}{30}$ 이다.

Answer 3.④ 4.① 5.① 6.③ 7.④

8 다항함수 $f(x)$가 $f(1) = -3$, $\lim\limits_{h \to 0}\dfrac{f(1+h) - f(1-h)}{h} = 8$을 만족시킨다.

함수 $g(x) = (x^2 + 1)f(x)$에 대하여, $g'(1)$의 값은?

① -2 ② -1

③ 1 ④ 2

TIP
$$\lim_{h \to 0}\frac{f(1+h) - f(1-h)}{h} = \lim_{h \to 0}\frac{f(1+h) - f(1) + f(1) - f(1-h)}{h}$$
$$= \lim_{h \to 0}\left\{\frac{f(1+h) - f(1)}{h} - \frac{f(1-h) - f(1)}{h}\right\}$$
$$= \lim_{h \to 0}\left\{\frac{f(1+h) - f(1)}{h} + \frac{f(1-h) - f(1)}{-h}\right\}$$
$$= f'(1) + f'(1)$$
$$= 2f'(1)$$

이므로 $2f'(1) = 8$에서 $f'(1) = 4$이다.

함수 $g(x) = (x^2 + 1)f(x)$에 대하여 $g'(x) = 2xf(x) + (x^2 + 1)f'(x)$이고, 이때 $g'(1) = 2f(1) + 2f'(1) = 2 \times (-3) + 2 \times 4 = 2$이다.

9 수열 $\{a_n\}$에 대하여 $\sum\limits_{k=1}^{n} ka_k = \{n(n+1)\}^2$이 성립할 때, $\lim\limits_{n \to \infty}\dfrac{12}{n^3}\sum\limits_{k=1}^{n} a_k$의 값은?

① 8 ② 16

③ 24 ④ 32

TIP 수열 $\{a_n\}$에 대하여 $b_n = na_n$이라 하고 수열 $\{b_n\}$의 첫 항부터 제 n항까지의 합을 S_n이라 하면 $S_n = \{n(n+1)\}^2$이다.

이때 $b_n = S_n - S_{n-1}$ $(n \geq 2)$, $b_1 = S_1 = 4$으로부터 $b_n = 4n^3$이다. 즉 $na_n = 4n^3$ $\therefore a_n = 4n^2$이다.

그러므로 $\lim\limits_{n \to \infty}\dfrac{12}{n^3}\sum\limits_{k=1}^{n} a_k = \lim\limits_{n \to \infty}\dfrac{12}{n^3}\sum\limits_{k=1}^{n} 4k^2 = \lim\limits_{n \to \infty}\dfrac{48}{n^3}\dfrac{n(n+1)(2n+1)}{6} = 16$이다.

10 곡선 $y = \sqrt{2x+5}$ 와 두 직선 $y = 5$, $y = t(0 < t < 5)$의 교점을 각각 P, Q라 하자. 점 Q에서 직선 $y = 5$에 내린 수선의 발을 H라 할 때, $\lim\limits_{t \to 5-} \dfrac{\overline{PQ}}{\overline{QH}}$의 값은?

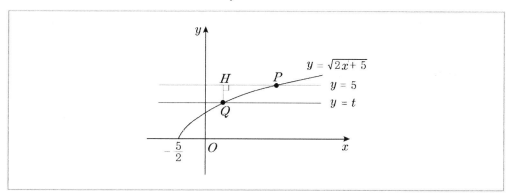

① $2\sqrt{5}$

② $\sqrt{22}$

③ $2\sqrt{6}$

④ $\sqrt{26}$

TIP 점 P의 y좌표가 5일 때 x좌표는 $\sqrt{2x+5} = 5$로부터 $x = 10$이다.

점 Q의 y좌표가 t일 때 x좌표는 $\sqrt{2x+5} = t$로부터 $x = \dfrac{t^2 - 5}{2}$이다.

$\overline{QH} = 5 - t$, $\overline{PH} = 10 - \dfrac{t^2 - 5}{2} = \dfrac{25 - t^2}{2}$이므로

$\overline{PQ} = \sqrt{(5-t)^2 + \left(\dfrac{25 - t^2}{2}\right)^2} = (5-t)\sqrt{\dfrac{(5+t)^2 + 4}{4}}$이다.

이때, $\lim\limits_{t \to 5-} \dfrac{\overline{PQ}}{\overline{QH}} = \lim\limits_{t \to 5-} \dfrac{(5-t)\sqrt{\dfrac{(5+t)^2 + 4}{4}}}{5-t} = \sqrt{\dfrac{104}{4}} = \sqrt{26}$이다.

11 전체집합 U의 세 부분집합 A, B, C에 대하여 집합 $A-(B\cap C)$와 같은 것은?

① $(A-B)\cap(A-C)$

② $(A-B)\cup(A-C)$

③ $(A-B)\cap(B-C)$

④ $(A-B)\cup(B-C)$

🏵️ TIP
$$\begin{aligned} A-(B\cap C) &= A\cap(B\cap C)^c \\ &= A\cap(B^c\cup C^c) \\ &= (A\cap B^c)\cup(A\cap C^c) \\ &= (A-B)\cup(A-C) \end{aligned}$$

12 이차함수 $y=x^2+ax+b$의 그래프와 직선 $y=2x+3$의 두 교점의 x좌표가 각각 1, 5일 때, $a+2b$의 값은? (단, a, b는 상수)

① 12

② 16

③ 20

④ 24

🏵️ TIP 이차함수 $y=x^2+ax+b$의 그래프와 직선 $y=2x+3$의 교점의 x좌표는 이차방정식
$x^2+ax+b=2x+3$, 즉 $x^2+(a-2)x+b-3=0$ 의 두 근과 같다.
따라서 두 근 1, 5 의 합과 곱은 각각 $1+5=-(a-2)$, $1\times5=b-3$이어서 $a=-4$, $b=8$이고
$a+2b=12$이다.

13 수직선 위의 두 점 A(-1), B(5)에 대하여, 선분 AB를 $2:1$로 내분하는 점을 P(x_1), $3:2$로 외분하는 점을 Q(x_2), 선분 AB의 중점을 M(x_3)이라고 할 때, x_1, x_2, x_3의 관계로 옳은 것은?

① $x_1 < x_2 < x_3$

② $x_1 < x_3 < x_2$

③ $x_3 < x_1 < x_2$

④ $x_3 < x_2 < x_1$

🏵️ TIP
$$x_1 = \frac{2\times(5)+1\times(-1)}{2+1}=3,$$
$$x_2 = \frac{3\times(5)-2\times(-1)}{3-2}=17,$$
$$x_3 = \frac{(-1)+5}{2}=2$$
이므로 $x_3 < x_1 < x_2$이다.

14 유리함수 $y = \dfrac{4}{x-2}$ $(x>2)$의 그래프 위의 점 A에서 두 점근선에 내린 수선의 발을 각각 P, Q라 할 때, $\overline{AP} + \overline{AQ}$의 최솟값은?

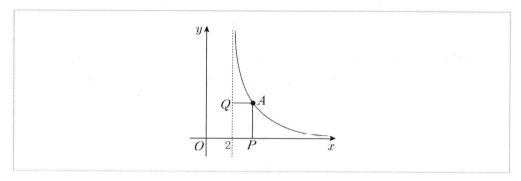

① 3
② 4

③ 5
④ 6

TIP 유리함수 $y = \dfrac{4}{x-2}$ $(x>2)$의 그래프 위의 점 $A(a, b)$에 대하여 $\overline{AP} = b$, $\overline{AQ} = a-2$이다.

$b = \dfrac{4}{a-2}$ 이고 산술, 기하평균에 의하여 $\overline{AP} + \overline{AQ} = \dfrac{4}{a-2} + (a-2) \geq 2\sqrt{\dfrac{4}{a-2} \times (a-2)} = 4$이므로 최솟값은 4이다.

15 이차방정식 $f(x) = 0$의 두 근의 합은 8이고, 곱은 3일 때, 이차방정식 $f(2x+1) = 0$의 두 근의 곱은?

① -3
② -1

③ 1
④ 3

TIP 이차방정식 $f(x) = 0$의 두 근을 α, β라고 하면 $f(x) = a(x-\alpha)(x-\beta)$, $\alpha + \beta = 8$, $\alpha\beta = 3$이라고 할 수 있다.

이때 이차방정식 $f(2x+1) = 0$, 즉 $a(2x+1-\alpha)(2x+1-\beta) = 0$의 두 근은 $x = \dfrac{\alpha-1}{2}$, $\dfrac{\beta-1}{2}$이다.

따라서 두 근의 곱은 $\dfrac{\alpha-1}{2} \times \dfrac{\beta-1}{2} = \dfrac{\alpha\beta - (\alpha+\beta) + 1}{4} = \dfrac{3 - (8) + 1}{4} = -1$이다.

Answer　11.② 12.① 13.③ 14.② 15.②

16 등비수열 2, a_1, a_2, a_3, a_4, 36에 대하여 $a_1 \times a_2 \times a_3 \times a_4 = 2^m \times 3^n$을 만족시키는 자연수 m과 n의 합 $m+n$의 값은?

① 6   ② 8

③ 10   ④ 12

TIP 등비수열 2, a_1, a_2, a_3, a_4, 36의 공비를 r 이라고 하면, $2r^5 = 36$ $\therefore r^5 = 18$ 이다.
$a_1 = 2r$ 이고 $a_1 \times a_2 \times a_3 \times a_4 = a_1 \times a_1 r \times a_1 r^2 \times a_1 r^3 = a_1^4 r^6 = (2r)^4 r^6 = 2^4 r^{10}$ 이다.
$r^5 = 18$ 이므로 $2^4 r^{10} = 2^4 \times (18)^2 = 2^6 \times 3^4$ 이다. 그러므로 $m = 6$, $n = 4$ $\therefore m+n = 10$ 이다.

17 함수 $f(x) = x^3 + ax^2 - (1+2a)x + a$에 대하여 $y = f(x)$의 그래프는 실수 a의 값에 관계없이 항상 점 P 를 지난다. 곡선 $y = f(x)$ 위의 점 P에서의 접선의 방정식을 $y = mx + n$이라 할 때, $m-n$의 값은? (단, m, n은 상수)

① -8 ② -4

③ 4   ④ 8

TIP 함수 $f(x) = x^3 + ax^2 - (1+2a)x + a$에 대하여 $y = (x^2 - 2x + 1)a + x^3 - x$의 그래프는 실수 a의 값에 관계없이 $x^2 - 2x + 1 = 0$, $y = x^3 - x$을 만족하는 $x = 1$, $y = 0$, 즉 점 $P(1, 0)$을 지난다.
$f'(x) = 3x^2 + 2ax - 1 - 2a$에 대하여 $f'(1) = 2$이므로 점 P에서의 접선의 방정식은 $y = 2(x-1)$, 즉 $y = 2x - 2$ 이다. 따라서 $m = 2$, $n = -2$ $\therefore m-n = 4$ 이다.

18 두 실수 x, y에 대하여 $\sqrt{(x-1)^2 + (y-1)^2} + \sqrt{x^2 + (y-5)^2}$의 최솟값은?

① $\sqrt{17}$ ② $\sqrt{15}$

③ $\sqrt{13}$ ④ $\sqrt{11}$

TIP 점 $P(x, y)$, $A(1, 1)$, $B(0, 5)$라고 하면 주어진 식은
$$\sqrt{(x-1)^2 + (y-1)^2} + \sqrt{x^2 + (y-5)^2} = \overline{AP} + \overline{PB}$$와 같다.
이때 $\overline{AP} + \overline{PB}$ 의 최솟값은 $\overline{AB}$ 이고 $\overline{AB} = \sqrt{(1-0)^2 + (1-5)^2} = \sqrt{17}$ 이다.

19

다항함수 $f(x)$가 모든 실수 x에 대하여 $f(x) = 4x^3 + x \int_0^1 f(t)\,dt$를 만족시킬 때, $f(1)$의 값은?

① 3　　　　　　　　　　② 4

③ 5　　　　　　　　　　④ 6

🌸 **TIP** $\int_0^1 f(t)\,dt = a$라 하면 $f(x) = 4x^3 + ax$이다.

$a = \int_0^1 (4t^3 + at)\,dt = \left[t^4 + \dfrac{a}{2} t^2 \right]_0^1 = 1 + \dfrac{a}{2}$에서 $a = 2$이고 따라서 $f(x) = 4x^3 + 2x$이다.

그러므로 $f(1) = 6$이다.

20

한 개의 주사위를 18번 던질 때, 6의 약수의 눈이 나오는 횟수를 확률변수 X라 하자. X^2의 평균은?

① 136　　　　　　　　　② 140

③ 144　　　　　　　　　④ 148

🌸 **TIP** 한 개의 주사위를 18번 던질 때, 6의 약수의 눈이 나오는 횟수를 X라 하면, 확률변수 X는 이항분포 $B\left(18, \dfrac{2}{3} \right)$을 따른다. 이때 $E(X) = 18 \times \dfrac{2}{3} = 12$, $V(X) = 18 \times \dfrac{2}{3} \times \dfrac{1}{3} = 4$이다.

$V(X) = E(X^2) - \{E(X)\}^2$으로부터 $E(X^2) = V(X) + \{E(X)\}^2 = 4 + 12^2 = 148$이다.

Answer　16.③　17.③　18.①　19.④　20.④

1 $\sqrt[4]{\sqrt[3]{16}} \times \sqrt{\sqrt[3]{16}}$ 의 값은?

① $\sqrt{2}$ ② 2

③ $2\sqrt{2}$ ④ 4

TIP $\sqrt[4]{\sqrt[3]{16}} \times \sqrt{\sqrt[3]{16}} = \sqrt[12]{16} \times \sqrt[6]{16} = 16^{\frac{1}{12}} \times 16^{\frac{1}{6}} = 16^{\frac{3}{12}} = \left(2^4\right)^{\frac{1}{4}} = 2$

2 두 다항식 $A = 3x^2 + 2xy + 6y^2$, $B = x^2 - xy + 5y^2$에 대하여 $X - 3(A + 2B) = 2A$를 만족하는 다항식 X를 $ax^2 + bxy + cy^2$이라 할 때, $a+b+c$의 값은? (단, a, b, c는 상수이다.)

① 85   ② 86

③ 87   ④ 88

TIP $A = 3x^2 + 2xy + 6y^2$, $B = x^2 - xy + 5y^2$에 대하여

$X - 3(A + 2B) = 2A$ 에서 $X = 5A + 6B$이다. 이 식을 전개하면

$X = 5A + 6B$
$\quad = 15x^2 + 10xy + 30y^2 + 6x^2 - 6xy + 30y^2$
$\quad = 21x^2 + 4xy + 60y^2$

이므로 $a = 21$, $b = 4$, $c = 60$ $\therefore a+b+c = 85$이다.

3 삼차방정식 $x^3 - x^2 - 6x + 2 = 0$의 세 근을 α, β, γ라 할 때, $(\alpha-1)(\beta-1)(\gamma-1)$의 값은?

① 1   ② 2

③ 3   ④ 4

TIP 삼차방정식의 근과 계수의 관계로부터 $\alpha + \beta + \gamma = 1$, $\alpha\beta + \beta\gamma + \gamma\alpha = -6$, $\alpha\beta\gamma = -2$ 이다.

따라서 $(\alpha-1)(\beta-1)(\gamma-1) = \alpha\beta\gamma - (\alpha\beta + \beta\gamma + \gamma\alpha) + (\alpha + \beta + \gamma) - 1$
$\qquad\qquad\qquad\qquad\qquad = -2 - (-6) + 1 - 1$
$\qquad\qquad\qquad\qquad\qquad = 4$

4 수열 $\{a_n\}$에 대하여 $\displaystyle\sum_{n=1}^{\infty}\left(a_n-\frac{3n+5}{n+1}\right)=1$일 때, $\displaystyle\lim_{n\to\infty}\left(a_n^2+2a_n\right)$의 값은?

① 9   ② 12

③ 15   ④ 18

TIP $\displaystyle\sum_{n=1}^{\infty}\left(a_n-\frac{3n+5}{n+1}\right)=1$이므로 $\displaystyle\lim_{n\to\infty}\left(a_n-\frac{3n+5}{n+1}\right)=0$, 즉 $\displaystyle\lim_{n\to\infty}a_n=3$이다.

따라서 $\displaystyle\lim_{n\to\infty}\left(a_n^2+2a_n\right)=3^2+2\times 3=15$이다.

5 일대일대응인 두 함수 f, g에 대하여 $f(x+3)=2g(x)$이고 $f^{-1}(6)=4$일 때, $g^{-1}(3)$의 값은?

① 1   ② 3

③ 4   ④ 6

TIP $f^{-1}(6)=4$로부터 $f(4)=6$이고, 식 $f(x+3)=2g(x)$에 $x=1$을 대입하면 $f(4)=2g(1)$이므로 $g(1)=3$이다.

그러므로 $g^{-1}(3)=1$이다.

6 실수 x에 대하여 두 조건 p, q를 각각 $p:(x-3)(x+2)\geq 0$라 할 때, p는 q이기 위한 필요조건이 되도록 하는 자연수 a의 최댓값은?
$$q:|x-8|<a$$

① 1   ② 3

③ 5   ④ 7

TIP 조건 p, q의 진리집합을 각각 P, Q라고 하면

$P=\{x\,|\,x\leq-2,\ x\geq 3\}$, $Q=\{x\,|-a+8<x<a+8\}$이다. p가 q이기 위한 필요조건이 되기 위해서는
$P\supset Q$이어야 하므로 그림에서처럼 자연수 a에 대하여
$3\leq-a+8$, 즉 $a\leq 5$이어야 한다. 따라서 a의 최댓값은 5이다.

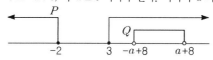

7 $A = \lim\limits_{n \to \infty} \dfrac{1^6 + 2^6 + 3^6 + \cdots + n^6}{(1^2 + 2^2 + 3^2 + \cdots + n^2)(1^3 + 2^3 + 3^3 + \cdots + n^3)}$ 라 할 때, $7A$의 값은?

① 6   ② 8

③ 10   ④ 12

TIP

$$A = \lim_{n \to \infty} \frac{1^6 + 2^6 + 3^6 + \cdots + n^6}{(1^2 + 2^2 + 3^2 + \cdots + n^2)(1^3 + 2^3 + 3^3 + \cdots + n^3)}$$

$$= \lim_{n \to \infty} \frac{\sum\limits_{k=1}^{n} k^6}{\sum\limits_{k=1}^{n} k^2 \sum\limits_{k=1}^{n} k^3} = \lim_{n \to \infty} \frac{\sum\limits_{k=1}^{n} \left(\dfrac{k}{n}\right)^6 \dfrac{1}{n}}{\sum\limits_{k=1}^{n} \left(\dfrac{k}{n}\right)^2 \dfrac{1}{n} \times \sum\limits_{k=1}^{n} \left(\dfrac{k}{n}\right)^3 \dfrac{1}{n}}$$

$$= \frac{\lim\limits_{n \to \infty} \sum\limits_{k=1}^{n} \left(\dfrac{k}{n}\right)^6 \dfrac{1}{n}}{\lim\limits_{n \to \infty} \sum\limits_{k=1}^{n} \left(\dfrac{k}{n}\right)^2 \dfrac{1}{n} \; \lim\limits_{n \to \infty} \sum\limits_{k=1}^{n} \left(\dfrac{k}{n}\right)^3 \dfrac{1}{n}}$$

$$= \frac{\displaystyle\int_0^1 x^6 \, dx}{\displaystyle\int_0^1 x^2 \, dx \int_0^1 x^3 \, dx}$$

$$= \frac{\dfrac{1}{7}}{\dfrac{1}{3} \times \dfrac{1}{4}} = \frac{12}{7}$$

따라서 $7A = 7 \times \dfrac{12}{7} = 12$ 이다.

8 $\log x = -\dfrac{3}{2}$ 일 때, x^3은 소수점 아래 a째 자리에서 처음으로 0이 아닌 숫자가 나타나고, x^5은 소수점 아래 b째 자리에서 처음으로 0이 아닌 숫자가 나타난다. $a + b$의 값은?

① 11   ② 12

③ 13   ④ 14

TIP

$\log x = -\dfrac{3}{2}$ 일 때, $\log x^3 = 3\log x = -\dfrac{9}{2} = -5 + \dfrac{1}{2}$ 이므로 x^3은 소수점 아래 5 번째 자리에서 처음으로 0 이 아닌 숫자가 나타난다. 따라서 $a = 5$

그리고 $\log x^5 = 5\log x = -\dfrac{15}{2} = -8 + \dfrac{1}{2}$ 이므로 x^5은 소수점 아래 8 번째 자리에서 처음으로 0 이 아닌 숫자가 나타난다.

따라서 $b = 8$. 따라서 $a + b = 5 + 8 = 13$ 이다.

9 점 $(3, 1)$에서 원 $x^2 + y^2 - 2x - 8y + 16 = 0$에 그은 두 접선의 기울기를 각각 m_1, m_2라고 할 때, $m_1 + m_2$의 값은?

① -4
② $-\dfrac{8}{3}$

③ $\dfrac{8}{3}$
④ 4

TIP 점 $(3, 1)$에서 원 $(x-1)^2 + (y-4)^2 = 1$에 그은 접선의 기울기를 m이라하면, 접선의 방정식은 $y - 1 = m(x-3)$, 즉 $mx - y - 3m + 1 = 0$이다. 이때 원의 중심 $(1, 4)$에서 이 직선에 이르는 거리가 반지름의 길이와 같으므로

$$\frac{|m - 4 - 3m + 1|}{\sqrt{m^2 + 1}} = 1, \ 즉 \ |-2m - 3| = \sqrt{m^2} + 1 \ 이다. \ 양변을 제곱해서 정리하면$$

$3m^2 + 12m + 8 = 0$이고, 이때 이 이차방정식의 두 근이 두 접선의 기울기 m_1, m_2가 된다.

따라서 $m_1 + m_2 = -\dfrac{12}{3} = -4$이다.

10 유리함수 $y = \dfrac{1}{x} \ (x > 0)$의 그래프 위의 점 $P(a, b)$와 직선 $y = -x$ 사이의 거리가 3일 때, $a^2 + b^2$의 값은?

① 1
② 4
③ 9
④ 16

TIP 함수 $y = \dfrac{1}{x} \ (x > 0)$ 위의 점 $P(a, b)$와 직선 $x + y = 0$ 사이의 거리는

$$\frac{|a + b|}{\sqrt{2}} = \frac{a + b}{\sqrt{2}} \ (\because a > 0, \ b > 0) \ 이므로 \ a + b = 3\sqrt{2} \ 이고, \ b = \frac{1}{a} \ 로부터 \ ab = 1 \ 이다.$$

이때 $a^2 + b^2 = (a + b)^2 - 2ab = 18 - 2 = 16$이다.

11

연립방정식 $\begin{cases} 2x^2+xy-y^2=0 \\ x^2-y^2=-3 \end{cases}$ 을 만족하는 실수 x, y에 대하여 xy의 값은?

① -2 ② -1

③ 1 ④ 2

TIP $2x^2+xy-y^2=0$, $(x+y)(2x-y)=0$이므로 주어진 연립방정식의 해는 두 연립방정식

$\begin{cases} x+y=0 \\ x^2-y^2=-3 \end{cases}$ 또는 $\begin{cases} 2x-y=0 \\ x^2-y^2=-3 \end{cases}$

해와 같다.

ⅰ) $\begin{cases} x+y=0 \\ x^2-y^2=-3 \end{cases}$ 에서 $y=-x$ 을 아래 식에 대입하면 $x^2-x^2=-3$, 즉 $0=-3$이 되어 해가 없다.

ⅱ) $\begin{cases} 2x-y=0 \\ x^2-y^2=-3 \end{cases}$ 에서 $y=2x$ 을 아래 식에 대입하면

$x^2-4x^2=-3$ $\therefore x^2=1$ $\therefore x=1,\ -1$이고 따라서 연립방정식의 해는 $x=1,\ y=2$ 또는

$x=-1,\ y=-2$이다.

이때 $xy=2$ 이다.

12

함수 $f(x)=\begin{cases} x^2+2x-1 & (x<k) \\ -\dfrac{3}{2}x^2+12x-11 & (x \geq k) \end{cases}$ 가 모든 실수 x에서 연속일 때, $k+f(1)+f(2)$의 값은?

① 2 ② 5

③ 8 ④ 11

TIP 함수 $f(x)=\begin{cases} x^2+2x-1 & (x<k) \\ -\dfrac{3}{2}x^2+12x-11 & (x \geq k) \end{cases}$ 가 모든 실수 x에서 연속이므로 $x=k$에서도 연속이다.

따라서 $\lim\limits_{x \to k+}f(x)=\lim\limits_{x \to k-}f(x)$ 에서

$-\dfrac{3}{2}k^2+12k-11=k^2+2k-1$, 즉 $k^2-4k+4=0$ $\therefore k=2$이다.

따라서 함수 $f(x)=\begin{cases} x^2+2x-1 & (x<2) \\ -\dfrac{3}{2}x^2+12x-11 & (x \geq 2) \end{cases}$에 대하여 $f(1)=2$, $f(2)=7$이므로

$k+f(1)+f(2)=2+2+7=11$이다.

13 부등식 $|2x-1| > x^2 - 3x - 1$을 만족하는 정수 x의 개수는?

① 4개   ② 5개

③ 6개   ④ 7개

TIP 부등식 $|2x-1| > x^2 - 3x - 1$을 풀면,

i) $x < \dfrac{1}{2}$일 때, $-2x + 1 > x^2 - 3x - 1$
$$x^2 - x - 2 < 0$$
$$(x+1)(x-2) < 0$$
$$\therefore -1 < x < 2$$
$$\therefore -1 < x < \frac{1}{2} \left(\because x < \frac{1}{2} \right)$$

ii) $x \geq \dfrac{1}{2}$일 때, $2x - 1 > x^2 - 3x - 1$
$$x^2 - 5x < 0$$
$$x(x-5) < 0$$
$$\therefore 0 < x < 5$$
$$\therefore \frac{1}{2} \leq x < 5 \left(\because x \geq \frac{1}{2} \right)$$

이므로 부등식의 해는 $-1 < x < 5$이고 이때 정수 x의 개수는 5개다.

14 확률변수 X의 확률분포가 다음 표와 같을 때, X의 분산은? (단, a는 상수이다.)

X	0	1	2	3	계
$P(X=x)$	$\dfrac{1}{3}$	$\dfrac{1}{2}$	0	a	1

① 1   ② $\dfrac{1}{2}$

③ $\dfrac{1}{4}$ ④ $\dfrac{1}{6}$

TIP $\dfrac{1}{3} + \dfrac{1}{2} + 0 + a = 1$에서 $a = \dfrac{1}{6}$이다.

확률변수 X의 평균 $E(X) = 0 \times \dfrac{1}{3} + 1 \times \dfrac{1}{2} + 2 \times 0 + 3 \times \dfrac{1}{6} = 1$이고

분산 $V(X) = (0-1)^2 \times \dfrac{1}{3} + (1-1)^2 \times \dfrac{1}{2} + (2-1)^2 \times 0 + (3-1)^2 \times \dfrac{1}{6} = 1$이다.

Answer   11.④   12.④   13.②   14.①

15 다음 〈보기〉의 수열 $\{a_n\}$ 중에서 수렴하는 것을 모두 고른 것은?

〈보기〉

㉠ $a_n = \dfrac{1}{n^2+1}$

㉡ $a_n = \dfrac{1+(-1)^n}{2}$

㉢ $a_n = \begin{cases} 0 & (n=1,\ 3,\ 5,...) \\ \dfrac{1}{2^n} & (n=2,\ 4,\ 6,...) \end{cases}$

① ㉠

② ㉠, ㉡

③ ㉡, ㉢

④ ㉠, ㉢

🌸 **TIP** ㉠ $\displaystyle\lim_{n\to\infty} a_n = \lim_{n\to\infty}\dfrac{1}{n^2+1}=0$ 이므로 수열 $\{a_n\}$ 은 수렴

㉡ a_n : $0,\ 1,\ 0,\ 1,\ 0,\cdots$ 이므로 수열 $\{a_n\}$ 은 발산

㉢ n 이 홀수일 때 $\displaystyle\lim_{n\to\infty} a_n = 0$, n 이 짝수일 때 $\displaystyle\lim_{n\to\infty} a_n = \lim_{n\to\infty}\dfrac{1}{2^n}=0$ 이므로 수열 $\{a_n\}$ 은 수렴.

16 두 확률변수 X, Y가 각각 정규분포 $N(11,\ 9)$, $N(12,\ 16)$을 따르고 $P(X\le k)=P(Y\ge 2k)$일 때, 상수 k의 값은?

① 7

② 8

③ 9

④ 10

🌸 **TIP** 정규분포를 따르는 두 확률변수 X, Y에 대하여

$P(X\le k)=P\left(Z\le \dfrac{k-11}{3}\right),$

$P(Y\ge 2k)=P\left(Z\ge \dfrac{2k-12}{4}\right)$

에서 $P(X\le k)=P(Y\ge 2k)$ 이므로 $P\left(Z\le \dfrac{k-11}{3}\right)=P\left(Z\ge \dfrac{2k-12}{4}\right)$이다.

따라서 $\dfrac{k-11}{3}=-\dfrac{2k-12}{4}$ 에서 $k=8$이다.

17 두 사건 A , B에 대하여 $P(A^C) = \dfrac{3}{5}$, $P(B^C|A) = \dfrac{1}{3}$일 때, $P(A \cap B)$의 값은?

① $\dfrac{1}{15}$

② $\dfrac{2}{15}$

③ $\dfrac{4}{15}$

④ $\dfrac{8}{15}$

🌸 **TIP** $P(A^c) = \dfrac{3}{5}$으로부터 $P(A) = \dfrac{2}{5}$ 이고, $P(B^c|A) = \dfrac{1}{3}$으로부터 $P(B|A) = \dfrac{2}{3}$이다.

따라서 $P(A \cap B) = P(A) \times P(B|A) = \dfrac{2}{5} \times \dfrac{2}{3} = \dfrac{4}{15}$

18 다항식 $f(x+1) - 2$가 $x^2 - 4$로 나누어떨어질 때, 다항식 $f(x-2) + 3$을 $x^2 - 6x + 5$로 나누었을 때의 나머지는?

① 1

② 3

③ 5

④ 7

🌸 **TIP** 다항식 $f(x+1) - 2$를 $x^2 - 4$로 나눌 때의 몫을 $Q(x)$라 하면

$f(x+1) - 2 = (x^2 - 4)Q(x)$

이다. 위 식에 $x = 2$, $x = -2$을 각각 대입하면 $f(3) = 2$, $f(-1) = 2$이다.

다항식 $f(x-2) + 3$ 을 $x^2 - 6x + 5$로 나눌 때의 몫을 $Q_1(x)$, 나머지를 $ax + b$라 하면

$$f(x-2) + 3 = (x^2 - 6x + 5)Q_1(x) + ax + b$$
$$= (x-1)(x-5)Q_1(x) + ax + b$$

이고, 위 식에 $x = 1$, $x = 5$을 각각 대입하면 $a + b = 5$, $5a + b = 5$이다. 따라서 $a = 0$, $b = 5$이므로 나머지는 5이다.

Answer 15.④ 16.② 17.③ 18.③

19 동전 한 개를 던져 앞면이 나오면 3점을 얻고 뒷면이 나오면 1점을 잃는 게임에서 동전을 10번 던졌을 때 얻은 점수의 기댓값은? (단, 동전의 앞면이 나올 확률과 뒷면이 나올 확률은 각각 $\frac{1}{2}$ 이다.)

① 10

② 20

③ 30

④ 40

TIP 동전을 10번 던졌을 때 앞면이 나오는 횟수를 X라 하면 확률변수 X는 이항분포 $B\left(10, \frac{1}{2}\right)$를 따른다.

이때 얻은 점수를 Y라 하면 뒷면이 나오는 횟수는 $10-X$이므로 $Y=3X-(10-X)=4X-10$이다.

$E(X)=10\times\frac{1}{2}=5$이므로

$E(Y)=E(4X-10)=4E(X)-10=4\times5-10=10$이다.

20 같은 종류의 사탕 6개를 4명의 어린이에게 남김없이 나누어줄 때, 사탕을 한 개도 받지 못하는 어린이가 1명인 경우의 수는?

① 40

② 60

③ 80

④ 100

TIP 사탕을 한 개도 받지 못하는 어린이를 선택하는 경우의 수는 4이다.

사탕을 받게 되는 세 학생이 받는 사탕의 개수는 1개, 1개, 4개 또는 1개, 2개, 3개 또는 2개, 2개, 2개의 경우가 있다. 각각의 경우의 수는 3, 3!=6, 1이므로 구하고자 하는 경우의 수는 $4\times(3+6+1)=40$이다.

Answer 19.① 20.①